电力行业职业技能鉴定考核指导书

抄表核算收费员

国网河北省电力有限公司人力资源部　组织编写
《电力行业职业技能鉴定考核指导书》编委会　编

中国建材工业出版社

图书在版编目(CIP)数据

抄表核算收费员/国网河北省电力有限公司人力资源部组织编写．--北京：中国建材工业出版社，2018.11

电力行业职业技能鉴定考核指导书

ISBN 978-7-5160-2204-7

Ⅰ.①抄… Ⅱ.①国… Ⅲ.①电能—电量测量—职业技能—鉴定—自学参考资料 Ⅳ.①TM933.4

中国版本图书馆CIP数据核字（2018）第062584号

内 容 简 介

为提高电网企业生产岗位人员理论和技能操作水平，有效提升员工履职能力，国网河北省电力有限公司根据《电力行业职业技能鉴定指导书》《国家电网公司技能培训规范》，结合国网河北省电力有限公司生产实际，组织编写了《电力行业职业技能鉴定考核指导书》。

本书包括了抄表核算收费员职业技能鉴定五个等级的"理论试题""技能操作大纲"和"技能操作考核项目"，规范了抄表核算收费员各等级的技能鉴定标准。本书密切结合国网河北省电力有限公司生产实际，鉴定内容基本涵盖了当前生产现场的主要工作项目，考核操作步骤与现场规范一致，评分标准清晰明确，既可作为抄表核算收费员技能鉴定指导书，也可作为抄表核算收费员的培训教材。

本书是职业技能培训和技能鉴定考核命题的依据，可供劳动人事管理人员、职业技能培训及考评人员使用，也可供电力类职业技术院校教学和企业职工学习参考。

抄表核算收费员

国网河北省电力有限公司人力资源部　组织编写

《电力行业职业技能鉴定考核指导书》编委会　编

出版发行：中国建材工业出版社

地　　址：北京市海淀区三里河路1号

邮　　编：100044

经　　销：全国各地新华书店

印　　刷：北京鑫正大印刷有限公司

开　　本：787mm×1092mm　1/16

印　　张：29

字　　数：580千字

版　　次：2018年11月第1版

印　　次：2018年11月第1次

定　　价：**88.00元**

本社网址：www.jccbs.com，微信公众号：zgjcgycbs

《抄表核算收费员》编审委员会

前　言

为进一步加强国网河北省电力有限公司职业技能鉴定标准体系建设，使职业技能鉴定适应现代电网生产要求，更贴近生产工作实际，让技能鉴定工作更好地服务于公司技能人才队伍成长，国网河北省电力有限公司组织相关专家编写了《电力行业职业技能鉴定考核指导书》（以下简称《指导书》）系列丛书。

《指导书》编委会以提高员工理论水平和实操能力为出发点，以提升员工履职能力为落脚点，紧密结合公司生产实际和设备设施现状，依据《电力行业职业技能鉴定指导书》《中华人民共和国职业技能鉴定规范》《中华人民共和国国家职业标准》和《国家电网公司生产技能人员职业能力培训规范》所规定的范围和内容，编制了职业技能鉴定理论试题、技能操作大纲和技能操作项目，重点突出实用性、针对性和典型性。在国网河北省电力有限公司范围内公开考核内容，统一考核标准，进一步提升职业技能鉴定考核的公开性、公平性、公正性，有效提升公司生产技能人员的理论技能水平和岗位履职能力。

《指导书》按照人力资源和社会保障部所规定的国家职业资格五级分级法进行分级编写。每级别中由“理论试题”和“技能操作”两大部分组成。理论试题按照单选题、判断题、多选题、计算题、识图题五种题型进行选题，并以难易程度顺序组合排列。技能操作包含“技能操作大纲”和“技能操作项目”两部分内容。“技能操作大纲”系统规定了各工种相应等级的技能要求，设置了与技能要求相适应的技能培训项目与考核内容，其项目设置充分结合了电网企业现场生产实际。“技能操作项目”中规定了各项目的操作规范、考核要求及评分标准，既能保证考核鉴定的独立性，又能充分发挥对培训的引领作用，具有很强的系统性和可操作性。

《指导书》最大程度地力求内容与实际紧密结合，理论与实际操作并重，既可作为技能鉴定学习辅导教材，又可作为技能培训、专业技术比赛和相关技术人员的学习辅导材料。

因编者水平有限和时间仓促，书中难免存在错误和不妥之处，我们将在今后的再版修编中不断完善，敬请广大读者批评指正。

《电力行业职业技能鉴定考核指导书》编委会

编　制　说　明

国网河北省电力有限公司为积极推进电力行业特有工种职业技能鉴定工作，更好地提升技能人员岗位履职能力，更好地推进公司技能员工队伍成长，保证职业技能鉴定考核公开、公平、公正，提高鉴定管理水平和管理效率，紧密结合各专业生产现场工作项目，组织编写了《电力行业职业技能鉴定考核指导书》（以下简称《指导书》）。

《指导书》编委会依据《电力行业职业技能鉴定指导书》《中华人民共和国职业技能鉴定规范》《中华人民共和国国家职业标准》和《国家电网公司生产技能人员职业能力培训规范》所规定的范围和内容进行编写，并按照人力资源和社会保障部所规定的国家职业资格五级分级法进行分级。

一、分级原则

1. 依据考核等级及企业岗位级别

依据人力资源和社会保障部规定，国家职业资格分为5个等级，从低到高依次为初级工、中级工、高级工、技师和高级技师。其框架结构如下图。

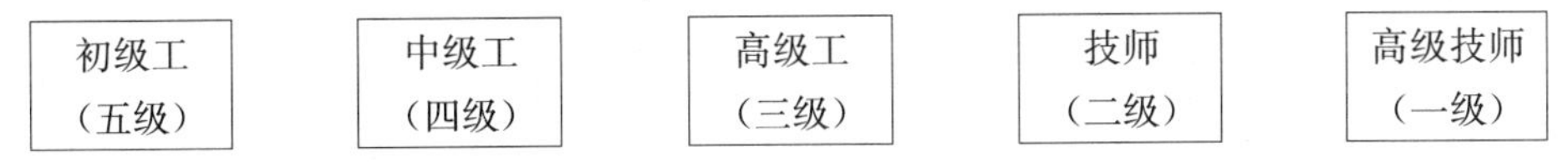

个别职业工种未全部设置5个等级，具体设置以各工种鉴定规范和国家职业标准为准。

2. 各等级鉴定内容设置

每级别中由“理论试题”和“技能操作”两大部分内容构成。

理论试题按照单选题、判断题、多选题、计算题、识图题五种题型进行选题，并以难易程度顺序组合排列。

技能操作含“技能操作大纲”和“技能操作项目”两部分。技能操作大纲系统规定了各工种相应等级的技能要求，设置了与技能要求相适应的技能培训项目与考核内容，使之完全公开、透明。其项目设置充分考虑到电网企业的实际需要，充分结合电网企业现场生产实际。技能操作项目规定了各项目的操作规范、考核要求及评分标准，既能保证考核鉴定的独立性，又能充分发挥对培训的引领作用，具有很强的针对性、系统性、操作性。

目前该职业技能知识及能力四级涵盖五级；三级涵盖五级、四级；二级涵盖五级、四级、三级；一级涵盖五级、四级、三级、二级。

二、试题符号含义

1. 理论试题编码含义

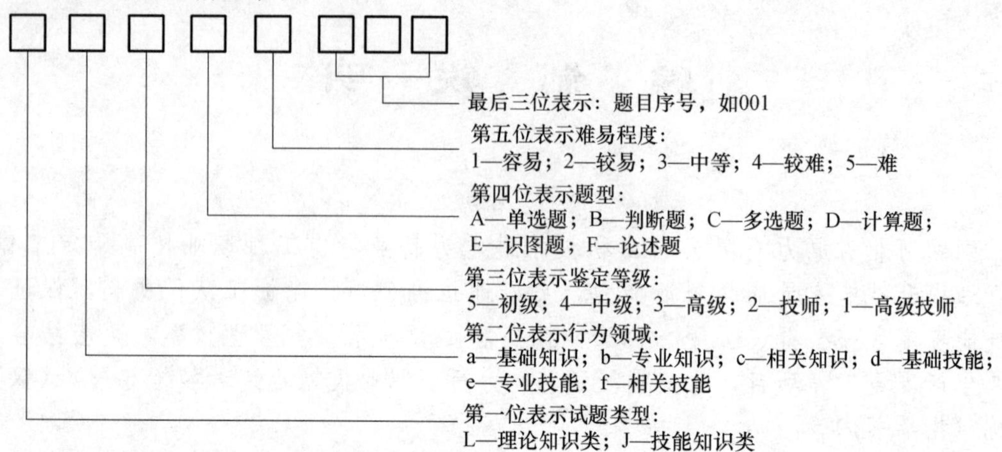

2. 技能操作试题编码含义

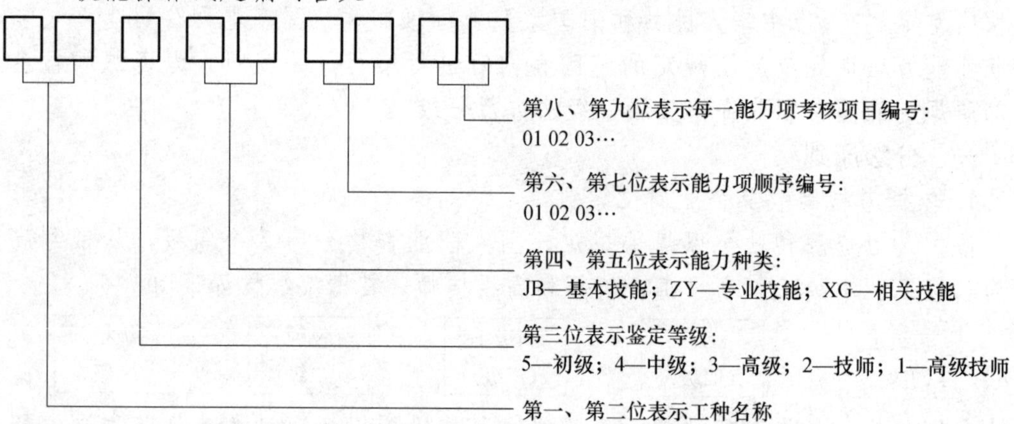

其中第一、第二位表示具体工种名称，如：GJ—高压线路带电检修工；SX—送电线路工；PX—配电线路工；DL—电力电缆工；BZ—变电站值班员；BY—变压器检修工；BJ—变电检修工；SY—电气试验工；JB—继电保护工；FK—电力负荷控制员；JC—用电监察员；CS—抄表核算收费员；ZJ—装表接电工；DX—电能表修校工；XJ—送电线路架设工；YA—变电一次安装工；EA—变电二次安装工；NP—农网配电营业工配电部分；NY—农网配电营业工营销部分；KS—用电客户受理员；DD—电力调度员；DZ—电网调度自动化运行值班员；CZ—电网调度自动化厂站端调试检修员；DW—电网调度自动化维护员。

三、评分标准相关名词解释

1. 行为领域：d—基础技能；e—专业技能；f—相关技能。

2. 题型：A—单项操作；B—多项操作；C—综合操作。

3. 鉴定范围：对农网配电营业工划分了配电和营销两个范围，对其他工种未明确划分鉴定范围，所以该项大部分为空。

目　录

第一部分　初　级　工

第二部分 中 级 工

第三部分 高 级 工

第四部分 技 师

第一部分　初　级　工

1 理论试题

1.1 单选题

La5A1001 人身触及带电体或接近高压带电体时，使人身成为电流（　　）的一部分的叫作触电。

（A）通路　　（B）短路　　（C）断路　　（D）电压

答案：A

La5A1002 《国家电网公司电力安全工作规程》中规定标示牌中的字体颜色必须采用（　　）色。

（A）红　　（B）绿　　（C）黄　　（D）黑

答案：D

La5A1003 正弦交流电的三要素是（　　）。

（A）有效值、初相角和角频率　　（B）有效值、频率和初相角

（C）最大值、角频率和初相角　　（D）最大值、频率和初相角

答案：C

La5A1004 并联电容器补偿装置的主要功能，下列叙述最为全面的是（　　）。

（A）补充有功，提高输电能力

（B）减少线路电压降，降低受电端电压波动，提高供电电压

（C）向电网提供可阶梯调节的容性无功，以补偿多余的感性无功，减少电网有功损耗和提高电网电压

（D）向电网提供可阶梯调节的感性无功，保证电压稳定在允许范围内

答案：C

La5A1005 下列物质中，不属于导体的是（　　）。

（A）铜　　（B）铝　　（C）锗　　（D）铁

答案：C

La5A1006 直接损害国家利益，危及人身、设备安全或其他违反电业规章规定的用电行为（　　）。

（A）违约用电　　（B）违章用电

（C）窃电　　　　　　　　　　　　　　　　（D）计量装置接线错误

答案：B

La5A2007　为了保证人身安全，防止触电事故而进行的接地叫作（　　）。

（A）工作接地　　（B）重复接地　　（C）保护接地　　（D）工作接零

答案：C

La5A2008　电力系统交流电的波形应是（　　）。

（A）余弦波　　（B）正切波　　（C）正弦波　　（D）余切波

答案：C

La5A2009　居民使用的单相电能表的工作电压是（　　）。

（A）220V　　（B）380V　　（C）100V　　（D）36V

答案：A

La5A2010　将生产、输送和使用电能的各种电气设备连接在一起而组成的整体称为（　　）。

（A）发电系统　　（B）变电系统　　（C）电力系统　　（D）综合系统

答案：C

La5A2011　将各电压等级的输电线路和各种类型的变电所连接而成的网络称（　　）。

（A）通信网　　（B）输送网　　（C）电力网　　（D）配电网

答案：C

La5A2012　对违反《电力设施保护条例》规定的，电力管理部门处以（　　）元以下的罚款。

（A）1000　　（B）5000　　（C）10000　　（D）15000

答案：C

La5A2013　在串联电路中（　　）。

（A）流过各电阻元件的电流相同　　（B）加在各电阻元件上的电压相同

（C）各电阻元件的电流、电压都相同　　（D）各电阻元件的电流、电压都不同

答案：A

La5A2014　金属导体的电阻值随温度的升高而（　　）。

（A）增大　　（B）减小　　（C）不变　　（D）先增大后减小

答案：A

La5A2015　电流通过(　　)会立即使人昏迷，甚至不醒而死亡。

(A) 双手　(B) 脚部　(C) 头部　(D) 脊髓

答案：C

La5A3016　供电企业应当按照国家核准的电价和电能计量装置的记录，向用户(　　)。

(A) 计收电费　(B) 计算电量　(C) 计核电价　(D) 计约抄表

答案：A

La5A3017　《国家电网公司电力安全工作规程》规定低压电气设备是指电压等级在(　　)。

(A) 250V及以下者　(B) 250V以下者

(C) 1000V及以下者　(D) 1000V以下者

答案：D

La5A3018　《电力供应与使用条例》所禁止的窃电行为有(　　)类。

(A) 5　(B) 6　(C) 7　(D) 4

答案：B

La5A3019　供电企业供电的额定频率为交流(　　)。

(A) 40Hz　(B) 45Hz　(C) 50Hz　(D) 60Hz

答案：C

La5A3020　在所有电力法律法规中，《中华人民共和国电力法》具有最高法律效力，是从(　　)开始施行。

(A) 1996年6月1日　(B) 1994年6月1日

(C) 1994年4月1日　(D) 1996年4月1日

答案：D

La5A3021　关于电位、电压和电动势，正确的说法是(　　)。

(A) 电位是标量，没有方向性，但它的值可为正、负或零

(B) 两点之间的电位差就是电压，所以，电压也没有方向性

(C) 电压和电动势是一个概念，只是把空载时的电压称为电动势

(D) 电动势也没有方向

答案：A

La5A3022　供用电合同中的电价是由(　　)。

(A) 供电人确定　(B) 用电人确定

(C) 供电人和用电人双方商定　(D) 国家定价

答案：D

La5A3023 电流通过人体，对人体的危害最大的是(　　)。

(A) 左手到脚　　(B) 右手到脚　　(C) 脚到脚　　(D) 手到手

答案：A

La5A3024 人体同时触及两相带电体，这时加于人体的电压比较高，这就是(　　)触电。

(A) 相电压　　(B) 线电压　　(C) 相电流　　(D) 线电流

答案：B

La5A3025 在电能表组别代码中，D表示单相表，S表示三相三线表，(　　)表示三相四线表。

(A) M　　(B) T　　(C) J　　(D) K

答案：B

La5A3026 电力线路的作用是(　　)，并把发电厂、变电所和用户连接起来，是电力系统不可缺少的重要环节。

(A) 输送电压　　(B) 分配电流　　(C) 输配电力　　(D) 供应电力

答案：C

La5A3027 电力系统运行应当连续、稳定，保证安全供电(　　)。

(A) 可行性　　(B) 可靠性　　(C) 责任性　　(D) 优越性

答案：B

La5A3028 电力运行事故因(　　)原因造成的，电力企业不承担赔偿责任。

(A) 电力线路故障　　(B) 电力系统瓦解

(C) 不可抗力和用户自身的过错　　(D) 除电力部门差错外的

答案：C

La5A3029 在交流电路中，当电压的相位超前电流的相位时(　　)。

(A) 电路呈感性，$\Phi>0$　　(B) 电路呈容性，$\Phi>0$

(C) 电路呈感性，$\Phi<0$　　(D) 电路呈容性，$\Phi<0$

答案：A

La5A3030 正常情况下，我国的安全电压定为(　　)。

(A) 220V　　(B) 380V　　(C) 110V　　(D) 36V

答案：D

La5A4031 在电能表型号中，表示电能表的类别代码是(　　)。

(A) D　　(B) M　　(C) L　　(D) N

答案：A

La5A4032 国家对电力的供应与使用以安全用电管理为基础下列行为不属于安全用电管理工作范畴的是(　　)。

(A) 对用电单位进行定期性的安全用电检查

(B) 对用电单位重大电气设备事故进行调查

(C) 对用电单位的受电工程进行中间检查

(D) 淘汰用电单位高电耗设备

答案：D

La5A4033 离地面(　　)以上的工作均属高空作业。

(A) 2m　　(B) 5m　　(C) 3m　　(D) 4m

答案：A

La5A4034 电力系统中以“kW·h”作为(　　)的计量单位。

(A) 电压　　(B) 电能

(C) 电功率　　(D) 电位

答案：B

La5A4035 参考点也叫零电位点，它是由(　　)的。

(A) 人为规定　　(B) 参考方向决定的

(C) 电压的实际方向决定的　　(D) 大地性质决定的

答案：A

La5A4036 线圈磁场方向的判断方法用(　　)。

(A) 直导线右手定则　　(B) 右手螺旋定则

(C) 左手电动机定则　　(D) 右手发电机定则

答案：B

La5A4037 运动导体切割磁力线而产生最大电动势时，导体与磁力线间的夹角应为(　　)。

(A) 0°　　(B) 30°　　(C) 45°　　(D) 90°

答案：D

La5A4038 我国交流电的标准频率为50Hz，其周期为(　　)s。

(A) 0.01　　(B) 0.02　　(C) 0.1　　(D) 0.2

答案：B

La5A5039　在正弦交流电的一个周期内，随着时间变化而改变的是(　　)。

(A) 瞬时值　　(B) 最大值

(C) 有效值　　(D) 平均值

答案：A

La5A5040　电费发票应使用由(　　)部门监制的专用发票。

(A) 工商　　(B) 物价　　(C) 税务　　(D) 行政

答案：C

La5A5041　纯电感电路的电压与电流频率相同，电流的相位滞后于外加电压 u 为(　　)。

(A) 90°　　(B) 120°　　(C) 180°　　(D) 30°

答案：A

La5A5042　纯电容电路的电压与电流频率相同，电流的相位超前于外加电压 u 为(　　)。

(A) 60°　　(B) 30°　　(C) 90°　　(D) 180°

答案：C

La5A5043　用电信息采集终端是对各信息采集点用电信息采集的设备，一般简称(　　)。

(A) 终端　　(B) 采集器　　(C) 集中器　　(D) 采集终端

答案：D

Lb5A1044　功率为 100W 的灯泡和 40W 的灯泡串联后接入电路，40W 的灯泡消耗的功率是 100W 的灯泡的(　　)。

(A) 4 倍　　(B) 0.4 倍　　(C) 2.5 倍　　(D) 0.25 倍

答案：C

Lb5A1045　1kW·h 电能可供铭牌为“220V，250W”的电灯泡正常发光(　　)小时。

(A) 20　　(B) 30　　(C) 40　　(D) 50

答案：C

Lb5A1046　地下防空设施的通风、照明、抽水用电，执行(　　)电价。

(A) 居民照明电价　　(B) 大工业电价

(C) 农业生产电价　　(D) 一般工商业及其他

答案：D

Lb5A2047 《电力法》中所指的电价是(　　)。

(A) 电力生产企业的上网电价、电网销售电价

(B) 电力生产企业的生产成本电价、电网销售电价

(C) 电力生产企业的上网电价、电网间的互供电价、电网销售电价

(D) 电力生产企业的生产成本电价、电网购电价、电网销售电价

答案：C

Lb5A2048 电费违约金是逾期交付电费的用户对供电企业所增付利息的部分(　　)。

(A) 补偿　(B) 开支　(C) 营业外收入　(D) 资金

答案：A

Lb5A2049 灯光诱虫用电，执行什么电价(　　)。

(A) 农业生产用电价格　(B) 大工业电价

(C) 照明电价　(D) 一般工商业及其他

答案：A

Lb5A2050 违章用电、窃电的检查依据，一般有公民举报、例行工作发现、有组织的营业普查和用电检查，处理违章用电和窃电一定要有工作凭据，并据实按(　　)。

(A) 制度处理　(B) 法规处理　(C) 口头意见处理　(D) 上级领导意见处理

答案：B

Lb5A2051 准确抄录各类用户的(　　)，核算员才能准确地计算出应收的电费。

(A) 电能表　(B) 用电量　(C) 设备台账　(D) 装见容量

答案：B

Lb5A2052 电费收入的财务处理建立在营业管理的基础上，应以(　　)及汇总和其他有关原始凭证为依据。

(A) 应收凭证　(B) 实收月报　(C) 库存现金　(D) 总分类账

答案：B

Lb5A2053 根据《供电营业规则》规定，电网装机容量300万kW及以上的，供电频率允许偏差是(　　)。

(A) ±0.5Hz　(B) ±0.2Hz　(C) ±0.1Hz　(D) ±1Hz

答案：B

Lb5A2054 315kV·A以下用户电热、电解、电化、冷藏等用电执行什么电价(　　)。

(A) 居民照明电价　(B) 大工业电价

(C) 农业生产电价　　　　　　　　(D) 一般工商业及其他

答案：D

Lb5A2055　电费核算是电费管理的(　　)环节，是为提高供电企业经济效益服务的。

(A) 基础　　(B) 目的　　(C) 中枢　　(D) 最终

答案：C

Lb5A3056　供电企业需对用户停止供电时，在停电前(　　)天内，将停电通知书送达用户。

(A) 三至七　　(B) 二至五　　(C) 一至三　　(D) 一

答案：A

Lb5A3057　以变压器容量计算基本电费的用户，其备用变压器（含高压电动机）属冷备用状态并经供电企业加封的，可(　　)基本电费。

(A) 免收　　　　　　(B) 按 1/2 收取

(C) 按 1/3 收取　　　(D) 按 2/3 收取

答案：A

Lb5A3058　对未装计费(　　)的临时用电者，应按用电设备容量、使用时间、规定的电价计收电费。

(A) 电流表　　(B) 电压表　　(C) 功率表　　(D) 电能表

答案：D

Lb5A3059　以变压器容量计算基本电费的用户，其备用变压器（含高压电动机）属热备用状态的或未加封的，如果未用，应(　　)基本电费。

(A) 收 100%　　　　(B) 收 75%

(C) 收 50%　　　　(D) 免收

答案：A

Lb5A3060　铁道、航运等信号灯用电应按(　　)电价计费。

(A) 城乡居民生活用电　　(B) 一般工商业及其他用电

(C) 农业生产用电　　　　(D) 大工业用电

答案：B

Lb5A3061　用电容量是指(　　)的用电设备容量的总和。

(A) 发电厂　　(B) 变电所

(C) 供电线路　　(D) 用户

答案：D

Lb5A3062 因违约用电或窃电造成供电企业的供电设施损坏的，责任者(　　)供电设施的修复费用或进行赔偿。

(A) 必须承担　(B) 必须办理　(C) 不承担　(D) 可以交纳

答案：A

Lb5A3063 用电负荷按其重要程度可以分为(　　)类。

(A) 3　(B) 4　(C) 5　(D) 6

答案：A

Lb5A3064 (　　)是实收账。

(A) 供电公司某段时间内的全部电力销售收入的账目

(B) 供电公司某段时间内实际收到的用户电费总和账目

(C) 供电公司某段时间内未收到的用户电费总和账目

(D) 都不对

答案：B

Lb5A3065 因用户原因连续(　　)不能如期抄到计费电能表读数时，供电企业应通知该用户并终止供电。

(A) 3个月　(B) 6个月　(C) 1年　(D) 2年

答案：B

Lb5A3066 大工业用电的电费由几个部分构成(　　)。

(A) 一个部分　(B) 两个部分　(C) 三个部分　(D) 四个部分

答案：C

Lb5A3067 (　　)是应收账。

(A) 供电公司某段时间内的全部电力销售收入的账目

(B) 供电公司某段时间内实际收到的用户电费总和账目

(C) 供电公司某段时间内未收到的用户电费总和账目

(D) 都不对

答案：A

Lb5A3068 《功率因数调整电费办法》可促使用户改善(　　)、提高供电能力、节约电能的作用。

(A) 合理用电　(B) 生产成本　(C) 电压质量　(D) 经济效益

答案：C

Lb5A4069 未经供电企业同意擅自供出电源的，除当即拆除接线外，应承担其供出电源容量(　　)/kW的违约使用电费。

(A) 100元　(B) 300元　(C) 500元　(D) 800元

答案：C

Lb5A4070 业务扩充是我国电力企业(　　)工作中的一个习惯用语。

(A) 用电　(B) 营业　(C) 管理　(D) 服务

答案：B

Lb5A4071 凡从事商品交换或提供商业性、服务性的有偿服务所需的电力，不分容量大小，也不分照明、动力，均实行(　　)统一执行商业电价。

(A) 一户一表　(B) 一户一价　(C) 直供电价　(D) 分线分表

答案：B

Lb5A4072 电力销售收入是指(　　)。

(A) 应收电费　(B) 实收电价　(C) 临时电价　(D) 实收电费和税金

答案：A

Lb5A4073 照相制版工业水银灯用电，受电变压器容量在315kV·A，执行什么电价(　　)。

(A) 居民照明电价　(B) 大工业电价　(C) 照明电价　(D) 一般工商业及其他

答案：B

Lb5A4074 (　　)是未收账。

(A) 供电公司某段时间内的全部电力销售收入的账目

(B) 供电公司某段时间内实际收到的用户电费总和账目

(C) 供电公司某段时间内未收到的用户电费总和账目

(D) 都不对

答案：C

Lb5A5075 电费呆账是指个别单位因经营不善等多种原因造成企业破产，电费确实(　　)的账款。

(A) 无法收回　(B) 收回有些困难　(C) 减账　(D) 可以自行消核

答案：A

Lb5A5076 电路由(　　)和开关四部分组成。

(A) 电源、负载、连接导线　(B) 发电机、电动机、母线

(C) 发电机、负载、架空线路　(D) 电动机、灯泡、连接导线

答案：A

Lb5A5077 供用电合同是供用电双方就各自的权利和义务协商一致形成的(　　)。

(A) 法律文书　(B) 协议　(C) 承诺　(D) 文本

答案：A

Lb5A5078 目前，我国对电力价格采取(　　)定价形式。

(A) 升级电力公司　(B) 政府　(C) 电力主管部门　(D) 物价管理部门

答案：B

Lc5A1079 互感器倍率错误，退补电量计算时间应以(　　)计算。

(A) 抄表记录为准　(B) 6 个月　(C) 3 个月　(D) 1 个月

答案：A

Lc5A1080 低供低计指的是(　　)

(A) 供电的用户在高压侧装设电能计量装置，在高压侧计量

(B) 供电的用户在高压侧装设电能计量装置，在低压侧计量

(C) 供电的用户在低压侧装设电能计量装置，在低压侧计量

(D) 都不对

答案：C

Lc5A1081 10kV 配电变压器的调压方式常采用(　　)调压。

(A) 无载式　(B) 有载式

(C) 无载与有载共用式　(D) 无调压

答案：A

Lc5A2082 电压互感器的一次绕组的匝数(　　)二次绕组的匝数。

(A) 多于　(B) 少于

(C) 等于　(D) 或多于或少于或等于

答案：A

Lc5A2083 集中抄表终端是对低压用户用电信息进行采集的设备，包括(　　)。

(A) 采集器　(B) 集中器

(C) 采集器；集中器　(D) 采集器，集中器和采集模块

答案：B

Lc5A2084 电流互感器文字符号用(　　)标志。

(A) PA　(B) PV　(C) TA　(D) TV

答案：C

Lc5A2085　国产电能表的型号一般由(　　)部分组成。

(A) 电压和电流　　(B) 单相和三相

(C) 文字符号和数字符号　　(D) 有功和无功

答案：C

Lc5A2086　订立合同须经过(　　)两个法定程序。

(A) 要约和承诺　(B) 意思和表示　(C) 起草和抄写　(D) 协商和谈判

答案：A

Lc5A2087　加装电力电容器、调相机、并联电抗器、静止补偿器作为无功补偿装置(方式有个别补偿、分组补偿和集中补偿三种)，可提高(　　)。

(A) 无功功率　(B) 有功功率　(C) 视在功率　(D) 功率因数

答案：D

Lc5A3088　感应式单相电能表驱动元件由电流元件和(　　)组成。

(A) 转动元件　(B) 制动元件　(C) 电压元件　(D) 齿轮

答案：C

Lc5A3089　国家电网公司电力安全工作规程规定高压电气设备是指电压等级在(　　)。

(A) 250V及以上者　　(B) 250V以上者

(C) 1000V及以上者　　(D) 1000V以上者

答案：C

Lc5A3090　变压器中的绝缘油的主要作用是(　　)。

(A) 绝缘与冷却　(B) 绝缘与灭弧　(C) 冷却与灭弧　(D) 恒温与灭弧

答案：A

Lc5A3091　使用电流互感器和电压互感器时，其二次绕组应分别(　　)接入被测电路之中。

(A) 串联、并联　(B) 并联、串联　(C) 串联、串联　(D) 并联、并联

答案：A

Lc5A3092　10kV带电高压线断落地面时，在断点室外(　　)周围应装设临时遮拦或专人看守，以防人身触电。

(A) 6m　(B) 7m　(C) 8m　(D) 9m

答案：C

Lc5A3093 互感器或电能表误差超出允许范围时，以(　　)为基准，按验证后的误差值退补电量退补时间从上次校验或换装后投入之日起至误差更正之日止的二分之一时间计。

(A) 以“0”误差为基准

(B) 以允许电压降为基准

(C) 以用户正常月份的用电量为基准

(D) 按抄表记录或按失压自动记录仪记录确定

答案：A

Lc5A3094 计量装置的核心是(　　)。

(A) 电能表　(B) 电流互感器　(C) 电压互感器　(D) 二次连接线

答案：A

Lc5A3095 单相电能表用于(　　)单相电源用户的用电量。

(A) 测试　(B) 管理　(C) 记录　(D) 检查

答案：C

Lc5A3096 电器设备的金属外壳接地属于(　　)。

(A) 保护接地　(B) 防雷接地　(C) 工作接地　(D) 工作接零

答案：A

Lc5A3097 互感器或电能表误差超出允许范围时，以“0”误差为基准，按验证后的误差值追补电量退补时间从上次校验或换装后投入之日起至误差更正之日止的(　　)时间计算。

(A) 1/3　(B) 1/2　(C) 1/4　(D) 全部

答案：B

Lc5A3098 用户私自改变计量装置接线，使电能表少计电量，称为(　　)。

(A) 窃电　(B) 违章用电　(C) 正常增容　(D) 装置断线

答案：A

Lc5A4099 当前我国电力供需矛盾缓解，甚至供大于求，电力负荷管理系统的最主要目的是(　　)。

(A) 控制电力电量　(B) 服务管理　(C) 防窃电　(D) 自动抄表

答案：B

Lc5A4100 用电计量装置原则上应装在供用电设备的(　　)。

(A) 装设地点　(B) 附近　(C) 区域内　(D) 产权分界处

答案：D

Lc5A4101 新装用电和增容用电均应向供电企业办理用电申请手续，填写(   )。

(A) 用电报告 (B) 业务工作单

(C) 用电申请书 (D) 登记卡

答案：C

Lc5A4102 仪表在正常工作条件下，由于结构、工艺等方面不够完善而产生的误差，称为仪表的(   )。

(A) 附加误差 (B) 绝对误差 (C) 相对误差 (D) 基本误差

答案：D

Lc5A4103 电能表常数的正确单位是(   )。

(A) 度/小时 (B) r/(kW·h) (C) R/kW·h (D) 度/kW·h

答案：B

Lc5A4104 电压互感器文字符号用(   )标识。

(A) PA (B) PV (C) TA (D) TV

答案：D

Lc5A4105 变压器是(   )电能的设备。

(A) 生产 (B) 传递 (C) 使用 (D) 既生产又传递

答案：B

Lc5A4106 用户单相用电设备总容量在(   )kW·h以内时，可采用220V供电。

(A) 10 (B) 15 (C) 20 (D) 30

答案：A

Lc5A5107 低压用户进户装置包括(   )。

(A) 进户线 (B) 进户杆

(C) 进户管 (D) 进户线、进户杆、进户管

答案：D

Lc5A5108 高供高计指的是(   )。

(A) 供电的用户在高压侧装设电能计量装置，在高压侧计量

(B) 供电的用户在高压侧装设电能计量装置，在低压侧计量

(C) 供电的用户在低压侧装设电能计量装置，在低压侧计量

(D) 都不对

答案：A

Lc5A5109 电流互感器二次侧(　　)。

(A) 装设熔断器　(B) 不装设熔断器

(C) 允许短时间开路　(D) 允许开路

答案：B

Lc5A5110 电能表的额定电压是根据(　　)确定的。

(A) 设备容量　(B) 负荷电流　(C) 供电电压　(D) 额定电流

答案：C

Lc5A5111 电力网按其在电力系统中的作用不同分为(　　)。

(A) 输电网和配电网　(B) 输电网、变电网和配电网

(C) 高压电网、中压电网和低压电网　(D) 中性点直接接地电网和非直接接地电网

答案：A

Lc5A5112 动作于跳闸的继电保护，在技术上一般应满足四个基本要求，即(　　)速动性、灵敏性、可靠性。

(A) 正确性　(B) 经济性　(C) 选择性　(D) 科学性

答案：C

Lc5A5113 (　　)是一种能将某一种电压电流相数的交流电能转变成另一种电压电流相数的交流电能的静止电器设备。

(A) 变压器　(B) 电动机　(C) 调相机　(D) 发电机

答案：A

Lc5A5114 人体与10kV高压带电体应保持的最小距离为(　　)。

(A) 0.3m　(B) 0.6m　(C) 0.7m　(D) 1m

答案：C

Lc5A5115 抄表机器是一种用来抄录(　　)示数的微型计算机。

(A) 电流表　(B) 电压表　(C) 电能表　(D) 功率因数表

答案：C

Ld5A1116 下列后果最严重的电伤是(　　)。

(A) 电弧灼伤　(B) 电烙伤　(C) 皮肤金属化　(D) 皮肤烧伤

答案：A

Ld5A1117 用户的计量方式有(　　)种。

(A) 2　(B) 3　(C) 4　(D) 5

答案：B

Ld5A1118 计量装置误差超出允许范围是指电能表的(　　)误差超出电能表本身的准确等级。

(A) 相对　　(B) 绝对　　(C) 实际　　(D) 记录

答案：C

Ld5A1119 低压测电笔使用不正确的是(　　)。

(A) 用手接触前端金属

(B) 用手接触后端金属

(C) 只能测 500V 及以下电压

(D) 测量时应先在带电体上试测一下，以确认其好坏

答案：A

Ld5A2120 工作人员工作中正常活动范围与 10kV 带电设备的安全距离小于(　　)米时必须停电。

(A) 0.35　　(B) 1　　(C) 0.7　　(D) 0.25

答案：A

Ld5A2121 触电的危险程度不仅决定于电压的高低和绝缘情况，还决定于电网的(　　)是否接地和每相对地电容的大小。

(A) 节点　　(B) 中性点　　(C) 电阻　　(D) 电流

答案：B

Ld5A2122 用电信息采集系统是对电力用户的(　　)进行采集、处理和实时监控的系统。

(A) 用电量　　(B) 用电功率　　(C) 用电信息　　(D) 电能表示数

答案：A

Ld5A2123 进行口对口人工呼吸时，应每(　　)s 一次为宜。

(A) 2　　(B) 3　　(C) 5　　(D) 10

答案：C

Ld5A2124 产权属于供电企业的计量装置，因(　　)而发生故障由用户负责。

(A) 不可抗力　　(B) 过负荷烧坏

(C) 计数器脱落　　(D) 电表质量

答案：B

Ld5A2125 因违约用电或窃电导致他人财产、人身安全受到侵害的，受害人(　　)违约用电或窃电者停止侵害、赔偿损失。

(A) 请求　(B) 有权投诉　(C) 有权要求　(D) 有权上告

答案：C

Ld5A2126　擅自启用被供电企业封存的电力设备的，应停用违约使用的设备，用户应承担擅自启用封存设备容量每次每千瓦(　　)的违约使用电费。

(A) 20元　(B) 30元　(C) 50元　(D) 500元

答案：B

Ld5A3127　母线应涂漆区分相位，A (U) 相应涂(　　)色。

(A) 红　(B) 绿　(C) 黄　(D) 黑

答案：C

Ld5A3128　触电急救时，首先要将触电者迅速(　　)。

(A) 送往医院　(B) 用心肺复苏法急救

(C) 脱离电源　(D) 注射强心剂

答案：C

Ld5A3129　一个实际电源的端电压随着负载电流的减小将(　　)。

(A) 降低　(B) 升高　(C) 不变　(D) 稍微降低

答案：B

Ld5A3130　表示保护中性线的字符是(　　)。

(A) PCN　(B) PE　(C) PEN　(D) PNC

答案：C

Ld5A3131　电力变压器的基本文字符号为(　　)。

(A) TA　(B) TM　(C) TR　(D) TL

答案：B

Ld5A3132　在低压线路工程图中信号器件的文字符号用(　　)标识。

(A) H　(B) K　(C) P　(D) Q

答案：A

Ld5A3133　带电作业直接关系到人身和设备的安全，因此必须在有严格的审批手续和必要的(　　)下进行。

(A) 组织措施　(B) 安全措施　(C) 技术措施　(D) 相应措施

答案：B

Ld5A4134 工作人员工作中的正常活动范围与10kV带电设备的安全距离小于(　　)时必须停电。

(A) 0.3m　(B) 0.35m　(C) 0.4m　(D) 0.45m

答案：B

Ld5A4135 若正弦交流电压的有效值是220V，则它的最大值是(　　)。

(A) 380V　(B) 311V　(C) 440V　(D) 242V

答案：B

Ld5A4136 某电路处在短路状态时，外电路电阻 R 为零，故短路电流在 R 上的压降 U(　　)。

(A) 等于0　(B) 不等于0　(C) 等于电源电势　(D) 不等于电源电势

答案：A

Ld5A4137 通常所说的交流电压220V或380V，是指它的(　　)。

(A) 平均值　(B) 最大值　(C) 瞬时值　(D) 有效值

答案：D

Ld5A5138 如果电源通向负载的两根导线不经过负载而相互直接接通，从而导致电路中的电流剧增，这种现象叫作(　　)。

(A) 断路　(B) 短路　(C) 开路　(D) 电路

答案：B

Ld5A5139 将一根电阻为 R 的电阻线对折起来，双股使用时，它的电阻等于(　　)。

(A) $2R$　(B) $R/2$　(C) $R/4$　(D) $4R$

答案：C

Ld5A5140 一电容接到 $f=50$Hz 的交流电路中，容抗 $X_C=200\Omega$，若改接到 $f=100$Hz 的电源电路中，则容抗 X_C 为(　　)Ω。

(A) 80　(B) 120　(C) 100　(D) 720

答案：C

Le5A1141 申请新装用电、临时用电、增加用电容量、变更用电和终止用电，均应到当地(　　)办理手续。

(A) 变电所　(B) 电力管理部门

(C) 街道办事处　(D) 供电企业

答案：D

Le5A1142 在电价低的供电线路上，擅自接用电价高的用电设备，除应按实际使用日期补交其差额电费外，还应承担(　　)差额电费的违约使用电费。

(A) 1倍　　(B) 2倍　　(C) 3倍　　(D) 5倍

答案：B

Le5A1143 若电力用户超过报装容量私自增加电气容量，称为(　　)。

(A) 窃电　　(B) 违约用电　　(C) 正常增容　　(D) 计划外用电

答案：B

Le5A1144 国家实行分类电价和分时电价，分类标准和分时办法由(　　)确定。

(A) 县人民政府　　(B) 市人民政府　　(C) 省人民政府　　(D) 国务院

答案：D

Le5A1145 (　　)是应收电费汇总凭证的原始依据，既是电力企业经营成果的反映，也是抄表人员当日工作的记录。

(A) 收费报表　　(B) 抄表日报　　(C) 总分类账　　(D) 明细账

答案：B

Le5A2146 在计算电费中，应按不同电价分类(　　)在票据中开列清楚。

(A) 集中　　(B) 合并　　(C) 分别　　(D) 汇总

答案：C

Le5A2147 总容量不足3kW的晒图机、医疗X光机、无影灯、消毒等用电，执行什么电价(　　)。

(A) 居民照明电价　　(B) 大工业电价

(C) 一般工商业及其他电价　　(D) 农业生产电价

答案：C

Le5A2148 供电企业采取停电催费措施前三天至七天内，应将(　　)送达客户，对重要客户的停电，还应报送同级电力管理部门。

(A) 停电通知　　(B) 催交通知书

(C) 停电通知书　　(D) 停电决定书

答案：C

Le5A2149 私自更改供电企业的电能计量装置者，除居民用户外，其他用户应承担(　　)/次的违约使用电费。

(A) 1000元　　(B) 2000元　　(C) 3000元　　(D) 5000元

答案：D

Le5A2150 现代化或专业化禽、畜养殖业用电，执行什么电价（ ）。

（A）农业生产用电价格 （B）大工业电价

（C）照明电价 （D）一般工商业及其他

答案：A

Le5A2151 铁道、航运等信号灯用电执行什么电价（ ）。

（A）居民照明电价 （B）大工业电价

（C）一般工商业及其他电价 （D）农业生产电价

答案：C

Le5A2152 正确核算电费是用电营业部门进行（ ）的重要工作环节。

（A）差错分析 （B）质量检查 （C）电力销售 （D）负荷管理

答案：C

Le5A2153 抄表日报是应收电费汇总凭证的原始依据，既是电力企业经营成果的反映，也是（ ）当日工作的记录。

（A）抄表人员 （B）核算人员 （C）收费人员 （D）统计人员

答案：A

Le5A3154 供电企业应在用户每一个受电点内按不同电价类别分别安装（ ）。

（A）负荷装置 （B）考核装置 （C）受电装置 （D）电能计量装置

答案：D

Le5A3155 电能表补抄卡上的原始参数必须按（ ）逐项正确填写清楚。

（A）用电报告 （B）营业工作传票（C）统计报表 （D）销售报表

答案：B

Le5A3156 高供低计指的是（ ）。

（A）高压供电的用户在高压侧装设电能计量装置，在高压侧计量

（B）高压供电的用户在高压侧装设电能计量装置，在低压侧计量

（C）高压供电的用户在低压侧装设电能计量装置，在低压侧计量

（D）以上都不对

答案：C

Le5A3157 对同一电网内的同一电压等级，同一用电类别的用户执行相同的电价（ ）。

（A）指标 （B）电费 （C）标准 （D）分类

答案：C

Le5A3158 复费率电能表为电力企业实行(　　)提供计量手段。

(A) 两部制电价　　(B) 各种电价

(C) 不同时段的分时电价　　(D) 先付费后用电

答案：C

Le5A3159 走收电费主要是指收费人员赴(　　)收取电费。

(A) 居委会　　(B) 街道办事处　　(C) 用户处　　(D) 银行

答案：C

Le5A3160 工业试验用电，受电变压器容量在 315kV·A，执行什么电价(　　)。

(A) 居民照明电价 (B) 大工业电价　　(C) 照明电价　　(D) 一般工商业及其他

答案：B

Le5A3161 某自来水厂 10kV、200kV·A 用电应按(　　)电价计费。

(A) 农业生产用电　　(B) 一般工商业及其他用电

(C) 大工业　　(D) 城乡居民生活用电

答案：B

Le5A3162 我国规定的对电能表型号的表示方式的第一部分是(　　)。

(A) 类别代号　　(B) 组别代号　　(C) 设计序号　　(D) 结构型式

答案：A

Le5A3163 工业用单相电动机，其总容量不足 1kW，或工业用单相电热，其总容量不足 2kW，而又无其他工业用电者，电执行什么电价(　　)。

(A) 居民照明电价　　(B) 大工业电价

(C) 一般工商业及其他电价　　(D) 农业生产电价

答案：C

Le5A3164 按照无功电能表的计量结果和有功电能表的计量结果就可以计算出用电的(　　)。

(A) 功率因数　　(B) 瞬时功率因数

(C) 平均功率因数　　(D) 加权平均功率因数

答案：D

Le5A3165 线路损失率即为线路损失电量占(　　)的百分比。

(A) 供电量　　(B) 售电量　　(C) 用电量　　(D) 设备容量

答案：A

Le5A3166 抄表数据准备只允许在(　　)电量电费数据归档完毕后，在电费发行当月形成。

(A) 上个月　　(B) 本月　　(C) 下个月

答案：A

Le5A4167 所有客户申请用电地址范围内移动用电计量装置安装位置的，选择使用(　　)流程。

(A) 迁址　　(B) 移表　　(C) 更名或过户　　(D) 销户

答案：B

Le5A4168 私自迁移供电企业的电能计量装置者，属于居民用户的，应承担(　　)/次的违约使用电费。

(A) 300元　　(B) 500元　　(C) 800元　　(D) 100元

答案：B

Le5A4169 窃电者除应按所窃电量补交电费外，还应承担补交电费(　　)的违约使用电费。

(A) 3倍　　(B) 4倍　　(C) 5倍　　(D) 6倍

答案：A

Le5A4170 电费管理工作主要有抄表、核算、收费和(　　)统计分析几个环节。

(A) 电费　　(B) 电价　　(C) 票据　　(D) 台账

答案：A

Le5A4171 理发用电吹风、电剪、电烫发等电器用电执行什么电价(　　)。

(A) 居民照明电价　　(B) 大工业电价

(C) 一般工商业及其他电价　　(D) 农业生产电价。

答案：C

Le5A4172 铁道、地下铁道充电站、下水道等电力用电，执行什么电价(　　)。

(A) 居民照明电价 (B) 大工业电价　　(C) 农业生产电价 (D) 一般工商业及其他

答案：D

Le5A4173 委托银行代收电费是指电力企业与银行（或信用社）签订特约委托代收电费(　　)，电力企业则依据协议规定按月付给银行代收电费手续费。

(A) 协议　　(B) 凭证　　(C) 传单　　(D) 账户

答案：A

Le5A4174 工业用单相电热总容量不足2kW而又无其他工业用电者，其计费电价应按(　　)电价计费。

(A) 城乡居民生活用电　(B) 农业生产用电
(C) 一般工商业及其他用电　(D) 大工业用电

答案：C

Le5A4175 建立用户(　　)工作是实现计算电费管理的第一步基础工作。

(A) 档案　(B) 台账　(C) 资料　(D) 数据

答案：A

Le5A4176 电费计算和审核工作应在抄表的(　　)进行。

(A) 当日　(B) 隔3日　(C) 第五天　(D) 一星期

答案：A

Le5A4177 有线广播站动力用电应按(　　)电价计费。

(A) 城乡居民生活用电　(B) 一般工商业及其他用电
(C) 农业生产用电　(D) 大工业用电

答案：B

Le5A4178 营销信息化是基于现代(　　)及自动化技术，将电力营销工作进行数字管理的综合信息系统。

(A) 计算机、网络通信　(B) 智能电网
(C) 管理平台

答案：A

Le5A5179 用电业务工作(　　)是建立用户分户账和更动其记载内容的重要依据。

(A) 凭证　(B) 账本　(C) 传票　(D) 记录

答案：C

Le5A5180 坐收电费是指供电企业设立的营业站或收费站(　　)收费，即坐在柜台里收费。

(A) 固定值班　(B) 银行代收　(C) 电费储蓄　(D) 托收

答案：A

Le5A5181 用户受、用电设施是按(　　)划分的。

(A) 电压等级　(B) 产权　(C) 设备类型　(D) 负荷

答案：B

Le5A5182 售电量是指供电企业通过(　　)测定并记录的各类电力用户消耗使用的电能量的总和。

(A) 电能计量装置 (B) 电流表 (C) 电压表 (D) 功率表

答案：A

Le5A5183 为保证抄表工作的顺利运行，下列选项中不属于抄表前要做到的是(　　)。

(A) 掌握抄表日的排列顺序 (B) 合理设计抄表线路

(C) 检查应配备的抄表工具 (D) 检查线路是否断路

答案：D

Le5A5184 某工业电力用户 2008 年 12 月份的电费为 2000 元，该用户 2008 年 12 月份与 2009 年 1 月份应分别按(　　)比例缴纳违约金（假设约定的交费日期为每月 10 日至 15 日）。

(A) 1‰，2‰ (B) 2‰，3‰ (C) 1‰，3‰ (D) 3‰，2‰

答案：B

Lf5A1185 计费电能表或电能计量装置误差超出允许范围或记录不准，供电企业应按实际误差(　　)退还或补收电费。

(A) 实用电量 (B) 设备容量 (C) 起止时间 (D) 用电类别

答案：C

Lf5A1186 客户对电能表未妥善保管，造成丢失(　　)。

(A) 客户负责赔偿 (B) 电力部门负责赔偿

(C) 客户与电力部门协商解决 (D) 各赔偿一半

答案：A

Lf5A1187 电能计量装置是电力企业销售电能进行贸易结算的“秤杆子”，属(　　)强制检定的计量器具之一。

(A) 地方政府 (B) 物价局 (C) 计量局 (D) 国家

答案：D

Lf5A1188 (　　)属于电力需求侧管理的财政手段。

(A) 举办节能产品展示 (B) 峰谷分时电价

(C) 节电效益返还 (D) 蓄冷蓄热技术

答案：C

Lf5A2189 当电力线路、电气设备发生火灾时应立即断开(　　)。

(A) 电压 (B) 电流 (C) 电源 (D) 电阻

答案：C

Lf5A2190 使用钳形电流表测量电流时，可将量程放在(　　)上进行粗测，然后再根据粗测，将量程开关放在合适的量程上。

(A) 最大位置　　(B) 任意位置　　(C) 估计位置　　(D) 最小位置

答案：A

Lf5A2191 某一单相电子式电能表脉冲常数为1600imp/(kW·h)，正确说法是(　　)。

(A) 脉冲灯闪1次累计为1kW·h电量

(B) 脉冲灯闪16次累计为1kW·h电量

(C) 脉冲灯闪160次累计为1kW·h电量

(D) 脉冲灯闪1600次累计为1kW·h电量

答案：D

Lf5A2192 分时电能表为电力部门实行(　　)提供电能计量手段。

(A) 两部制电价　　(B) 各种电价

(C) 不同时段的分时电价　　(D) 先付费后用电

答案：C

Lf5A2193 测量电力设备的绝缘电阻应该使用(　　)。

(A) 万用表　　(B) 电压表　　(C) 兆欧表　　(D) 电流表

答案：C

Lf5A2194 用电检查人员应参与用户重大电气设备损坏和人身触电伤亡事故的调查，并在(　　)日内协助用户提出事故报告。

(A) 3　　(B) 5　　(C) 7　　(D) 10

答案：C

Lf5A2195 用手触摸变压器的外壳时，如有麻电感，可能是(　　)。

(A) 线路接地引起　　(B) 过负荷引起

(C) 外壳接地不良引起　　(D) 过电压引起

答案：C

Lf5A2196 客户配电间带电指示灯(　　)亮，代表设备处于运行状态。

(A) 红灯　　(B) 绿灯　　(C) 黄灯　　(D) 蓝灯

答案：A

Lf5A2197 单相插座的接法是(　　)。

(A) 左零线右火线 (B) 右零线左火线 (C) 左地线右火线 (D) 左火线右地线

答案：A

Lf5A3198 万用表使用完毕后，若万用表无“OFF”档位，则转换开关应转到(　　)位置。

(A) 直流电流最低档　　(B) 交流电压最高档

(C) 交流电压最低档　　(D) 直流电流最高档

答案：B

Lf5A3199 某型号单相电能表的电流规格为5（20）A，当此电能表工作在20A时，电能表(　　)。

(A) 能长期工作但不能保证准确度　　(B) 能保证准确度，但不能长期工作

(C) 能长期工作且能保证准确度　　(D) 都不对

答案：C

Lf5A3200 用三只单相电能表测三相四线电路有功电能时，其电路电能值应等于三只电能表的(　　)。

(A) 代数和　　(B) 矢量和　　(C) 最大值　　(D) 平均值

答案：A

Lf5A3201 上、下级电网（包括同级和上一级及下一级电网）继电保护之间的整定，应遵循逐级配合的原则，满足(　　)的要求。

(A) 可靠性　　(B) 选择性　　(C) 灵敏性　　(D) 速动性

答案：B

Lf5A3202 在没有约定的情况下，供电企业未经用户同意，在(　　)情况下可操作用户受电设备。

(A) 紧急事故　　(B) 工程施工　　(C) 催收电费　　(D) 正常安全检查

答案：A

Lf5A3203 4kV无遮拦裸导体至地面的距离不应小于(　　)。

(A) 1.9m　　(B) 2.1m　　(C) 2.3m　　(D) 2.4m

答案：C

Lf5A3204 下列说法中，错误的说法是(　　)。

(A) 判断载流体在磁场中的受力方向时，应当用左手定则

(B) 当已知导体运动方向和磁场方向，判断导体感应电动势方向时，可用右手定则

(C) 楞次定律是判断感应电流方向的普遍定律，感应电流产生的磁场总是与原磁场方向相反

(D) 当回路所包围的面积中的磁通量发生变化时，回路中就有感应电动势产生，这个感应电动势或感应电流所产生的磁通总是力图阻止原磁通的变化，习惯上用右手螺旋定则来规定磁通和感应电动势的方向

答案：C

Lf5A3205 由于外界工作条件的改变而造成仪表的额外误差，称作仪表的(　　)。

(A) 附加误差　(B) 绝对误差　(C) 相对误差　(D) 基本误差

答案：A

Lf5A3206 用万用表测量回路通断时(　　)。

(A) 用电压档　(B) 用电流档

(C) 用电阻档大量程　(D) 用电阻档小量程

答案：D

Lf5A3207 当单相电能表相线和中性线互换接线时，用户采用一相一地的方法用电时，电能表将(　　)。

(A) 正确计量　(B) 少计电量　(C) 多计电量　(D) 不计电量

答案：D

Lf5A3208 若误用500型万用表的直流电压250V档测量220V、50Hz的交流电，则指针指示在(　　)位置。

(A) 220V　(B) 110V　(C) 0V　(D) ∞

答案：C

Lf5A3209 电能表电流线圈严重过载烧损时，电能表仍然工作，但记录的电量(　　)。

(A) 增加　(B) 减少　(C) 正常　(D) 有时增加、有时减少

答案：B

Lf5A4210 计费电能表及附件的安装、移动、更换、校验、拆除、加封、启封均由(　　)负责办理。

(A) 用户　(B) 乡电管站　(C) 供电企业　(D) 电力管理部门

答案：C

Lf5A4211 三元件电能表用于(　　)供电系统测量和记录电能。

(A) 二相三线制　(B) 三相三线制

(C) 三相四线制　(D) 三相五线制

答案：C

Lf5A4212 供电企业应对新装、换表及现场校验后的用电计量装置加封，并请用户在(　　)上签章。

(A) 工作手册　(B) 派工单　(C) 工作传票　(D) 工作报告

答案：C

Lf5A4213 钳形电流表测量电流，可以在(　　)电路电压上使用。

(A) 380/220V　(B) 35kV　(C) 6kV　(D) 10kV

答案：A

Lf5A4214 某村由两台变压器供电，低压线路的零线是连接在一起的，当测量其中一台变压器低压侧中性点接地电阻时，应将(　　)。

(A) 被测变压器停电　(B) 两台变压器都停电

(C) 两台变压器都不停电　(D) 视具体情况而定

答案：B

Lf5A4215 DD862 型单相电能表的准确度等级一般是(　　)。

(A) 3.0 级　(B) 2.0 级　(C) 1.0 级　(D) 0.5 级

答案：B

Lf5A4216 某用电户生产形势发生变化后，受电设备容量富裕，某月其周边新建居民住宅，于是该户利用其设备向居民户供电，其行为属(　　)。

(A) 窃电行为　(B) 违约用电行为

(C) 正当行为　(D) 违反治安处罚条例行为

答案：B

Lf5A4217 测量三相四线制电路的有功电量时，应采用三相三元件电能表，其特点是不管三相电压、电流是否对称，都(　　)。

(A) 不会引起线路附加误差　(B) 会引起线路附加误差

(C) 不产生其他误差　(D) 不会潜动

答案：A

Lf5A4218 低压用户接户线的线间距离一般不应小于(　　)。

(A) 600mm　(B) 400mm　(C) 200mm　(D) 150mm

答案：D

Lf5A5219 客户电能计量装置发生故障的，选择使用(　　)流程。

(A) 违约用电　(B) 验表

(C) 计量装置故障处理　(D) 退补电量电费

答案：C

Lf5A5220 熔断器保护的选择性要求是(　　)。

(A) 后级短路时，前、后级熔丝应同时熔断

(B) 前级先熔断，后级 1min 后必须熔断

（C）后级先熔断，以缩小停电范围
（D）后级先熔断，前级 1min 后必须熔断
答案：C

Lf5A5221 如果电动机外壳未接地，当电动机发生一相碰壳时，它的外壳就带有（ ）。
（A）线电压 （B）线电流 （C）相电压 （D）相电流
答案：C

Lf5A5222 用户认为供电企业装设的计费电能表不准时，有权向供电企业提出校验申请，在用户交付验表费后，供电企业应在（ ）天内校验，并将校验结果通知用户。
（A）3 （B）5 （C）7 （D）10
答案：C

Lf5A5223 在正常工作情况下，只要不违反（ ）的规定，用电安全是有保证的。
（A）操作技术 （B）安全技术 （C）保安技术 （D）保护技术
答案：B

Lf5A5224 当供电电压较额定电压低于 10%，用电器的功率降低（ ）。
（A）10% （B）19% （C）15% （D）9%
答案：B

Lf5A5225 移动式照明灯，无安全措施的车间或工地的照明灯，各种机床的局部照明灯，以及移动式工作手灯（也叫行灯），都必须采用（ ）的低电压安全灯。
（A）24V 及以下 （B）12V 及以下 （C）36V 及以下 （D）36V
答案：C

Lf5A3226 新装客户应在归档后（ ）个工作日内编入抄表段。
（A）4 （B）3 （C）2 （D）5
答案：B

Lf5A4227 每月 25 日以后的抄表电量不得少于月售电量的（ ），其中月末 24 时的抄表电量不得少于月售电量的（ ）
（A）60%、40% （B）70%、30% （C）70%、35% （D）65%、30%
答案：C

Lf5A3228 高压抄表例日由（ ）审批。
（A）供电所 （B）县公司营销部
（C）市公司营销部 （D）县公司抄表部门
答案：C

1.2 判断题

La5B1001 “安全第一，预防为主”的方针是电力企业长期一贯的安全生产方针。(√)

La5B1002 《电业安全工作规程》规定，电气设备分为高压、中压和低压三种。(×)

La5B1003 100kV·A及以上高压供电的用户，在电网高峰负荷时的功率因数应为0.9以上。(√)

La5B1004 10kV及以下三相供电的用户，其受电端的供电电压允许偏差为额定值的±7%。(√)

La5B1005 220V单相供电的电压允许偏差为额定值的+7%、-10%。(√)

La5B1006 发电厂和变电所中装设的电气设备分为一次设备和二次设备。(√)

La5B1007 带电高压线断落地面时，在断落点1～2m周围应装设临时遮栏或设专人看守，以防人身触电。(×)

La5B1008 带电作业时应填写第一种工作票。(×)

La5B1009 当中性点直接接地时，该中性点称为零点。由零点引出的导线称为零线。(√)

La5B1010 低压供用电合同适用于供电电压为380V的低压电力客户。(×)

La5B1011 国家电网公司员工不准违反首问负责制，不准推诿、搪塞、怠慢客户。(√)

La5B1012 电能表是专门用来测量电能的一种表计。(√)

La5B1013 电压互感器二次连接线的电压降超出允许范围时，补收电量的时间应从二次连接线投入或负荷增加之日起至电压降更正之日止。(√)

La5B1014 额定电流是指电气设备允许长期通过的电流。(√)

La5B1015 国家电网公司员工不准违反业务办理告知要求，造成客户重复往返。(√)

La5B1016 黑色安全色用来标志“禁止跨入”“有电危险”。(×)

La5B1017 临时用电户如容量许可，可以向外转供电。(×)

La5B1018 因电能质量某项指标不合格而引起责任纠纷时，不合格的质量责任由电力管理部门认定的电能质量技术检测机构负责技术仲裁。(√)

La5B1019 引起停电或限电的原因消除后，供电企业应在4日内恢复供电。(×)

La5B1020 在电力系统正常状况下，35kV及以上电压供电的电压正、负偏差的绝对值之和不超过额定值的10%。(√)

La5B1021 正常情况下，我国实际使用的安全电压为46V。(×)

La5B2022 10kV及以下三相供电的电压允许偏差为额定值的±5%。(×)

La5B2023 电能表按其工作原理可分为电气机械式电能表和电子式电能表。(√)

La5B2024 磁场强的地方，磁力线密集；磁场弱的地方，磁力线稀疏。(√)

La5B2025 国网公司员工进入客户现场时，应主动出示工作证件，并进行自我介绍。进入居民室内时，应先按门铃或轻轻敲门，主动出示工作证件，征得同意后，穿上鞋套，

方可进入。(√)

La5B2026 导线的电阻大小常与温度有关，一般温度升高导线电阻变大。(√)

La5B2027 国家电网公司员工不准为客户指定设计、施工、供货单位。(√)

La5B2028 电力生产过程分为发电、输电、配电、用电共四个环节。(×)

La5B2029 电流互感器铭牌上所标额定电压是指一次绕组的额定电压。(√)

La5B2030 电压互感器变比是指电压互感器一次额定电压U_{1N}与二次额定电压U_{2N}之比，用K_N表示，即$K_N=U_{1N}/U_{2N}=U_1/U_2$。(√)

La5B2031 国家电网公司员工不准对外泄露客户个人信息及商业秘密。(√)

La5B2032 电阻是表征导体对电流的阻碍作用的物理量。(√)

La5B2033 额定电压是指电气设备瞬间运行所能承受的工作电压。(×)

La5B2034 发生火灾时，可以用水扑灭电气火灾。(×)

La5B2035 感应电流的方向跟感应电动势的方向是一致的，即感应电流由电动势的高电位流向低电位。(×)

La5B2036 感应式电能表的驱动元件由电压线圈（串联线圈）和电流线圈（并联线圈）组成。(×)

La5B2037 衡量电能质量的指标是电压、频率和周波。(×)

La5B2038 进行电气设备的操作时应两人进行，一人进行操作，一人进行监护。(√)

La5B2039 客户在申请验表期间，其电费可暂不按期交纳，验表结果确认后，再行退补电费。(×)

La5B2040 绿色安全色用来标志“当心触电”“注意安全”。(×)

La5B2041 国家电网公司营业窗口工作人员工作时间不得擅自离岗或做与工作无关的事。(√)

La5B2042 国网公司对员工的惩处主要包括纪律处分、经济处罚和组织处理三种方式，三种惩处方式可单独运行，也可同时运用。(√)

La5B2043 伪造或者开启供电企业加封的用电计量装置封印的用电属窃电。(√)

La5B2044 我国采用的安全色有：1. 红色；2. 黄色；3. 绿色；4. 蓝色；5. 黑色。(√)

La5B2045 用户申请暂换（因受电变压器故障且无相同变压器替代，临时更换大容量变压器）的审批使用时间：10kV及以下的不超过3个月。(×)

La5B2046 用户使用的电力、电量，必须由供电企业认可的用电计量装置的记录为准。(×)

La5B2047 有重要负荷的用户，在已取得供电企业供给的保安电源后，无需采取其他应急措施。(×)

La5B2048 在给定时段内，电力网所有元件中的电能损耗称为线损。线损电量占供电量的百分数称为线损率。(√)

La5B2049 在我国，供电营业区可分为跨省营业区、省级营业区、地级营业区和县级营业区等四类。(√)

La5B2050 最大负荷是指电网或用户在某一段确定时间内所发生的负荷最大值。(√)

La5B3051 10kV带电高压线断落地面时，在断落点4～8m周围应装设临时遮栏或设专人看守，以防人身触电。(√)

La5B3052 2.0级的电能表误差范围是±1%。(×)

La5B3053 变压器能将某一种电压电流相数的直流电能转变成另一种电压电流相数的直流电能的静止电器。(×)

La5B3054 当磁铁处于自由状态时，S极指向北极，N极指向南极。(×)

La5B3055 当电压相同时，电流与电阻成反比关系。(√)

La5B3056 当发生电气着火时，严禁用水泼灭，必须用常规酸碱和泡沫灭火器灭火。(×)

La5B3057 电力客户认为计费电能表不准时，有权向供电企业提出校验申请，并交纳验表费。电能表经校验后，无论误差是否在允许范围内，验表费都不予退还。(×)

La5B3058 电力生产过程是连续的，发电、输电、变电、配电和用电在同一瞬间完成。(√)

La5B3059 电能表潜动是指用户不用电时，电能表的转盘继续转动超过一周以上仍不停止。(√)

La5B3060 国网公司对员工的奖励包括通报表扬、表彰并授予荣誉称号和物质奖励。(√)

La5B3061 额定容量是指电气设备在厂家铭牌规定的条件下，在额定电压、额定电流下连续运行所输送的功率。(√)

La5B3062 负荷率是指在一段时间内平均负荷与最大负荷的比率。(√)

La5B3063 高压供电原则上应在高压侧进行计量。(√)

La5B3064 供电企业对检举、查获窃电或违约用电的有关人员应给予奖励。(√)

La5B3065 供电质量是指电压、频率和波形的质量。(√)

La5B3066 供用电合同是合同中的一种。(√)

La5B3067 国家电网公司规定：营业场所单位名称按规定使用统一、规范的国家电网公司标识，公布营业时间。(√)

La5B3068 红色安全色用来标志强制执行，如“必须戴安全帽”。(×)

La5B3069 黄色安全色用来标志“有人工作，已接地”。(×)

La5B3070 接地电阻测量仪测量接地电阻之前应将指针调整至中心线零位上。(√)

La5B3071 金属导体的电阻与导体的截面积无关。(×)

La5B3072 具有三级用电检查证资格的人员可以对10kV电压等级的客户开展用电检查工作。(×)

La5B3073 平均负荷是指电网或用户在某一段确定时间内的负荷平均值。(√)

La5B3074 钳形电流表使用方便，但测量精度不高。(√)

La5B3075 窃电时间无法查明时，窃电月数至少以6个月计算，每日窃电时间：动力按12h、照明按6h、商业按10h计算。(×)

La5B3076 窃电者应按所窃电量补交电费，并承担补交电费的3～6倍的违约使用电费。(×)

La5B3077 三相三线电能表是由三组驱动元件组成的。(×)

La5B3078 三相四线电能表型号的系列代号为S。(×)

La5B3079 擅自引入(供出)供电企业电源或将备用电源和其他电源私自并网的，应承担违约容量每千瓦(kV·A)30元的违约使用电费。(×)

La5B3080 使用临时电源的用户转让给其他用户时，应办理变更用电事宜。(×)

La5B3081 用电计量装置接线错误时，退补电费时间：从上次校验或换装投入之日起至接线错误更正日止的二分之一时间计算。(×)

La5B3082 用电设备的功率因数对线损无影响。(×)

La5B3083 在电力系统正常状况下，供电频率的允许偏差为：①装机容量在300万kW及以上的±0.2Hz；②装机容量在300万kW以下的±0.5Hz。(√)

La5B3084 专用计量箱(柜)内的电能表由电力公司的供电部门负责安装并加封印，用户不得自行开启。(√)

La5B4085 单相感应式电能表型号系列代号为D。(√)

La5B4086 电能表铭牌上电流标准为3(6)A，其中括号外表示最大标定电流。(×)

La5B4087 国网公司对员工的纪律处分包括：警告、记过、记大过、降级(降职)撤职、留用察看、解除劳动合同。(√)

La5B4088 供用电双方协商同意，且不损害国家利益和扰乱供用电秩序，可以变更或解除合同。(√)

La5B4089 交流钳形电流表主要由单匝贯穿式电流互感器和分流器的磁电式仪表组成。(√)

La5B4090 两只阻值相同的电阻串联后，其阻值为两电阻的和。(√)

La5B4091 人工呼吸法的使用对象是：脱离电源后已停止呼吸或呼吸逐渐微弱渐渐停止时使用。(√)

La5B4092 三相感应式电能表型号的系列代号为S。(×)

La5B4093 私自迁移、更改和擅自操作供电企业的电能计量装置按窃电行为处理。(×)

La5B4094 无功功率的高低对电压损耗有影响。(√)

La5B4095 因自然灾害等原因断电，供电人应当按照国家有关规定及时抢修。未及时抢修，造成用电人损失的，应当承担损害赔偿责任。(√)

La5B4096 用户发生人身伤亡事故应及时向供电企业报告，其他事故自行处理。(×)

La5B4097 用户向供电企业提出校验表申请，并交付验表费后，供电企业应在15天内校验，并把结果通知用户。(×)

La5B4098 在电价低的供电线路上擅自接用电价高的用电设备或私自改变用电类别的违约用电，应承担1～2倍差额电费的违约使用电费。(×)

La5B4099 在电力系统非正常状况下，用户受电端的电压最大允许偏差不应超过额定值的±10%。(√)

La5B5100 不准用万用表欧姆档去直接测量微安表表头、检流计、标准电池的电阻，以免损坏仪器。(√)

La5B5101 第三人责任致使居民家用电器损坏的，供电企业不负赔偿责任。(√)

La5B5102 电力违法行为，只能用书面方式举报。(×)

La5B5103 供电企业通过电能计量装置测定并记录的各类电力用户消耗使用的电能量的总和及窃电追回电量，称为售电量。(√)

La5B5104 未经供电企业同意，擅自引入（供出）电源或将备用电源和其他电源私自并网的，属窃电行为。(×)

La5B5105 我国生产的单相、三相直读式有功电能表都不乘倍数。(×)

La5B5106 用户擅自超过合同约定的容量用电应视为窃电行为。(×)

La5B5107 用户用电必须与供电企业签订供用电合同。(√)

La5B5108 在220/380V公用供电线路上发生零线断线引起家用电器损坏，供电企业应承担赔偿责任。(√)

La5B5109 在供电企业的供电设施上擅自接线用电属于违约用电行为。(×)

Lb5B1110 城镇电力排灌站（泵站）动力用电，执行农业排灌电价。(×)

Lb5B1111 电费管理工作程序是抄表－收费－核算。(×)

Lb5B1112 电气化铁路牵引变电所用电执行大工业电价。(√)

Lb5B1113 利用地下人防设施从事商品经营的营业用电，按一般工商业及其他用电电价计费。(√)

Lb5B1114 用户在申请验表期间，电费可暂缓缴纳，待验表结果确认后，再根据校验结果按实缴纳。(×)

Lb5B2115 3200kV·A及以上的高压供电电力排灌站，实行功率因数标准0.85。(×)

Lb5B2116 抄表人员在抄表过程中发现用户有窃电行为应立即开展取证工作。(×)

Lb5B2117 抄见电量是供电企业与电力客户最终结算电费的电量。(×)

Lb5B2118 电费回收的目的是电力企业生产全过程的最终环节，也是电力企业生产成果的最终体现。(×)

Lb5B2119 电能表误差超出允许范围时，退补电费时间：从上次校验或换表后投入之日起至误差更正日止。(×)

Lb5B2120 用电计量装置只包括计费电能表。(×)

Lb5B2121 房地产交易所执行城乡居民生活用电电价。(×)

Lb5B2122 高层楼房写字楼用电，执行城乡居民生活用电电价。(×)

Lb5B2123 基建工地施工用电可供给临时电源，执行一般工商业及其他电价。(√)

Lb5B2124 居民用电的空调用电按居民生活用电电价计费。(√)

Lb5B2125 商业、非居民照明及动力用电实行《功率因数调整电费办法》。(×)

Lb5B2126 蔬菜水果类农产品深加工的生产用电，不属于农业生产电价范围。(√)

Lb5B2127 托收客户的在途电费账，是供电公司实行同城特约委托收款时，应收电费款尚未到达收款单位的电费账。(√)

Lb5B2128 装见容量为315kV·A的码头装卸作业动力用电，执行一般工商业用其他及电电价计费。(√)

Lb5B2129 执行一户一表居民阶梯电价的居民客户不可执行居民分时电价。(×)

Lb5B3130 100kV·A及以下的非工业用户不实行《功率因数调整电费办法》。（×）

Lb5B3131 100kV·A及以上的电力排灌站实行功率因数标准0.9。（×）

Lb5B3132 基本电费以月计算，但新装、增容、变更与终止用电当月的基本费，可按实用天数每日按全月基本费三十分之一计算。（√）

Lb5B3133 大工业生产车间照明用电，可按一般工商业及其他用电电价计费，也可按大工业电价执行。（×）

Lb5B3134 用户办理一户多人口政策，要求人数必须超过6个及以上。（×）

Lb5B3135 电费"三率"是指抄表的"到位率""估抄率""缺抄率"。（×）

Lb5B3136 动力用电，不论高压或低压容量大小，一律执行分时电价。（×）

Lb5B3137 对不按规定交费期限而逾期交付电费的用户所加收的款项，叫作电费违约金。（×）

Lb5B3138 分时电价的时段是由每昼夜中按用电负荷高峰、平、低谷三时段组成。（√）

Lb5B3139 基本电费与客户变压器容量或最大需量有关，与用户使用电量无关。（√）

Lb5B3140 各级经营生产资料的物资供销公司、采购供应站，执行非居民照明电价。（×）

Lb5B3141 工厂、企业、机关、学校、商业等照明用电不得与居民合用电以便正确执行分类电价。（√）

Lb5B3142 故意损坏供电企业电能计量装置属违约用电行为。（×）

Lb5B3143 含尖峰时段的分时电价适用于全年12个月。（×）

Lb5B3144 基本电费不实行峰、非峰谷、谷时段分时电价。（√）

Lb5B3145 基建施工工地用电，其照明用电与动力用电应分别装表计费。（×）

Lb5B3146 客户欠电费需依法采取停电措施的，提前7天送达停电通知书。（√）

Lb5B3147 两部制电价的用户，擅自启用暂停或已封存的电力设备，应补交该设备容量的基本电费，并承担2倍补交基本电费的违约电费。（√）

Lb5B3148 信托投资机构及各类保险公司用电，执行非居民照明电价。（×）

Lb5B3149 银行企业用电，执行一般工商业及其他用电电价。（√）

Lb5B4150 100kV·A及以上的工业用户执行功率因数标准值0.9。（×）

Lb5B4151 100kV·A及以下的商业用户不实行《功率因数调整电费办法》。（×）

Lb5B4152 按照合同约定的计划结算预付电费部分，用户未按规定时间交付的，供电企业不收电费违约金。（×）

Lb5B4153 电费回收率是供电企业的一项重要技术考核指标。（×）

Lb5B4154 基建施工工地用电，应执行功率因数考核。（×）

Lb5B4155 对实行远程自动抄表方式的客户，应定期安排现场核抄，0.4kV及以下客户现场核抄周期应不超过12个月。（√）

Lb5B4156 收费的桥梁收费站、公厕设施用电按一般工商业及其他用电电价计费。（√）

Lb5B4157 受电容量在315kV·A以上（不含315kV·A）的工业用电，按大工业电价计费。（×）

Lb5B4158 现行目录电价以外加收的附加款不实行峰谷电价。（√）

Lb5B4159 线路、变压器损耗电量不实行《功率因数调整电费办法》。（×）

Lb5B4160 抄表数据复合结束后，应在48h内完成电量电费计算工作。（×）

Lb5B4161 以变压器容量计算基本电费的用户，属热备用状态的或未经加封的变压器，不论使用与否都计收基本电费。（√）

Lb5B4162 用电计量装置不安装在产权分界处时，线路与变压器损耗的电量均由产权所有者负担。（√）

Lb5B4163 居民用户未按规定期限缴纳电费，每日违约金按欠费总额的千分之二计算。（×）

Lb5B5164 个体门诊用电，执行非居民照明电价。（×）

Lb5B5165 供电量就是售电量。（×）

Lb5B5166 广告用电属于路灯用电。（×）

Lb5B5167 用电客户对计量装置有异议时，可以拒交电费。（×）

Lb5B5168 在途电费视同欠费。（√）

Jd5B1169 单相电能表是用来测量记录单相电源用户用电量的，并以此量值和国家规定的电力价格计收电费，不能用来测量记录三相电源用户电量。（×）

Jd5B1170 使用万用表欧姆档可以测量小于1Ω的电阻。（×）

Jd5B1171 使用万用表时，红色表笔应插入有"＋"号的插孔，黑色表笔应插入有"—"号的插孔，以避免测量时接反。（√）

Jd5B1172 在给单相电能表接线时，必须将相线接入电流线圈。（√）

Jd5B1173 在使用电流、电压表及钳形电流表的过程中，都应该从最大量程开始，逐渐变换成合适的量程。（√）

Jd5B2174 当三相三线有功电能表第一相和第三相电流极性接反时，电能表读数不变。（×）

Jd5B2175 电能计量装置倍率＝电能表本身倍率×K_{TV}×K_{TA}。（√）

Jd5B2176 高压三相三线有功电能表电流接线相序接反时，电能表读数反走。（×）

Jd5B2177 几个电阻一起连接在两个共同点的节点之间，每个电阻两端所承受的是同一个电压，这种连接方式称为电阻的串联。（×）

Jd5B2178 用电压表测量电压时应将仪表串入电路，用电流表测量电流时应将仪表同被测电路并联。（×）

Jd5B2179 用万用表测量电阻时，不必将被测电阻与电源断开。（×）

Jd5B2180 用万用表的电阻档测量二极管的反向导通电阻时，此时其电阻应很小。（×）

Jd5B2181 正常情况下，交流安全电流规定为50mA。（×）

Jd5B3182 5（20）A、220V单相电能表，通常称之为宽负载电能表，或称为四倍表。（√）

Jd5B3183 测量500V以下线圈的绝缘电阻，选择兆欧表的额定电压应为500V。（√）

Jd5B3184 单相、三相电能表表盘读数小数的位数都设置为两位小数。（×）

Jd5B3185 单相电能表的电流线圈串接在相线中，电压线圈并接在相线和中性线上。（√）

Jd5B3186 当电网频率下降时，家中电风扇的转速会变慢。（√）

Jd5B3187 当三相四元件电能表任意一相电流、电压线圈烧坏时，电能表其他两相电流、电压不能使转盘走动。（×）

Jd5B3188 某一单相用户使用电流为5A，若将单相两根导线均放入钳形电流表表钳之内，则读数为5A。（×）

Jd5B3189 三相四线负荷用户若安装三相三线电能表计量，易漏计电量。（√）

Jd5B3190 线损电量包括：电网输送损失电量和其他损失电量。（√）

Jd5B3191 一般钳形电流表适用于低压电路的测量，被测电路的电压不能超过钳形电流表所规定的使用电压。（√）

Jd5B3192 用万用表进行测量时，不得带电切换量程，以防损伤切换开关。（√）

Jd5B3193 在电阻为10Ω的负载中，要流过5A的电流，必须有50V的电压。（√）

Jd5B4194 20kV线路供电半径比10kV线路供电半径大。（√）

Jd5B4195 三相四线负荷用户要装三相三线电能表。（×）

Jd5B4196 用钳形电流表测量被测电流大小难于估计时，可将量程开关放在最小位置上进行粗测。（×）

Jd5B4197 兆欧表应根据被测电气设备的额定电压来选择。（√）

Jd5B4198 专用变压器供电、采用低压计量的农业用电户，免收变压器损失电量电费。（×）

Jd5B5199 单相电能表当电压线圈烧断时，流过电流线圈的负荷仍使该表转盘走动。（×）

Jd5B5200 电动机最经济、最节能的办法是：使其在额定容量的75%～100%下运行，提高自然功率因数。（√）

Jd5B5201 某工厂电工私自将电力企业安装的电力负荷控制装置拆下，以致电力负荷控制装置无法运行，应承担5000元的违约使用电费。（√）

Jd5B5202 如果电源通向负载的两根导线不经过负载而相互直接接通，从而导致电路中的电流剧增，这种现象叫作断路。（×）

Jd5B5203 万用表如无法使指针调到零位时，则说明万用表内的电池电压太低，应更换新电池。（√）

Jd5B5204 万用表在接入电路进行测量前，需先检查转换开关是否在所测档位上。（√）

Jd5B5205 用电压表测量负载电压时，要求表的内阻远远大于负载电阻。（√）

Je5B3206 抄表器不仅有抄表功能，而且有防止估抄功能及纠错功能。（√）

Je5B3207 一户一表用户，当年年累计使用电量为2000度，剩余一阶电量可以结转

至下年使用。(×)

Je5B4208 某10kV非工业用户装100kV·A专用变压器用电，其计量装置在二次侧应免收变损电量电费。(×)

Je5B4209 校办工厂装接容量在315kV·A及以下的执行一般工商业及其他用电电价。(×)

Je5B5210 某居民用电户本月电费为100元，交费时逾期5日，该用户应缴纳的电费违约金为100×(1/1000)×5元。(×)

Je5B5211 某农场10kV高压电力排灌站装有变压器1台，容量为500kV·A，高供高计。其电费应包含电度电费，基本电费和功率因数调整电费。(×)

Jf5B2212 从保护人身安全的可靠性出发，一般触电保护器启动电流应在15～30mA范围之内。(√)

1.3 多选题

La5C1001 国家电网公司电力安全工作规程制定的目的是(　　)。

(A) 加强电力生产管理　　(B) 防止窃电行为的产生

(C) 保证人身、电网和设备安全　　(D) 规范各类工作人员的行为

答案：ACD

La5C1002 窃电行为包括(　　)。

(A) 在供电企业的供电设施上，擅自接线用电

(B) 绕越供电企业的计量装置用电

(C) 伪装法定的计量鉴定机构加封的电能计量装置封印用电

(D) 故意损坏供电企业电能计量装置

答案：ABCD

La5C1003 并联电路具有的特点是(　　)。

(A) 各电阻两端间的电压相等

(B) 总电流等于各支路电流之和

(C) 电路的总电阻的倒数等于各支路电阻倒数之和

(D) 各电阻上流过的电流相等

答案：ABC

La5C2004 万用表由(　　)构成。

(A) 表头　　(B) 测量电路　　(C) 转换开关　　(D) 转换电路

答案：ABC

La5C2005 电力系统是由(　　)组成的统一体。

(A) 各种类型发电厂中的发电机　　(B) 各种电压等级的变压器

(C) 各种电压等级的输配电线路　　(D) 各种类型的用电设备

答案：ABCD

La5C2006 现代计算机网络通常分为(　　)。

(A) 局域网　　(B) 城域网　　(C) 省域网　　(D) 广域网

答案：ABD

La5C2007 电工指示仪表按仪表的工作原理分为(　　)。

(A) 磁电系仪表　　(B) 直流仪表　　(C) 整流系仪表　　(D) 感应系仪表

答案：ACD

La5C2008 电工仪表按工作原理可分为(　　)。

(A) 磁电式　　(B) 电磁式　　(C) 电动式　　(D) 感应式

答案：ABCD

La5C2009 安全生产的组织措施是(　　)。

(A) 工作票制度　　(B) 操作票制度　　(C) 工作许可制度

(D) 工作监护制度　　(E) 工作间断、转移和终结制度

答案：ABCDE

La5C2010 《供电营业规则》规定：对不具备安装条件的临时用电的用户，可按其(　　)计收电费。

(A) 用电容量　　(B) 用电性质　　(C) 使用时间　　(D) 规定的电价

答案：ACD

La5C2011 (　　)叫作三相四线。

(A) 三相四线制是带电导体配电系统的型式之一

(B) 三相指 L1、L2、L3 三相，四线指通过正常工作电流的三根相线和一根 N 线(中性线)

(C) 不包括不通过正常工作电流的 PE 线

(D) 包括不通过正常工作电流的 PE 线

答案：ABC

La5C2012 降低线损的技术措施主要有(　　)。

(A) 减少输配电层次，提高输电电压等级和输配电设备健康水平

(B) 合理调整输配电变压器台数、容量，达到经济运行

(C) 准确确定负荷中心，调整线路布局，减少或避免超供电半径供电现象

(D) 按经济电流密度选择供电线路线径

(E) 提高负荷的功率因数，尽量使无功就地平衡

(F) 合理运行调度，及时掌握有功和无功负荷潮流，做到经济运行

答案：ABCDEF

La5C2013 正弦交流电三要素的内容以及表示的含义是(　　)。

(A) 最大值：是指正弦交流量最大的有效值

(B) 最大值：是指正弦交流量最大的瞬时值

(C) 角频率：是指正弦交流量每秒变化的电角度

(D) 初相角：正弦交流电在计时起点 $t=0$ 时的相位，要求其绝对值小于 180°

答案：BCD

La5C3014 《供电营业规则》中第八十四条规定：基本电费以月计算，但(　　)当月的基本电费，可按实用天数（日用电不足24h的，按1天计算）每日按全月基本电费的1/30计算。

(A) 新装　　(B) 终止供电　　(C) 变更　　(D) 增容

答案：ABCD

La5C3015 《供电营业规则》对供电方案的确定期限规定正确的是(　　)。

(A) 居民用户最长不超过3天

(B) 低压电力用户最长不超过10天

(C) 高压单电源的用户最长不超过1个月

(D) 高压双电源用户最长不超过2个月

答案：BCD

La5C3016 我省现行电价按用电类别分为(　　)。

(A) 城镇居民生活电价　　(B) 一般工商业及其他用电电价

(C) 农业生产电价　　(D) 大工业电价

答案：ABCD

La5C3017 我国现行电价按电压等级分为(　　)供电电价。

(A) 超高压　　(B) 低压　　(C) 中压　　(D) 高压

答案：BCD

La5C4018 从电能损耗计算公式可以看出(　　)。

(A) 电压等级越高，电能损耗越小

(B) 用户功率因数值越大，电能损耗越小

(C) 供电线路导线线径越小，电能损耗越大

(D) 输送电能越多，电能损耗越大

答案：ABCD

La5C4019 以下是《供电营业规则》中关于“电能计量装置安装的相关规定”的描述，其正确的包括(　　)。

(A) 若产权分界处不适宜装表，对专线供电的高压用户，可在供电变压器出口装表计量

(B) 电能计量装置原则上应装在供电设施的产权分界处

(C) 若产权分界处不适宜装表，对公用线路供电的高压用户，可在用户受电装置的低压侧计量

(D) 当电能计量装置不安装在产权分界处时，线路与变压器损耗的有功与无功电量均由产权所有者负担。在计算用户基本电费（按最大需量计收时）、电度电费及功率因数调

整电费时，应将上述损耗电量计算在内

答案：**ABCD**

La5C4020 使用安全用具应注意（　　）。

（A）每次使用之前，必须认真检查

（B）使用前应将安全用具擦拭干净，验电器使用前要做检查

（C）使用完的安全用具，要擦拭干净，放到固定的位置

（D）安全用具应有专人负责妥善保管

答案：**ABCD**

La5C4021 《供电营业规则》中第八十四条规定：（　　）不扣减基本电费。

（A）事故停电　　（B）检修停电　　（C）用电变更　　（D）计划限电

答案：**ABD**

La5C4022 用电负荷中属于一级负荷的有（　　）。

（A）中断供电将造成人身伤亡

（B）中断供电将影响重要用电单位的正常工作

（C）中断供电将在政治、经济上造成重大损失时

（D）中断供电将影响有重大政治、经济意义的用电单位的正常工作

答案：**ACD**

La5C4023 《电力法供应与使用条例》立法的目的是（　　）。

（A）为了加强电力供应与使用的管理

（B）加强对供用电的监督管理

（C）维护供用电正常秩序

（D）保障安全经济合理的供电和用电

答案：**ACD**

La5C5024 电力系统运行的基本要求是（　　）。

（A）保证可靠地持续供电

（B）保证合格的电能质量

（C）保证电力系统运行安全、经济、合理

（D）保证电力网灵活、可靠地运行调度

答案：**ABCD**

La5C5025 电力供应与使用双方应当根据（　　）原则，按照国务院制定的电力供应与使用办法签订供用电合同，确定双方的权利和义务。

（A）平等互利　　（B）利益共享　　（C）平等自愿　　（D）协商一致

答案：**CD**

La5C5026 计费电能表的赔偿费收取依据是《供电营业规则》第六章第七十七条的规定：如因(　　)致使计费电能表出现或发生故障的，供电企业应负责换表，不收费用；其他原因引起的，用户应负担赔偿费或修理费。

(A) 供电企业责任 (B) 不明原因 (C) 客户责任 (D) 不可抗力

答案：AD

Lb5C1027 线损率是指(　　)。

(A) 有功电能损失与输入端输送的电能量之比的百分数

(B) 电压损失与输入端的电压之比的百分数

(C) 有功功率损失与输入的有功功率之比的百分数

(D) 无功功率损失与输入的无功功率之比的百分数

答案：AC

Lb5C1028 电费三率是指(　　)

(A) 电费回收率 (B) 准确率

(C) 实抄率 (D) 差错率

答案：ACD

Lb5C2029 下列用电(　　)执行城镇居民生活电价。

(A) 幼儿园、中学、小学校

(B) 驾校、美容学校、厨师培训学校

(C) 纯居民住宅大楼内电梯、水泵、楼道照明用电

(D) 公共广场、绿地、楼宇、店面等具有广告性质的用电

(E) 蓄冰制冷专门用于居民生活的

(F) 我省监狱单位的监管、警戒、部队等生活用电

答案：ACEF

Lb5C2030 抄表日报和应收电费发行表的主要内容有(　　)。

(A) 电价分类户数、设备容量

(B) 抄见电量、计费电量（含变压器损失）、合计应收电费

(C) 电度电费、基本电费（以变压器容量或最大需量计算）和功率因数调整电费

(D) 地方附加费、集资、加价的分类金额

答案：ABCD

Lb5C2031 普通工业用户照明用电（包括生活照明和生产照明），应执行(　　)电价。

(A) 生产照明应执行非居民照明电价

(B) 生活照明应执行居民生活照明电价

（C）办公照明应执行居民生活照明电价
（D）全部执行非居民照明电价
答案：**AB**

Lb5C2032 凡以电为原动力，或冶炼、烘焙、熔焊、电解、电化等一切工业生产，其受电变压器容量不足 315kV·A 或低压受电，以及在上述容量、受电电压以内的下列各项用电哪些应该执行普通工业电价（　　）。
（A）机关、部队、学校及学术研究、试验等单位的附属工厂有产品生产并纳入国家计划，或对外承接生产、修理业务的生产用电
（B）铁道、地下铁道、航运、电车、电信、下水道、建筑部门及部队等单位所属的修理工厂生产用电
（C）自来水厂、工厂试验、照相制版、工业水银灯用电
（D）食品加工部门（包括商业部门前店后厂）用于食品加工或小烘焙电热用电
答案：**ABC**

Lb5C3033 为什么要建立电费台账（　　）。
（A）加强用户用电分户账务的管理需要
（B）防止电能表补抄卡的丢失
（C）防止电费个别经办人员营私舞弊的发生
（D）建立电费台账上级领导部门要求
答案：**ABC**

Lb5C3034 电费台账主要分几种（　　）。
（A）电力用户电费台账　（B）照明用户电费台账
（C）大工业用户电费台账　（D）农业用户电费台账
答案：**AB**

Lb5C3035 售电收入包括（　　）。
（A）电度电费（含峰、谷、平段电费）　（B）基本电费
（C）功率因数调整电费　（D）各类基金附加电费
答案：**ABCD**

Lb5C3036 大工业用电的电价由以下哪几部分构成（　　）。
（A）基本电价　（B）电度电价
（C）功率因数调整电费　（D）变动费用
答案：**ABC**

Lb5C3037 抄表微机上装、下装的概念是(　　)。

(A) 上装：将抄表微机通过通讯接口与计算机连接，将抄录好的数据传入计算机的过程

(B) 上装：将抄表微机通过通讯接口与计算机连接，将计算机中的信息传入抄表微机的过程

(C) 下装：将抄表微机通过通讯接口与计算机连接，将计算机中的信息传入抄表微机的过程

(D) 下装：将抄表微机通过通讯接口与计算机连接，将抄录好的数据传入计算机的过程

答案：AC

Lb5C4038 对逾期未交付电费的用户收取违约金原因有(　　)。

(A) 导致流动资金流动缓慢或停滞

(B) 影响安全发电、供电正常进行

(C) 影响电力企业按时、足额上缴国家税金和利润

(D) 电力企业还要为用户垫付一大笔流动资金的贷款利息

答案：ABCD

Lb5C4039 以下是有关“供电量、售电量、用电容量概念”的描述，其正确的包括(　　)。

(A) 售电量是供电企业通过电能计量装置测定并记录的各类电力用户直接使用的电能量的总和

(B) 供电量是指供电企业在一段时间内供出的电能量

(C) 供电量是供电企业通过电能计量装置测定并记录的各类电力用户消耗使用的电能量的总和

(D) 用电容量是指用户的用电设备容量的总和

答案：ABD

Lb5C4040 正确抄录各种电能表的读数的要求是(　　)。

(A) 抄读时应读数正确并达到必要的精度

(B) 抄录经互感器接入的电能表，当用电量很大时，应抄读到最小位数（1 位小数或 2 位小数）

(C) 注意与计量表计保持安全距离

(D) 必须抄录多功能计量表需量示数

答案：AB

Lb5C4041 下列选项中，属于临时用电的有(　　)。

(A) 基建工地用电　　　　(B) 市政建设用电

（C）抗旱打井用电　　　　　　　　　　　　（D）防汛排涝用电

答案：ABCD

Lb5C5042　不实行功率因数调整电费的电力电能表补抄卡应填写的主要内容有（　　）。

（A）用户名称、地址、用电认可书编号及抄表区、户号

（B）用电容量、受电电压、按电价分类确定的用电性质、用户所属行业（按用电分类划分）名称

（C）计费电能表的厂名、出厂编号、准确级别、相数、额定电压、额定电流、资产隶属性质、电流比及变比

（D）当月抄表日期、当月电能表实抄指示数及与上月抄录数的差额、应乘倍率、抄见电量数、线变损加度、实用计费电度、应收电费、电费发票号

答案：ABCD

Lb5C5043　电费管理工作的主要内容包括（　　）。

（A）建立健全户务资料，完善电能表补抄卡和台账

（B）严格、正确地计算和审核电费

（C）按时准确抄录用户的用电量

（D）对用户的用电量及应收电费进行综合分析、统计并上报

（E）及时、全额把电费收回并上交

答案：ABCDE

Lb5C5044　大工业电力客户电费发票的主要内容有（　　）。

（A）户名、户号、用电地址、收费日期

（B）计费有功、无功电能表的起止码、倍率，实用电量，线变损电量，计费容量，功率因数

（C）电费计算：电价、电度电费、功率因数调整电费

（D）应收电费、基本电费、附加费、合计应收电费

答案：ABCD

Lb5C5045　非工业用户照明用电（包括生活照明和生产照明），（按76电价标准）应执行（　　）电价。

（A）生产照明应执行非居民照明电价

（B）生活照明应执行居民生活照明电价

（C）办公照明应执行居民生活照明电价

（D）全部执行非居民照明电价

答案：AB

Lb5C5046 以下是有关“电费回收率、抄表率、差错率概念”的描述，其正确的包括(　　)。

(A) 实收电费与应收电费之比的百分数称为电费回收率

(B) 差错户数与应抄户数之比的百分数称为差错率

(C) 实抄户数与应抄户数之比的百分数称为抄表率

(D) 差错户数与实抄户数之比的百分数称为差错率

答案：ACD

Lb5C5047 应收电费的定义是(　　)；实收电费的定义是(　　)；电费回收率的定义是(　　)。

(A) 供电企业根据用户电能计量装置的记录，按照国家核准的电价，向用户应该收取的电费

(B) 供电企业向用户实际收取的电费

(C) 实收电费所占应收电费的百分比

(D) 未收电费所占应收电费的百分比

答案：ABC

Lb5C5048 执行峰谷电价的一般电费发票的主要内容有(　　)。

(A) 户名、户号、用电地址、收费日期

(B) 有功、无功电能表的起止码、倍率，实用电量，线变损电量，功率因数，峰、谷、平段电量

(C) 电费计算：峰、谷、平段电价电费，功率因数调整电费，电度电费，附加费，应收合计电费

(D) 已收电费、应退电费、应补电费

答案：ABC

Lc5C1049 安全生产的技术措施是(　　)。

(A) 停电　　(B) 操作票制度　　(C) 验电

(D) 装接地线　　(E) 悬挂标示牌和装设遮栏。

答案：ACDE

Lc5C1050 安全生产的“八字”方针是(　　)。

(A) 操作规范　　(B) 安全第一　　(C) 统一指挥　　(D) 预防为主

答案：BD

Lc5C1051 用钳形电流表测量电流时有(　　)安全要求。

(A) 使用钳形电流表时，应注意钳形电流表的电压等级

(B) 测量时戴绝缘手套，站在绝缘垫上，不得触及其他设备，以防短路或接地

(C) 观测表计时，要特别注意保持头部与带电部分的安全距离
(D) 使用钳形电流表时，应注意钳形电流表的电流等级
答案：ABC

Lc5C1052 电费回收中通常所指的“三千精神”含义是(　　)。
(A) 千方百计　(B) 千辛万苦　(C) 千苦万难　(D) 千言万语
答案：ABD

Lc5C2053 电流表和钳形电流表（高压电路使用）定期检验的周期在规程中分别规定为(　　)。
(A) 至少4年1次 (B) 至少5年1次 (C) 至少4年2次 (D) 至少1年1次
答案：AD

Lc5C2054 电工指示仪表按测量电流的种类分(　　)。
(A) 直流仪表　(B) 交流仪表　(C) 电流表　(D) 交直流两用表
答案：ABD

Lc5C3055 用电负荷中属于二级负荷的有(　　)。
(A) 中断供电将在政治、经济上造成较大损失时
(B) 中断供电将影响重要用电单位的正常工作
(C) 中断供电将在政治、经济上造成重大损失时
(D) 中断供电将影响有重大政治、经济意义的用电单位的正常工作
答案：AB

Lc5C3056 机械式三相电能表的结构与单相电能表的主要区别有(　　)
(A) 每一个三相电能表都有两组或三组驱动元件
(B) 它们形成的电磁力作用于同一转动元件上
(C) 由一个计度器显示三相消耗电能，所有部件组装在一个壳内
(D) 每一个三相电能表都有一组驱动元件
答案：ABC

Lc5C3057 选择电流互流器时，主要依据的参数有(　　)。
(A) 额定一次电流及变化
(B) 额定电压
(C) 二次额定容量和额定二次负荷的功率因数
(D) 准确度等级
答案：ABCD

Lc5C3058 安全用电就用户而言措施有(　　)。

(A) 坚持"安全第一，预防为主"的方针，树立牢固安全第一的用电意识，搞好用电安全工作

(B) 采用先进用电设备，严格进行新装用电设备安全检查，消除隐患，认真验收，合格送电，保证新装用电设备健康投入运行

(C) 定期进行用电设备各项试验，落实检修制度，定期分析，消除缺陷，保证设备健康运行

(D) 建立安全责任制，实行用电安全目标管理，建立安全规章制度，执行安全规程，坚持"两票"、"三制"，杜绝人身和重大设备事故，保证继电保护装置正确动作，防止事故扩大和越级，把事故控制在最小范围内

(E) 实行进网作业电工定期培训考核制度，坚持进网作业电工持证上岗，保证进网作业电工安全操作

(F) 制定相应的反事故措施，并定期进行反事故措施演练，一旦用电发生事故，能及时控制和排除，尽量缩小事故影响，尽快恢复用电

答案：ABCDEF

Lc5C3059 万用表可以测量的量有(　　)。

(A) 电压　　(B) 电流　　(C) 电阻　　(D) 功率

答案：ABC

Lc5C3060 解决供用电合同纠纷的方式有(　　)。

(A) 仲裁　　(B) 协商　　(C) 调解　　(D) 诉讼

答案：ABCD

Lc5C3061 电能表的误差超出允许范围时，退补电量计算式为抄见电量×(±实际误差%)/[1±(实际误差)] 下述判断正确的有(　　)。

(A) 正差为应退　　(B) 正差为应补

(C) 负差为应补　　(D) 负差为应退

答案：AC

Lc5C3062 电能表可以计量(　　)。

(A) 发电量　　(B) 供电量　　(C) 售电量　　(D) 线损电量

答案：ABC

Lc5C3063 供电负荷包含(　　)。

(A) 用电负荷　　(B) 线路损耗

(C) 配电变压器损耗　　(D) 发电厂用电负荷

答案：ABC

Lc5C3064 测量电流应采用的电工仪表和接线方式是( )。

(A) 电流表 (B) 电压表

(C) 电流表应跨接在被测的电路中 (D) 电流表应和被测电流的电路或负载串联

答案：AD

Lc5C4065 指针式万用表主要由( )组成。

(A) 指示部分 (B) 测量部分 (C) 转换装置 (D) 微运算装置

答案：ABC

Lc5C4066 短路会造成( )后果。

(A) 设备过热，损坏绝缘，降低使用年限，甚至烧毁设备

(B) 产生很大的电动力，造成电气设备的损坏

(C) 大的短路电流能破坏电力系统的稳定性

(D) 电压升高

答案：ABC

Lc5C4067 业务扩充工作的主要内容有( )。

(A) 签订“供用电合同”

(B) 确定供电方式与审批供电方案

(C) 收取有关费用

(D) 设计、施工和检验

(E) 用电申请与登记

(F) 装表接电，建档立户

答案：ABCDEF

Lc5C4068 供电企业对用户安装电能计量装置有( )要求。

(A) 在用户每一个受电点内按不同电价类别安装

(B) 在用户受电点处安装

(C) 在供电设施的产权分界处分别安装电能计量装置

(D) 在供电设施的产权分界处安装电能计量装置

答案：AC

Lc5C4069 属于特殊用途变压器的有( )。

(A) 整流变压器 (B) 电炉变压器 (C) 电焊变压器

(D) 矿用变压器 (E) 控制变压器

答案：ABCDE

Lc5C4070　电工指示仪表按使用方法分(　　)。

(A) 安装式　　　(B) 磁电系仪表　　(C) 功率因数表　　(D) 可携带式

答案：AD

Lc5C4071　电压表测量的正确使用方法是(　　)。

(A) 电压表与被测电路串联，电源的正极连接在电压表的"＋"接线柱上，被测电路连接在电压表的"－"接线柱上

(B) 电压表与被测电路并联，电源的正负极分别接在电压表的"＋""－"接线柱上

(C) 使用时量程一定要选择大于被测电路电压值的档位

(D) 测量高电压电路电压时一定要经过电压互感器，以确保人员设备安全

答案：BCD

Lc5C4072　以下是关于"用户要求校验计费电能表时，收取校验费的相关规定"的描述，其正确的包括(　　)。

(A) 校验计费电能表收取校验费的依据是《供电营业规则》第六章第七十九条规定

(B) 用户交付验表费后，供电企业应在 7 天内校验，并将校验结果通知用户

(C) 用户认为供电企业装设的计费电能表不准时，有权向供电企业提出校验申请

(D) 如计费电能表的误差在允许范围内，验表费不退，如误差超出允许范围，则退还验表费，并按规定退补电费

答案：ABCD

Lc5C5073　考核电能质量的主要技术指标是(　　)

(A) 频率　　　(B) 电压　　　(C) 波形　　　(D) 电流

答案：ABC

Lc5C5074　电工仪表按工作原理可分为(　　)

(A) 感应式　　　(B) 整流式　　　(C) 静电式　　　(D) 电子式

答案：ABCD

Lc5C5075　电流表测量的正确使用方法是(　　)。

(A) 电流表与被测电路串联，电源的正极连接在电流表的"＋"接线柱上，被测电路连接在电流表的"－"接线柱上

(B) 电流表与被测电路并联，电源的正负极分别接在电流表的"＋""－"接线柱上

(C) 测量时先把量程式置于最大档位，再根据被测电流值从大到小转到合适档位

(D) 测量高电压或大电流电路的电流时，必须经过电流互感器进行测量

答案：ACD

Lc5C5076　电工指示仪表按测量对象的名称分(　　)。

(A) 电流表　　　　(B) 功率表

(C) 功率因数表　　　　(D) 多种测量用途的万用表

答案：ABCD

Ls5C2077　根据《电力供应与使用条例》中的相关规定，下列对电费逾期违约金的描述正确的是(　　)。

(A) 对逾期未交付电费的，供电企业可以从逾期之日起加收违约金

(B) 电费违约金列入电费收入

(C) 电费违约金收取的标准是从逾期之日起每日按照电费总额的1‰～3‰加收

(D) 电费违约金的具体比例在供用电合同中约定

答案：ACD

Ld5C2078　非普电力电能表补抄卡适用于以下哪些用户(　　)。

(A) 非工业用户　(B) 普通工业用户 (C) 农业生产用户 (D) 警报器用电

答案：ABC

Ld5C2079　确定用户窃电量的规定是(　　)。

(A) 在供电企业的供电设施上，擅自接线用电的，所窃电量按私接设备额定容量乘以实际使用时间计算确定

(B) 其他行为窃电的，所窃电量按计费电能表标定电流值所指容量乘以实际窃电时间计算确定

(C) 窃电时间无法查明时，窃电日数至少以180天计算

(D) 每日窃电时间，电力用户按12h计算，照明用户按6h计算

答案：ABCD

Le5C1080　正确抄录计量电能表，一般应遵守的规定(　　)。

(A) 抄表人员在抄表之前，对电能表有关内容进行核对。特别是对新装或增、减容的用户第一次抄表时，对表号表示数、表位数、倍率等要进行认真核对。如发现有表无卡或有卡无表的问题，应及时汇报，追查原因，并开具工作单，转有关部门处理

(B) 抄表人员抄表时，如发现表计故障、计量不准时，除应了解表计运转及用电情况外，可暂按上月用电量预收，在表计故障消除后，再重新计算电费，多退少补

(C) 对已应用计算机实施电费管理，并已使用抄表微机抄表的单位，抄表人员应严格按各单位制定的微机抄表使用和管理的有关规定进行抄表

(D) 确因门锁补抄不到电能表读数者，可按前一个月的实用电量或本月用电情况预收当月电费，但不允许连续发生两次，下次必须抄到电能表读数，并核对用电量

答案：ABC

Le5C1081　供电企业对什么样的欠费用户可以停止供电(　　)。
(A) 逾期之日起计算超过30天
(B) 经催缴仍不交付电费的用户
(C) 已经提供担保仍不交电费的
(D) 欠交电费违约金没有按期缴纳的
答案：ABC

Le5C1082　某机关宿舍楼应执行居民生活电价的为以下(　　)设备。
(A) 一台1.2kW电动抽水机　　(B) 10kW照明用电
(C) 10kW电动机一台　　(D) 超市冰柜一台5kW
答案：AB

Le5C1083　属于抄表、核算、收费工作流程必做的环节(　　)。
(A) 立卡存档，分区分路建账，到户抄表，填写电费通知单送达用户
(B) 做抄表日志，开电费发票
(C) 审核发票，生成电费应收账，汇总售电统计表
(D) 整理差错电费报表
答案：ABC

Le5C1084　一般电力客户电费发票的主要内容有(　　)。
(A) 户名、户号、用电地址、收费日期
(B) 计费有功、无功电能表的起止码、倍率，实用电量，线变损电量，功率因数
(C) 电费计算：电价、电度电费、功率因数调整电费、应收电费、附加费、应收合计电费
(D) 分时峰谷电量电费
答案：ABC

Le5C1085　抄表周期随意调整后影响(　　)。
(A) 线损的正确计算
(B) 功率因数、基本电费、变压器损耗的正确计算
(C) 电费回收
(D) 若遇电价调整，可能引起电费纠纷
(E) 客户核算成本和产品单耗管理
答案：ABCDE

Le5C2086　呆账如何处理(　　)。
(A) 呆账无论金额大小都不能自行核销
(B) 必须查清原因，提供相关证明

(C) 以书面报告形式上报省公司审批后方可执行

(D) 呆账无论金额大小都能自行核销

答案：ABC

Le5C2087 目前对居民客户进行电费收取的方式主要有(　　)。

(A) 银行代收　(B) 信用卡结账　(C) 充值卡　(D) 坐收

答案：ABCD

Le5C2088 以下是有关“走收、坐收概念”的描述，其正确的包括(　　)。

(A) 收费人员按照抄表结算的每户电费，持电费发票，按照电费收取的通知日期到用户处收费，这种收费方式叫走收

(B) 用户按照抄表结算的电费，按照电费收取的通知日期到供电部门缴纳电费，这种收费方式叫走收

(C) 收费人员在指定日期内，在指定的收费地点，收取用户缴纳的电费，这种收费方式叫坐收

(D) 用户在家中等待收费人员收取电费，这种收费方式叫坐收

答案：AC

Le5C2089 以下哪些用电应执行非居民照明电价(　　)。

(A) 总容量不足 3kW 的晒图机

(B) 医疗用 X 光机、无影灯用电

(C) 用电设备总容量不足 2kW，而又无其他工业用电的非工业用的电力、电热用电

(D) 工业用单相电动机总容量不足 1kW，或工业用单相电热总容量不足 2kW，而又无其他工业用电者

答案：ACD

Le5C2090 正确抄录各种电能表的读数必须做到(　　)

(A) 抄表时思想集中，正对表位

(B) 抄录时必须上下位数对齐，核对电能表的编号以防错抄

(C) 抄读时应读数正确并达到必要的精度

(D) 抄录经互感器接入的电能表，当用电量很大时，应抄读到最小位数（1 位小数或 2 位小数）

答案：ABCD

Le5C2091 下面哪些是照明电能表补抄卡应填写的内容(　　)。

(A) 用户名称

(B) 地址及门牌号，用电认可书（登记书）的编号及年、月、日

(C) 抄表区、户号

(D) 抄表员姓名

答案：ABC

Le5C2092 目前对单位客户进行电费收取的方式主要有(　　)。

(A) 银行委托　　(B) 支票结算　　(C) 票汇结算　　(D) 电汇结算

答案：ABCD

Le5C2093 实行功率因数调整电费的电力电能表补抄卡应填写的主要内容比一般电力电能表补抄卡填写的主要内容有哪些不同(　　)。

(A) 在计费电能表规格参数栏内增加正、反向无功电能表的数据

(B) 在当月抄算栏内增加正、反向无功电量的示度

(C) 抄见示数，示数差数，变损电量，实用电量，当月平均功率因数值，电费增减百分数及金额等

(D) 有功、峰平谷有功无功示数等

答案：ABC

Le5C2094 为什么要正确抄录计量电能表(　　)。

(A) 是计算用户电费从而使供电企业按时将电费回收并上缴的重要依据

(B) 是考核线路损失、供电成本指标的原始资料

(C) 是行业售电量统计和分析原始资料

(D) 是用电单位正确核算生产成本的原始资料

答案：ABCD

Le5C2095 下列哪些行为属窃电行为(　　)。

(A) 擅自操作供电企业的电能计量装置

(B) 开启授权的计量鉴定机构加封的电能计量装置封印用电

(C) 故意使供电企业的电能计量装置计量失效

(D) 故意使供电企业的电能计量装置计量不准

答案：BCD

Le5C3096 正确抄录各种电能表读数的要求是(　　)。

(A) 抄表必须到位

(B) 抄表时思想集中，正对表位，抄录时必须上下位数对齐

(C) 核对电能表的编号以防错抄

(D) 必须站在绝缘垫上

答案：ABCD

Le5C3097 发现新装表不走，应如何处理(　　)。

(A) 发现新装表不走时，首先在现场应检查用户是否有窃电行为

(B) 若无窃电行为，应立即填写故障工作单，进行换表，其用电量按换表后实际用电量追加装表之日至换表日前的用电量计收电费

(C) 若发现用户有窃电行为，则按窃电处理，即按电能表标定电流值所指容量乘以实际窃用时间计算并确定窃电量计收电费，并收取补收电费3倍的违约使用电费

(D) 若发现用户有窃电行为，则按窃电处理，立即中止供电，并通知相关部门前往处理

答案：ABC

Le5C3098 大工业电能表补抄卡与执行功率因数调整电费的电力电能表补抄卡应填写的主要内容有哪些不同(　　)。

(A) 大工业电能表补抄卡“用电设备容量”栏应增加一次接电容量的变压器台数、容量，高压电动机台数、容量等

(B) 大工业电能表补抄卡“电能计量”栏应增加电压互感器的额定一次、二次电压及变比，二次回路实测压降百分数

(C) 大工业电能表补抄卡“当月抄算”栏应增加计费容量、基本电费及电费增减金额

(D) 大工业电能表补抄卡“发票号”栏改为当月划拨电费发票的编号、金额、划出日期、抄表结算后的退补金额

答案：ABCD

Le5C3099 使用抄表微机时应注意(　　)。

(A) 抄表微机应避免接近高温、高湿和腐蚀的环境

(B) 禁止按压抄表微机的液晶屏

(C) 禁止摔打、碰撞抄表微机

(D) 使用抄表微机时，要避免用力按键

答案：ABCD

Le5C3100 填写电能表补抄卡各项数据的要求有(　　)。

(A) 字迹工整清晰，不任意涂改

(B) 内容正确

(C) 记录齐全

(D) 需要更正数据时，必须用红墨水笔在原数据上划双线，用蓝黑墨水笔在原数据上方填写正确的数据，加盖经办人私章

答案：ABCD

Le5C3101 抄表微机的正确使用方法有(　　)。

(A) 抄表微机应避免接近高温、高湿和腐蚀的环境

(B) 禁止按压抄表微机的液晶屏，禁止摔打、碰撞抄表微机，禁止使用抄表微机玩游戏

(C) 使用抄表微机时，要避免用力按键

(D) 雨天中使用抄表微机时，要采取防雨措施

(E) 抄表微机应定期进行充放电工作，定期更换电池

答案：ABCDE

Le5C3102 下列(　　)是计算高供高计电能表乘率为1的客户有功、无功抄见电量的正确方法。

(A) 有功抄见电量=(本月有功电表示数－上月有功电表示数)×电压互感器变比×电流互感器变比

(B) 无功抄见电量=(本月无功电表示数－上月无功电表示数)×电压互感器变比×电流互感器变比

(C) 有功抄见电量=(本月有功电表示数－上月有功电表示数)×电流互感器变比

(D) 无功抄见电量=(本月无功电表示数－上月无功电表示数)×电流互感器变比

答案：AB

Le5C3103 某10kV供电的机械厂变压器容量为560kV·A，除生产外还有20kW的食堂、浴室、医务室等生活用电，以下电价执行的有(　　)。

(A) 该厂生产应执行大工业电价

(B) 食堂、浴室、医务室等生活用电执行非居民照明电价

(C) 该厂计费容量应按变压器容量收取

(D) 电度电价应执行10kV的标准

答案：ABCD

Le5C3104 日常营业工作的主要内容分(　　)两大类。

(A) 服务　　(B) 技术　　(C) 管理　　(D) 业务

答案：AC

Le5C3105 抄表时抄表员应巡视检查运行电能表的哪些异常现象(　　)。

(A) 表内发黄、有汽蚀或烧坏　　(B) 铅封损坏或失落

(C) 外壳、端钮盒损坏等　　(D) 是否有窃电现象

答案：ABC

Le5C4106 电费通知单上应填写的主要内容有(　　)。

(A) 抄表日期、用户名称

（B）用户地址

（C）当月使用的电量和电费及代收款项的金额

（D）交费期限、交费地点

答案：ABCD

Le5C4107 下列哪些用电执行居民生活电价（ ）。

（A）生活照明用电

（B）家用电器等用电设备用电

（C）如居民集中车库照明用电、小区路灯，执行非居民照明用电

（D）城市亮化照明用电

答案：ABC

Le5C4108 使用抄表微机时应注意（ ）。

（A）雨天中使用抄表微机时，要采取防雨措施

（B）抄表微机应定期进行充放电工作，定期更换电池

（C）注意抄表微机密码的使用和保管

（D）新抄表微机使用前应初始化，进入抄表微机系统设置，将系统时间改为当前时间

答案：ABCD

Le5C4109 抄表微机使用前应做的检查有（ ）。

（A）检查抄表机能否正常开关

（B）检查电池是否正常，电量是否充足

（C）禁止摔打、碰撞抄表微机

（D）检查机内下装数据是否正确、齐全

答案：ABD

Le5C4110 售电统计表主要内容有（ ）。

（A）售电分类　（B）售电单价　（C）售电量　（D）售电收入

答案：ABCD

Le5C4111 下面哪些是照明电能表补抄卡应填写的内容（ ）。

（A）计费电能表的厂名，出厂编号、相数、电压、额定电流、倍率及资产隶属性质

（B）电价

（C）地方附加费百分数

（D）当月实际抄表日期、抄录的电能表指示数及与上月指示数差额、应乘倍率、实用电量、应收电费

答案：ABCD

Le5C4112 照明电费发票的主要内容有(　　)。
(A) 户名、户号、用电地址、收费日期
(B) 计费电能表的起止码、倍率、实用电量、线变损电量、计费电量
(C) 电价、电费、附加费与应收电费合计
(D) 功率因素调整电费
答案：ABCD

Le5C4113 退补电费时要注意的事项(　　)。
(A) 应本着公平合理的原则，仔细做好用户工作
(B) 减少国家损失，并维护用户的利益
(C) 退补电费的处理手续要完备，情况清楚
(D) 经各级领导审批后方可办理
答案：ABCD

Le5C5114 有关电费管理（手工）工作程序的内容包括(　　)。
(A) 立卡、建账
(B) 核算、开电费发票、做“抄表日报”
(C) 抄表、送电费通知单
(D) 收费、做“实收日报”、下账
(E) 审核、登记电费应收账
(F) 综合统计电费及代收分类、报表、上交电费
答案：ABCDEF

Le5C5115 电能表补抄卡主要分(　　)种。
(A) 居民照明电能表补抄卡
(B) 非居民照明电能表补抄卡
(C) 非普电力电能表补抄卡
(D) 农业客户电能表补抄卡
答案：ABC

Le5C5116 正确抄录计量电能表，一般应遵守的规定(　　)。
(A) 固定抄表日期，严格执行抄表周期，不得随便更改
(B) 必须到表位抄录电能表读数，一户不漏地抄表，不允许估抄电量
(C) 对照明和一般电力用户，确因门锁补抄不到电能表读数者，可按前一个月的实用电量或本月用电情况预收当月电费，但不允许连续发生两次，下次必须抄到电能表读数，并核对用电量
(D) 对实行功率因数调整的电力用户和大工业用户，抄表必须到位
答案：ABD

Le5C5117 记录电能表补抄卡和台账时发生了错误如何更改（　　）。

（A）记录电能表补抄卡和台账时，不得随意涂改

（B）写错部分应用双红线划去

（C）重新写上正确数字并加盖名章

（D）重新更换电能表补抄卡

答案：ABC

Le5C5118 抄表时应注意的事项（　　）。

（A）认真查看电能计量装置的铭牌、编号、指示数、倍率，防止误抄、误算

（B）注意检查用户的用电情况，发现用电量突增、突减时，要在现场查明原因进行处理

（C）认真检查电能计量装置的接线和运行情况，发现用户有违章或窃电时，要在现场填写调查报告书，保护现场并及时报告

（D）与用户接触时要用文明礼貌的服务语言，注重用户的风俗习惯，讲究工作方法和艺术，争取得到用户的协助与支持

答案：ABCD

Le5C5119 某水泥厂10kV供电，合同约定容量为1000kV·A。供电局6月份抄表时发现该客户在高压计量之后，接用10kV高压电动机1台，容量为100kV·A，实际用电容量为1100kV·A。至发现之日止，其已使用3个月，供电部门应按（　　）处理。

（A）补收三个月基本电费

（B）加收违约使用电费

（C）拆除私接的高压电动机

（D）用户要求继续使用，则按增容办理

答案：ABCD

Le5C5120 在抄表数据录入（或抄表机内录入）抄表数据时，正确确认（　　）。

（A）抄表状态　（B）示数状态　（C）异常类别　（D）抄表户数

答案：ABC

Le5C5121 抄表管理包括（　　）等功能。

（A）抄表段维护　（B）新户分配抄表段

（C）调整抄表段　（D）抄表顺序调整

（E）抄表派工

答案：ABCDE

Le5C5122 在SG186系统开展电费核算主要工作包括（　　）

（A）电量电费计算　（B）电费退补

(C) 电费发行　　　　　　　　(D) 电费审核

(E) 业务费审核发行

答案：ACD

Le5C5123　远程自动抄表系统种类很多，基本上由(　　)组成。

(A) 电能表　　(B) 采集器　　(C) 信道

(D) 集中器　　(E) 主站

答案：ABCDE

Lf5C1124　下面哪些属于用户申请高压用电申请书应填写的内容(　　)。

(A) 对供电可靠性的要求、允许停电时间等

(B) 近期及远景用电规划、工期情况，用电负荷及以后的用电计划

(C) 特殊要求，如供电质量、生产备用电源、保安电源、专线供电等

(D) 主要产品的名称及数量

答案：ABC

Lf5C1125　欠费停电处理应注意(　　)。

(A) 在停电之前，一定要注意向用户派发停电通知书

(B) 通知书应注明停电的时间和停电的原因

(C) 停电通知书提前 7 天送达客户

(D) 停电通知书一定要送达上级主管部门

答案：ABC

Lf5C2126　通过电流互感器的电能计量装置，其电能表测得的电量按公式 $W=(W_2-W_1)K$ 计算，公式中参数描述正确的有(　　)。

(A) W_1——前一次抄见读数　　(B) W_2——后一次抄见读数

(C) KI——电压互感器额定变比　　(D) W——电能表测得的电量

答案：ABD

Lf5C2127　仲裁实行一裁终局的制度，裁决作出后，当事人就同一纠纷再申请仲裁或者向人民法院起诉的，(　　)不予以受理。

(A) 检察院　　(B) 仲裁委员会　　(C) 公安机关　　(D) 人民法院

答案：BD

Lf5C2128　抄表时发现“坏表”的原因有(　　)种。

(A) 脉冲表与装置的脉冲线未连接好

(B) 表内传感器损坏造成开路

(C) 连接脉冲表及装置的脉冲线短路

(D) 表内传感器损坏造成短路

答案：ABCD

Lf5C2129 下面哪些属于用户申请高压用电申请书应填写的内容(　　)。

(A) 使用高压电动机时应和变压器一并注明台数容量

(B) 生产的主要产品及副产品工艺流程说明

(C) 主要用电设备的用电特性、用电目的、班次或时间

(D) 主要产品的名称及数量

答案：ABC

Lf5C2130 可以为发电机提供动力的有(　　)。

(A) 热力　　(B) 水力　　(C) 风力　　(D) 原子能反应堆

答案：ABCD

Lf5C2131 供电企业供电的额定电压，高压供电时为(　　)kV。

(A) 10　　(B) 35　　(C) 110　　(D) 220

答案：ABCD

Lf5C2132 非工业用户、普通工业用户的照明用电计量方式是(　　)。

(A) 应分表计量

(B) 如暂不能分表，可根据实际情况合理分算照明电量、实行包灯制计算电量

(C) 如暂不能分表统一实行总表电价，待具备条件后再分表计量

答案：AB

Lf5C3133 日常营业工作属于服务性质的包括(　　)。

(A) 违约用电行为稽查工作

(B) 解答用户查询

(C) 对临时供用电及转供用电的管理

(D) 处理和接待用户来电、来信、来访

答案：BD

Lf5C3134 (　　)是冲击负荷；引起冲击负荷常用设备有(　　)。

(A) 生产（或运行）过程中周期性或非周期性地从电网中取用快速变动功率的负荷

(B) 引起冲击负荷的常见用电设备有炼钢电弧炉、电力机车、电焊机等

(C) 生产（或运行）过程中周期性或非周期性地从电网中取用额定功率的负荷

(D) 引起额定负荷的常见用电设备有炼钢电弧炉、电力机车、电焊机等

答案：AB

Lf5C3135 日常营业工作属于管理性质的包括（　　）。

（A）用电单位改变或用户名称变更

（B）排解用电纠纷

（C）用电容量、用电性质、行业、用途发生变动

（D）电能计量装置变更

答案：ACD

Lf5C3136 怎样判断单相电能表失准故障（　　）。

（A）抄表检查、核对当月计量电量与上月计量电量的变化情况是否与用户实际用电情况相符，如发现突变应查明原因

（B）检查电能表的铅封有无启动，外壳、端钮盒有无损坏，有无表外接线等其他窃电手段

（C）现场用切、送用户负荷的方法来检查电能表的运行情况并用转盘转速和电能表的常数计算一段时间的用电量，初核准确情况进行判断

（D）如上述办法仍无法判断可详细记录现场情况，出校表工作单，送计量部门进行技术校验

答案：ABCD

Lf5C3137 电能表的潜动电量计算式为 $A=60T/(Cv)\times$天数，下述描述正确的有（　　）。

（A）A——电能表潜动的电量值，kW·h

（B）T——电能表每天停用小时数，h

（C）C——电能表常数，r/(kW·h)

（D）v——潜动速度，min/r

答案：ABCD

Lf5C4138 测量电压应采用的电工仪表和接线方式是（　　）。

（A）电流表

（B）电压表

（C）电压表应跨接在被测电路的两端之间

（D）电压表应和被测电压的电路或负载串联

答案：BC

Lf5C4139 以下是有关“钳形电流表的使用”的描述，其正确的包括（　　）。

（A）使用钳形电流表时，被测电路电压不得超过500V

（B）使用钳形电流表时，量程选择应从大到小，转换量程时应脱离被测电路

（C）使用钳形电流表时，钳口应关闭紧密且不得靠近非被测相

（D）使用钳形电流表时，测量小电流时可把被测导线在钳口多绕几匝，测得的结果为读数乘以钳口内导线的匝数

答案：ABC

Lf5C4140 以下是有关“用户受电点内难以按电价类别分别装设电能计量装置时，对用户计量计价规定”的描述，其正确的包括（ ）。

（A）按其不同电价类别的用电设备容量的比例或实际可能的用电量，确定不同电价类别用电量的比例或定量进行分算，分别计价

（B）用户受电点内难以按电价类别分别装设电能计量装置时，可装设总的电能计量装置

（C）供电企业每半年至少对上述比例或定量核定一次，用户不得拒绝

（D）供电企业每年至少对上述比例或定量核定一次，用户不得拒绝

答案：ABD

Lf5C4141 任何人进入（ ）现场，应戴安全帽。

（A）控制室　（B）施工现场　（C）配电设备间　（D）值班室

答案：ABC

Lf5C4142 钳形电流表在使用时应注意的事项是（ ）。

（A）正确选择表计的种类。根据被测对象的不同，选择不同形式的钳形电流表或将转换开关拨到需要的位置

（B）正确选择表的量程，由大到小，转换到合适的档位，倒换量程档位时应在不带电的情况下进行

（C）测量交流时，使被测导线位于钳口中部，并且使钳口紧密闭合，每次测量后，要把调节开关放在最大电流量程的位置上，以免下次使用时，因未经选择量程而造成仪表损坏

（D）测量小于5A以下电流时，若条件允许，可把导线多绕几圈放进钳口进行测量，其实际电流值应为仪表读数除以放进钳口内的导线圈线

（E）进行测量时，应注意操作人员对带电部分的安全距离，以免发生触电危险

答案：ABCDE

Lf5C5143 下面哪些属于用户申请高压用电申请书应填写的内容（ ）。

（A）应按申请书上设计的内容逐栏填写

（B）户名、用电地址、联系人

（C）通信联络方式、申请日期

（D）用电总容量、用电设备明细及用途

答案：BCD

Lf5C5144 检查安全工具时，若发现(　　)，则不得使用。

(A) 有损伤　　(B) 有裂缝　　(C) 有破洞　　(D) 有裂纹

答案：ABCD

Lf5C5145 低压照明用户申请用电时，在用电申请书上应填写以下主要内容(　　)。

(A) 户名、用电地址、联系人　　(B) 通信联络方式、申请日期

(C) 用电总容量、用电设备明细表　　(D) 生产产品品种及数量

答案：ABC

Le5C4146 划分抄表段应遵循抄表效率最高的原则，综合考虑(　　)等因素。

(A) 客户类型　　(B) 抄表周期　　(C) 抄表例日　　(D) 抄表方式

(E) 地理分布　　(F) 便于线损管理　(G) 有利于电费回收

答案：ABCEF

1.4 计算题

La5D1001 某公司带电班用四盏电灯照明，每盏灯都是额定功率 $Pn=X_1$W，每天用时间 5h，则这个班一天消耗的电量 $W=$________ kW·h。

X_1取值范围：15，30，45，60

计算公式：$W=\text{功率}\times\text{时间}=\dfrac{X_1\times 4\times 5}{1000}$

La5D2002 某工业用户，当月有功电量为 $W=X_1$kW·h，三相负荷基本平衡，开箱检查，发现有功电能表（三相四线）一相电压线断线，应补收电量 $W=$________ kW·h。

X_1取值范围：10000，20000，30000

计算公式：$W=\text{更正率}\times\text{电量}=\dfrac{3-2}{2}\times X_1$

La5D3003 一电熨斗发热元件的电阻是 $R=X_1\Omega$，通入电流为 $I=3.5$A，则其功率 $P=$________ W。

X_1取值范围：20，30，40，50

计算公式：$P=I^2\times R=3.5^2\times X_1$

La5D3004 供电所在普查中发现某低压动力用户绕越电能表用电，容量 $P_1=X_1$kW，且接用时间不清，按规定该用户应补交电费 $DF=$________元，违约使用电费 $DW=$________元。（有小数的保留两位小数）［假设电价为 0.50 元/(kW·h)］

X_1取值范围：1.5，2.0，2.5

计算公式：$DF=X_1\times 180\times 12\times 0.5$；$DW=X_1\times 180\times 12\times 0.5\times 3$

La5D3005 有一用户，用一个 $P_1=X_1$W 电开水壶每天使用 2h，三只 50W 的白炽灯泡每天使用 4h，问该用户 30 天的总用电量 W=________ kW·h。

X_1取值范围：500，800，1000，1200，1500，2000

计算公式：$W=P\times t=\left(\dfrac{X_1\times 2}{1000}+\dfrac{3\times 50\times 4}{1000}\right)\times 30$

Lb5D1006 已知某 10kV 高压供电工业户，$K_{TA}=50/5$，$K_{TV}=10000/100$，有功电能表起码 $Z_1=165$，止码 $Z_2=X_1$。该用户有功计费电量 $W=$________ kW·h。

X_1取值范围：235 至 300 之间的整数

计算公式：$W=\text{示数差}\times\text{倍率}=\dfrac{50}{5}\times\dfrac{10000}{100}\times(X_1-165)$

Lb5D1007 已知某 10kV 高压供电工业户，$K_{TA}=50/5$，无功电能表起码为 $Z_{q1}=65$，止码 $Z_{q2}=X_1$。该用户无功电量 $W_Q=$________ kvar·h。（取整数）

X_1取值范围：90，100，120

计算公式：$W_Q=示数差\times倍率=\frac{50}{5}\times\frac{10000}{100}\times(X_1-65)$

Lb5D2008 某供电营业所当月总抄表户数 $N=X_1$户，电费总额为 $DF=400000$ 元，经上级检查发现一户少抄电量 500kW·h，一户多抄电量 300kW·h，假设电价 $d=0.4$ 元/(kW·h)，该供电营业所当月的抄表差错率 $r=$________。

X_1取值范围：800，1000，1200

计算公式：$r=\frac{差错户数}{总户数}\times100\%=\frac{2}{X_1}\times100\%$

Lb5D2009 某供电营业所 7 月份按该月所抄表方案统计，15 日至 20 日抄表结算的售电量为 800000kW·h，20 日至 25 日抄表结算的客户售电量为 1000000kW·h，25 日至 31 日抄表结算的客户售电量为 2700000kW·h，8 月 1 日 0 时结算售电量为 $W_4=X_1$kW·h，计算其月末抄见电量比率 $r=$________（有小数的保留两位小数）。

X_1取值范围：2700000，3000000，4000000

计算公式：$r=\frac{月末抄见电量}{全月总电量}\times100\%=\frac{2700000+X_1}{800000+1000000+2700000+X_1}\times100\%$

Lb5D2010 某农村鱼塘养殖场 380V 供电。已知某年 6 月份有功电能表用电量 $W=X_1$kW·h，该养殖场 6 月份应交电费 $DF=$________元。（电价表见下表）

<table>
<tr><th colspan="3" rowspan="2">用电分类</th><th colspan="2" rowspan="2">电压等级</th><th colspan="5">电度电价（元/千瓦时）</th><th colspan="2">基本电价</th></tr>
<tr><th>平段</th><th>尖峰</th><th>高峰</th><th>低谷</th><th>双蓄</th><th>最大需量(元/千瓦/月)</th><th>变压器容量(元/千伏安/月)</th></tr>
<tr><td rowspan="8">一、居民生活用电</td><td colspan="2" rowspan="6">一户一表</td><td rowspan="3">不满1kV</td><td>第一档</td><td>0.52</td><td>—</td><td>0.55</td><td>0.3</td><td>—</td><td>—</td><td>—</td></tr>
<tr><td>第二档</td><td>0.57</td><td>—</td><td>0.6</td><td>0.35</td><td>—</td><td>—</td><td>—</td></tr>
<tr><td>第三档</td><td>0.82</td><td>—</td><td>0.85</td><td>0.6</td><td>—</td><td>—</td><td>—</td></tr>
<tr><td rowspan="3">1～10kV及以上</td><td>第一档</td><td>0.47</td><td>—</td><td>0.5</td><td>0.27</td><td>—</td><td>—</td><td>—</td></tr>
<tr><td>第二档</td><td>0.52</td><td>—</td><td>0.55</td><td>0.32</td><td>—</td><td>—</td><td>—</td></tr>
<tr><td>第三档</td><td>0.77</td><td>—</td><td>0.8</td><td>0.57</td><td>—</td><td>—</td><td>—</td></tr>
<tr><td colspan="2" rowspan="2">合表</td><td colspan="2">不满1kV</td><td>0.5362</td><td>—</td><td>0.57</td><td>0.31</td><td>—</td><td>—</td><td>—</td></tr>
<tr><td colspan="2">1～10kV及以上</td><td>0.4862</td><td>—</td><td>0.52</td><td>0.28</td><td>—</td><td>—</td><td>—</td></tr>
<tr><td rowspan="7">二、工商业及其他用电</td><td colspan="2" rowspan="3">单一制</td><td colspan="2">不满1kV</td><td>0.6937</td><td>1.0853</td><td>0.9548</td><td>0.4326</td><td>0.3674</td><td>—</td><td>—</td></tr>
<tr><td colspan="2">1～10kV</td><td>0.6787</td><td>1.0613</td><td>0.9338</td><td>0.4236</td><td>0.3599</td><td>—</td><td>—</td></tr>
<tr><td colspan="2">35kV及以上</td><td>0.6687</td><td>1.0453</td><td>0.9198</td><td>0.4176</td><td>0.3549</td><td>—</td><td>—</td></tr>
<tr><td rowspan="4">两部制</td><td rowspan="4">非优待用电</td><td colspan="2">1～10kV</td><td>0.5786</td><td>0.9018</td><td>0.7940</td><td>0.3632</td><td>—</td><td>35</td><td>23.3</td></tr>
<tr><td colspan="2">35～110kV</td><td>0.5636</td><td>0.8778</td><td>0.7730</td><td>0.3542</td><td>—</td><td>35</td><td>23.3</td></tr>
<tr><td colspan="2">110kV</td><td>0.5486</td><td>0.8538</td><td>0.7520</td><td>0.3452</td><td>—</td><td>35</td><td>23.3</td></tr>
<tr><td colspan="2">220kV及以上</td><td>0.5436</td><td>0.8458</td><td>0.7450</td><td>0.3422</td><td>—</td><td>35</td><td>23.3</td></tr>
</table>

续表

用电分类		电压等级	电度电价（元/千瓦时）					基本电价	
			平段	尖峰	高峰	低谷	双蓄	最大需量(元/千瓦/月)	变压器容量(元/千伏安/月)
三、农业生产用电	农业生产用电	农村到户电价	0.6155	—	—	—	—	—	—
		不满 1kV	0.5215	—	—	—	—	—	—
		1～10kV	0.5115	—	—	—	—	—	—
		35kV 及以上	0.5015	—	—	—	—	—	—

X_1取值范围：400，500，600

计算公式： $DF = 电量 \times 电价 = X_1 \times 0.6155$

Lb5D2011 某动力用户 10 月份的电费总额为 1000 元，电力部门规定的交费日期为每月 20 日至 30 日，该户 11 月 $n=X_1$日到供电营业厅交费，该用户应交纳的电费违约金 $WYJ=$________元。

X_1取值范围：1 至 18 之间的整数

计算公式： $WYJ = 欠费 \times 违约天数 \times 0.2\% = 1000 \times (X_1 + 1) \times 0.2\%$

Lb5D3012 某大工业用户，装有受电变压器 315kV·A 一台。6 月 12 日变压器故障，因无相同容量变压器，征得供电企业同意，暂换一台 $S=X_1$kV·A 变压器。该户 6 月份应缴纳基本电费 $JBDF=$________元。[假设基本电费单价为 10 元/（kV·A）·月]

X_1取值范围：400，500，600

计算公式： $JBDF = \frac{315}{30} \times 11 \times 10 + \frac{X_1}{30} \times 19 \times 10$

Lb5D3013 某工业户装有变压器 1 台，容量为 500kV·A，高供低计。该户本月抄见有功电量 $Z=X_1$kW·h，无功抄见电量为 3000kvar·h，已知用户变压器损耗有功和无功电量分别是 1000kW·h，1000kvar·h，该户本月的功率因数 $Q=$________（结果保留两个小数位）。

X_1取值范围：5000，6000，7000

计算公式： $Q = \frac{X_1 + 1000}{\sqrt{(X_1 + 1000)^2 + (3000 + 1000)^2}}$

Jd5D4014 某用户电能表经校验慢 $r\%=X_1\%$，抄表电量 $W=15000$kW·h，实际应收电量 $W_0=$________ kW·h。(取整数)

X_1取值范围：8，9，10

计算公式： $W_0 = 15000 + \left[\frac{15000 \times 100}{(100 - X_1) \times 2} - 7500\right]$

Je5D3015 某公变台区“一户一表”居民抄表例日为每月 15 日，其 2016 年 8 月 15 日和 9 月 15 日抄表的表码分别为 002405、$W_N=X_1$，已知用户当年累计用电量 1500kW·h，居民阶梯一阶电价为 0.52 元/（kW·h），二阶电价为 0.57 元/（kW·h），三阶电价为 0.82 元/（kW·h），则该户 9 月份电费 $F=$________元。

X_1取值范围：2605，2731，2755

计算公式：$F=(X_1-2405)\times 0.52$

Je5D3016 某 10kV 生产企业，受电变压器容量为 200kV·A。用户实行总表计量，企业办公照明用电实行定比方式计量，定比比率值为 $N=X_1\%$。已知本月总表抄见电量为 10000 度，用户本月应缴纳电费 $DF=$________元。[普通工业电价 0.6 元/（kW·h），非居民照明电价 0.8 元/(kW·h)]

X_1取值范围：2 至 5 之间的整数

计算公式：$DF=$ 普通工业电费＋非居民照明电费

$$=\frac{X_1}{100}\times 10000\times 0.8+\left(1-\frac{X_1}{100}\right)\times 10000\times 0.6$$

Je5D3017 某 10kV 生产企业，受电变压器容量为 200kV·A。用户实行总表计量，企业办公照明用电实行定量方式计量，定量值 $W=X_1$kW·h。已知本月总表抄见电量为 100000 度，用户本月应交纳电费 $DF=$________元。[普通工业电价 0.6 元/（kW·h），非居民照明电价 0.8 元/（kW·h)]

X_1取值范围：500，600，700，800，900，1000

计算公式：$DF=$ 普通工业电费＋办公照明电费 $=(100000-X_1)\times 0.6+X_1\times 0.8$

Je5D3018 某“一户一表”用户抄表例日为每月 15 号，至 2016 年 5 月该用户已使用电量 $W=X_1$kW·h，该用户 5 月 25 日办理销户手续，销户时拆表电量为 0，该用户销户后需要交纳电费 $DF=$________元。[居民阶梯一阶电价为 0.52 元/（kW·h），二阶电价为 0.57 元/（kW·h），三阶电价为 0.82 元/（kW·h)]

X_1取值范围：1100，1200，1300，1400

计算公式：$DF=(X_1-1080)\times(0.57-0.52)$

Je5D4019 某水泥厂 10kV 供电，合同约定容量为 $S=1000$kV·A。供电公司 6 月份抄表时发现该客户在高压计量之后，接用 10kV 高压电动机 1 台，容量 $S_1=X_1$kV·A，至发现之日止，其已使用 3 个月，供电公司应补收基本电费 $DFJ=$________元，违约使用电费 $DFW=$________元。[按容量计收基本电费标准为 16 元/(月·kV·A)]

X_1取值范围：90，100，120

计算公式：$DFJ=X_1\times 16\times 3$

$DFW=X_1\times 16\times 3\times 3$

Je5D4020 某商业户每月15日抄表，9月份抄表时，抄表表码分别是：有功总 $Z_1=1200$，有功峰 $F_1=400$，有功谷 $G_1=300$，有功平 $P_1=500$，已知上月表码分别为：有功总 $Z_2=800$，有功峰 $F_1=300$，有功谷 $G_1=100$，有功平 $P_1=400$。用户组合倍率 $N=X_1$。用户本月应交电费 $DF=$________元［已知峰段电价＝0.8元/（kW·h），谷段电价＝0.3元/（kW·h），平段电价＝0.5元/(kW·h)］。

X_1取值范围：5，10，15，20

计算公式：$DF=(400-300)\times X_1\times 0.8+(300-100)\times X_1\times 0.3+100\times X_1\times 0.5$

Je5D5021 某电力用户4月份装表用电，电能表准确等级为2.0，到9月份时经计量检定机构检验发现该用户电能表的误差 $r=X_1\%$。假设该用户4～9月用电量为19000kW·h，电价为 $d=0.45$ 元/(kW·h)，应合计应缴纳电费 $DF=$________元

X_1取值范围：－7至－3之间的整数

计算公式：$DF=\left\{\left[\dfrac{19000}{\left(1+\dfrac{X_1}{100}\right)}-19000\right]\times\dfrac{1}{2}+19000\right\}\times 0.45$

Je5D5022 已知某电力用户装有一块三相电能表，铭牌说明与300/5的电流互感器配套使用，在装设时，由于工作失误，而装了一组TA＝X_1的电流互感器，月底电能表的抄见电量为 $W=1000$kW·h。该用户当月的实际用电量 $W_0=$________kW·h（取整数），若电价为0.50元/（kW·h），该用户当月应交纳电费 $DF=$________元。（有小数的保留两位小数）

X_1取值范围：400/5，500/5，600/5

计算公式：$W_0=\text{更正系数}\times\text{电量}=\dfrac{1000\times X_1}{60}$

$$DF=\text{电量}\times\text{电价}=\frac{1000\times X_1}{60}\times 0.5$$

Je5D5023 某用户装有块三相四线电能表，并装有3台200/5电流互感器，其中1台电流互感器因过载烧坏，用户在供电企业未到场时自行更换 $B_2=X_1$电流互感器，半年后才发现。在此期间该装置计量有功电量为 $W=50000$kW·h，假设三相负荷平衡，应补电量 $W=$________kW·h（取整数）。

X_1取值范围：300/5，400/5，500/5

计算公式：$W=\text{更正率}\times\text{电量}=\dfrac{\dfrac{3}{40}-\left(\dfrac{1}{20}+\dfrac{1}{X_1}\right)}{\left(\dfrac{1}{20}+\dfrac{1}{X_1}\right)}\times 50000$

1.5 识图题

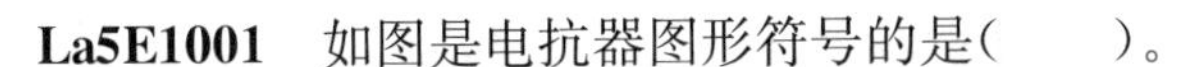
La5E1001 如图是电抗器图形符号的是（ ）。

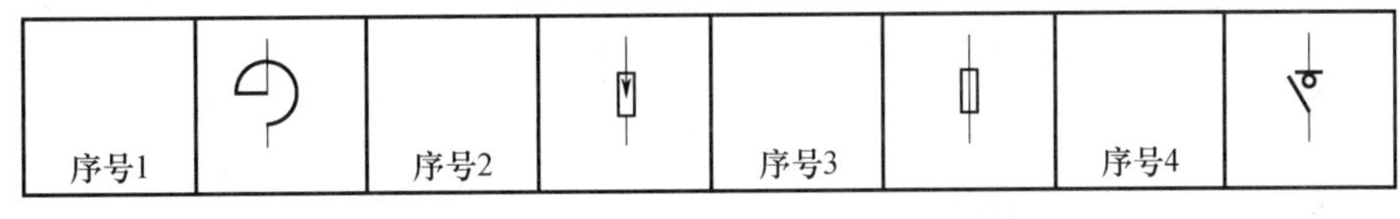

（A）序号 1　　（B）序号 2　　（C）序号 3　　（D）序号 4

答案：A

La5E1002 如图是熔断器图形符号的是（ ）。

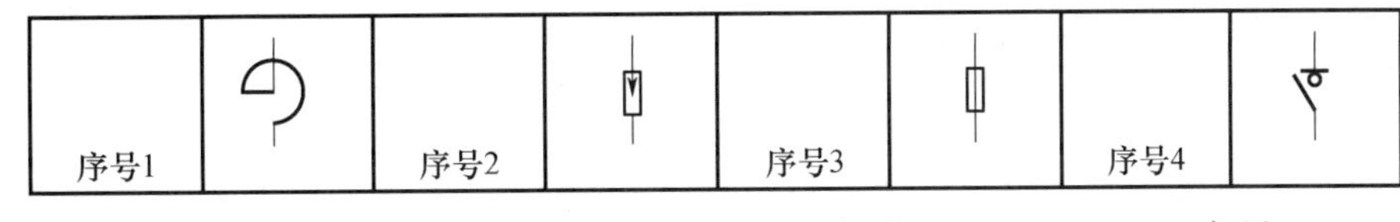

（A）序号 1　　（B）序号 2　　（C）序号 3　　（D）序号 4

答案：C

La5E2003 如图是三相双绕组变压器图形符号的是（ ）。

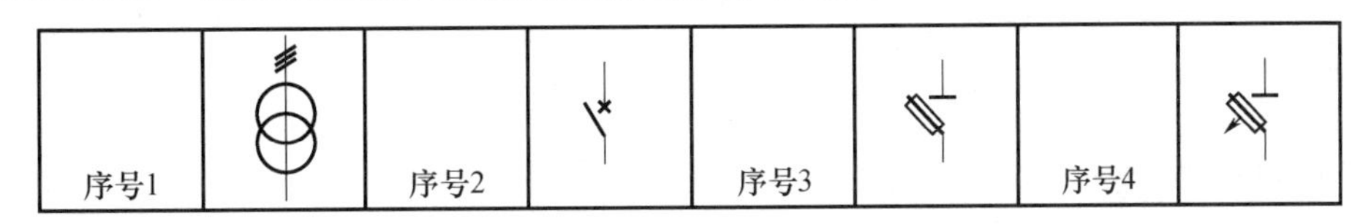

（A）序号 1　　（B）序号 2　　（C）序号 3　　（D）序号 4

答案：A

Lc5E1004 如图是负荷开关图形符号的是（ ）。

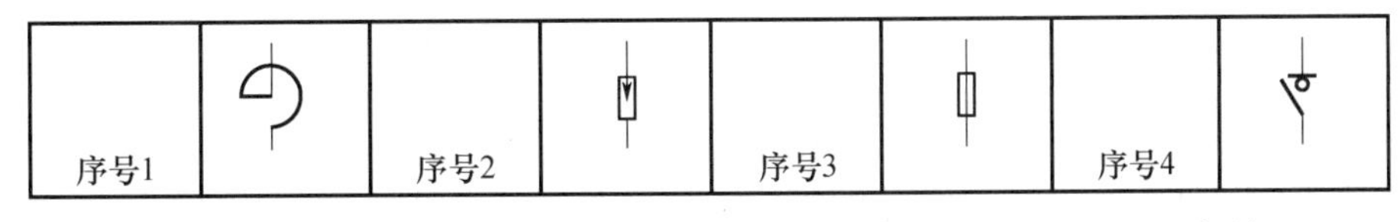

（A）序号 1　　（B）序号 2　　（C）序号 3　　（D）序号 4

答案：D

Lc5E1005 如图是熔断器式隔离开关图形符号的是（ ）。

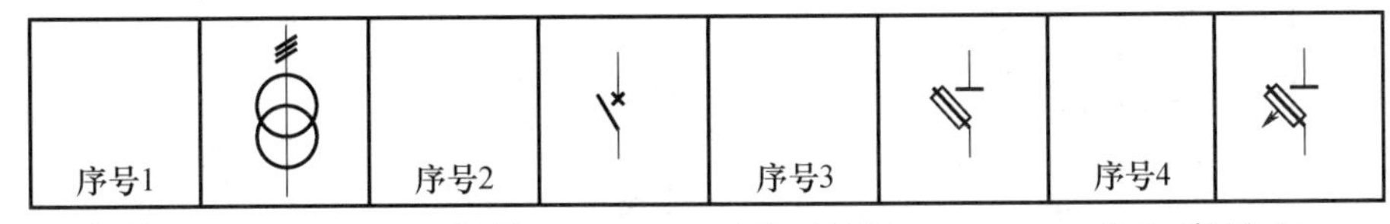

（A）序号 1　　（B）序号 2　　（C）序号 3　　（D）序号 4

答案：C

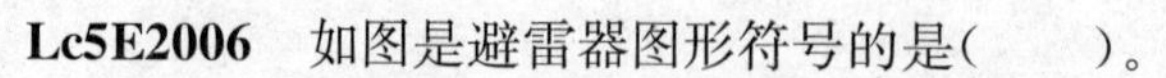

Lc5E2006　如图是避雷器图形符号的是(　　)。

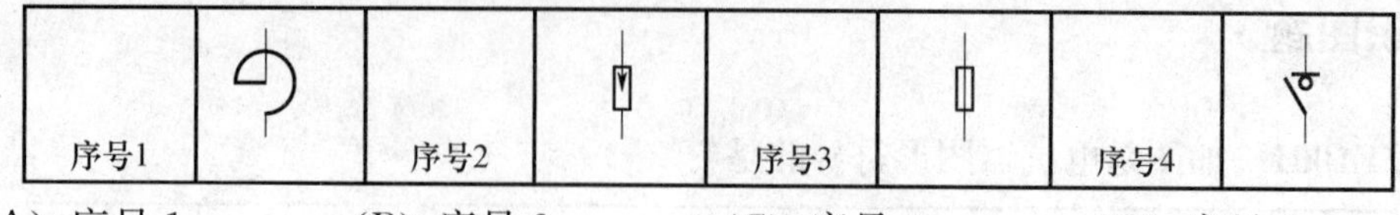

(A) 序号 1　　(B) 序号 2　　(C) 序号 3　　(D) 序号 4

答案：B

Lc5E2007　如图是高压断路器图形符号的是(　　)。

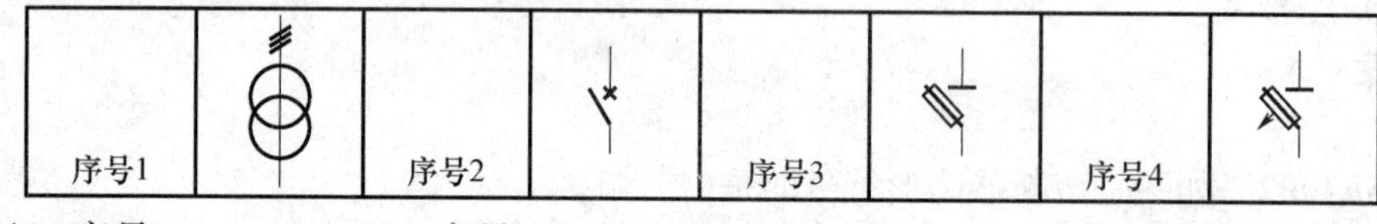

(A) 序号 1　　(B) 序号 2　　(C) 序号 3　　(D) 序号 4

答案：B

Lc5E2008　如图是跌开式熔断器图形符号的是(　　)。

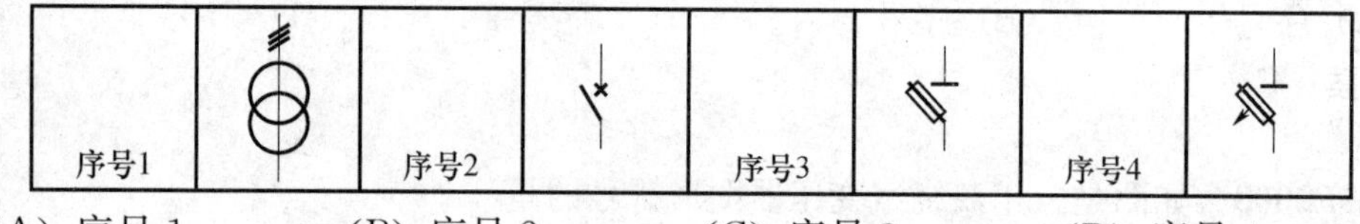

(A) 序号 1　　(B) 序号 2　　(C) 序号 3　　(D) 序号 4

答案：D

Je5E3009　如图所示，错误接线容易造成电能表反转的是(　　)。

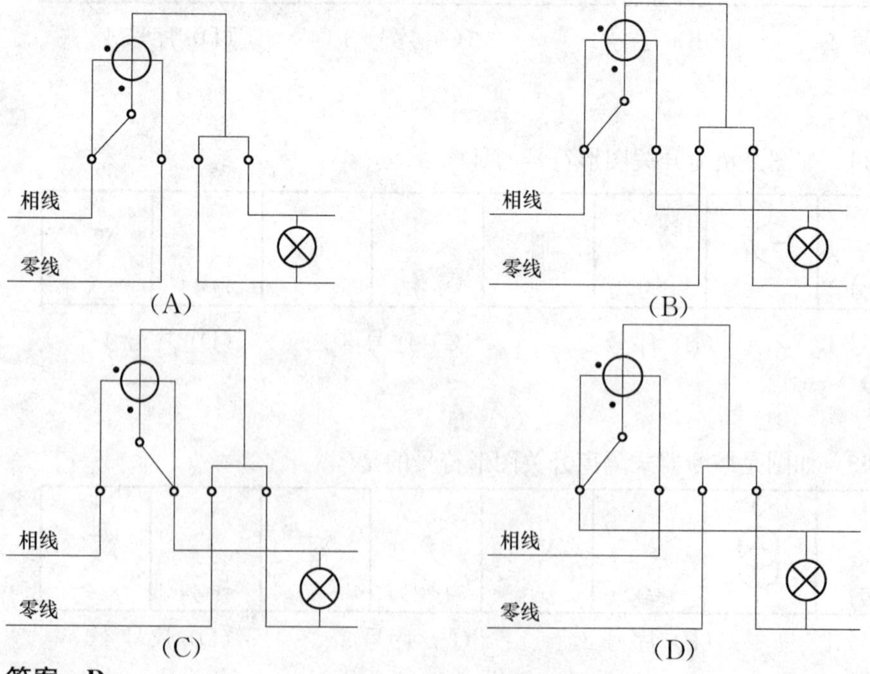

答案：D

Je5E3010 一只单相电能表计量容性负荷相量图是(　　)。

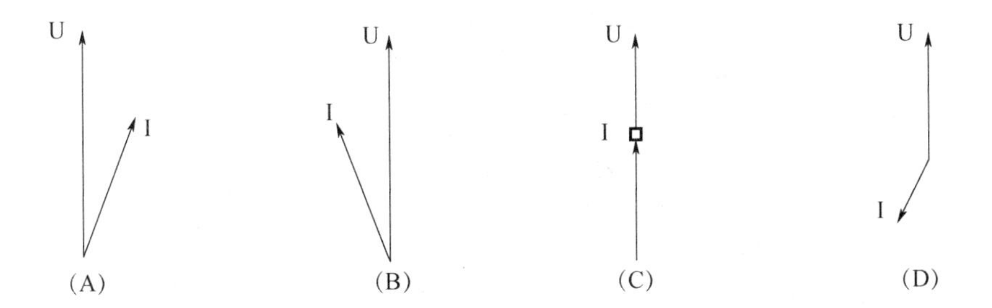

答案：B

Je5E3011 如图所示电能表接线，电能表表盘将(　　)。

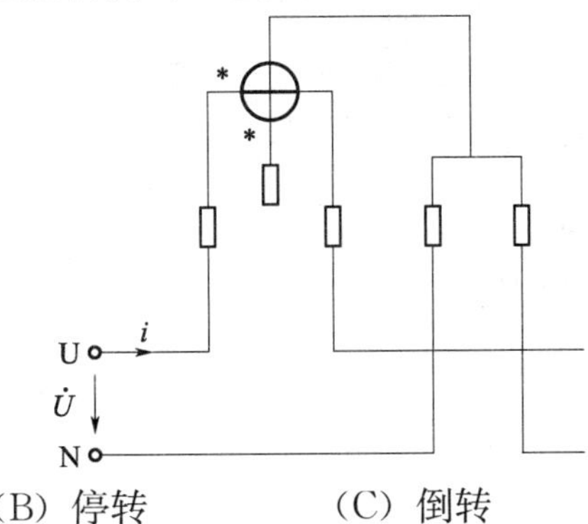

(A) 正常运转　　(B) 停转　　(C) 倒转　　(D) 快速正转

答案：B

Je5E4012 如图所示为单相电能表接线图(　　)。

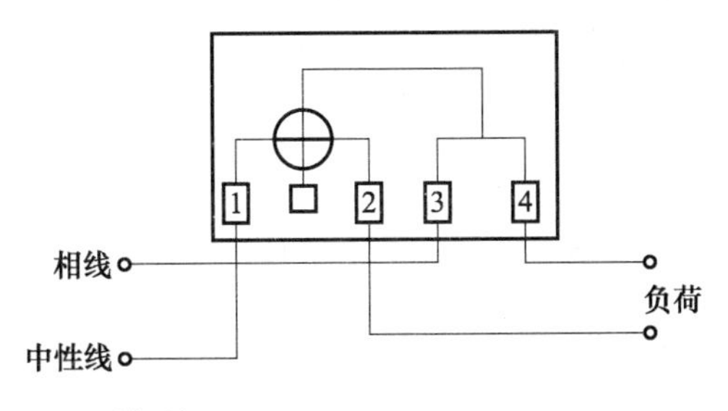

(A) 正确　　(B) 错误

答案：B

Je5E4013 导体的电流是从纸面里向纸面外流出，则载流导体的受力方向为从左向右。(　　)

(A) 正确　　(B) 错误

答案：A

Je5E5014 电流表经电流互感器接入的测量电路图(   )。

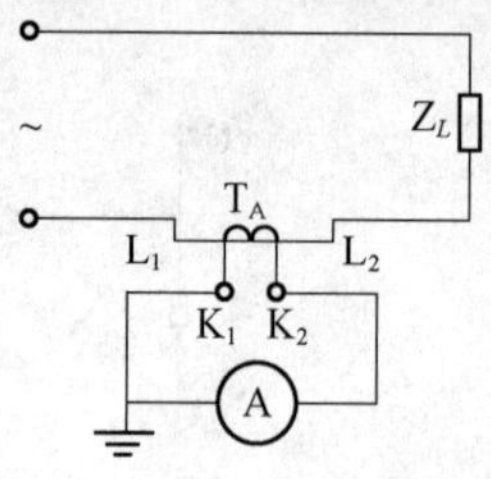

(A) 正确　　　　　(B) 错误

答案：A

Je5E5015 如图所示为单相电能表接线图(   )。

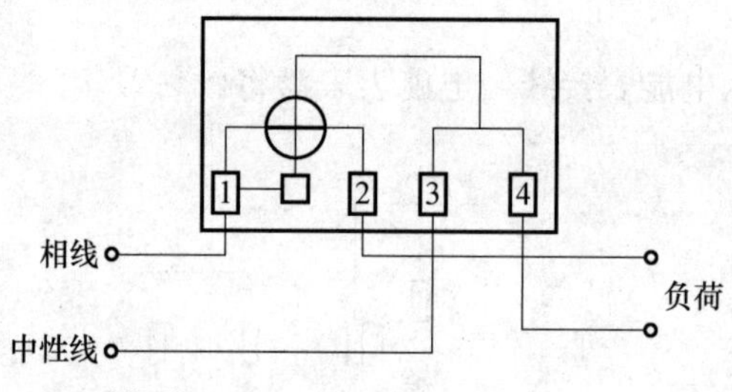

(A) 正确　　　　　(B) 错误

答案：A

2 技能操作

2.1 技能操作大纲

初级工技能操作大纲

等级	考核方式	能力种类	能力项	考核项目	考核主要内容
初级工		基本技能	01. 运用SG186营销业务系统查询营销信息	01. SG186营销业务系统登陆和客户信息查询	(1) 正确登陆SG186电力营销技术支持系统 (2) 能利用SG186系统进行相关岗位抄表、核算、收费、账务相关查询
			02. 功率因数计算和力调系数确定	01. 功率因数的计算和力调系数的确定	根据给定条件，正确运用《供电营业规则》《功率因数调整电费办法》相关功率因数规定，依题意确定力调系数
		专业技能	01. 电表抄读	01. 单相电能表抄录和异常处理	(1) 正确抄读单相电能表 (2) 能够进行客户信息核对 (3) 能够确定抄表路线 (4) 掌握抄表异常（抄见零电量、电量突增突减、分时电量大于总电量等）情况分析与报办处理
				02. 三相电能表抄录和异常处理	(1) 正确抄读三相电能表 (2) 能够进行客户信息核对 (3) 能够确定抄表路线 (4) 掌握抄表异常（抄见零电量、电量突增突减、总表电量小于子表电量、分时电量大于总电量、功率因数异常等）情况分析与报办处理
			02. 电费核算	01. 低压一般工商业及其他客户的电量电费计算	(1) 掌握低压一般工商业及其他电价政策和适用范围 (2) 掌握低压一般工商业及其他客户电量电费计算
				02. 居民生活（一户一表阶梯）客户的电量电费计算	(1) 掌握居民生活（一户一表阶梯）电价政策和适用范围 (2) 掌握用电业务变更客户电费计算
				03. 居民生活（合表分时采暖）客户的电量电费计算	(1) 掌握居民生活（合表分时采暖）电价政策和适用范围 (2) 掌握用电业务变更客户电费计算

续表

等级	考核方式	能力种类	能力项	考核项目	考核主要内容
初级工		专业技能	02. 电费核算	04. 居民生活（非居民）客户的电量电费计算	（1）掌握居民生活（非居民）电价政策和适用范围 （2）掌握用电业务变更客户电费计算
				05. 居民生活（采暖）客户的电量电费计算	（1）掌握居民生活（采暖）电价政策和适用范围 （2）掌握用电业务变更客户电费计算
				06. 居民生活（一户一表分时）客户的电量电费计算	（1）掌握居民生活（一户一表分时）电价政策和适用范围 （2）掌握用电业务变更客户电费计算
			03. 电费回收	01. 收费和日解款交接报表的制作	（1）掌握现金收费 （2）掌握日解款交接报表的制作
				02. 电费违约金的计算	（1）掌握电费违约金收取的法律依据 （2）掌握电费违约日期的确定 （3）掌握电费违约金金额的确定
		相关技能	01. 计量技能	01. 电能表超差的电量补退	（1）正确释读计量校正表 （2）正确确定电能表超差退补电量

2.2 技能操作项目

2.2.1 CS5JB0101 SG186营销业务系统登陆和客户信息查询

1. 作业

1）工器具、材料、设备

（1）工器具：红、黑或蓝色签字笔。

（2）材料：试卷、草稿纸。

（3）设备：可运行SG186营销业务模拟系统的计算机。

2）安全要求

安全使用计算机，正确使用SG186营销业务模拟系统。

3）操作步骤及工艺要求（含注意事项）

（1）按照要求的工号密码登陆SG186营销业务模拟系统。

（2）按照试题要求，在模拟系统内查询客户基本信息，抓屏打印存留。

（3）按照试题要求，在模拟系统内查询客户电量电费信息，抓屏打印存留。

（4）按照试题要求，在模拟系统内查询客户抄表信息，抓屏打印存留。

（5）按照试题要求，在模拟系统内查询客户缴费信息，抓屏打印存留。

（6）退出SG186营销业务模拟系统。

（7）操作正确，桌面整洁。

2. 考核

1）考核场地

（1）操作场地面积不小于2000mm×2000mm。

（2）每位考生配置独立的书写桌椅。

（3）每桌椅位配备一台可运行SG186营销业务模拟系统的计算机。

（4）设置2套评判桌椅和计时表计。

2）考核时间

（1）考试时间自许可开工始计20min。

（2）考核前准备工作不计入考核时间。

3）考核要点

（1）遵守安全规定。

（2）使用指定用户名和密码正确登陆SG186营销业务模拟系统。

（3）按照试题要求，利用SG186营销业务模拟系统查询指定客户资料。

（4）抓屏并打印存留。

（5）完成要求操作，退出系统。

（6）清理现场，保持桌面整洁。

3. 评分标准

行业：电力工程　　　　　　　　工种：抄表核算收费员　　　　　　　　等级：五

编号	CS5JB0101	行为领域	e	鉴定范围			
考核时限	20min	题型	C	满分	100分	得分	
试题名称	SG186营销业务系统登陆和客户信息查询						
考核要点及其要求	（1）遵守安全规定 （2）使用指定用户名和密码正确登陆SG186营销业务模拟系统 （3）按照试题要求，利用SG186营销业务模拟系统查询指定客户资料 （4）抓屏并打印存留 （5）完成要求操作，退出系统 （6）清理现场，保持桌面整洁						
现场设备、工器具、材料	（1）工器具：红、黑或蓝色签字笔 （2）材料：试卷、草稿纸 （3）设备：可运行SG186营销业务模拟系统的计算机						
备注	工种工作票上述栏目未尽事宜已经办理完毕						

评分标准

序号	考核项目名称	质量要求	分值	扣分标准	扣分原因	得分
1	登陆SG186营销业务模拟系统	使用指定用户名和密码正确登陆SG186营销业务模拟系统	10	未能自主登陆指定账户扣10分；经指导登陆指定账户扣5分		
2	查询客户信息	按要求查询信息	40	未查询到一项扣10分		
3	抓屏并打印存留	按照要求抓屏并打印存留	40	未打印存留一项扣10分		
4	退出系统	退出系统，避免系统被非法操作	5	结束考试后及时退出系统，避免系统被非法操作		
5	安全文明生产	（1）禁止违规操作，不损坏工器具，不发生安全生产事故 （2）保持作业现场整洁	5	（1）安全项目一票否决。危及安全问题直接判定考试不通过 （2）违规操作扣3分 （3）现场不能保持干净扣2分		

2.2.2 CS5JB0201 功率因数的计算和力调系数的确定

1. 作业

1）工器具、材料、设备

（1）工器具：红、黑或蓝签字笔，计算器。

（2）材料：试卷、功率因数表、答题纸以及草稿纸。

（3）设备：独立的书写桌椅。

2）安全要求

无。

3）操作步骤及工艺要求（含注意事项）

（1）根据给定条件，正确运用《供电营业规则》《功率因数调整电费办法》相关功率因数规定，依题意确定力调系数。

①月平均功率因数$=\sqrt{\dfrac{\text{有功电量}^2}{\text{有功电量}^2+\text{无功电量}^2}}$。

②依照《功率因数调整电费办法》，计算的功率因数高于或低于规定标准时，在按照规定的电价计算出其当月电费后，还应按照“功率因数调整电费表”所规定的百分数即力调系数增减电费。

（2）步骤清晰，过程完整，结果正确。

2. 考核

1）考核场地

（1）技能考场。

（2）独立的书写桌椅。

（3）设置评判桌和相应的计时器 。

2）考核时间

（1）自准许始 20min。

（2）在时限内作业，不得超时。

3）考核要点

（1）正确运用《供电营业规则》《功率因数调整电费办法》相关功率因数规定。

（2）依题意确定力调系数。

（3）答题规范，单位正确。

3. 评分标准

行业：电力工程　　　　工种：抄表核算收费员　　　　等级：五

编号	CS5JB0201	行为领域	e	鉴定范围			
考核时限	20min	题型	B	满分	100 分	得分	
试题名称	功率因数的计算和力调系数的确定						
考核要点及其要求	（1）正确运用《供电营业规则》及相关功率因数规定 （2）依题意确定力调系数 （3）答题规范，单位正确						

续表

现场设备、工器具、材料	（1）工器具：红、黑或蓝签字笔，计算器 （2）材料：试卷、电能表校验表、答题纸以及草稿纸 （3）设备：独立的书写桌椅
备注	上述栏目未尽事宜

评分标准

序号	考核项目名称	质量要求	分值	扣分标准	扣分原因	得分
1	列出功率因数公式	根据《供电营业规则》相关条款，正确释读平均加权功率因数，列出公式	30	公式不正确扣30分		
2	计算功率因数	依题意正确计算出功率因数	30	（1）列式不正确扣25分 （2）计算结果不正确扣5分		
3	查表确定力调系数	正确确定力调系数	30	未正确确定力调系数扣30分		
4	完整答题	完整回答提问	10	未正确答出结果每项扣5分		

例题：某10kV高压计量工业用户，其受电设备容量180kV·A，本月有功电量39000kW·h，无功电量16000kvar·h，《供电营业规则》要求其功率因数应为0.9，请计算该户的功率因数并确定其力调系数。

解：根据功率因数定义和《供电营业规则》规定，

$$平均功率因数=\sqrt{\frac{有功电量^2}{有功电量^2+无功电量^2}}$$

将有功电量、无功电量代入公式，平均功率因素$=\sqrt{\frac{39000^2}{39000^2+16000^2}}$

$=0.93$

该户本月平均功率因数为0.93

又该户应考核功率因数0.90，查表得该户本月力调系数为-0.0045

答：该户本月平均功率因数为0.93，本月力调系数为-0.0045。

2.2.3 CS5ZY0101 单相电能表抄录和异常处理

1. 作业

1）工器具、材料、设备

（1）工器具：红、黑或蓝色签字笔、低压试电笔、计算器。

（2）材料：工作证件、电能表补抄卡、空白工作票。

（3）设备：模拟抄表台（至少装有8具单相电能表）。

2）安全要求

（1）工作服、安全帽以及绝缘鞋等穿戴整齐（应符合DL 409—1991《电业安全工作规程（电力线路部分）》要求）。

（2）正确使用试电笔测试电表箱等设备金属外壳是否带电，确认不带电方可进行工作。

（3）抄表时应尽量避免人体接触设备外壳。

3）操作步骤及工艺要求（含注意事项）

（1）出发前，应认真检查必备的抄表工器具是否完好、齐全。

（2）领取电能表补抄卡，做好抄表准备。抄表数据包括抄表客户信息、变更信息、新装客户档案信息等确保数据完整正确。

（3）确定抄表路线和抄表顺序。综合考虑客户类型、抄表周期、抄表例日、地理分布、便于线损管理等因素，遵循抄表效率最高的原则。

（4）在模拟抄表台进行手工现场抄表，使用补抄卡逐户对客户端用电计量装置记录的有关用电计量计费数据进行抄录。

（5）现场抄表工作必须遵循电力安全生产工作的相关规定，严禁违章作业。需要到客户门内抄录的，应出示工作证件，遵守客户的出入制度。

（6）抄表时核对客户用电信息，并对疑问信息记录，填写调查工作票。抄表时，应认真核对客户电能表箱位、表位、表号、倍率等信息，检查电能计量装置运行是否正常，封印是否完好。对新装及用电变更客户，应核对并确认用电容量、最大需量、电能表参数、互感器参数等信息，做好核对记录。发现客户电量异常、违约用电或窃电嫌疑、表计故障、有信息（卡）无表、有表无信息（卡）等异常情况，做好现场记录，提出异常报告并及时上报处理。

（7）规范准确抄录电能表示数，要求按有效位数正确抄录电能表示数。

（8）正确计算客户的用电量。

（9）不得估抄漏抄。

（10）出现抄录错误时应规范更正。

（11）清理现场，文明作业。

2. 考核

1）考核场地

（1）操作场地面积不小于2000mm×2000mm。

（2）模拟抄表台单相电能表不少于8具。

（3）每位考生配置独立的书写桌椅。

（4）设置2套评判桌椅和计时表计。

2）考核时间

（1）考试时间自许可开工始计20min。

（2）考核前准备工作不计入考核时间。

3）考核要点

（1）遵守安全规定。

（2）合理确定抄表顺序。

（3）准确抄录电能表示数。

（4）不漏抄，不估抄。

（5）规范处理抄录错误。

（6）准确计算客户电量。

（7）对客户信息判断和处理。

3. 评分标准

行业：电力工程　　　　工种：抄表核算收费员　　　　等级：五

编号	CS5ZY0101	行为领域	e	鉴定范围			
考核时限	20min	题型	C	满分	100分	得分	
试题名称	单相电能表抄录和异常处理						
考核要点及其要求	（1）遵守安全规定 （2）合理确定抄表顺序 （3）准确抄录电能表示数 （4）不漏抄，不估抄 （5）规范处理抄录错误 （6）准确计算客户电量 （7）对客户信息判断和处理						
现场设备、工器具、材料	（1）工器具：红、黑或蓝色签字笔，低压试电笔，计算器，电筒以及个人电工工具 （2）材料：工作证件、电能表补抄卡、空白工作票 （3）设备：模拟抄表台（至少装有8具单相电能表）						
备注	工种工作票上述栏目未尽事宜已经办理完毕						

评分标准

序号	考核项目名称	质量要求	分值	扣分标准	扣分原因	得分
1	着装	穿工作服、绝缘鞋，戴安全帽，正确佩戴工作证件	5	（1）未穿工作服扣2分 （2）未穿绝缘鞋扣2分 （3）未戴安全帽扣2分 （4）本项分数扣完为止		
2	确定抄表路线和抄表顺序	根据地理位置合理确定抄表顺序	10	抄表顺序不合理扣10分		

续表

序号	考核项目名称	质量要求	分值	扣分标准	扣分原因	得分
3	抄表	准确完成电能表抄录，出现抄录错误时，应双红线处理更正	40	（1）未能按电能表有效位抄表，每户扣3分 （2）抄表错误，每户扣5分 （3）未能规范更正按抄表错误处理每户扣5分 （4）规范更正者每处扣扣2分		
4	电量计算	准确计算客户电量	30	电量计算不正确每户扣4分，本项分数扣完为止		
5	异常处理	核对客户用电信息异常，发现问题填写工作票，明确描述问题	10	（1）未对异常进行判断扣10分 （2）确定异常但工作票表述不明确扣2分		
6	安全文明生产	1. 禁止违规操作，不损坏工器具，不发生安全生产事故 2. 保持作业现场整洁	5	（1）安全项目一票否决。危及安全问题直接判定考试不通过 （2）违规操作扣3分 （3）现场不能保持干净扣2分		

例题：某小居民区8户单相电能表未能传回示数，需现场抄表，请持电能表补抄卡片完成抄表工作。

附小区地理图：

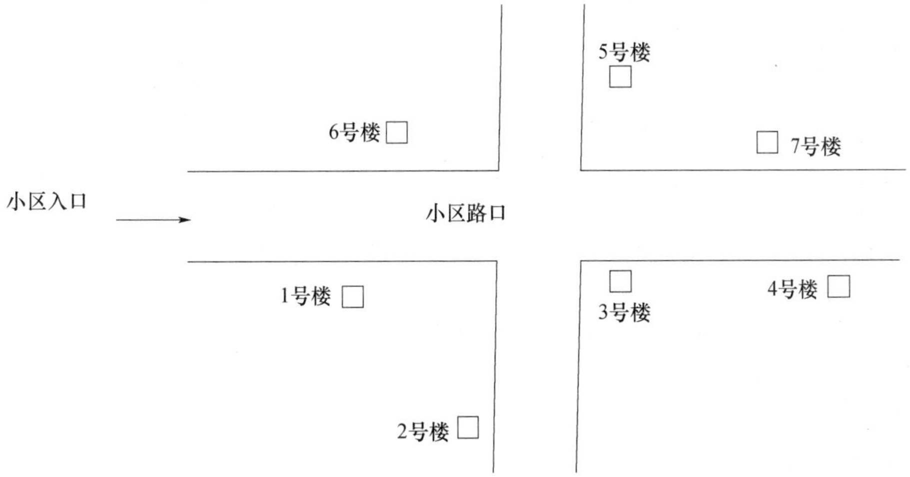

5号楼
6号楼
7号楼
小区入口
小区路口
1号楼
3号楼
4号楼
2号楼

2.2.4 CS5ZY0102　三相电能表抄录和异常处理

1. 作业

1）工器具、材料、设备

（1）工器具：红、黑或蓝色签字笔、低压试电笔、计算器、电筒以及个人电工工具。

（2）材料：工作证件、电能表补抄卡、空白工作票。

（3）设备：模拟抄表台（至少装有4具三相电能表）。

2）安全要求

（1）工作服、安全帽以及绝缘鞋等穿戴整齐（应符合DL 409—1991《电业安全工作规程（电力线路部分）》要求）。

（2）正确使用试电笔测试电表箱等设备金属外壳是否带电，确认不带电方可进行工作。

（3）抄表时应尽量避免人体接触设备外壳。

3）操作步骤及工艺要求（含注意事项）

（1）出发前，应认真检查必备的抄表工器具是否完好、齐全。

（2）领取电能表补抄卡，做好抄表准备。抄表数据包括抄表客户信息、变更信息、新装客户档案信息等确保数据完整正确。

（3）确定抄表路线和抄表顺序。综合考虑客户类型、抄表周期、抄表例日、地理分布、便于线损管理等因素，遵循抄表效率最高的原则。

（4）在模拟抄表台进行手工现场抄表，使用电能表补抄卡逐户对客户端用电计量装置记录的有关用电计量计费数据进行抄录。

（5）现场抄表工作必须遵循电力安全生产工作的相关规定，严禁违章作业。需要到客户门内抄录的，应出示工作证件，遵守客户的出入制度。

（6）抄表时核对客户用电信息，并对疑问信息记录，填写调查工作票。抄表时，应认真核对客户电能表箱位、表位、表号、倍率等信息，检查电能计量装置运行是否正常，封印是否完好。对新装及用电变更客户，应核对并确认用电容量、最大需量、电能表参数、互感器参数等信息，做好核对记录。发现客户电量异常、违约用电或窃电嫌疑、表计故障、有信息（卡）无表、有表无信息（卡）等异常情况，做好现场记录，提出异常报告并及时上报处理。

（7）规范准确抄录电能表示数，要求按有效位数正确抄录电能表示数。

（8）正确计算客户的用电量。

（9）不得估抄漏抄。

（10）出现抄录错误时应规范更正。

（11）清理现场，文明作业。

2. 考核

1）考核场地

（1）操作场地面积不小于2000mm×2000mm。

（2）模拟抄表台单相电能表至少装有4具三相电能表。

（3）每位考生配置独立的书写桌椅。

（4）设置 2 套评判桌椅和计时表计。

2）考核时间

（1）考试时间自许可开工始计 20min。

（2）考核前准备工作不计入考核时间。

3）考核要点

（1）遵守安全规定。

（2）合理确定抄表顺序。

（3）准确抄录电能表示数。

（4）不漏抄，不估抄。

（5）规范处理抄录错误。

（6）准确计算客户电量。

（7）对客户信息判断和处理。

3. 评分标准

行业：电力工程　　　　　　　　　工种：抄表核算收费员　　　　　　　　　等级：五

<table>
<tr><td>编号</td><td>CS5ZY0102</td><td>行为领域</td><td>e</td><td colspan="2">鉴定范围</td><td colspan="2"></td></tr>
<tr><td>考核时限</td><td>20min</td><td>题型</td><td>C</td><td>满分</td><td>100 分</td><td>得分</td><td></td></tr>
<tr><td>试题名称</td><td colspan="7">三相电能表抄录和异常处理</td></tr>
<tr><td>考核要点
及其要求</td><td colspan="7">（1）遵守安全规定
（2）合理确定抄表顺序
（3）准确抄录电能表示数
（4）不漏抄，不估抄
（5）规范处理抄录错误
（6）准确计算客户电量
（7）对客户信息判断和处理</td></tr>
<tr><td>现场设备、
工器具、材料</td><td colspan="7">（1）工器具：红、黑或蓝色签字笔，低压试电笔，计算器，电筒以及个人电工工具
（2）材料：工作证件、电能表补抄卡、空白工作票
（3）设备：模拟抄表台（至少装有 4 具三相电能表）</td></tr>
<tr><td>备注</td><td colspan="7">工种工作票上述栏目未尽事宜已经办理完毕</td></tr>
</table>

评分标准

序号	考核项目名称	质量要求	分值	扣分标准	扣分原因	得分
1	着装	穿工作服、绝缘鞋，戴安全帽，正确佩戴工作证件	5	未穿工作服扣 2 分 未穿绝缘鞋扣 2 分 未戴安全帽扣 2 分 本项分数扣完为止		
2	确定抄表路线和抄表顺序	根据地理位置合理确定抄表顺序	10	抄表顺序不合理扣 10 分		

续表

序号	考核项目名称	质量要求	分值	扣分标准	扣分原因	得分
3	抄表	准确完成电能表抄录。出现抄录错误时，应双红线处理更正	40	（1）未能按电能表有效位抄表，每户扣7分 （2）抄表错误，每户扣10分 （3）未能规范更正按抄表错误处理每户扣10，按规范更正者扣2分		
4	电量计算	准确计算客户电量	30	电量计算不正确每户扣8分，本项分数扣完为止		
5	异常处理	核对客户用电信息异常，发现问题填写工作票，明确表述问题	10	（1）未对异常进行判断扣10分 （2）确定异常工作票描述不明确扣2分		
6	安全文明生产	1. 禁止违规操作，不损坏工器具，不发生安全生产事故 2. 保持作业现场整洁。	5	1. 安全项目一票否决。危及安全问题直接判定考试不通过 2. 违规操作扣3分 3. 现场不能保持干净扣2分		

例题：某十字街道4户三相电能表未能传回示数，需现场抄表，请持电能表补抄卡完成抄表工作。附地理信息图：

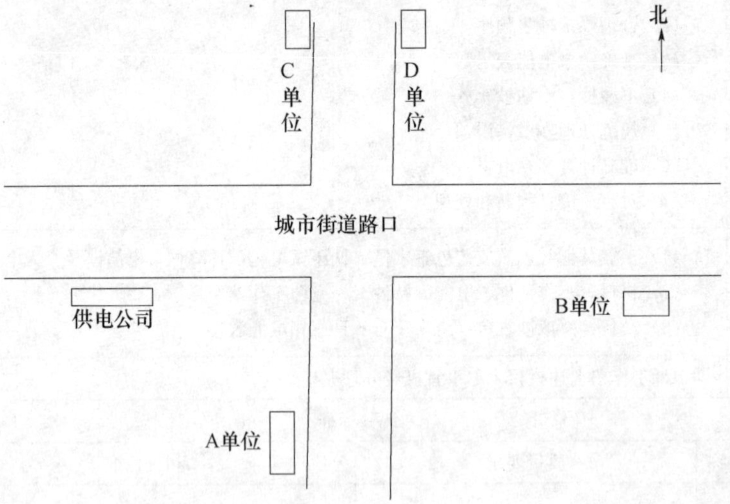

C单位

D单位

北

城市街道路口

供电公司

B单位

A单位

2.2.5 CS5ZY0201 低压一般工商业及其他客户的电量电费计算

1. 作业

1）工器具、材料、设备

（1）工器具：红、黑或蓝签字笔，计算器

（2）材料：试卷、电价表、答题纸以及草稿纸

（3）设备：独立的书写桌椅

2）安全要求

无。

3）操作步骤及工艺要求（含注意事项）

（1）根据给定条件，正确运用电量计算规则和电价政策，准确计算电量电费。

电量计算是根据客户计费电能表的抄见示数和综合倍率以及变线损等计算出电量，其中变线损和计量方式相关。在低压电量计算中，抄见电量即计费电量。

抄见电量=(本月示数－上月示数)×综合倍率

电费=抄见电量×相应的电价。

（2）步骤清晰，过程完整，结果正确。

2. 考核

1）考核场地

（1）技能考场。

（2）独立的书写桌椅。

（3）设置评判桌和相应的计时器 。

2）考核时间

（1）自准许始20min。

（2）在时限内作业，不得超时。

3）考核要点

（1）正确运用电量电费计算规则，准确计算电量电费。

（2）列式计算，步骤清晰。

（3）答题规范，单位正确。

3. 评分标准

行业：电力工程 **工种：抄表核算收费员** **等级：五**

编号	CS5ZY0201	行为领域	e	鉴定范围			
考核时限	20min	题型	A	满分	100分	得分	
试题名称	低压一般工商业及其他客户的电量电费计算						
考核要点及其要求	（1）正确运用电量电费计算规则，准确计算电量电费 （2）列式计算，步骤清晰 （3）答题规范，单位正确						

续表

现场设备、工器具、材料	(1) 工器具：红、黑或蓝签字笔，计算器 (2) 材料：试卷、电价表、答题纸以及草稿纸 (3) 设备：独立的书写桌椅
备注	上述栏目未尽事宜

评分标准

序号	考核项目名称	质量要求	分值	扣分标准	扣分原因	得分
1	计算电量	正确计算抄见电量	40	未正确计算电量，总、平、谷时段电量错误各扣10分		
2	电费计算	正确计算电费	50	每项计算错误扣15分 本项分数扣完为止		
3	答题	正确完整答题	10	未能正确答出结果扣10分		

例题：某低压一般工商业及其他用户，执行分时电价，抄表例日为20日，2017年3月20日其电能表示数为总示数04280，峰05681，谷01125，2017年4月20日电能表示数为总示数04423，峰05723谷段示数01204，倍率为1，试计算该户4月份电费，按现行电价标准执行。

解：抄见电量

总段电量：04423－04280＝143（kW·h）

峰段电量：05723－05681＝42（kW·h）

谷段电量：01204－01125＝79（kW·h）

则该户平段电量：143－42－79＝22（kW·h）

根据现行电价政策

该户峰段电费：42×0.9384＝39.41（元）

该户谷段电费：79×0.4178＝33.01（元）

该户平段电费：22×0.6781＝14.92（元）

故该户合计电费为：39.41＋33.01＋14.92＝87.34（元）

答：该户4月份电费为87.34元。

2.2.6 CS5ZY0202 居民生活（一户一表阶梯）客户的电量电费计算

1. 作业

1）工器具、材料、设备

（1）工器具：红、黑或蓝签字笔，计算器。

（2）材料：试卷、电价表、答题纸以及草稿纸。

（3）设备：独立的书写桌椅。

2）安全要求

无。

3）操作步骤及工艺要求（含注意事项）

（1）根据给定条件，正确运用电量计算规则和电价政策，准确计算电量电费。

电量计算是根据客户计费电能表的抄见示数和综合倍率以及变线损等计算出电量，其中变线损和计量方式相关。在低压电量计算中，抄见电量即计费电量。

抄见电量=(本月示数－上月示数)×综合倍率。

电费=抄见电量×相应的电价。

（2）步骤清晰，过程完整，结果正确。

2. 考核

1）考核场地

（1）技能考场。

（2）独立的书写桌椅。

（3）设置评判桌和相应的计时器。

2）考核时间

（1）自准许始 20min。

（2）在时限内作业，不得超时。

3）考核要点

（1）正确运用电量计算规则和电价政策，准确计算电量电费。

（2）列式计算，步骤清晰。

（3）答题规范，单位正确。

3. 评分标准

行业：电力工程　　　　工种：抄表核算收费员　　　　等级：五

编号	CS5ZY0202	行为领域	e	鉴定范围			
考核时限	20min	题型	A	满分	100分	得分	
试题名称	居民生活（一户一表阶梯）客户的电量电费计算						
考核要点及其要求	（1）正确运用电量计算规则和电价政策，准确计算电量电费 （2）列式计算，步骤清晰 （3）答题规范，单位正确						

续表

现场设备、工器具、材料	(1) 工器具：红、黑或蓝签字笔，计算器 (2) 材料：试卷、电价表、答题纸以及草稿纸 (3) 设备：独立的书写桌椅
备注	

评分标准

序号	考核项目名称	质量要求	分值	扣分标准	扣分原因	得分
1	电量计算	正确计算抄见电量	10	未正确计算抄见总电量扣10分		
2	确定各阶梯电量	正确确定各阶梯电量	36	未正确确定各档电量，每档扣12分		
3	电费计算	正确计算各档阶梯电费	36	未正确计算各档电费，每档扣12分		
4	电费合计	准确计算合计电费	8	合计不正确扣8分		
5	答题	正确完整答题	10	答题不完整不正确扣10分		

例题：某一户一表居民阶梯用户，抄表例日为20日，2016年12月20日其电能表示数为03825，2017年1月19日办理销户，其撤除电能表示数为04306，倍率为1，试计算该户1月份电费，按现行电价标准执行。

解：抄见总电量 ：04306－03825＝481（kW·h）

故

第一档电量为180kW·h

第二档电量为100kW·h

第三档电量为481－180－100＝201（kW·h）

各档电费：

第一档电费180×0.52＝93.6（元）

第二档电费100×0.57＝57（元）

第三档电费201×0.82＝164.82（元）

结算电费：93.6＋57＋164.82＝315.42（元）

答：该户1月份电费为315.42元。

2.2.7 CS5ZY0201 居民生活（合表分时采暖）客户的电量电费计算

1. 作业

1）工器具、材料、设备

（1）工器具：红、黑或蓝签字笔，计算器。

（2）材料：试卷、电价表、答题纸以及草稿纸。

（3）设备：独立的书写桌椅。

2）安全要求

无。

3）操作步骤及工艺要求（含注意事项）

（1）根据给定条件，正确运用电量计算规则和电价政策，准确计算电量电费。

电量计算是根据客户计费电能表的抄见示数和综合倍率以及变线损等计算出电量，其中变线损和计量方式相关。在低压电量计算中，抄见电量即计费电量。

抄见电量=(本月示数−上月示数)×综合倍率

电费=抄见电量×相应的电价。

（2）步骤清晰，过程完整，结果正确。

2. 考核

1）考核场地

（1）技能考场。

（2）独立的书写桌椅。

（3）设置评判桌和相应的计时器。

2）考核时间

（1）自准许始20min。

（2）在时限内作业，不得超时。

3）考核要点

（1）正确运用电量计算规则和电价政策，准确计算电量电费。

（2）列式计算，步骤清晰。

（3）答题规范，单位正确。

3. 评分标准

行业：电力工程 **工种：抄表核算收费员** **等级：五**

编号	CS5ZY0201	行为领域	e	鉴定范围			
考核时限	20min	题型	A	满分	100分	得分	
试题名称	居民生活（合表分时采暖）客户的电量电费计算						
考核要点及其要求	（1）正确运用电量计算规则和电价政策，准确计算电量电费 （2）列式计算，步骤清晰 （3）答题规范，单位正确						

续表

现场设备、工器具、材料	（1）工器具：红、黑或蓝签字笔，计算器 （2）材料：试卷、电价表、答题纸以及草稿纸 （3）设备：独立的书写桌椅
备注	上述栏目未尽事宜

评分标准

序号	考核项目名称	质量要求	分值	扣分标准	扣分原因	得分
1	确定电价	正确确定电价	10	未正确判定扣10分		
2	计算电量	正确计算抄见电量	30	未正确计算各时段电量，总、高峰、谷时段电量错误各扣10分		
3	电费计算	正确计算电费	50	每项电价引用错误扣10分 每项计算错误扣10分 合计电费错误扣10分		
4	答题	正确完整答题	10	未能正确答出结果扣10分		

例题：某合表居民（合表采暖分时）用户，抄表例日为16日，2017年3月16日其电能表示数为总示数04280，谷01125，2017年4月16日电能表示数为总示数04423，谷段示数01204，倍率为1，试计算该户4月份电费，按现行电价标准执行。

解：抄见电量

总段电量：04423－04280＝143（kW·h）

谷段电量：01204－01125＝79（kW·h）

则该户在高峰时段电量：143－79＝64（kW·h）

根据现行电价政策，3月16日到4月16日用电时段在非采暖期内，该户执行居民合表电价

该户高峰段电费：64×0.57＝36.48（元）

该户低谷段电费：79×0.31＝24.49（元）

故该户合计电费为：36.48＋24.49＝60.97（元）

答：该户4月份电费为60.97元。

2.2.8 CS5ZY0204 居民生活（非居民）客户的电量电费计算

1. 作业

1）工器具、材料、设备

（1）工器具：红、黑或蓝签字笔，计算器。

（2）材料：试卷、电价表、答题纸以及草稿纸。

（3）设备：独立的书写桌椅。

2）安全要求

无。

3）操作步骤及工艺要求（含注意事项）

（1）根据给定条件，正确运用电量计算规则和电价政策，准确计算电量电费。

电量计算是根据客户计费电能表的抄见示数和综合倍率以及变线损等计算出电量，其中变线损和计量方式相关。在低压电量计算中，抄见电量即计费电量。

抄见电量=(本月示数−上月示数)×综合倍率。

电费=抄见电量×相应的电价。

（2）步骤清晰，过程完整，结果正确。

2. 考核

1）考核场地

（1）技能考场。

（2）独立的书写桌椅。

（3）设置评判桌和相应的计时器。

2）考核时间

（1）自准许始20min。

（2）在时限内作业，不得超时。

3）考核要点

（1）正确运用电量计算规则和电价政策，准确计算电量电费。

（2）列式计算，步骤清晰。

（3）答题规范，单位正确。

3. 评分标准

行业：电力工程　　　　工种：抄表核算收费员　　　　等级：五

编号	CS5ZY0204	行为领域	e	鉴定范围		
考核时限	20min	题型	A	满分	100分	得分	
试题名称	居民生活（非居民）客户的电量电费计算						
考核要点及其要求	（1）正确运用电量计算规则和电价政策，准确计算电量电费 （2）列式计算，步骤清晰 （3）答题规范，单位正确						

续表

现场设备、工器具、材料	（1）工器具：红、黑或蓝签字笔，计算器 （2）材料：试卷、电价表、答题纸以及草稿纸 （3）设备：独立的书写桌椅
备注	

评分标准

序号	考核项目名称	质量要求	分值	扣分标准	扣分原因	得分
1	确定电价	根据题意正确确定电价	30	未正确判定应执行电价扣30分		
2	计算电量	正确计算抄见电量	10	未正确计算电量扣30分		
3	电费计算	正确计算电费	50	（1）电价引用错误扣30分 （2）计算结果错误扣20分		
4	答题	正确完整答题	10	未能正确答出结果扣10分		

例题：某单元楼道灯用户，抄表例日为20日，2017年6月20日其电能表示数为04280，2017年7月20日电能表示数为04306，倍率为1，试计算该户7月份电费，按现行电价标准执行。

解：根据现行电价政策，楼道灯应执行居民（非居民）电价，则

抄见电量为：04306－04280＝26（kW·h）

根据现行居民（非居民）电价，该户电费为：26×0.5362＝13.94（元）

答：该户7月份电费为13.94元。

2.2.9 CS5ZY0205 居民生活（采暖）客户的电量电费计算

1. 作业

1）工器具、材料、设备

（1）工器具：红、黑或蓝签字笔，计算器。

（2）材料：试卷、电价表、答题纸以及草稿纸。

（3）设备：独立的书写桌椅。

2）安全要求

无。

3）操作步骤及工艺要求（含注意事项）

（1）根据给定条件，正确运用电量计算规则和电价政策，准确计算电量电费。

电量计算是根据客户计费电能表的抄见示数和综合倍率以及变线损等计算出电量，其中变线损和计量方式相关。在低压电量计算中，抄见电量即计费电量。

抄见电量=(本月示数－上月示数)×综合倍率

电费=抄见电量×相应的电价。

（2）步骤清晰，过程完整，结果正确。

2. 考核

1）考核场地

（1）技能考场。

（2）独立的书写桌椅。

（3）设置评判桌和相应的计时器。

2）考核时间

（1）自准许始 20min。

（2）在时限内作业，不得超时。

3）考核要点

（1）正确运用电量计算规则和电价政策，准确计算电量电费。

（2）列式计算，步骤清晰。

（3）答题规范，单位正确。

3. 评分标准

行业：电力工程　　　　工种：抄表核算收费员　　　　等级：五

编号	CS5ZY0205	行为领域	e	鉴定范围			
考核时限	20min	题型	A	满分	100分	得分	
试题名称	居民生活（采暖）客户的电量电费计算						
考核要点及其要求	（1）正确运用电量计算规则和电价政策，准确计算电量电费 （2）列式计算，步骤清晰 （3）答题规范，单位正确						

续表

现场设备、工器具、材料	(1) 工器具：红、黑或蓝签字笔，计算器 (2) 材料：试卷、电价表、答题纸以及草稿纸 (3) 设备：独立的书写桌椅
备注	上述栏目未尽事宜

评分标准

序号	考核项目名称	质量要求	分值	扣分标准	扣分原因	得分
1	计算电量	正确计算抄见电量	30	未正确计算电量，总、高峰、谷时段电量错误各扣10分		
2	确定电价	正确确定电价	10	未正确判定扣10分		
3	电费计算	正确计算电费	50	每项电价引用错误扣10分 每项计算错误扣10分 合计电费错误扣10分		
4	答题	正确完整答题	10	未能正确答出结果扣10分		

例题：某一户一表居民（采暖分时）用户，抄表例日为16日，2017年3月16日其电能表示数为总示数04280，谷01125，2017年4月15日办理销户电能表示数为总示数04423，谷段示数01204，倍率为1，试计算该户4月份电费，按现行电价标准执行。

解：抄见电量

总段电量：04423－04280＝143（kW·h）

谷段电量：01204－01125＝79（kW·h）

则该户在高峰时段电量：143－79＝64（kW·h）

本次计费时段为2017年3月16日到2017年4月15日，根据现行电价政策，在采暖期外，该户应执行阶梯电价。因为

143kW·h＜180kW·h

则该本月应执行第一阶梯电价，

故该户高峰段电费：64×0.55＝35.20（元）

该户低谷段电费：79×0.30＝23.70（元）

该户合计电费为：35.20＋23.70＝58.90（元）

答：该户5月份电费为58.90元。

2.2.10　CS5ZY0206　居民生活（一户一表分时）客户的电量电费计算

1. 作业

1）工器具、材料、设备

（1）工器具：红、黑或蓝签字笔，计算器。

（2）材料：试卷、电价表、答题纸以及草稿纸。

（3）设备：独立的书写桌椅。

2）安全要求

无。

3）操作步骤及工艺要求（含注意事项）

（1）根据给定条件，正确运用电量计算规则和电价政策，准确计算电量电费。

电量计算是根据客户计费电能表的抄见示数和综合倍率以及变线损等计算出电量，其中变线损和计量方式相关。在低压电量计算中，抄见电量即计费电量。

抄见电量＝(本月示数－上月示数)×综合倍率

电费＝抄见电量×相应的电价。

（2）步骤清晰，过程完整，结果正确。

2. 考核

1）考核场地

（1）技能考场。

（2）独立的书写桌椅。

（3）设置评判桌和相应的计时器。

2）考核时间

（1）自准许始 20min。

（2）在时限内作业，不得超时。

3）考核要点

（1）正确运用电量计算规则和电价政策，准确计算电量电费。

（2）列式计算，步骤清晰。

（3）答题规范，单位正确。

3. 评分标准

行业：电力工程　　　　工种：抄表核算收费员　　　　等级：五

编号	CS5ZY0206	行为领域	e	鉴定范围			
考核时限	20min	题型	A	满分	100 分	得分	
试题名称	居民生活（一户一表分时）客户的电量电费计算						
考核要点及其要求	（1）正确运用电量计算规则和电价政策，准确计算电量电费 （2）列式计算，步骤清晰 （3）答题规范，单位正确						

续表

现场设备、工器具、材料	（1）工器具：红、黑或蓝签字笔，计算器 （2）材料：试卷、电价表、答题纸以及草稿纸 （3）设备：独立的书写桌椅
备注	上述栏目未尽事宜

评分标准

序号	考核项目名称	质量要求	分值	扣分标准	扣分原因	得分
1	确定电价	根据题意正确确定电价	10	未正确判定扣10分		
2	计算电量	正确计算抄见电量	30	未正确计算电量，总、平、谷时段电量错误各扣10分		
3	电费计算	正确计算电费	50	每项电价引用错误扣10分 每项计算错误扣10分 合计电费错误扣10分		
4	答题	正确完整答题	10	未能正确答出结果扣10分		

例题：某一户一表居民（分时）用户，抄表例日为20日，2016年12月20日其电能表示数为总示数04280，谷01125，2017年1月18日办理销户电能表示数为总示数04423，谷段示数01204，倍率为1，试计算该户1月份电费，按现行电价标准执行。

解：抄见电量

总段电量：04493－04280＝213（kW·h）

谷段电量：01236－01125＝111（kW·h）

根据现行电价政策

该户本月电量213kW·h＞180kW·h

213－180＝33（kW·h），应执行第二档分时电价。

则分别计算各时段电费和阶梯增加电费

第一阶梯谷段：111×0.30＝33.30（元）

第一阶梯平段：102×0.55＝56.10（元）

第二阶梯增加电费：33×0.05＝1.65（元）

合计电费：33.30＋56.10＋1.65＝91.05（元）

答：该户1月份电费为91.05元。

2.2.11 CS5ZY0301 收费和日解款交接报表的制作

1. 作业

1）工器具、材料、设备

（1）工器具：红、黑或蓝签字笔，计算器。

（2）材料：试卷、工作证件。

（3）设备：可运行 SG186 营销业务模拟系统的计算机、验钞机。

2）安全要求

无。

3）操作步骤及工艺要求（含注意事项）

（1）按照要求的工号密码登陆 SG186 营销业务模拟系统。

（2）按照试题要求，在模拟系统内现金收取客户电费，收取现金时，应当面点清并验明真伪。

（3）制作日解款交接报表，电费收取应做到日清日结，收费人员每日将现金交款单、银行进账单、当日电费汇总表交电费账务人员。

（4）操作正确，语言文明，桌面整洁。

2. 考核

1）考核场地

（1）技能考场。

（2）独立的书写桌椅。

（3）设置评判桌和相应的计时器 。

2）考核时间

（1）自准许始 20min。

（2）在时限内作业，不得超时。

3）考核要点

（1）正确登陆 SG186 营销业务模拟系统。

（2）正确现金方式收取电费，收取现金时，应当面点清并验明真伪，客户实交电费金额大于客户应交电费金额时，作预收电费处理。

（3）正确制作日解款交接报表。

3. 评分标准

行业：电力工程　　　　工种：抄表核算收费员　　　　等级：五

编号	CS5ZY0301	行为领域	e	鉴定范围			
考核时限	20min	题型	B	满分	100 分	得分	
试题名称	收费和月解款交接报表的制作						
考核要点及其要求	（1）正确登陆 SG186 营销业务模拟系统 （2）正确现金方式收取电费，收取现金时，应当面点清并验明真伪 （3）正确制作日解款交接报表 （4）操作正确，语言文明，桌面整洁						

续表

现场设备、工器具、材料	(1) 工器具：红、黑或蓝签字笔，计算器 (2) 材料：试卷、电能表校验表、答题纸以及草稿纸 (3) 设备：独立的书写桌椅
备注	上述栏目未尽事宜

评分标准

序号	考核项目名称	质量要求	分值	扣分标准	扣分原因	得分
1	登陆SG186营销业务模拟系统	按照要求的工号密码登陆SG186营销业务模拟系统	10	不能正确登陆扣10分		
2	验钞	验明钞票真伪	10	未验钞扣10分		
3	现金方式收取电费	正确现金方式收取两户电费	40	未正确收费一笔扣20分		
4	制作日解款交接报表	正确制作、复核，签字	40	未制作出报表不得分 报表金额不符扣30 报表未签字扣10分		

例题：按指定工号密码登陆SG186营销业务模拟系统，收取A客户（户号××× 名称××× 地址×××）现金100元，收取B客户（户号××× 名称××× 地址×××）现金50元，并制作日解款交接报表。

附：

日解款交接报表

解款日期： 解款员工号：

解款员姓名： 共 页第 页

解款编号	缴费方式	结算方式	结算票据号码	解款金额	费用类别	解款银行	解款账号
		现金					
		列账单					
		POS机刷卡					
合　计							
解款人员确认签字		日期		备注			
接收人员确认签字		日期		备注			

2.2.12　CS5ZY0302　电费违约金的计算

1. 作业

1）工器具、材料、设备

（1）工器具：红、黑或蓝签字笔，计算器。

（2）材料：试卷、电价表、答题纸以及草稿纸。

（3）设备：独立的书写桌椅。

2）安全要求

无。

3）操作步骤及工艺要求（含注意事项）

（1）根据给定条件，正确运用《供电营业规则》关于电费违约金的政策，正确计算电费违约金。用户在供电企业规定的期限内未缴清电费时，应承担电费滞纳的违约责任。《供电营业规则》规定：电费违约金自逾期之日起计算至缴纳之日止。每日电费违约金按下列规定计算。①居民用户每日按欠费总额的千分之一计算。②其他用户：当年欠费部分，每日按欠费总额的千分之二计算；跨年度欠费部分，每日按欠费总额的千分之三计算。电费违约金收取金额按日累加计收。

国网营销（2016）835 文件《关于进一步规范供用电合同管理工作的通知》对违约金算法的说明：①收费时先收电费再收违约金。多月电费收取顺序，先收最近年月的欠费。②取消违约金下限不足一元按一元收取。③增加上限，上限金额＝违约金起算日期时的欠费金额×0.3 。

（2）步骤清晰，过程完整，结果正确。

2. 考核

1）考核场地

（1）技能考场。

（2）独立的书写桌椅。

（3）设置评判桌和相应的计时器 。

2）考核时间

（1）自准许始 20min。

（2）在时限内作业，不得超时。

3）考核要点

（1）准确运用电费违约金收取政策。

（2）列出电费违约金计算公式，步骤清晰，正确计算。

（3）答题规范，单位正确。

3. 评分标准

行业：电力工程　　　　**工种：抄表核算收费员**　　　　**等级：五**

编号	CS5ZY0302	行为领域	e	鉴定范围			
考核时限	20min	题型	A	满分	100 分	得分	

续表

试题名称	电费违约金的计算
考核要点及其要求	(1) 正确运用电费违约金收取政策 (2) 欠费天数计算正确 (3) 步骤清晰，答题规范，结果正确
现场设备、工器具、材料	(1) 工器具：红、黑或蓝签字笔，计算器 (2) 材料：试卷、电价表、答题纸以及草稿纸 (3) 设备：独立的书写桌椅
备注	上述栏目未尽事宜

评分标准

序号	考核项目名称	质量要求	分值	扣分标准	扣分原因	得分
1	执行依据	正确说明电费违约金执行依据	20	未正确阐述执行依据扣 20 分		
2	确定欠费天数	正确计算欠费天数	20	未正确确定每一个时段错误扣 10 分		
3	电费违约金计算	正确计算电费违约金	50	(1) 公式错误扣 10 分 (2) 当年部分计算错误扣 10 分 (3) 跨年部分计算错误扣 10 分 (4) 合计计算错误扣 10 分		
4	答题	正确完整答题	10	未能正确答出结果扣 10 分		

例题：某低压工商业及其他用户，执行分时电价，电费发行日期为 20 日，2016 年 11 月份电费 1500 元，该户于 2 月 16 日一次结清 2016 年 11 月所欠电费，试计算该户应缴纳的违约金数额。

解：根据现行违约金收取政策，电费发行日为 20 日，则收费日自 21 日起十天即 30 日为缴费期。逾期（30 日）开始收取违约金，则 2016 年 11 月份欠费当年违约金天数为 31 天。跨年违约金天数为 16 天。

跨年违约金：跨年违约金额×0.3％×跨年违约天数

1500×0.3％×16＝1500×0.3％×16＝72.00（元）

当年违约金：欠费金额×0.2％×当年违约天数

1500×0.2％×31＝93.00（元）

则该户应缴违约金为 72.00＋93.00＝165.00（元）

答：该户应交违约金为 165.00 元。

2.2.13 CS5XG0101 电能表超差的电量退补

1. 作业

1）工器具、材料、设备

（1）工器具：红、黑或蓝签字笔，计算器。

（2）材料：试卷、电能表校验表、答题纸以及草稿纸。

（3）设备：独立的书写桌椅。

2）安全要求

无。

3）操作步骤及工艺要求（含注意事项）

（1）根据给定条件，正确运用计量超差退补公式和《供电营业规则》相关条款确定退补电量。

（2）步骤清晰，过程完整，结果正确。

2. 考核

1）考核场地

（1）技能考场。

（2）独立的书写桌椅。

（3）设置评判桌和相应的计时器 。

2）考核时间

（1）自准许始 20min。

（2）在时限内作业，不得超时。

3）考核要点

（1）正确释读电能表校验表。

（2）列出电能表超差退补电量公式，步骤清晰，正确确定退补电量。

（3）答题规范，单位正确。

3. 评分标准

行业：电力工程　　　　**工种：抄表核算收费员**　　　　**等级：五**

编号	CS5XG0101	行为领域	f	鉴定范围		
考核时限	20min	题型	A	满分	100分	得分	
试题名称	电能表超差的电量退补					
考核要点及其要求	（1）正确释读电能表校验表 （2）列出电能表超差退补电量公式，步骤清晰，过程完整，正确确定退补电量 （3）答题正确完整					
现场设备、工器具、材料	（1）工器具：红、黑或蓝签字笔，计算器 （2）材料：试卷、电能表校验表、答题纸以及草稿纸 （3）设备：独立的书写桌椅					
备注	上述栏目未尽事宜					

续表

评分标准						
序号	考核项目名称	质量要求	分值	扣分标准	扣分原因	得分
1	释读电能表校验表	正确释读电能表校验表	10	未正确判定扣10分		
2	退补依据	根据《供电营业规则》相关条款，确定退补依据	20	未明确退补依据扣10分		
3	确定退补公式	正确列出退补公式	30	未正确确定退补公式扣10分		
4	退补电量计算	正确计算电量	10	未正确计算扣10分		
5	确定退补电量	正确确定退补电量	20	1. 未明确确定依据扣10分 2. 确定退补电量错误扣10分		
6	答题正确完整	明确退补电量，完整回答提问	10	答题不完整不正确扣10分		

例题：某低压居民用户，抄表例日为18日，2016年12月18日计量改造工作，2017年5月18日因用户反映用电电量异常对该户进行现场校验，校验结果电能表误差+18%，自计量改造后该户累计用电量为1800kW·h，请确定该退补多少电量。

解：校验结果+18%，超过允许值2%。且为正值，所以确定是多计用户电量，应退补电量给用户。根据《供电营业规则》规定，互感器或电能表误差超出允许范围时，以“0”误差为基准，按验证后的误差值退补电量。退补时间从上次校验或换装后投入之日起至误差更正之日止的二分之一时间计算。

$$
\begin{aligned}
\text{应退补电量} &= \frac{\text{差错电量}}{1+\text{实际误差}}\times\text{实际误差}\\
&=\left(\frac{1800}{1+18\%}\right)\times 18\%\\
&=275\ (\text{kW}\cdot\text{h})
\end{aligned}
$$

根据《供电营业规则》规定

则实际退补电量为275÷2=138（kW·h）

答：应向该户退补电量138 kW·h。

第二部分　中　级　工

1 理论试题

1.1 单选题

La4A1001 正弦交流电的平均值等于(　　)倍最大值。

(A) 2　　(B) π/2　　(C) 2/π　　(D) 0.707

答案：C

La4A1002 Windows中，剪切板是(　　)。

(A) 硬盘上的一块区域　　(B) 软盘上的一块区域

(C) 内存中的一块区域　　(D) 高速缓冲区中的一块区域

答案：C

La4A1003 方向、大小随时间改变的电流为(　　)。

(A) 直流电　　(B) 交流电　　(C) 恒定电流　　(D) 额定电流

答案：B

La4A1004 用户单相用电设备总容量不足(　　)的可采用低压220V供电。

(A) 5kW　　(B) 10kW　　(C) 15kW　　(D) 20kW

答案：B

La4A2005 中性点接地系统比不接地系统供电可靠性(　　)。

(A) 高　　(B) 差　　(C) 相同　　(D) 无法比

答案：A

La4A2006 在低压三相四线制回路中，要求零线上不能(　　)。

(A) 装设电流互感器　　(B) 装设电表

(C) 安装漏电保护器　　(D) 安装熔断器

答案：D

La4A2007 根据我国具体条件和环境，一般规定的安全电压有(　　)。

(A) 36V、24V和12V　　(B) 15V、10V和5V

(C) 380V、220V和36V　　(D) 0V

答案：A

La4A2008 下列说法中，错误的说法是(　　)。

(A) 铁磁材料的磁性与温度有很大关系

(B) 当温度升高时，铁磁材料磁导率上升

(C) 铁磁材料的磁导率高

(D) 表示物质磁化程度称为磁场强度

答案：B

La4A2009 使用临时电源的用户改为正式用电，应按(　　)办理。

(A) 用户不需再办理手续

(B) 新装用电

(C) 供电企业直接转为正式用电

(D) 增加供电容量

答案：B

La4A2010 在并联的交流电路中，总电流等于各分支电流的(　　)。

(A) 代数和　(B) 相量和　(C) 总和　(D) 方根和

答案：B

La4A2011 降压变压器是(　　)。

(A) 一次电压高、二次电压低　(B) 一次电压、二次电压一样高

(C) 一次电压、二次电压相差5%　(D) 一次电压低、二次电压高

答案：A

La4A2012 《刑法》中规定破坏电力、燃气或者其他易燃易爆设备，危及公共安全，尚未造成严重后果的，处(　　)有期徒刑。

(A) 三年以下　(B) 三年以上十年以下

(C) 三年以上七年以下　(D) 十年以上

答案：B

La4A2013 在公用供电设施尚未到达的地区，供电企业可委托有供电能力的直供户向(　　)的用电户转供电力。

(A) 其附近　(B) 效益好　(C) 郊区　(D) 非居民

答案：A

La4A2014 低压用户若需要装设备用电源，可(　　)。

(A) 另设一个进户点

(B) 共用一个进户点

(C) 选择几个备用点
(D) 另设一个进户点、共用一个进户点、选择几个备用点
答案：A

La4A2015 三相电路中流过每相电源或每相负载的电流叫(　　)。
(A) 线电流　　(B) 相电流　　(C) 工作电流　　(D) 额定电流
答案：B

La4A2016 低压裸母线至接地金属之间的安全距离应不小于(　　)mm。
(A) 10　　(B) 20　　(C) 30　　(D) 35
答案：B

La4A2017 10kV高压设备不停电时的最小安全距离是(　　)。
(A) 0.35m　　(B) 0.7m　　(C) 1.0m　　(D) 1.5m
答案：B

La4A2018 《供电营业规则》规定：客户用电设备容量在100kW及以下或需用变压器容量在50kV·A及以下者，可采用(　　)供电。
(A) 220V　　(B) 380/220V　　(C) 10kV　　(D) 10kV以上
答案：B

La4A3019 电费实抄率、差错率和电费回收率（简称三率）是电费管理的主要(　　)。
(A) 考核指标　　(B) 考核标准　　(C) 考核项目　　(D) 考核额定
答案：A

La4A3020 供电方案的有效期，是指从供电方案正式通知书发出之日起至缴纳供电贴费并受电工程开工日为止。高压供电方案的有效期为(　　)年。
(A) 半年　　(B) 1　　(C) 2　　(D) 3
答案：B

La4A3021 电力企业应加强安全生产管理，坚持安全第一、预防为主的方针，建立健全安全生产(　　)制度。
(A) 调度　　(B) 管理　　(C) 责任　　(D) 维护
答案：C

La4A3022 正弦交流电的最大值和有效值的大小与(　　)。
(A) 频率、相位有关　　(B) 频率、相位无关

（C）只与频率有关　　　　　　　　　（D）只与相位有关

答案：B

La4A3023　（　　）是电力生产的方针。

（A）安全第一　　（B）生产第一　　（C）效益第一　　（D）管理第一

答案：A

La4A3024　供电企业应在用电营业场所公告办理各项（　　）的程序制度和收费标准。

（A）安装　　（B）合理施工　　（C）用电业务　　（D）竣工检验

答案：C

La4A3025　Ⅰ类负荷采用双电源供电，其双电源是指两个（　　）的电源。

（A）生产　　（B）备用　　（C）保安　　（D）独立

答案：D

La4A3026　低压架空线路的多处重复接地，可以改善架空线路的（　　）性能。

（A）防火　　（B）防潮　　（C）防辐射　　（D）防雷

答案：D

La4A3027　《供电营业规则》规定：用户应当按（　　）规定的期限和交费方式缴清电费。

（A）供电企业　　（B）地方政府　　（C）供电企业批准　　（D）双方协定

答案：A

La4A3028　装表接电是业扩报装全过程的（　　）。

（A）开端　　（B）中间环节　　（C）继续　　（D）终结

答案：D

La4A4029　交流电流表或电压表指示的数值是（　　）。

（A）平均值　　（B）最大值　　（C）最小值　　（D）有效值

答案：D

La4A4030　把并联在回路的四个相同大小的电容器串联后接入回路，则其电容是原来并联的（　　）。

（A）4 倍　　（B）1/4 倍　　（C）16 倍　　（D）1/16 倍

答案：D

La4A4031 电网的电压质量取决于电力系统中(　　)的平衡。

(A) 视在功率　(B) 无功功率　(C) 有功功率　(D) 额定功率

答案：B

La4A4032 供电营业场所“三公开”的具体内容(　　)。

(A) 电费、电价、收费标准　(B) 电费、收费标准、服务程序

(C) 电价、收费标准、服务程序　(D) 都不对

答案：C

La4A4033 抄表质量十分重要，是电力企业生产经营最终体现(　　)的重要方面。

(A) 经济效益　(B) 成本核算　(C) 统计工作　(D) 财会收入

答案：A

La4A4034 供电企业供电的额定电压，低压供电时单相为(　　)V。三相为(　　)V。

(A) 380、220　(B) 38、22　(C) 22、38　(D) 220、380

答案：D

La4A5035 RLC 串联谐振电路总电抗和 RLC 并联谐振电路总电抗分别等于(　　)。

(A) ∞和 0　(B) ∞和∞　(C) 0 和 0　(D) 0 和∞

答案：D

La4A5036 人体与电气设备的带电部分接触发生的触电可分为(　　)。

(A) 单相触电和三相触电　(B) 两相触电和三相触电

(C) 三相触电　(D) 单相触电和两相触电

答案：D

La4A5037 《电力供应与使用条例》规定，一个营业区内设立供电营业机构数量应(　　)。

(A) 不超过 2 个　(B) 不超过 1 个

(C) 根据电网结构确定　(D) 超过 2 个

答案：B

La4A5038 电气设备的低压是设备对地电压在(　　)者。

(A) 36V 以上　(B) 250V 以上　(C) 250V 及以下　(D) 36V 及以下

答案：C

La4A5039 计划用电的目的是使(　　)得到优化、合理、有效地利用。

(A) 供电线路　(B) 电力变压器　(C) 电力资源　(D) 供电网络

答案：C

La4A5040 电气设备的高压是设备对地电压在(　　)者。

(A) 36V以上　(B) 250V以上　(C) 250V及以下　(D) 36V及以下

答案：B

Lb4A1041 高压供电方案的有效期为(　　)。

(A) 半年　(B) 1年　(C) 10个月　(D) 2年

答案：B

Lb4A1042 《供电营业规则》规定，用户对供电企业对其电能表校验结果有异议时，可向(　　)申请检定。

(A) 上级供电企业　(B) 同级及上级电力管理部门

(C) 计量行政主管部门　(D) 供电企业上级计量检定机构

答案：D

Lb4A1043 居民用户的违约金每日按欠费总额的(　　)计算。

(A) 3‰　(B) 2‰　(C) 1‰　(D) 4‰

答案：C

Lb4A1044 有功电能表是用来计量电能的有功部分，即视在功率的有功分量和时间的(　　)。

(A) 总和　(B) 差值　(C) 积分　(D) 乘积

答案：D

Lb4A1045 大工业电价适用范围是工业生产用户设备容量在(　　)kV·A及以上的用户。

(A) 100　(B) 200　(C) 240　(D) 315

答案：D

Lb4A1046 高压供电的工业用户和高压供电装有带负荷调整电压装置的电力用户，功率因数应不小于(　　)。

(A) 0.80　(B) 0.85　(C) 0.90　(D) 0.95

答案：C

Lb4A1047 最大需量是指用电户在全月中(　　)内平均最大负荷值。

(A) 5min　　(B) 10min　　(C) 15min　　(D) 20min

答案：C

Lb4A1048 无效合同自(　　)时起无效。

(A) 成立　　(B) 履行　　(C) 订立　　(D) 确认无效

答案：C

Lb4A2049 居民住宅中暗装插座应不低于(　　)m。

(A) 1　　(B) 1.3　　(C) 0.5　　(D) 0.3

答案：D

Lb4A2050 临时用电期一般不得超过6个月，逾期需办理延期，但最长不得超过(　　)年。逾期不办理延期或永久性正式用电手续的，供电企业应终止供电。

(A) 1　　(B) 2　　(C) 3　　(D) 4

答案：C

Lb4A2051 引起停电或限电的原因消除后，供电企业应在(　　)日内恢复供电。

(A) 一　　(B) 两　　(C) 三　　(D) 七

答案：C

Lb4A2052 《电力法》属于(　　)。

(A) 经济法范畴　　(B) 民商法范畴　　(C) 行政法范畴　　(D) 宪法范畴

答案：A

Lb4A2053 基本电费的计收方式有(　　)种。

(A) 1　　(B) 2　　(C) 3　　(D) 4

答案：B

Lb4A2054 暂换变压器的使用时间，35kV及以上的不得超过(　　)，逾期不办理手续的，供电企业可终止供电。

(A) 半年　　(B) 1年　　(C) 5个月　　(D) 3个月

答案：D

Lb4A2055 未装设用电计量装置的临时用电，应根据其用电容量、双方约定的每日使用时数和使用期限、用电类别计收全部电费。用电终止时，如实际使用时间超过约定期限二分之一的，预收电费(　　)。

（A）全部退回　（B）退二分之一　（C）退三分之一　（D）不退

答案：D

Lb4A2056　电价是电力这个特殊商品在电力企业参加市场经济活动进行贸易结算的货币表现形式，是电力商品(　　)的总称。

（A）价格　（B）价值　（C）资产　（D）资本

答案：A

Lb4A2057　因抢险救灾需要紧急供电时，所需工程费和电费由地方人民政府有关部门从(　　)经费中支出。

（A）抢险救灾　（B）工程项目　（C）水利建设　（D）电网改造

答案：A

Lb4A3058　因供电设施临时检修需要停止供电时，供电企业应当提前(　　)通知重要用户。

（A）8h　（B）12h　（C）24h　（D）48h。

答案：C

Lb4A3059　电费违约金收取的规定是(　　)。

（A）居民客户：当年电费违约金每日按欠费总额的千分之二计算

（B）其他客户：每日按欠费总额的千分之三计算

（C）居民客户：跨年度欠费部分电费违约金每日按欠费总额的千分之三计算

（D）电费违约金收取额按日累加计收，总额不足一元者按一元收取

答案：D

Lb4A3060　用户电费违约金的计算：除居民外其他用户跨年度欠费部分每日按欠费总额的(　　)计算。

（A）千分之一　（B）千分之二　（C）千分之三　（D）千分之四

答案：C

Lb4A3061　电费储蓄是一种行之有效、安全、可靠、简便的电费结算方式，又是一项利国(　　)的工作。

（A）利人　（B）利己　（C）利民　（D）利家

答案：C

Lb4A3062　电费回收是电费管理工作的最后一个环节，关系到国家电费的及时上缴、供电企业经济效益和电力工业再生产的(　　)。

(A) 生产发展　　(B) 正确管理　　(C) 资金周转　　(D) 利润指标

答案：C

Lb4A3063　暂拆是指暂时停止用电，并(　　)的简称。

(A) 拆除房屋　　(B) 拆除配电柜

(C) 拆除电能表　　(D) 拆消户名

答案：C

Lb4A3064　减少用电容量的期限，应根据用户所提出的申请确定，但最长期限不得超过(　　)。

(A) 1年　　(B) 1～5年　　(C) 2年　　(D) 2～5年

答案：C

Lb4A3065　地下防空设施通风、照明等用电应执行(　　)电价。

(A) 城乡居民生活用电　　(B) 大工业用电

(C) 一般工商业及其他用电　　(D) 农业生产用电

答案：C

Lb4A3066　用户安装最大需量表的准确度不应低于(　　)级。

(A) 3.0　　(B) 2.0　　(C) 1.0　　(D) 0.5

答案：C

Lb4A3067　《电力供应与使用条例》中指出：逾期未交付电费的，供电企业可以从逾期之日起每日按照欠费总额的1‰～3‰加收违约金，自逾期之日计算超过(　　)经催交仍未交付电费的，供电企业可以按照国家规定的程序停止供电。

(A) 10天　　(B) 15天　　(C) 20天　　(D) 30天

答案：D

Lb4A3068　用电单位功率因数的算术平均值也称为月平均功率因数，是作为功率因数(　　)电费的依据。

(A) 调整　　(B) 增加　　(C) 减少　　(D) 线损

答案：A

Lb4A3069　变压器容量在(　　)及以上的用户应计量无功功率。

(A) 2000kV·A　　(B) 315kV·A　　(C) 100kV·A　　(D) 50kV·A

答案：C

Lb4A3070 盗窃电能价格在(　　)以上者，即构成犯罪。应该依照《中华人民共和国刑法》的规定，追究其刑事责任。

(A) 3000元　(B) 2000元　(C) 1000元　(D) 5000元

答案：C

Lb4A3071 无功补偿的基本原理是把容性负载与感性负载接在同一电路中，当容性负载(　　)能量时，感性负载吸收（释放）能量。

(A) 释放（吸收）　(B) 释放（释放）　(C) 吸收（吸收）　(D) 吸收（释放）

答案：A

Lb4A4072 减少用电容量的期限，应根据用户所提出的申请确定，但最短期限不得少于(　　)。

(A) 1年　(B) 9个月　(C) 6个月　(D) 3个月

答案：C

Lb4A4073 供电企业因破产需要停业时，必须在停业前(　　)向省电力管理部门提出申请，并缴回“供电营业许可证”，经核准后，方可停业。

(A) 6个月　(B) 5个月　(C) 3个月　(D) 1个月

答案：D

Lb4A4074 无功补偿的基本原理是把容性无功负载与感性负载接在同一电路，当容性负载释放能量时，感性负载吸收能量，使感性负载吸收的(　　)从容性负载输出中得到补偿。

(A) 视在功率　(B) 有功功率　(C) 无功功率　(D) 功率因数

答案：C

Lb4A4075 银行承兑汇票通过银行贴现后，发生的贴现利息应由(　　)承担。

(A) 银行　(B) 客户

(C) 供电企业　(D) 供电企业和客户

答案：B

Lb4A4076 执行两部制电价用户的电价分成两个部分：一部分是用以计算用户用电容量或需量计算的基本电价；另一部分是用以计算用户实用电量的(　　)。

(A) 有功电价　(B) 无功电价　(C) 电度电价　(D) 调整电价

答案：C

Lb4A4077 未装设用电计量装置的临时用电，应根据其用电容量、双方约定的每日使用时数和使用期限、用电类别计收全部电费。用电终止时，如实际使用时间不足约定期限二分之一的，可退还预收电费的(　　)。

(A) 全部　(B) 二分之一　(C) 三分之一　(D) 不退

答案：B

Lb4A4078　改类是改变用电(　　)的简称。

(A) 方式　(B) 方案　(C) 容量　(D) 类别

答案：D

Lb4A4079　用户在供电企业规定的期限内未交清电费，应承担电费滞纳的违约责任。电费违约金从逾期之日计算至交纳日止，居民用户每日按欠费总额的(　　)计算。

(A) 1‰　(B) 2‰　(C) 3‰　(D) 4‰

答案：A

Lb4A4080　把 220V 交流电压加在 440Ω 电阻上，则电阻的电压和电流是(　　)。

(A) 电压有效值 220V，电流有效值 0.5A

(B) 电压有效值 220V，电流最大值 0.5A

(C) 电压最大值 220V，电流最大值 0.5A

(D) 电压最大值 220V，电流有效值 0.5A

答案：A

Lb4A5081　下列法律、法规和规章，不是供电企业查处窃电行为依据的是(　　)。

(A)《电力供应与使用条例》　(B)《用电检查管理办法》

(C)《供电营业规则》　(D)《供用电监督管理办法》

答案：D

Lb4A5082　一般工商业及其他欠费违约金按(　　)。

(A) 1‰　(B) 2‰

(C) 3‰　(D) 当年度 2‰，跨年度 3‰

答案：D

Lb4A5083　160kV·A 以上高压供电的工业客户，功率因数应执行(　　)标准。

(A) 0.80　(B) 0.85　(C) 0.90　(D) 0.95

答案：C

Lb4A5084　电能表补抄卡是供电企业每月向用户采集用电计量计费信息、开具发票、收取电费必不可少的(　　)。

(A) 基础资料　(B) 原始资料　(C) 存档资料　(D) 结算资料

答案：A

Lb4A5085 逾期未交付电费的用户收取电费违约金，以保证国家利益和(　　)长远的利益不受损失，使电费回收得到法律保证，依法收费。

(A) 个人　(B) 供电企业　(C) 发电企业　(D) 供用电双方

答案：D

Lb4A5086 销户是合同到期(　　)用电的简称。

(A) 终止　(B) 暂停　(C) 继续　(D) 减容

答案：A

Lb4A5087 供电企业安装的最大需量表记录的最大需量值主要是用以计算用户的(　　)。

(A) 基本电费　(B) 电度电费　(C) 调整电费　(D) 应收电费

答案：A

Lc4A1088 用电负荷按供电可靠性要求分为(　　)类。

(A) 3　(B) 4　(C) 5　(D) 2

答案：A

Lc4A1089 计算机病毒是一种(　　)。

(A) 幻觉　(B) 程序　(C) 生物体　(D) 硬件故障

答案：B

Lc4A1090 Windows 中的“任务栏”上存放的是(　　)。

(A) 系统正在运行的所有程序　(B) 系统中保存的所有程序

(C) 系统当前的运行程序　(D) 系统后台运行的程序

答案：A

Lc4A1091 移表是移动用电(　　)位置的简称。

(A) 配电装置　(B) 供电装置　(C) 计量装置　(D) 受电装置

答案：C

Lc4A2092 电流互感器的一次绕组必须与(　　)串联。

(A) 电线　(B) 负载线　(C) 地线　(D) 相线

答案：D

Lc4A2093 (　　)连同有关的文档资料称为计算机软件。

(A) 数据　(B) 程序　(C) 程序和数据　(D) 操作系统

答案：B

Lc4A2094 因电能质量某项指标不合格而引起责任纠纷时，不合格的质量责任由(　　)负责技术仲裁。

(A) 国家技术监督局

(B) 地方技术监督局

(C) 电力企业

(D) 电力管理部门认定的电能质量技术检测机构

答案：D

Lc4A2095 产权属于供电企业的计量装置，因(　　)而发生故障由用户负责。

(A) 不可抗力　　(B) 过负荷烧坏

(C) 计数器脱落　　(D) 电表质量

答案：B

Lc4A2096 因用户或者第三人的过错给供电企业或者其他用户造成损害的，该(　　)应当依法承担赔偿责任。

(A) 用户　　(B) 第三人

(C) 供电企业　　(D) 用户或者第三人

答案：D

Lc4A2097 DOS操作系统的功能主要是对文件和设备进行(　　)。

(A) 操作　　(B) 管理　　(C) 打印　　(D) 通信

答案：B

Lc4A2098 电压互感器可把高电压变为标准的计量用(　　)电压，便于计量表和指示仪表接入电路进行测量。

(A) 110V　　(B) 100V　　(C) 220V　　(D) 200V

答案：B

Lc4A2099 家用剩余电流保护器的动作电流不应大于(　　)mA。

(A) 10　　(B) 20　　(C) 30　　(D) 40

答案：C

Lc4A2100 电压互感器二次绕组的额定电压为(　　)。

(A) 100V　　(B) 200V　　(C) 110V　　(D) 220V

答案：A

Lc4A2101 涡流是一种(　　)现象。

(A) 电磁感应　　(B) 电流热效应

(C) 化学效应　　　　　　　　　　　(D) 电流化学效应

答案：A

Lc4A3102　(　　)为磁盘拷贝命令，此命令只能拷贝软盘，硬盘和网络驱动器不能使用此命令。

(A) Diskcopy　　(B) copy　　(C) RENAME　　(D) BACKUP

答案：A

Lc4A3103　Windows XP 叫作计算机的(　　)。

(A) 程序　　(B) 存储器　　(C) 控制器　　(D) 操作系统

答案：D

Lc4A3104　假设在 C 盘的 DOS 文件夹有一个用 Windows"写字板"创建的名为 BAT 的批处理文件，要阅读该文件的内容，最可靠的操作是(　　)。

(A) 在"开始"菜单的"文档"中打开它

(B) 用"资源管理器"找到该文档，然后双击它

(C) 用"我的电脑"找到该文档，然后单击它

(D) 在"开始"菜单的"程序"中打开"写字板"窗口，然后在该窗口中用"文件"菜单的"打开"命令打开它

答案：D

Lc4A3105　变压器的一次、二次绕组的功率(　　)。

(A) 基本相等　　　　　　　　　　(B) 一次高于二次很多

(C) 一次小于二次很多　　　　　　(D) 不一定

答案：A

Lc4A3106　关于电流互感器下列说法正确的是(　　)。

(A) 二次绕组可以开路　　　　　　(B) 二次绕组可以短路

(C) 二次绕组不能接地　　　　　　(D) 二次绕组不能短路

答案：B

Lc4A3107　并联电力电容器的补偿方式按安装地点可分为(　　)。

(A) 分散补偿、个别补偿　　　　　(B) 集中补偿、分散补偿

(C) 集中补偿、个别补偿　　　　　(D) 集中补偿、分散补偿、个别补偿

答案：D

Lc4A3108　电流互感器是把大电流变为标准的计量用(　　)电流，用于计量表和指示仪表以及保护回路中进行测量和保护。

(A) 3A　(B) 5A　(C) 10A　(D) 15A

答案：**B**

Lc4A3109　供电企业对可能引起人身伤亡，发生重大设备事故和政治影响的重要客户，对这类客户在执行停限电通知书规定的停限电时间到达前(　　)发出警告，在停限电通知书规定的停限电时间到达时，再发出正式停限电指令，发出正式停限电指令发出(　　)后执行具体操作。

(A) 15 天　(B) 30 天　(C) 45 天　(D) 60 天

答案：**A**

Lc4A3110　终止用电是指供用电合同双方当事人(　　)了合同关系。

(A) 暂时中止　(B) 停止　(C) 变更　(D) 解除

答案：**D**

Lc4A3111　(　　)属于供电质量指标。

(A) 电流、频率　(B) 电压、电流

(C) 电压、频率　(D) 功率因数

答案：**C**

Lc4A3112　电力网按供电范围的大小和电压高低可分为(　　)。

(A) 低压电网、高压电网、超高压电网

(B) 低压电网、中压电网、高压电网

(C) 低压电网、高压电网

(D) 高压电网、中压电网、配电网

答案：**A**

Lc4A3113　线圈中感应电动势的大小与(　　)。

(A) 线圈中磁通的大小成正比，还与线圈的匝数成正比

(B) 线圈中磁通的变化量成正比，还与线圈的匝数成正比

(C) 线圈中磁通的变化率成正比，还与线圈的匝数成正比

(D) 线圈中磁通的大小成正比，还与线圈的匝数成反比

答案：**C**

Lc4A4114　以架空线进线的低压用户的责任分界点是(　　)。

(A) 接户线末端　(B) 进户线末端

(C) 电能表进线端　(D) 电能表出线端

答案：**A**

Lc4A4115 供电企业对用户送审的受电工程设计文件和有关资料审核的时间，低压供电的用户最长不超过(　　)。

(A) 7天　(B) 10天　(C) 15天　(D) 1个月

答案：**B**

Lc4A4116 用电计量装置原则上应当安装在(　　)。

(A) 受电设施产权处　(B) 供电设施产权处

(C) 供电和受电设施产权分界处　(D) 进线开关处

答案：**C**

Lc4A4117 客户使用的电力电量，以(　　)依法认可的计量装置的记录为准。

(A) 计量检定机构　(B) 电力管理部门

(C) 产品质量监督部门　(D) 价格管理部门

答案：**A**

Lc4A4118 供电企业通过媒体宣传、窗口服务和产品展示等手段在全社会和消费者中树立电力产品优质、可靠、价格合理的形象属于(　　)。

(A) 形象销售策略　(B) 优质服务策略

(C) 市场开拓策略　(D) 推进需求侧管理策略

答案：**A**

Lc4A4119 (　　)属于供电质量指标。

(A) 电流、频率　(B) 电压、电流

(C) 功率因数　(D) 电压、波形

答案：**D**

Lc4A4120 升压变压器是(　　)。

(A) 一次电压高、二次电压低　(B) 一次电压、二次电压一样高

(C) 一次电压、二次电压相差5%　(D) 一次电压低、二次电压高

答案：**D**

Lc4A5121 接地装置是指(　　)。

(A) 接地引下线

(B) 接地引下线和地上与应接地的装置引线

(C) 接地体

(D) 接地引下线和接地体的总和

答案：**D**

Lc4A5122 三极管中有(　　)个PN结组成，可以对电流起放大作用。

(A) 4　　(B) 3　　(C) 2　　(D) 1

答案：C

Lc4A5123 DOS叫作磁盘(　　)。

(A) 程序　　(B) 存储器　　(C) 控制器　　(D) 操作系统

答案：D

Lc4A5124 低压供电的，以供电接户线的最后支持物（或称用电户的户外第一支持物）为分界点，支持物的资产属(　　)。

(A) 用户所有

(B) 供电部门所有

(C) 两家共有

(D) 供电部门一段时间所有，以后归用户所有

答案：B

Lc4A5125 暂换变压器的使用时间，10kV及以下的不得超过(　　)，逾期不办理手续的，供电企业可终止供电。

(A) 半年　　(B) 4个月　　(C) 3个月　　(D) 2个月

答案：D

Lc4A5126 供电(　　)是指向用户供应并销售电能的地域。

(A) 线路　　(B) 变电所　　(C) 营业区　　(D) 工程

答案：C

Lc4A5127 在正常运行情况下，中性点不接地系统的中性点位移电压不得超过额定电压的(　　)。

(A) 15%　　(B) 10%　　(C) 7%～5%　　(D) 5%

答案：A

Lc4A5128 表示磁场大小和方向的量是(　　)。

(A) 磁场　　(B) 磁通　　(C) 磁力线　　(D) 磁感应强度

答案：D

Ld4A1129 供电企业应当(　　)公告用电的程序、规定和收费标准。

(A) 在其营业场所　　(B) 通过电视

(C) 通过报刊　　(D) 通过广告

答案：A

Ld4A1130 使用钳形电流表测量导线电流时，保证其准确度，应使被测导线(　　)。

(A) 尽量离钳口近些　　(B) 尽量离钳口远些

(C) 尽量居中　　(D) 无所谓

答案：C

Ld4A1131 设U_m是交流电压最大值，I_m是交流电流最大值，则视在功率S等于(　　)。

(A) $2U_mI_m$　　(B) U_mI_m　　(C) $0.5U_mI_m$　　(D) U_mI_m

答案：C

Ld4A1132 供电企业不受理(　　)用电的变更用电事宜。

(A) 正式　　(B) 增容　　(C) 临时　　(D) 新装

答案：C

Ld4A1133 带电换表时，若接有电压、电流互感器，则应分别(　　)。

(A) 开路、短路　　(B) 短路、开路　　(C) 均开路　　(D) 均短路

答案：A

Ld4A2134 下列不属于辅助安全用具的是(　　)。

(A) 绝缘手套　　(B) 绝缘靴（鞋）　　(C) 绝缘垫　　(D) 验电器

答案：D

Ld4A2135 用钳形电流表测量较小负载电流时，将被测线路绕两圈后夹入钳口，若钳形电流表读数为6A，则负载实际电流为(　　)。

(A) 2A　　(B) 3A　　(C) 6A　　(D) 12A

答案：B

Ld4A2136 供电方案主要是解决(　　)对用户的供电应供多少、怎么供的问题。

(A) 电力管理部门　(B) 供电企业　　(C) 变电所　　(D) 发电厂

答案：B

Ld4A2137 某淡水鱼研究所，10kV受电，其功率因数调整电费应按(　　)执行。

(A) 0.75功率因数调整标准　　(B) 0.80功率因数调整标准

(C) 0.85功率因数调整标准　　(D) 0.90功率因数调整标准

答案：C

Ld4A2138 在Word中，执行内容为“Off”的“查找”命令时，如果选择了(　　)复选框，则Office不会被查找到。

(A) 区分大小写　(B) 区分全半角　　(C) 全字匹配　　(D) 模式匹配

答案：C

Ld4A2139 测量绝缘电阻时，影响准确性的因素有(　　)。

(A) 温度、湿度、被测设备表面的脏污程度

(B) 温度、被测设备表面的脏污程度

(C) 湿度、被测设备表面的脏污程度

(D) 温度、湿度

答案：A

Ld4A3140 在负荷不变时，功率因数越高(　　)。

(A) 电流越大　　(B) 线路损耗越大　　(C) 线路压降越小　　(D) 线路压降越大

答案：C

Ld4A3141 测量直流电位时，电压表的“－”端钮要接在(　　)。

(A) 电路中电位较高的点　　(B) 电位较低的点

(C) 负载两端中任何一端　　(D) 电路中的接地点

答案：B

Ld4A3142 关于电感 L、感抗 X，正确的说法是(　　)。

(A) L 的大小与频率有关　　(B) L 对直流来说相当于短路

(C) 频率越高，X 越小　　(D) X 值可正可负

答案：B

Ld4A3143 已知 $R=3\Omega$，$X_L=15\Omega$，$X_C=11\Omega$，将它们串联时，总阻抗 Z 等于(　　)。

(A) 29Ω　　(B) 7Ω　　(C) 5Ω　　(D) 3Ω

答案：C

Ld4A3144 把一条32m长的均匀导线截成4份，然后将四根导线并联，并联后电阻为原来的(　　)。

(A) 4倍　　(B) 1/4倍　　(C) 16倍　　(D) 1/16倍

答案：D

Ld4A3145 一切电力收费票据均由(　　)负责保管、发行、回收。

(A) 营业部门　　(B) 技术部门　　(C) 行政部门　　(D) 财务部门

答案：D

Ld4A4146 有一台三相发电机，其绕组连成星形，每相额定电压为220V。在一次试验时，用电压表测得 $U_A=U_B=U_C=220V$，而线电压则为 $U_{AB}=U_{CA}=220V$，$U_{BC}=380V$，这是因为(　　)。

(A) A 相绕组接反　　(B) B 相绕组接反
(C) C 相绕组接反　　(D) A、B 绕组接反
答案：A

Ld4A4147　某临时用电单位因负荷有多余，未经供电企业同意，后擅自将电力转供给一特困企业进行生产自救，该行为是(　　)。
(A) 违纪行为　(B) 违法行为　(C) 违约行为　(D) 正常行为
答案：C

Ld4A4148　在 Word 中，执行“复制”命令时，应选择(　　)。
(A) Ctrl＋C　(B) Ctrl＋V　(C) Shift＋C　(D) Shift＋V。
答案：A

Ld4A4149　文件复制命令称作(　　)。
(A) COPY　(B) REN　(C) DEL　(D) ATTRIB
答案：A

Ld4A4150　下面不符合国家规定的电压等级是(　　)。
(A) 10kV　(B) 22kV　(C) 220kV　(D) 500kV
答案：B

Ld4A4151　高供低计多功能电能表的接线方式是(　　)。
(A) 单相　(B) 两相　(C) 三相三线　(D) 三相四线
答案：D

Ld4A4152　电灯开关要串接在(　　)上。
(A) 相线　(B) 零线　(C) 地线　(D) 相线或零线
答案：A

Ld4A4153　三相电源的线电压为 380V，对称负载 Y 形接线，没有中性线，如果某相突然断掉，则其余两相负载的相电压(　　)。
(A) 不相等　(B) 380V　(C) 190V　(D) 220V
答案：C

Ld4A4154　三相电动势的相序为 U—V—W，称为(　　)。
(A) 负序　(B) 正序　(C) 零序　(D) 反序
答案：B

Ld4A5155 指针式万用表在不用时，应将档位打在(　　)档上。

(A) 直流电流　(B) 交流电流　(C) 电阻　(D) 交流电压

答案：D

Ld4A5156 功率因数0.9，适用于以下哪类用户(　　)。

(A) 160kV·A及以上的高压供电工业用户

(B) 160kV·A及以上的高压供社队工业用户

(C) 100kV·A及以上的高压供电工业用户

(D) 160kV·A以上的高压供电工业用户

答案：D

Ld4A5157 110kV高供高计多功能电能表的接线方式是(　　)。

(A) 单相　(B) 两相　(C) 三相三线　(D) 三相四线

答案：D

Ld4A5158 在纯电感的交流电路中，电路的无功功率等于(　　)。

(A) 电流的平方乘以电感　(B) 电流乘以电感

(C) 电压除以电抗　(D) 电压的平方乘以电抗

答案：A

Ld4A5159 运动导体切割磁力线而产生最大电动势时，导体与磁力线间的夹角应为(　　)。

(A) 0°　(B) 30°　(C) 45°　(D) 90°

答案：B

Le4A1160 非居民客户抄表周期一般(　　)一次。

(A) 每季　(B) 半年　(C) 每年　(D) 每月

答案：D

Le4A1161 某用户原报装非工业用电，现要求改为商业用电，该户应办理(　　)。

(A) 改类　(B) 改压　(C) 更名过户　(D) 销户

答案：A

Le4A1162 某10kV高供高计用户接50/5电流互感器，若电能表读数为20kW·h，则用户实际用电量为(　　)kW·h。

(A) 20000　(B) 2000　(C) 200　(D) 20

答案：A

Le4A1163 100kW 低压供电的工业客户，功率因数应执行(　　)标准。

(A) 0.80　　(B) 0.85　　(C) 0.90　　(D) 0.95

答案：B

Le4A1164 对用户提出异议的电能计量装置的检验申请后，低压和照明用户，一般在(　　)个工作日内将电能表和低压互感器检定完毕。

(A) 3　　(B) 5　　(C) 7　　(D) 10

答案：C

Le4A1165 用户的功率因数低，将不会导致(　　)。

(A) 用户有功负荷提升　　(B) 用户电压降低

(C) 设备容量需求增大　　(D) 线路损耗增大

答案：A

Le4A1166 关于有功功率和无功功率，错误的说法是(　　)。

(A) 无功功率就是无用的功率

(B) 无功功率有正有负

(C) 在 *RLC* 电路中，有功功率就是在电阻上消耗的功率

(D) 在纯电感电路中，无功功率的最大值等于电路电压和电流的乘积

答案：A

Le4A1167 抄表的实抄率为(　　)。

(A) 抄表的全部数量

(B) 抄表的全部电量

(C) 实抄户数除以应抄户数的百分数

(D) 应抄户数除以实抄户数

答案：C

Le4A2168 欠费是用户应交而未交的购货款，是营业管理部门销售电能产品应收而未收的销售(　　)。

(A) 债务　　(B) 收入　　(C) 利润　　(D) 效益

答案：B

Le4A2169 电力企业通过采用有效的激励措施，引导消费者改变用电的方式和时间，使电力资源得到优化配制的手段属于(　　)。

(A) 形象销售策略　　(B) 优质服务策略

(C) 市场开拓策略　　(D) 推进需求侧管理策略

答案：D

Le4A2170 2001年10月5日，因供电方责任的电力运行事故使某居民户家用电视机损坏后，已不可修复。其出示的购货发票日期为1991年10月1日，金额为人民币400元。供电企业应赔偿该居民户人民币(　　)元。

(A) 400　　(B) 4000　　(C) 2000　　(D) 0

答案：A

Le4A2171 黑光灯捕虫用电应执行(　　)电价。

(A) 大工业用电　　(B) 一般工商业及其他用电

(C) 城乡居民生活用电　　(D) 农业生产用电

答案：D

Le4A2172 某用户有315kV·A和400kV·A受电变压器各一台，运行方式互为备用，应按(　　)kV·A的设备容量计收基本电费。

(A) 315　　(B) 400

(C) 715　　(D) 实用设备容量

答案：B

Le4A2173 居民客户抄表周期一般(　　)一次。

(A) 每季　　(B) 半年　　(C) 每两月　　(D) 每月

答案：C

Le4A2174 100kV·A以上高压供电的客户，电网高峰负荷时功率因数应执行(　　)标准。

(A) 0.80　　(B) 0.85　　(C) 0.90　　(D) 0.95

答案：C

Le4A2175 江河堤坝防汛期间的临时用电(　　)。

(A) 按城乡居民生活用电电价收费　　(B) 按一般工商业及其他用电电价收费

(C) 按农业生产用电电价收费　　(D) 不收电费

答案：C

Le4A2176 关于有功功率和无功功率，错误的说法是(　　)。

(A) 无功功率就是无用的功率

(B) 无功功率有正有负

(C) 在*RLC*电路中，有功功率就是在电阻上消耗的功率

(D) 在纯电感电路中，无功功率的最大值等于电路电压和电流的乘积

答案：A

Le4A2177 对受电点内难以按电价类别分别装设用电计量装置而执行定比电量计费的用户，供电企业(　　)个月至少对其用电比例或定量核定一次，用户不得拒绝。

(A) 6　　(B) 12　　(C) 24　　(D) 36

答案：B

Le4A2178 以下内容列入功率因数调整电费计算的是(　　)。

(A) 基本电费　　(B) 农网还贷基金

(C) 可再生能源电价附加　　(D) 电度电费

答案：A

Le4A3179 过户实际上涉及新旧用户之间用电权和经济责任与义务关系的(　　)。

(A) 继续　　(B) 改变　　(C) 维持　　(D) 分开

答案：B

Le4A3180 160kV·A 高压供电的工业客户，功率因数应执行(　　)标准。

(A) 0.80　　(B) 0.85　　(C) 0.90　　(D) 0.95。

答案：B

Le4A3181 某用户擅自向另一用户转供电，供电企业对该户应(　　)。

(A) 当即拆除转供线路

(B) 处以其供出电源容量收取每千瓦 500 元的违约使用电费

(C) 当即拆除转供线路，并按其供出电源容量收取每千瓦 500 元的违约使用电费

(D) 当即停该户电力，并按其供出电源容量收取每千瓦 500 元的违约使用电费

答案：C

Le4A3182 100kV·A 以上的中型电力排灌站，趸购转售电企业，在当地供电企业规定的电网高峰负荷时的功率因数为(　　)以上。

(A) 0.85　　(B) 0.90　　(C) 0.80　　(D) 0.95

答案：A

Le4A3183 160kV·A 高压供电的农业客户，功率因数应执行(　　)标准。

(A) 0.80　　(B) 0.85　　(C) 0.90　　(D) 0.95

答案：A

Le4A3184 电费管理的重要任务是按照商品(　　)的原则从用户处收回电费。

(A) 货币化　　(B) 等价交换　　(C) 价格　　(D) 价值

答案：B

Le4A3185 如果一只电能表的型号为 DSD 9 型，这只表应该是一只(　　)。

(A) 三相预付费电能表　　(B) 三相三线多功能电能表

(C) 三相最大需量表　　(D) 三相三线复费率电能表

答案：B

Le4A3186 某 10kV 供电、受电变压器容量为 400kV·A 的公用污水处理厂，其用电行业和电价应分别按(　　)执行。

(A) 轻工业、一般工商业及其他　　(B) 轻工业、大工业

(C) 重工业、一般工商业及其他　　(D) 重工业、大工业

答案：D

Le4A3187 供电企业应当按(　　)电价和用电计量装置的记录收取电费。

(A) 国家核准　　(B) 地方政府核准

(C) 供电企业核准　　(D) 双方协定

答案：A

Le4A3188 装有带负荷调整电压装置的高压供电电力客户，功率因数应执行(　　)标准。

(A) 0.80　　(B) 0.85　　(C) 0.90　　(D) 0.95

答案：C

Le4A3189 被转供户要求分摊变压器损耗的，无分摊协议的，一般按(　　)分摊。

(A) 转供容量　　(B) 平均　　(C) 抄见电量

答案：C

Le4A3190 远程自动抄表系统能迅速读到某一时刻各电能表的计量数据，并可定时读到保存在各电能表中的各时段计量数据，体现了系统的(　　)。

(A) 实时性　　(B) 精度准确性　　(C) 可靠性　　(D) 开放性

答案：A

Le4A3191 某受电容量为 500kV·A 非工业用户，9 月的实际功率因数为 0.89，则该用户 9 月需(　　)。

(A) 多支付一定数额的功率因数调整电费

(B) 多支付一定数额的电度电

(C) 少支付一定数额的功率因数调整电费

(D) 少支付一定数额的电度电费

答案：C

Le4A3192　按最大需量计收基本电费，实际计收需量中，在超过确认数(　　)以上的，超过部分加倍计收基本电费。

(A) 10%　　(B) 15%　　(C) 20%　　(D) 5%

答案：D

Le4A3193　某受电容量为400kV·A工业用户，因生产任务的原因到供电部门申请暂停变压器四个月，但到执行暂停的第十天，用户接到订单，随即到供电部门申请暂停恢复，供电部门在执行暂停的第十三天完成暂停恢复的工作，则该抄表周期内(　　)。

(A) 可以减收12天的基本电费

(B) 可以减收13天的基本电费

(C) 可以减收10天的基本电费

(D) 收取全月天数的基本电费

答案：D

Le4A3194　根据现行电价政策，容量为500kV·A且执行大工业分时电价的商业用电的功率因数考核标准为(　　)。

(A) 0.95　　(B) 0.90　　(C) 0.85　　(D) 0.80

答案：C

Le4A4195　下列不属于解决合同争议方法的是(　　)。

(A) 调解　　(B) 诉讼　　(C) 仲裁　　(D) 申诉

答案：D

Le4A4196　100kV·A及以上的农业用电，在当地供电企业规定的电网高峰负荷时的为(　　)。

(A) 0.80　　(B) 0.85　　(C) 0.9　　(D) 0.95

答案：A

Le4A4197　3200kV·A及以上高压供电的电力排灌站，功率因数应执行(　　)标准。

(A) 0.80　　(B) 0.85　　(C) 0.90　　(D) 0.95

答案：C

Le4A4198　以下用电中应执行居民生活电价的是(　　)。

(A) 中、小学校　　(B) 道路路灯　　(C) 报警器用电　　(D) 有线广播站

答案：A

Le4A4199　15min最大需量表计量的是(　　)。

(A) 计量期内最大的一个15min的平均功率

(B) 计量期内最大的一个 15min 功率瞬时值

(C) 计量期内最大 15min 的平均功率的平均值

(D) 计量期内最大 15min 的功率瞬时值

答案：A

Le4A4200 受电设备容量为 800kV·A、高压供电的某市人民医院，其调整电费的功率因数标准值应是(　　)。

(A) 0.90　　(B) 0.85　　(C) 0.80　　(D) 0.95

答案：B

Le4A4201 某工业用户变压器容量为 500kV·A，其功率因数调整电费应按(　　)执行。

(A) 0.75 功率因数调整标准　　(B) 0.80 功率因数调整标准

(C) 0.85 功率因数调整标准　　(D) 0.90 功率因数调整标准

答案：D

Le4A5202 游戏室用电客户抄表周期一般(　　)一次。

(A) 每季　　(B) 半年　　(C) 每年　　(D) 每月

答案：D

Le4A5203 学校附属工厂的 200kV·A 变压器生产用电应执行(　　)电价。

(A) 城乡居民生活用电　　(B) 农业生产用电

(C) 大工业用电　　(D) 一般工商业及其他用电

答案：D

Le4A5204 某国有农场奶粉厂受电变压器容量 315kV·A，该奶粉厂应按(　　)电价计费。

(A) 农业生产用电　　(B) 一般工商业及其他用电

(C) 大工业用电　　(D) 城乡居民生活用电

答案：C

Le4A5205 3500kV·A 高压供电的农业排涝站，功率因数应执行(　　)标准。

(A) 0.80　　(B) 0.85　　(C) 0.90　　(D) 0.95

答案：C

Le4A5206 基建工地所有的(　　)，不得用于生产、试生产和生活照明用电。

(A) 正式用电　　(B) 高压用电　　(C) 临时用电　　(D) 低压用电

答案：C

Le4A5207 对新装用户、变更用户、电能计量装置变更的用户，其业务流程处理完毕信息归档后的首次的电量电费计算前，应在 SG186 系统中逐户复核（　）信息。

（A）计量　（B）电价　（C）地址　（D）联系

答案：A

Le4A5208 电费核算中变压器损耗按（　）计算。

（A）月　（B）日　（C）周　（D）小时

答案：B

Le4A5209 现场中确定电能表潜动可以将负荷侧开关断开进行判断。如电能表圆盘（　）转动，可确定电能表确实潜动。

（A）不　（B）继续　（C）时断时续

答案：B

Le4A5210 《国家电网公司营业抄核收工作管理规定》中要求抄表例日确定的原则是：每月 25 日以后的抄表电量不得少于月售电量的（　）%，其中月末 24 时抄表电量不得少于月售电量的 36%。

（A）50　（B）60　（C）70　（D）80

答案：C

Le4A5211 《国家电网公司电费抄核收管理规则》规定，远程自动抄表正常运行后，对连续三个抄表周期出现抄表数据为零度的客户，0.4kV 非居民客户应抽取不少于的（　）客户进行现场核实。

（A）全部　（B）20%　（C）70%　（D）80%

答案：D

Le4A5212 某房地产客户申请低压临时用电，用电容量 80kW，其计费用电能表属于（　）电能计量装置。

（A）Ⅰ类　（B）Ⅱ类　（C）Ⅲ类　（D）Ⅳ类

答案：D

Lf4A1213 三相四线电能表的电压线圈应（　）在电流端的火线与零线之间。

（A）串接　（B）跨接　（C）连接　（D）混接

答案：B

Lf4A1214 测量直流电压时，正确接入电路的方法是（　）。

（A）和负载串联，"＋"极端接高电位

（B）和负载并联，"＋"极端接低电位

（C）和负载并联，“+”极端接高电位
（D）可以随便接
答案：C

Lf4A1215 转盘的转轴不直或圆盘不平，电能表在运行中会出现(　　)。
（A）表慢　　（B）表忽慢忽快
（C）噪声　　（D）表快
答案：B

Lf4A1216 DT862型电能表是(　　)电能表。
（A）单相　　（B）三相三线　　（C）三相四线　　（D）无功
答案：C

Lf4A1217 低频率运行的原因是用电负荷大于发电能力。此时只能用(　　)的方法才能恢复原来的频率。
（A）拉闸限电　　（B）系统停电　　（C）继续供电　　（D）线路检修
答案：A

Lf4A2218 电网运行中的变压器高压侧额定电压不可能为(　　)。
（A）110kV　　（B）123kV　　（C）10kV　　（D）35kV
答案：B

Lf4A2219 使用低压钳形电流表时，被测电路电压不得超过(　　)V。
（A）220　　（B）500　　（C）150　　（D）380
答案：B

Lf4A2220 用直流电桥测量电阻时，其测量结果中，(　　)。
（A）单臂电桥应考虑接线电阻，而双臂电桥不必考虑
（B）双臂电桥应考虑接线电阻，而单臂电桥不必考虑
（C）单、双臂电桥均应考虑接线电阻
（D）单、双臂电桥均不必考虑接线电阻
答案：A

Lf4A2221 对于高压供电用户，一般应在(　　)计量。
（A）高压侧　　（B）低压侧
（C）高、低压侧　　（D）任意一侧
答案：A

Lf4A2222 某低压三相四线用户，正常负荷电流约 30A，则应选用(　　)的电能表。

(A) 10 (30) A　(B) 10 (40) A　(C) 15 (30) A　(D) 15 (60) A

答案：B

Lf4A2223 10～35kV 高供高计多功能电能表的接线方式是(　　)。

(A) 单相　(B) 两相　(C) 三相三线　(D) 三相四线

答案：C

Lf4A2224 DX9 型电能表是(　　)电能表。

(A) 单相　(B) 三相三线　(C) 三相四线　(D) 无功

答案：D

Lf4A2225 一般情况下选择供电电源应采取就近供电的办法为宜，因为供电距离近，对用户供电的(　　)容易得到保证。

(A) 接电　(B) 可靠性　(C) 电压质量　(D) 电力负荷

答案：C

Lf4A2226 一个受电点有两路电源或两个回路供电，经供电企业认可，正常时互为备用基本电费(　　)计算。

(A) 选择其中容量较大的变压器计收基本电费

(B) 各路按受电变压器容量相加计算基本电费

(C) 全部计收该时期的基本电费

(D) 保安备用电源实行单一制电价

答案：A

Lf4A2227 采用防窃电能表或在表内加装防窃电器这一措施比较适合于(　　)。

(A) 小容量的单相用户　(B) 任何容量的单相用户

(C) 小容量的三相用户　(D) 任何用户

答案：A

Lf4A3228 电压表在使用前一定要选择(　　)被测电路电压值的档位。

(A) 大于　(B) 小于　(C) 等于　(D) 小于等于

答案：A

Lf4A3229 (　　)是人与微机会话的桥梁，可以输入命令、数据、程序等以使微机工作或处理信息。

(A) 主机　(B) 键盘　(C) 显示器　(D) 打印机

答案：B

Lf4A3230 高压35kV供电，电压互感器电压比为35kV/100V，电流互感器电流比为50A/5A，其倍率应为(　　)。

(A) 350倍　(B) 700倍　(C) 3500倍　(D) 7000倍

答案：C

Lf4A3231 关于电能表铭牌，下列说法正确的是(　　)。

(A) D表示单相，S表示三相，T表示三相低压，X表示复费率

(B) D表示单相，S表示三相三线，T表示三相四线，X表示无功

(C) D表示单相，S表示三相低压，T表示三相高压，X表示全电子

(D) D表示单相，S表示三相，T表示三相高压，X表示全电子

答案：B

Lf4A3232 在Word中，当需要输入一些键盘上没有的特殊符号时可通过(　　)来完成。

(A) 专门的符号按钮　(B) "格式"菜单中的"插入符号"命令

(C) 在"区位码"方式下　(D) "插入"菜单中的"符号"命令

答案：D

Lf4A3233 使用兆欧表时注意事项错误的是(　　)。

(A) 兆欧表用线应用绝缘良好的单根线

(B) 禁止在有感应电可能产生的环境中测量

(C) 在测量电容器等大电容设备时，读数后应先停止摇动，再拆线

(D) 使用前应先检查兆欧表的状态

答案：C

Lf4A3234 低压三相电能表配置50/5的电流互感器，其电能表的倍率为(　　)。

(A) 5倍　(B) 10倍　(C) 50倍　(D) 100倍

答案：B

Lf4A3235 高压110kV供电，电压互感器电压比为110kV/100V，电流互感器电流比为50A/5A，其倍率应为(　　)。

(A) 1100倍　(B) 11000倍　(C) 14000倍　(D) 21000倍

答案：B

Lf4A3236 当待测电压高于电压表量程时，(　　)进行测量。

(A) 可直接　(B) 必须经过电流互感器

(C) 必须经过电压互感器　　　　　　　　(D) 可以采用电压表并联电阻

答案：C

Lf4A4237　DD58 型电能表是(　　)电能表。

(A) 单相　　(B) 三相三线　　(C) 三相四线　　(D) 无功

答案：A

Lf4A4238　某一型号单相电能表，铭牌上标明电能表常数为 1667r/（kW·h），该表转盘转一圈所计量的电能应为(　　)。

(A) 1.7W·h　　(B) 0.6W·h　　(C) 3.3W·h　　(D) 1.2W·h

答案：B

Lf4A4239　某三相三线正常供电的线路中，其中两相电流均为 10A，则另一相电流为(　　)。

(A) 20A　　(B) 10A　　(C) 0A　　(D) 10×31/2A

答案：B

Lf4A4240　(　　)是供电公司向申请用电的用户提供的电源特性、类型及其管理关系的总称。

(A) 供电方案　　(B) 供电容量　　(C) 供电对象　　(D) 供电方式

答案：D

Lf4A4241　下列说法中，错误的说法是(　　)。

(A) 叠加法适于求节点少、支路多的电路

(B) 戴维南定理适于求复杂电路中某一支路的电流

(C) 支路电流法是计算电路的基础，但比较麻烦

(D) 网孔电流法是一种简便适用的方法，但仅适用于平面网络

答案：A

Lf4A4242　微型计算机的产生和发展，使全社会真正进入了(　　)时代。

(A) 网络　　(B) 信息　　(C) 智能　　(D) 智力

答案：B

Lf4A4243　DS862 型电能表是(　　)电能表。

(A) 单相　　(B) 三相三线　　(C) 三相四线　　(D) 无功

答案：B

Lf4A5244 若三相三线计量装置采用双电压互感器V/v型接线，测得二次电压U_{AB}=0，U_{BC}=100V，U_{AC}=100V时，可判断为(　　)一次熔断器熔断。

(A) B相　(B) A相　(C) C相　(D) A、C相

答案：B

Lf4A5245 接入中性点绝缘系统的电压互感器，35kV以下的宜采用(　　)方式接线。

(A) Y/y　(B) V/v　(C) Y0/y0　(D) Y/y0

答案：B

Lf4A5246 测量低压线路和配电变压器低压侧的电流时，若不允许断开线路时，可使用(　　)应注意不触及其他带电部分，防止相间短路。

(A) 钳形电流表　(B) 电流表　(C) 电压表　(D) 万用表

答案：A

Lf4A5247 下列相序中为逆相序的是(　　)。

(A) ABC　(B) BCA　(C) CAB　(D) CBA

答案：D

Lf4A5248 变压器着火时不能使用的是(　　)。

(A) 二氧化碳灭火器　(B) 泡沫灭火器

(C) 干粉灭火器　(D) “1211”灭火器

答案：B

Lf4A5249 35kV供电网络中性点运行方式为经消弧线圈接地，供电区域内有一新装用电户，35kV专线受电，计量点定在产权分界处，宜选用(　　)有功电能表计量。

(A) 三相三线　(B) 三相四线

(C) 三相三线或三相四线　(D) 一只单相

答案：A

Lf4A5250 测量交流低压200A以上大电流负载的电能，采用(　　)。

(A) 专门的大电流电能表　(B) 电能表并联分流电阻接入电路

(C) 电能表经电流互感器接入电阻　(D) 两只电能表并联后接入电路

答案：C

Lf4A5251 高压10kV供电，电能表配置50/5的高压电流互感器，其倍率应为(　　)。

(A) 500倍　(B) 1000倍　(C) 1500倍　(D) 2000倍

答案：B

Lf4A5252 一只 3×5（20）A，3×220/380V 的有功电能表，其中 5 是指这只电能表的(　　)。

（A）基本电流　　（B）额定电流

（C）长期允许的工作电流　　（D）允许的最大工作电流

答案：A

Lf4A5253 某 10kV 高供高计用户接 50/5 电流互感器，若电能表读数为 20kW·h，则用户实际用电量为(　　)。

（A）200kW·h　（B）20000kW·h　（C）2000kW·h　（D）100000kW·h

答案：B

1.2 判断题

La4B1001 变压器既可以改变交流电压的大小，也可以改变直流电压的大小。(×)

La4B1002 当电路中某一点断线时，电流 I 等于零，称为开路。(√)

La4B1003 电流互感器的额定电流从广义上讲是指互感器所通过的最大电流的瞬时值。(×)

La4B1004 电容器在直流电路中相当于开路，电感相当于短路。(√)

La4B1005 供电可靠性，以供电企业对用户停电的时间及次数来衡量。(√)

La4B1006 在串联电路中流过各电阻的电流都不相等。(×)

La4B1007 电能表的驱动元件是指电流元件。(×)

La4B2008 大小和方向随时间作周期性变化的电流称为直流电。(×)

La4B2009 电流互感器二次侧额定电流均为5A。(√)

La4B2010 电流互感器二次回路导线截面积不应小 $5mm^2$，电压互感器二次回路导线截面积不应小 $5mm^2$。(×)

La4B2011 电能表的驱动元件主要作用是产生转动力矩。(√)

La4B2012 电能表是专门用来测量电能的一种表计。(√)

La4B2013 电能计量装置是把电能表和与其配合使用的互感器称为电能计量装置。(×)

La4B2014 电气工作人员在110kV配电装置工作时，正常活动范围与带电设备的最小安全距离为5m。(×)

La4B2015 电压互感器一次绕组匝数多，二次绕组匝数少。(√)

La4B2016 多功能表在结构上可分整体式和分体式两种形式。(√)

La4B2017 根据电力生产特点，在一个供电营业区域内可设一个或多个供电营业机构。(×)

La4B2018 供电企业不接受使用不符合国家标准频率和电压的设备的用户的用电申请。(√)

La4B2019 基建工地、农田水利、市政建设等非永久性用电，客户申请可供给非永久电源。(√)

La4B2020 减容期满或新装增容用户，若1年内确需继续办理减容或暂停的，减少或暂停部分容量的基本电费按75%计算收取。(×)

La4B2021 用户暂停，应在3天前向供电企业提出申请。(×)

La4B2022 在星形连接的电路中，线电压等于相电压。(×)

La4B2023 国网公司员工发生违规违纪行为的，视情节轻重予以适当的纪律处分。员工受到纪律处分的，同时进行适当的经济处罚，并根据需要进行组织处理。(√)

La4B3024 10kV及以下三相供电的电压允许偏差为额定值的±5%。(×)

La4B3025 纯净的半导体中，自由电子和空穴数目有限，因而导电能力差，但如果在其中掺以杂质，则导电能力会大大提高。(√)

La4B3026 当电流互感器一次、二次绕组的电流 I_1、I_2 的方向相同时，这种极性关系称为减极性。(×)

La4B3027 当发生接地短路时，经接地短路点流入大地的电流称为接地短路电流或接地电流。(√)

La4B3028 当高压触电者脱离电源已失去知觉，但存在心脏跳动和呼吸时，必须进行人工呼吸，直到恢复知觉为止。(×)

La4B3029 当脱离电源的触电者呼吸、脉搏、心脏跳动已经停止时，必须进行人工呼吸或心脏按摩，并在就诊途中不得中断。(√)

La4B3030 第三人责任致使居民用户家用电器损坏的，供电企业应协助受害居民用户向第三人索赔，并可比照《居民用户家用电器损坏处理办法》进行处理。(√)

La4B3031 电度表的驱动元件是指电流元件。(×)

La4B3032 电流互感器的额定变比是额定一次电流与额定二次电流之比。(√)

La4B3033 电流互感器的一、二次电流（I_1、I_2）与一、二次线圈匝数（N_1、N_2）成正比。(×)

La4B3034 电流互感器一、二次绕组的首端 L_1 和 K_1 称为一、二次端。(×)

La4B3035 电能的质量是以频率、电压、可靠性和谐波来衡量的。(√)

La4B3036 电压互感器铭牌上所标的额定电压是指一次绕组的额定电压。(×)

La4B3037 计量方式有：高供高计、高供低计、低供低计。(√)

La4B3038 工作人员在 6～10kV 配电装置上工作时，正常活动范围与带电设备的最小安全距离应保持为 0.35m。(×)

La4B3039 功率因数是有功功率与无功功率的比值。(×)

La4B3040 供电方案的有效期是指从供电方案正式通知书发出之日起至交纳相关费用，并受电工程完工之日止。(×)

La4B3041 供电方式应当按照安全、可靠、经济、合理和便于管理的原则，由供电企业确定。(×)

La4B3042 供电企业对已受理的低压电力用户申请用电，最长期限不超过 5 天书面通知用户。(×)

La4B3043 互感器实际二次负荷应在 25%～100%额定二次负荷范围内。(√)

La4B3044 线损电量＝售电量－供电量。(×)

La4B3045 驱动元件是由电流元件和电压元件组成。(√)

La4B3046 人们常用“负载大小”来指负载电功率大小，在电压一定的情况下，负载大小是指通过负载的电流大小。(√)

La4B3047 日光灯照明回路，开关应安装在火线上。(√)

La4B3048 用户迁址，须在 10 天前向供电企业提出申请。(×)

La4B3049 用户申请改压，由改压引起的工程费用由供电企业和用户各负担 50%。(×)

La4B3050 在电力系统瓦解或不可抗力造成电力中断时，仍需要保证供电的重要用户的保安电源由用户自备。(√)

La4B3051 在电力系统正常状况下，35kV 及以上电压供电的电压正、负偏差的绝对值之和不超过额定值的 10%。(√)

La4B4052 供电企业对已受理的低压电力用户申请用电，最长期限不超过 10 天书面通知用户。(√)

La4B4053 把用电元件首端与首端、末端与末端相连组成的电路叫作并联电路。(√)

La4B4054 电流互感器的负荷与其所接一次线路的负荷大小无关。(√)

La4B4055 电能表的转动元件（转盘）制作材料是硅钢片。(×)

La4B4056 对三相四线表，标注 3×380/220V，表明电压线圈可长期承受 380V 线电压。(×)

La4B4057 供电电压质量，以电压的闪变、偏离额定值的幅度和电压正弦波畸变程度来衡量。(√)

La4B4058 供电企业因供电设施计划检修需要停电时，应当提前 3 天通知用户或者进行公告。(×)

La4B4059 金属导体的电阻除与导体的材料和几何尺寸有关外，还和导体的温度有关。(√)

La4B4060 跨省的供电营业区的设立，由供电企业提出申请，经国务院电力管理部门审查批准，并发给“供电营业许可证”方可营业。(×)

La4B4061 农业用电在电网高峰负荷时功率因数应达到 0.80。(√)

La4B4062 钳形电流表使用方便，但测量精度不高。(√)

La4B4063 三相四线供电方式的中性线的作用是保证负载上的电压对称且保持不变，在负载不平衡时，不致发生电压突然上升或降低，若一相断线，其他两相的电压不变。(√)

La4B4064 擅自伸入或者跨越供电营业区供电的，除没收违法所得外并处违法所得 5～10倍罚款。(×)

La4B4065 所有生产人员必须熟练掌握触电现场急救法，以抢救可能的受伤者，所有职工必须掌握消防器材的使用方法以控制可能发生的火灾。(√)

La4B4066 为防止因电气设备绝缘损坏而使人体有遭受触电的危险，将电气设备的金属外壳与变压器的中性线相连接，称为保护接地。(×)

La4B4067 用户迁址，迁移后的新址不论是否改变供电点，只收新址用电引起的工程费用。(×)

La4B4068 用来计算电能的有功部分，即视在功率的有功分量和时间乘积的计量表，称为有功电能表。(√)

La4B4069 在 RC 串联电路中发生的谐振叫作串联谐振。(×)

La4B4070 在正常情况下，电压互感器误差受二次负荷影响，误差随着负荷增大而减小。(×)

La4B4071 正弦交流电的三要素是：最大值、角频率和初相角。(√)

La4B5072 从业人员经安全生产教育和培训合格，是生产经营单位应当具备的安全生产条件之一。(√)

La4B5073 根据用户申请，受理改变用户名称的工作属于业务扩充工作。(×)

La4B5074 供电方式按电压等级可分为单相供电方式和三相供电方式。(×)

La4B5075 普通三相配电变压器内部是由三个单相变压器组成的。(×)

La4B5076 用户申请办理移表所需的工程费用等，应由用户自行负担。(√)

La4B5077 用户要求校验计费电能表时，供电部门应尽速办理，不得收取校验费。(×)

La4B5078 用万用表测量某一电路的电阻时，必须切断被测电路的电源，不能带电进行测量。(√)

La4B5079 在三相对称电路中，功率因数角是指线电压与线电流之间的夹角。(×)

Lb4B1080 含尖峰时段的分时电价适用于全年12个月。(×)

Lb4B1081 因银行代扣电费出现错误或超时影响客户按时交纳电费造成客户产生电费违约金时，可以减免客户违约金。(×)

Lb4B1082 基本电费不实行峰、非峰谷、谷时段分时电价。(√)

Lb4B1083 商业、非居民照明及动力用电实行《功率因数调整电费办法》。(×)

Lb4B1084 城镇电力排灌站（泵站）动力用电，执行农业排灌电价。(×)

Lb4B1085 大工业中的电度电价代表电力企业的容量成本。(×)

Lb4B1086 当电能计量装置不安装在产权分界处时，线路与变压器损耗的有功与无功电量均须由供电企业负担。(×)

Lb4B1087 严格执行电费收交制度。做到准确、全额、按期收交电费、开具电费发票及相应收费凭证。任何单位和个人不得减免应收电费。(√)

Lb4B1088 电费票据应严格管理。经当地税务部门批准后方可印制，并应加印监制章和专用章。(√)

Lb4B1089 抄表数据复核结束后，应在48h内完成电量电费计算工作。(×)

Lb4B1090 银行解款：收费员在系统内打印解款单及所收的现金到指定银行网点解款。(√)

Lb4B1091 抄表例日是指抄表段在一个抄表周期内的抄表日。(√)

Lb4B1092 抄表员应定期轮换抄表区域，除远程自动抄表方式外，同一抄表员对同一抄表段的抄表时间最长不得超过一年。(×)

Lb4B1093 电压互感器的二次侧不允许短路。(√)

Lb4B1094 收费的桥梁收费站、公厕设施用电按一般工商业及其他用电电价计费。(√)

Lb4B1095 电力用户申请暂停用电必须是整台或整组变压器停止运行，申请暂停时间每次应不少于15天，每一日历年内累计不超过6个月。(√)

Lb4B1096 校办工厂装接容量在315kV·A以下执行一般工商业及其他用电电价。(√)

Lb4B1097 应收账是供电公司某段时间内的全部电力销售收入的账目。(√)

Lb4B1098 信托投资机构及各类保险公司用电，执行非居民照明电价。(×)

Lb4B1099 凡装见容量在320（315）kV·A及以上的大用户，执行两部制电价。(×)

Lb4B1100 大工业生产车间照明用电，可按一般工商业及其他用电电价计费，也可按大工业电价执行。(×)

Lb4B2101 居民用电的空调用电按居民生活用电电价计费。(√)

Lb4B2102 按变压器容量计收基本电费的用户，暂停用电必须是整台或整组变压器停止运行。(√)

Lb4B2103 电气化铁路牵引变电所用电执行大工业电价。(√)

Lb4B2104 大工业电价的电费计算公式为：电费全额＝基本电费＋电度电费＋代征地方附加。(×)

Lb4B2105 大工业电价又称两部制电价，由基本电价及电度电价之和构成。(×)

Lb4B2106 大工业基本电费有：①按变压器容量计算；②按最大需量计算。具体选择方法，由供电企业与用户协商确定。(√)

Lb4B2107 大工业生产车间空调设备，按大工业电度电价计费。(√)

Lb4B2108 大工业中的基本电价代表电力企业的电能成本。(×)

Lb4B2109 各级经营生产资料的物资供销公司、采购供应站，执行非居民照明电价。(×)

Lb4B2110 校办工厂装接容量在315kV·A及以下的执行一般工商业及其他用电电价。(×)

Lb4B2111 电费违约金制度必须严格执行，任何单位和个人不得随意给予减、免、缓。(√)

Lb4B2112 抄表段管理包括抄表段维护、新户分配抄表段、调整抄表段、抄表顺序调整、抄表派工等功能。(√)

Lb4B2113 电流互感器的额定电压指的是加在一次绕组两端的额定相电压。(×)

Lb4B2114 执行居民阶梯电价的一户一表用户不得执行居民峰谷电价政策。(×)

Lb4B2115 居民合表用户也可办理居民峰谷电价。(×)

Lb4B2116 变压器损耗按日计算，日用电不足24h，不计算。(×)

Lb4B2117 两部制电价是以合理地分担电力企业容量成本和电能成本为主要依据的电价制度，是一种很先进的电价计费办法。(√)

Lb4B2118 基本电费以月计算，但新装、增容、变更与终止用电的基本费，可按实用天数每日按全月基本电费的1/30计算。(√)

Lb4B2119 对作废发票，须各联齐全，每联均应加盖“作废”印章，并与发票存根一起保存完好，不得丢失或私自销毁。(√)

Lb4B2120 蔬菜水果类农产品深加工的生产用电，不属于农业生产电价范围。(√)

Lb4B2121 凡装见容量在315kV·A及以上的大用户，执行两部制电价。(×)

Lb4B2122 供电企业对于应加收变压器损失电量的用户，变损电量只加入总表计费，不参加分表比例分摊。(×)

Lb4B2123 计费电能表应装在产权分界处，否则变压器的有功、无功损耗和线路损失由产权所有者负担。(√)

Lb4B2124 基建工地施工用电可供给临时电源，执行一般工商业及其他电价。(√)

Lb4B2125 对实行远程自动抄表方式的客户，应定期安排现场核抄，10kV 及以上客户现场核抄周期应不超过 6 个月；0.4kV 及以下客户现场核抄周期应不超过 12 个月。(√)

Lb4B2126 远程自动抄表异常客户现场核抄时，如现场抄见读数与远程获取读数不一致，仍应以远程获取读数为准。(×)

Lb4B2127 次日解款后发现错收电费的，可由原收费人员进行全额冲正处理，并记录冲正原因，收回并作废原发票。(×)

Lb4B2128 省内供电营业区的设立，由供电企业提出申请，经省政府电力管理部审查批准后，由省政府电力管理部发给《供电营业许可证》方可营业。(×)

Lb4B2129 受电电压越高电价越高，受电电压越低电价越低。(×)

Lb4B2130 用户申请减容，其减容后的容量达不到实施两部制电价标准时，按单一制电价计费。(×)

Lb4B2131 采用远程费控业务方式的，应根据平等自愿原则，与客户协商签订协议。(√)

Lb4B2132 两部制电价计费的用户，其固定电费部分不实行《功率因数调整电费办法》。(×)

Lb4B2133 运行中的电流互感器二次侧是不允许开路的。(√)

Lb4B2134 新装客户应在归档后 7 个工作日内编入抄表段。(×)

Lb4B2135 分时电价的时段是由每昼夜中按用电负荷高峰、平、低谷三时段组成。(√)

Lb4B2136 专线供电的用户不需要加收变损、线损电量。(×)

Lb4B2137 可再生能源附加基金征收的范围是除贫困县农业排灌电价外的电价均需要征收。(×)

Lb4B3138 100kV·A 及以上的高压供电用户在电网高峰负荷时功率因数应达到 0.85。(×)

Lb4B3139 按变压器容量计收基本电费的用户，暂停期满或每一日历年内累计暂停用电时间，超过六个月的，供电企业从期满之日起按合同约定容量计收基本电费。(√)

Lb4B3140 按最大需量计收基本电费的用户，申请暂停用电，可暂停部分容量。(√)

Lb4B3141 停电通知书须按规定履行审批程序，在停电前三天至七天内送达客户，可采取客户签收或公证等方式送达。(√)

Lb4B3142 最大需量是指 15min 内的平均最大负荷。(√)

Lb4B3143 票据管理功能是在系统内对电费普通发票、收据等各类票据进行入库登记、分发、领用、作废、退库等票据使用全过程的管理。(√)

Lb4B3144 电价由电力生产成本、税金和利润三部分组成，由国家统一制定。(√)

Lb4B3145 对高压供电用户，应在高压侧计量。经双方协商同意，也可在低压侧计量，但应加计变压器损耗。(√)

Lb4B3146 对农田水利、市政建设等非永久性用电，可供给临时电源，临时用电期限除经供电企业准许外，一般不得超过 6 个月。(√)

Lb4B3147 凡不通过专用变压器接用的高压电动机，不应计收基本电费。(×)

Lb4B3148 高供低量用户只计变压器额定负载损耗，免计空载损耗。(×)

Lb4B3149 高压供电的大中型电力排灌站在电网高峰时功率因数应达到 0.90。(×)

Lb4B3150 对连续三个抄表周期出现抄表数据为零度的客户，应抽取一定比例进行现场核实，0.4kV 非居民客户应抽取不少于 80%的客户。(√)

Lb4B3151 供电企业对长期拖欠电费并经通知催交仍不交费的用户，可以不经批准终止供电，但事后应报告本企业负责人。(×)

Lb4B3152 供电企业对已受理的高压双电源用户申请用电，最长期限不超过三个月书面通知用户。(×)

Lb4B3153 供电企业考核用户功率因数不用瞬时值，而用加权平均值。(√)

Lb4B3154 在系统中解款银行当天发现错误，不可以解款撤还。(×)

Lb4B3155 基本电费可按变压器容量计算，也可按最大需量计算。具体对哪类用户选择何种计算方法，由供电公司确定。(×)

Lb4B3156 对连续三个抄表周期出现抄表数据为零度的客户，应抽取一定比例进行现场核实，居民客户应抽取不少于 50%的客户。(×)

Lb4B3157 某一工业用户，容量为 315kV·A，其动力用电执行 0.9 的功率因数标准，非居民照明用电执行 0.85 的功率因数标准。(×)

Lb4B3158 两部制电价中基本电价最大需量的计算，以用户在 15min 内的月平均最大负荷为依据。(√)

Lb4B3159 临时用电容量若未超过 100kW，仍需收取功率因数调整电费。(×)

Lb4B3160 某非工业用户采用装见容量为 100kV·A 专用变压器用电，功率因数奖、罚应按 0.90 标准计算。(×)

Lb4B3161 某工厂电工私自将电力企业安装的电力负荷控制装置拆下，以致负荷控制装置无法运行，应承担 5000 元的违约使用电费。(√)

Lb4B3162 解款前发现错收电费的，可由当日原收费人员进行全额冲正处理，并记录冲正原因，收回并作废原发票。(√)

Lb4B3163 解款后发现错收电费的，按退费流程处理，退费应准确、及时，避免产生纠纷。(√)

Lb4B3164 电费回收率是供电企业的一项重要技术考核指标。(×)

Lb4B3165 实行分次划拨电费的，每月电费划拨次数一般不少于三次，月末统一抄表后结算。实行分次结算电费的，每月应按结算次数和结算时间，按时抄表后进行电费结算。(√)

Lb4B3166 收费员应每天将对账单录入的信息与解款信息进行比对购销，以证明自己的收费信息已经真实入账。(×)

Lb4B3167 电费"三率"是指抄表的"到位率""估抄率""缺抄率"。(×)

Lb4B3168 用户计量装置发生计量错误时，用户可等退补电量算清楚后再交纳电费。(×)

Lb4B3169 可再生能源电价附加的征收范围：除贫困县农排用电外的全部销售电量。(×)

Lb4B3170 居民阶梯电价以供电企业抄表周期为基础，执行年周期，每月抄表的用户年周期为当年 1 月至下一年度的 1 月。(×)

Lb4B4171 160kV·A（kW）及以上的高压供电的工业用户执行《功率因数调整电费办法》，功率因数标准是0.9。（×）

Lb4B4172 除居民用户外的其他用户跨年度欠费部分，每日按欠费总额的千分之二计算电费违约金。（×）

Lb4B4173 两部制电价的用户擅自启用暂停或已封存的电力设备，应补交该设备容量的基本电费，并承担2倍补交基本电费的违约电费。（√）

Lb4B4174 高层楼房写字楼用电，执行城乡居民生活用电电价。（×）

Lb4B4175 电费资金实行专户管理，不得存入其他银行账户。（√）

Lb4B4176 实收账是供电公司某段时间内实际收到的用户电费总和账目。（√）

Lb4B4177 居民用户阶梯月数因调价、新装、销户等原因，不足一年的按照实际用电月数执行。（√）

Lb4B4178 广告用电属于路灯用电。（×）

Lb4B4179 应收电费余额是指在考核期内本单位财务口径在月末二十四点时的账面余额。（√）

Lb4B4180 用户需要备用电源时，供电企业按其负荷重要性、用电容量和供电的可能性与用户协商确定。（√）

Lb4B4181 工厂、企业、机关、学校、商业等照明用电不得与居民合用电以便正确执行分类电价。（√）

Lb4B4182 客户申请开具电费增值税发票的，经审核其提供的税务登记证副本及复印件、银行开户名称、开户银行和账号等资料无误后，从申请当月起给予开具电费增值税发票，申请以前月份的电费发票不予调换或补开增值税发票。（√）

Lb4B5183 个体门诊用电，执行非居民照明电价。（×）

Lb4B5184 复费率电能表是用于实行峰、谷分时电价的计量装置。（√）

Lb4B5185 两部制电价计费的用户，其固定电费部分不实行《功率因数调整电费办法》。（×）

Lb4B5186 两部制电价就是将电价分成两部分：一部分称为基本电价，代表电力企业成本中的电能成本；另一部分称为电度电价，代表电力企业成本中的容量成本。（×）

Lb4B5187 两部制电价是以合理地分担电力企业容量成本和电能成本为主要依据的电价制度，是一种很先进的电价计费办法。（√）

Lb4B5188 银行企业用电，执行一般工商业及其他用电电价。（√）

Lb4B5189 利用地下人防设施从事商品经营的营业用电，按一般工商业及其他用电电价计费。（√）

Lb4B5190 装见容量为315kV·A的码头装卸作业动力用电，执行一般工商业用其他用电电价计费。（√）

Lb4B5191 严格执行电费违约金制度，不得随意减免电费违约金，但可用电费违约金冲抵电费实收。（×）

Lb4B5192 房地产交易所执行城乡居民生活用电电价。（×）

Lc4B1193 电气绝缘安全用具是用来防止工作人员走错停电间隔或误触带电设备的安

全工具。（×）

Lc4B1194 用户减容期限内要求恢复用电时，应在5天前向供电企业办理恢复用电手续，基本电费从启封之日起计收。（√）

Lc4B1195 在公用供电设施未到达的地区，周边单位有供电能力的可以自行就近转供电。（×）

Lc4B2196 装设无功自动补偿装置是为了提高功率因数采取的自然调整方法之一。（×）

Lc4B3197 当电力供应不足，不能保证连续供电时，按照政府批准的有序用电方案实施避峰、停限电。（√）

Lc4B4198 低压刀闸必须按额定熔断电流配备保险丝，严禁用铜、铝或其他金属导线代替。（√）

Lc4B4199 合理选择电气设备的容量并减少所取用的无功功率是改善功率因数的基本措施，又称为提高自然功率因数。（√）

Lc4B4200 用电负荷是客户的用电设备在某一时刻实际取用的功率的总和。就是客户在某一时刻对电力系统所要求的功率。（√）

Lc4B5201 电力需求侧管理（DSM）是通过对终端客户进行负荷管理，提高终端用电效率及实现综合资源规划。（√）

Jd4B1202 检查电能表接线时，应先测量一下相序，使接线保持正相序。（√）

Jd4B1203 纠正电压反相序的方法是将电压中任意两相的位置颠倒，如B、A换位A、B或B、C换位C、B或A、B换位B、A，就可以使反相序变为正相序。（√）

Jd4B1204 三相电能计量的接线方式中，A、B、C接线为正相序，那么B、C、A就为逆相序。（×）

Jd4B2205 具有电压连片的直接式单相电能表的中性线、相线不能接反，如接反，则电能表要倒走。（×）

Jd4B2206 使用钳形电流表，转换量程时钳形电流表应脱离被测电路，测量时钳口应关闭紧密且不得靠近非被测相。（√）

Jd4B3207 测试电压时，一定要把电压表并联在回路中；测试电流时，一定要把电流表串联在电路中。（√）

Jd4B3208 电压表应并联在被测电路中。（√）

Jd4B3209 电压表在使用前应根据测量对象选择合适的电压量程，量程应由小到大选定。（×）

Jd4B4210 无功功率补偿的基本原理是：把具有容性功率负荷的装置与感性功率负荷并联接在同一电路，当容性负荷释放能量时，感性负荷吸收能量，而感性负荷释放能量时，容性负荷却在吸收能量，能量在两种性质的负荷之间互相交换。（√）

Jd4B5211 电流表应串联在被测电路中。（√）

Jd4B5212 在100Ω的电阻器中通以5A电流，则该电阻器消耗功率为500W。（×）

Je4B3213 某居民用电户本月电费为100元，交费时逾期5日，该用户应交纳的电费违约金为100×(1/1000)×5=0.5元。（×）

1.3 多选题

La4C1001 PDCA管理循环的定义及质量管理中推行这个质量管理方法的原因是（　　）。

（A）运用质量管理体系，开展质量管理活动的基本方法，叫作PDCA管理循环

（B）PDCA是美国管理专家戴明总结的质量管理的经验，四个英文单词的第一个字母，P代表计划，D代表执行，C代表检查，A代表处理

（C）PDCA管理的具体含义是：按照计划、执行、检查、处理四个阶段的顺序，进行营业质量管理工作，并且循环不断地进行下去

（D）因为PDCA管理循环符合质量管理工作本身的规律，具有彻底性和科学性两个特点，是国际上推行全面质量管理的一种方法。所以，我们营业质量管理工作，应当根据不同的具体情况，因地制宜地运用这个方法。为建立我国的质量管理理论而努力

答案：ABCD

La4C2002 供电质量的法律要求是（　　）。

（A）供电频率　（B）电力平衡　（C）电压质量　（D）供电可靠性

答案：ACD

La4C3003 国家对电力供应与使用的管理原则是（　　）。

（A）安全用电　（B）节约用电　（C）计划用电　（D）按需用电

答案：ABC

La4C3004 PDCA管理的具体含义是（　　）。

（A）计划。分析现状，找出存在的质量问题，分析产生各种质量问题的原因或影响因素，制订相应措施，提出具体明确的计划与目标

（B）执行。按照预计计划、目标、措施及分工安排，分头去干

（C）检查。检查计划的执行情况和措施实行的效果

（D）处理。对检查的结果加以总结，把成功的经验和失败的教训都规定到相应标准制度之中，以防止再次发生已经发生过的问题

答案：ABCD

La4C3005 国家对电力供应和使用，实行的管理原则是（　　）。

（A）安全用电　（B）合理利用　（C）节约用电　（D）计划用电

答案：ACD

La4C3006 供电质量是指（　　）。

（A）电频率质量　（B）电能质量　（C）电压质量　（D）供电可靠性

答案：ACD

La4C3007　安全生产“四不放过”是(　　)。
(A) 事故原因没有查清楚不放过
(B) 事故责任者没有受到处分不放过
(C) 事故责任单位领导和职工没有受到教育不放过
(D) 防范措施未落实不放过
(E) 发现不安全因素不报告不放过
答案：ABCD

La4C3008　安全用电的任务是(　　)。
(A) 督促检查用电单位贯彻执行国家有关供电和用电的方针、政策、法律法规的情况
(B) 用电设备的技术管理、安装、运行等各项规章制度的落实
(C) 以保证工农业生产和生活用电的安全可靠
(D) 使电能不间断地为用电单位的生产和人民生活服务
答案：ABCD

La4C4009　《安全生产法》赋予从业人员须履行的安全生产义务有(　　)。
(A) 防范措施未落实不放过
(B) 服从管理
(C) 接受安全生产教育和培训
(D) 发现不安全因素立即报告
答案：BCD

La4C4010　《安全生产法》赋予从业人员享有的安全生产的权利有(　　)。
(A) 知情权、建议权、批评权
(B) 检举权、控告权、拒绝权
(C) 安全保障权
(D) 社会保障权
(E) 赔偿保障权
(F) 赔偿请求权
答案：ABCDF

La4C4011　防止人身触电的技术措施有(　　)。
(A) 保护接地
(B) 保护接零
(C) 安全电压
(D) 低压触电保护装置
答案：ABCD

La4C5012　用戴维南定理求某一支路电流的一般步骤是(　　)
(A) 将原电路划分为待求支路与有源二端网络两部分
(B) 断开待求支路，求出有源二端网络开路电压
(C) 将网络内电动势全部短接，内阻保留，求出无源二端网络的等效电阻
(D) 画出待效电路，接入待求支路，由欧姆定律求出该支路电流
答案：ABCD

La4C5013 下列关于戴维南定律说法正确的是(　　)

(A) 一个线性电阻性有源二端网络，对外部电路而言，可以用一个电压源和一个电阻的串联组合等效替代

(B) 任何一个不含独立电源的线性电阻性二端网络，对外电路而言，都可以用一个电阻元件等效替代

(C) 求戴维南等效电路的等效电阻，应将该有源二端网络内部所有独立电源置零

(D) 戴维南等效电路电压源电压不等于有源二端网络开路时端纽之间的电压

答案：ABC

La4C5014 关于正序、负序和零序概念正确的有(　　)。

(A) 三相正弦量中A相比B相超前120°，B相比C相超前120°，C相比A相超前120°，即相序为（A）BC，这样的相序叫作正序

(B) 三相正弦量中A相比B相滞后120°，B相比C相滞后120°，C相比A相滞后120°，即相序为（A）CB，这样的相序叫作负序

(C) 三相正弦量A相比B相超前0°，B相比C相超前0°，C相比A相超前0°，即三者同相，这样的相序叫作零序

(D) 三相正弦量中A相比B相超前90°，B相比C相超前90°，C相比A相超前90°，即三者同相，这样的相序叫作零序

答案：ABC

Lb4C1015 备用变压器如何计收基本电费(　　)。

(A) 按变压器容量计算基本电费的用户，其备用的变压器（含高压电动机），属冷备用状态并经供电企业加封的，不收基本电费

(B) 按变压器容量计算基本电费的用户，属热备用状态的或未经加封的，不论使用与否都计收基本电费

(C) 在受电装置一次侧装有联锁装置互为备用的变压器（含高压电动机），按可能同时使用的变压器（含高压电动机）容量之和的最大值计算其基本电费

(D) 在受电装置一次侧装有联锁装置互为备用的变压器（含高压电动机），按最大的变压器（含高压电动机）容量计算其基本电费

答案：ABC

Lb4C1016 对同一电网内的(　　)用户，执行相同的电价标准。

(A) 同一电压等级　　(B) 同一用电类别

(C) 同一地区　　(D) 同一装表

答案：AB

Lb4C2017 电费统计工作总的要求包括(　　)。

(A) 数据必须准确，不应有差错、失误　(B) 数据齐全，不能有空格

(C) 数据不能涂改　　　　　　　　　　　(D) 填报必须及时

答案：ABD

Lb4C2018　危害供用电安全和扰乱供用电秩序的行为有(　　)。

(A) 违章用电

(B) 窃电

(C) 违反合同规定用电

(D) 违反安全规定用电

(E) 损害供用电设施，冲击供电企业、变电设施所在地，扰乱供电工作秩序，干扰冲击电力调度机构，扰乱电力调度秩序，使电力供应无法正常进行的行为

答案：ABCDE

Lb4C2019　功率因数调整电费如何计算(　　)。

(A) 用户功率因数高于或低于规定的标准时，应按照规定的电价计算出用户的当月电费(大工业用户含基本电费)

(B) 按照功率因数标准值查出所规定的百分数，计算增、减电费

(C) 如果用户的功率因数在查表所列两数之间，则以四舍五入后的数值查表计算增、减电费

(D) 用户功率因数高于标准时客户增加电费支付，相反减少电费支出

答案：ABC

Lb4C2020　电能表补抄卡包括哪些基本内容(　　)。

(A) 用户基本情况：用户户名、用电地址、用户户号和计算机编号、用户档案(或用电申请书)编号、供电线路

(B) 电能计量装置基本资料表记：厂名、表号、安培数、相别、表示数、倍率、电表封铅号码、电流和电压互感器的编号等

(C) 电费结算涉及到的原始参数：供电电压、容量、最大需量、电流和电压互感器倍率、计量方式、变压器损耗计算方式、总分表关系、电价、功率因数考核标准、电费结算协议编号等

(D) 行业用电分类，抄该户表注意事项(如难找的表位、门锁如何找人、有恶犬等)

答案：ABCD

Lb4C3021　我省南网工商业及其他峰谷分时电价的时段是如何划分的(　　)。

(A) 尖峰【每年6、7、8三个月9：00～12：00】

(B) 高峰【8：00～12：00、16：00～20：00】

(C) 平段【6：00～8：00、12：00～16：00、20：00～22：00】

(D) 谷段【22：00～次日6：00】

答案：ABCD

Lb4C3022 为什么实行峰谷电价(　　)。

(A) 实行峰谷电价，体现了电能商品的时间价差

(B) 调动用户削峰填谷的积极性，有利于提高负荷率和设备利用率，是一项有效的电力需求侧管理手段

(C) 会降低电力企业运行成本，提高生产率

(D) 实行分时电价，可公平处理不同用户之间用电的利益关系，使用户合理承担电力成本，对提高用户、电力企业和社会的经济效益，都有明显的效果

答案：ABCD

Lb4C3023 大工业用户的电费如何计算(　　)。

(A) 根据用户设备容量或用户最大需量来计算基本电费

(B) 以用户实际使用的电量数计算电度电费

(C) 以用户的实际功率因数对用户的电度电费与基本电费之和按功率因数调整办法进行调整（增－减）功率因数调整电费

(D) 以用户实际使用的峰平谷电量数计算分时电费

答案：ABC

Lb4C3024 工业用电负荷的主要特点包括(　　)。

(A) 从一天来看，工业用电负荷一天内出现三个高峰（早晨上班后—中午上班后—晚上照明时）、两个低谷（午休时、深夜时），深夜时间长，负荷也最低

(B) 在一年的时间范围内，工业用电负荷一般是比较恒定的，但也有一些变化的因素。如北方寒冷，冬季用电比夏季高，南方酷热，夏季用电比冬季高，停产检修和节假日期间用电量必然下降

(C) 一个地区的工业用电负荷也会受气候的影响而升降。如阴雨天工厂增加照明负荷，室外作业和施工因雨雪而停产使用电负荷下降

(D) 在一个季度内，工业用电负荷一般季初较低、季末较高。在一个月内，一般上旬较低。特别是有节假日的月份，任务不满的企业有时中旬用电最多，月底下降

答案：ABCD

Lb4C3025 电费核算的主要内容有(　　)。

(A) 核对抄表户数，清点电能表补抄卡，户数要与卡片的封面记录户数相符

(B) 按电能表补抄卡和电费收据逐户核对抄见电量和电费金额等

(C) 核对抄表日报各栏数据填写是否齐全、正确（与电费发票的数据是否相符）

(D) 做好电费汇总与统计工作，月末应将当月应收电力销售收入汇总无误后上报

答案：ABCD

Lb4C3026 电费风险类别划分(　　)。

(A) 政策性风险　　　　(B) 经营性风险

(C) 管理性风险　　　　　　　　　　(D) 法律性风险

答案：ABCD

Lb4C4027　大工业用户基本电费的计费方式是如何确定的(　　)。

(A) 可以按变压器容量（含高压电动机）计费

(B) 可以按最大需量计费

(C) 用户选定基本电费计费方式后，不得更改

(D) 按何种方式计费可以由用户选择

答案：ABD

Lb4C4028　催交电费通知书有哪些基本内容(　　)。

(A) 欠费客户的户名、欠费金额

(B) 限期交费日期

(C) 电费回收政策

(D) 欠费后果等必要内容

答案：ABCD

Lb4C4029　分时计费表主要有几种(　　)。

(A) 一种是用普通电能表另加几只计度器分别记录峰段、谷段和总的电量

(B) 一种是采用脉冲电能表及数字电路组成的分时计费电能表

(C) 数字电路组成的分时计费电能表

(D) 一种是采用脉冲电能表

答案：AB

Lb4C4030　供电企业应当按照(　　)向用户计收电费。

(A) 国家核准的电价　　　　　　　　(B) 地方政府规定的电价

(C) 供电企业规定的电价　　　　　　(D) 用电计量装置的记录

答案：AD

Lb4C5031　《国家电网公司电费抄核收管理规则》规定，对(　　)的客户，其业务流程处理完毕后的首次电量电费计算，应逐户进行审核。

(A) 高压客户　　　　　　　　　　　(B) 新装用电客户

(C) 用电变更客户　　　　　　　　　(D) 电能计量装置参数变化

答案：BCD

Lb4C5032　《国家电网公司电费抄核收管理规则》规定，对用(　　)的客户，应根据电费收缴风险程度，实行每月多次抄表，并按国家有关规定或合同约定实行预收或分次结算电费。

(A) 用电量较大的客户

(B) 临时用电客户

(C) 租赁经营客户

(D) 交纳电费信用等级较差

答案：ABCD

Lc4C1033 有下列情形的，不经批准即可对用户中止供电，但事后应报告本单位负责人(　　)。

(A) 不可抗力和紧急避险

(B) 对危害供用电安全，扰乱供用电秩序，拒绝检查者

(C) 受电装置经检验不合格，在指定期间未改善者

(D) 确有窃电行为

答案：AD

Lc4C2034 供电电压允许偏差规定的原因是(　　)。

(A) 因为用电设备设计在额定电压时性能最好、效率最高

(B) 发生电压偏差时，其性能和效率都会降低，有的还会减少使用寿命

(C) 常用的感应电动机其转矩与电压的平方成正比，当电压较额定值下降10%时，它的最大转矩和启动转矩将分别降至额定值的81%

(D) 如长期运行，会使电动机过负荷而烧毁，同时也会使电动机启动困难。电压偏高或偏低还会影响家用电器的正常工作

答案：ABCD

Lc4C2035 现场发现计量装置故障的处理原则是(　　)。

(A) 在现场分析了解，设法取得故障发生的时间和原因

(B) 检查客户的值班记录，客户上次抄表后至今的生产情况

(C) 将计量装置的故障情况及相关数据记录下来

(D) 回公司后将客户计量装置故障情况及现场所做的记录上报并配合处理

答案：ABCD

Lc4C2036 供电电压允许偏差规定是(　　)。

(A) 35kV及以上电压供电的，电压正负偏差的绝对值之和不超过额定电压的10%

(B) 10kV及以下三相供电的，电压允许偏差为额定电压的±7%

(C) 220V单相供电的，电压允许偏差为额定电压的+7%～－10%

(D) 在电力系统非正常情况下，用户受电端的电压最大允许偏差不应超过额定值的±10%

答案：ABCD

Lc4C3037 对供电系统的基本要求有(　　)。

(A) 供电可靠　　(B) 电能质量合格

(C) 安全、经济、合格　　(D) 电力网的运行调度灵活

答案：ABCD

Lc4C3038 计算机的硬件主要包括(　　)设备。

(A) 主机　　(B) 显示器　　(C) 键盘

(D) 鼠标　　(E) 打印机

答案：ABCDE

Lc4C3039 变压器的种类按用途分类有(　　)。

(A) 电力变压器　　(B) 测量变压器　　(C) 试验用高压变压器

(D) 调压变压器　　(E) 特殊用途变压器

答案：ABCDE

Lc4C4040 (　　)叫运行中的电气设备。

(A) 运行中的电气设备系指全部带有电压的电气设备

(B) 部分带有电压的电气设备

(C) 一经操作即带有电压的电气设备

(D) 所有的电气设备

答案：ABC

Lc4C4041 电力行业中所指的动力部分包括(　　)等。

(A) 热力发电厂的锅炉、汽轮机、热力网和用热设备

(B) 发电机

(C) 水力发电厂的水库、水轮机

(D) 原子能发电厂的反应堆

答案：ACD

Lc4C4042 计算机软件分类有(　　)。

(A) 系统软件　　(B) 应用软件　　(C) 操作软件　　(D) 可视软件

答案：AB

Lc4C5043 电能表安装的一般规定是(　　)。

(A) 电能表的安装地点应尽量靠近计量电能的电流和电压互感器

(B) 电能表应装在安全、周围环境干燥、光线明亮及便于抄录的地方

(C) 必须装在牢固不受振动的墙上，还要考虑维修电表工作的安全，如表位与开关之间的距离不要太近，防止抄表及现场检验时工作人员误碰开关，造成用户停电

(D) 为使电能表能在带负荷情况下装拆、校验，电能表与电流和电压互感器之间连接的二次导线中间应装有联合接线盒

答案：ABCD

Jd4C1044 正确使用钳形电流表的方法是(　　)。

(A) 测量电流时，应按动手炳使铁芯张开，把被测导线（必须是单根）穿到钳口中央

(B) 先选用较大量程，然后再视读数的大小，逐渐减小量程

(C) 测量小于5A以下电流时，可把导线多绕几圈放进钳口测量

(D) 测量完毕把转换开关放在最大电流量程的位置上

答案：ABCD

Jd4C1045 计算机使用人员在操作过程中应注意的要点(　　)。

(A) 一旦发现异常现象，应立即关闭电源，并告知维护人员

(B) 工作环境温度太高或太低，以及空气污染、灰尘多，对机器的使用极为不利

(C) 硬盘驱动器是属于接触启停式，在操作运行中尽量避免频繁地启停以保护驱动器

(D) 最好配备不间断电源UPS，以防突然断电造成数据的丢失和对计算机造成不良的影响

答案：ABCD

Jd4C1046 人体触电的方式有(　　)等。

(A) 与带电体直接接触触电　　(B) 两相直接接触触电

(C) 跨步电压触电　　(D) 间接接触电压触电

答案：ABCD

Jd4C1047 计算机创建快捷方式的方法有(　　)。

(A) 利用菜单创建快捷方式

(B) 为开始菜单的应用程序创建快捷方式

(C) 利用“创建快捷方式”向导创建快捷方式

(D) 方法都正确

答案：ABCD

Jd4C2048 确定电力供应与使用双方的权利、义务的主要依据和主要形式是(　　)。

(A) 确定电力供应与使用双方应当根据平等自愿、协商一致的原则

(B) 按照国务院制定的《电力供应与使用条例》签订《供用电合同》

(C) 确定双方的权利、义务

(D) 确定使用方的权力和义务

答案：ABC

Jd4C2049 计算机开机、关机的顺序为(　　)。

(A) 显示器—打印机(若需用)—主机

(B) 打印机(若需用)—显示器—主机

(C) 主机—打印机—显示器

(D) 主机—显示器—打印机

答案：BD

Jd4C2050 使用磁盘碎片整理程序的方法是(　　)

(A) 单击“开始”按钮，可打开“开始”菜单，并将鼠标指针指向开始菜单中的“程序”

(B) 指向相应的文件夹“附件”，出现级联子菜单后，然后单击文件夹“系统工具”

(C) 选择“磁盘碎片整理程序”，启动该程序

(D) 选择要进行整理的驱动器，确定后开始进行磁盘碎片整理

答案：ABCD

Jd4C2051 计算机正常启动Windows的操作步骤是(　　)。

(A) 先后打开显示器和计算机的开关

(B) 假如出现了多个配置选项，选择其中一个

(C) 假如出现了“登录”对话框，键入登录密码

(D) 这时Windows就会显示出一个带有图标、任务栏和“开始”菜单的桌面

答案：ABC

Jd4C3052 计算机使用人员在操作过程中应注意的要点(　　)。

(A) 在使用计算机前，应先熟悉正确的操作方法。特别是注意开机时，先开外部设备后开主机，关机时，先关主机后关外部设备的操作顺序。不要频繁开关电源，机器关电后应稍等片刻才能再开，切不可关电后又立即开机，这样特别容易损坏硬盘

(B) 键盘操作要轻按轻放，不可用力敲击

(C) 不要碰触磁盘的裸露部分，磁盘用后要随时放进套内，不可弯曲或挤压。磁盘应保存于干燥的地方，不能受潮

(D) 在通电的情况下，不可搬动机器

答案：ABCD

Jd4C3053 (　　)是计算机的硬件，(　　)是计算机的软件。

(A) 组成一台电子计算机所有固定装置的总称

(B) 指挥计算机工作的各种程序的集合

(C) 组成一台电子计算机所有装置的总称

(D) 指挥键盘工作的各种程序的集合

答案：AB

Jd4C3054 计算机设置 Word 文档中字体的步骤有(　　)。

(A) 打开“视图”菜单，选中工具栏中的格式复选框

(B) 打开“格式栏”，选中需要设置字体的文档

(C) 在“格式工具栏”中选择需要的字体及字号即可

(D) 也可以单击鼠标右键，选择“字体”进行设置

答案：ABCD

Jd4C3055 用户发生哪些电气设备事故要及时通知供电部门(　　)。

(A) 人身触电死亡

(B) 导致电力系统停电

(C) 专线掉闸或全厂停电

(D) 电气火灾

(E) 重要或大型电气设备损坏

(F) 停电期间向电力系统倒送电

答案：ABCDEF

Jd4C4056 计算机正常退出 Windows 的操作步骤是(　　)。

(A) 保存打开的应用程序中的文档和其他数据，然后退出所有的应用程序

(B) 单击“开始”按钮并选择“关闭系统”

(C) 系统显示“关闭 Windows”对话框

(D) 选择“关闭计算机 (S)”选项，然后单击“是 (Y)”

(E) 屏幕上闪过“现在可以安全关闭计算机”时方可关闭计算机电源，然后关闭显示器开关

答案：ABCDE

Jd4C5057 计算机遇到系统死机时的操作步骤是(　　)。

(A) 在“开始”菜单中，选择“关闭系统”命令

(B) 同时按下 Ctrl-Alt-Delete 键，系统出现关闭程序对话框

(C) 或再次按下 Ctrl-Alt-Delete 键，系统将重新启动计算机

(D) 按住主机电源按钮不放，直到电源关闭，稍等片刻，再重新开机

答案：BCD

Je4C1058 用户的最大需量低于变压器容量的 40%时，应如何计收基本电费(　　)。

(A) 用户的最大需量低于变压器容量（含高压电动机）的 40%时，则按变压器容量（含高压电动机）的 40%确定需量并计算基本电费

(B) 用户的最大需量低于变压器容量（含高压电动机）的 40%时，则按实际需量并计算基本电费

(C) 用户的最大需量大于变压器容量（含高压电动机）的 40%时，则按变压器容量

（含高压电动机）的40％确定需量并计算基本电费

（D）用户的最大需量大于变压器容量（含高压电动机）的40％时，则按实际需量并计算基本电费

答案：AD

Je4C1059 以下对基本电价描述正确的有（ ）。

（A）按用户容量或最大需量计算的电价

（B）代表电力工业企业中的容量成本，即固定费用部分

（C）用户每月所付基本电费与其实际使用的电量有关

（D）用户每月所付基本电费与其实际使用的电量无关

答案：ABD

Je4C1060 现场正确抄读分时电能表的方法（ ）。

（A）用普通电能表另加几只计度器分别记录峰段、谷段和总的电量。此表按有功电能表的抄录方法进行抄读

（B）采用脉冲电能表及数字电路组成的分时计费电能表。这种表能分别累计各时段内的有功和无功电量，并在屏幕上直接显示，抄读时可直接按屏幕上显示的数字抄录

（C）通过负控终端进行远程抄表

（D）通过电话采集脉冲进行抄表

答案：AB

Je4C2061 欠费停限电通知书有哪些基本内容（ ）。

（A）欠费停限电通知书应有欠费客户的户名、欠费金额、违约金金额

（B）限期交费日期、停限电时间、停限电范围

（C）签收人、抄送单位

（D）电费回收政策和欠费停限电后果承担方等必要内容

答案：ABCD

Je4C2062 下列对电能表的倍率描述正确的选项有（ ）。

（A）电能表倍率＝电流互感器变比×电压互感器变比

（B）如果对互感器的变比记录发生差错，则电能表的倍率必然相应变更，根据此倍率计算出来的用户用电量就会不准

（C）电能表倍率＝电流互感器变比×电压互感器变比×电能表本身倍率

（D）电费管理部门必须采取相应措施，防止因倍率引起的电费计算差错或事故发生

答案：BCD

Je4C2063 现行电费结算的方法有（ ）。

（A）上门走收 （B）使用电脑储蓄或专用卡结算

(C) 坐收　　　　　　　　　　　　　　(D) 委托银行代收
(E) 同城劳务委托收款

答案：ABCDE

Je4C2064　某工业用户变压器容量 200kV·A，采用三相四线制低压计量，抄表时发现当月电量有较大变化，经测量发现该用户计量用电量是实际用电量的 2/3 左右。故可以判断该用户计量装置是(　　)故障。

(A) 计量装置一相电压断线
(B) 计量装置两相电压断线
(C) 电流互感器二次侧一相短路
(D) 电流互感器二次侧一相反接

答案：AC

Je4C2065　抄表前的准备工作有(　　)。

(A) 了解自己负责抄表的区域和用户情况，特别是新客户的基本资料
(B) 掌握抄表日的排列顺序，做到心中有数，并严格按抄表日抄表
(C) 抄表人员应备齐所有抄表工具，包括抄表微机、手电筒、笔、客户受电设施的钥匙以及有关通知单、胶水、抹布、鞋套等抄表工具
(D) 抄表前要认真检查抄表机是否完好，机内电池是否充足，检查下装数据是否完整、正确

答案：ABCD

Je4C2066　售电月报系按照销售日报汇总而来，其主要内容包括(　　)。

(A) 其他代收款和附加费等
(B) 按国家电度电价、基本电价和功率因数调整增减的电费
(C) 本月用电量以及大工业用户的变压器容量或最大需量
(D) 各类不同用电性质和不同电压等级的户数

答案：ABCD

Je4C2067　抄表工作的主要内容是(　　)。

(A) 按照抄表计划抄表，对新用户发放缴费卡或缴费通知单，提出调整抄表线路的建议
(B) 对用户运行电能计量装置进行例行常规检查
(C) 抄表差错、故障处理、违约用电和窃电等工作的报办
(D) 现场解答用户疑问，宣传安全、节约用电知识

答案：ABCD

Je4C2068　某工业用户变压器容量 200kV·A，采用三相四线制低压计量，抄表时发现当月电量有较大变化，经测量发现该用户计量用电量是实际用电量的 1/3 左右。故可以

判断该用户计量装置是(　　)故障。

(A) 计量装置一相电压断线

(B) 计量装置两相电压断线

(C) 电流互感器二次侧二相短路

(D) 电流互感器二次侧一相短路

答案：BC

Je4C3069　按什么要求进行审核收费日志(　　)。

(A) 首先审核实收电费存根条和银行进账回单以及实收日志的全部金额是否相符

(B) 复核实收电费发票上各项电费及代收款项的金额与实收日报的内容是否相符

(C) 复核未收电费发票的份数、金额与实收日志上反映的份数与金额的总和是否与发行数相符

(D) 复核差错金额与电费报表上显示项目是否相符

答案：ABC

Je4C3070　采用电话进行电费提醒或催费应注意什么(　　)。

(A) 客户的电话号码一定要准确，也即欠费客户的总户号与客户电话号码的对应关系要准确

(B) 在提供电费提醒或催费服务前必须得到客户的认可，以免与客户产生纠纷

(C) 催费的时段应设置合理，时间过早，电话催费达不到效果，过晚则影响客户休息，使客户反感

(D) 催费的数据要及时更新，如果能达到实时采集欠费数据则更好，避免出现客户已经缴费，而再去催费的现象

答案：ABCD

Je4C3071　抄表员抄表工作中的注意事项(　　)。

(A) 抄表员不得操作客户设备

(B) 借用客户物件需征得客户同意

(C) 如果发现或怀疑计量装置有故障在现场不做处理结论，回公司后应及时开具工作联系单交相关班组或部门处理

(D) 如果发现客户有违约用电，按有关规定处理

答案：ABCD

Je4C3072　无功电能电能表补抄卡适用以下哪些用户(　　)。

(A) 100kV·A 及以上执行功率因数考核的工业用户

(B) 100kV·A 以下执行功率因数考核的工业用户

(C) 315kV·A 以上执行功率因数考核的非工业用户
(D) 315kV·A 及上执行功率因数考核的各类用户
答案：ACD

Je4C3073 影响用户功率因数变化的主要因素(　　)。
(A) 异步电动机和变压器是造成功率因数低的主要原因
(B) 电容器补偿装置投切方式不当
(C) 电容器补偿装置运行维护不当
(D) 客户值班电工没有及时切换
答案：ABC

Je4C3074 目前抄表有哪几种方式(　　)。
(A) 使用电能表补抄卡手工抄表方式、使用抄表微机手工抄表方式
(B) 远红外抄表方式
(C) 集中抄表系统抄表方式
(D) 远程（负控）抄表系统方式
答案：ABCD

Je4C3075 抄表时遇到客户锁门应如何处理(　　)。
(A) 抄表员应设法与客户取得联系后入户抄表
(B) 在抄表周期内另行安排时间抄表
(C) 对确实无法抄表的一般居民客户，只可估抄一次
(D) 系经常门锁客户，应与客户约时上门抄表或向公司建议将客户表移到室外
答案：ABCD

Je4C3076 下列选项中使功率因数下降的因素有(　　)。
(A) 电感性用电设备配套不合适和使用不合理，造成用电设备长期轻载或空载运行，致使无功功率的消耗量增大
(B) 大量采用电感性用电设备
(C) 大量采用电容性用电设备
(D) 变压器的负载率和年利用小时数过低，造成过多消耗无功功率
答案：ABD

Je4C4077 为什么说电能表补抄卡是电费管理的重要资料(　　)。
(A) 是供电企业在销售电能业务中为记录购货单位、用户而建立的明细账户
(B) 它除记录用户用电异动情况外，主要用于登记与结算用户阶段性的用电量和应付的电费
(C) 它既供抄表人员按期去用户处抄表使用，同时又是核算、记账的原始资料

（D）电能表补抄卡不得销毁

答案：ABC

Je4C4078 抄表员现场抄表有何要求（ ）。

（A）抄表员到客户处抄表应主动出示证件

（B）抄表员应遵守客户的内部保卫、保密管理规定

（C）正确抄录示数，不随意估抄，抄表过程中应严格遵守有关安全规定

（D）使用文明用语，热情回答客户提问

答案：ABCD

Je4C4079 变压器在电力系统中的主要作用是（ ）。

（A）变换电压，以利于功率的传输　（B）变换电压，可以减少线路损耗

（C）变换电压，可以改善电能质量　（D）变换电压，扩大送电距离

答案：ABD

Je4C5080 如何审核抄表日报（ ）。

（A）清点抄表人员交回的抄表簿（电能表补抄卡），核对卡片户数，必须与电费卡片户数明细表相符。发现不符，立即追查

（B）逐户按电能表补抄卡和电费收据审核电量和电费计算以及填写是否正确，包括实用电量、倍率、电价、金额、子母表关系、加减变压器损耗电量、灯力比分算电量、基本电费、实际功率因数、调整电费的处理和计算等

（C）汇总审核。审核抄表人员编制的抄表日报各栏数据，应与电能表补抄卡和电费收据的各项数据相一致

（D）日报表是抄表人员在每天抄表工作完成后，必须将逐户抄计的电量、电费，按抄表簿（册）进行分类汇总编制的报表，也是供电企业向各类用户售电，按原始记录（电能表补抄卡）汇总的日报

答案：ABC

Je4C5081 高供低计执行单一制电价正式用电客户电费包含（ ）。

（A）有功抄见电量电费　（B）有功铁损电费

（C）有功铜损电费　（D）功率因数调整电费

答案：ABCD

Je4C5082 线路有功功率损耗计算式为 $\Delta P=3I^2R$，以下解释正确是（ ）。

（A）I——流过线路一相的电流　（B）I——流过线路三相的电流

（C）R——线路一相的电阻　（D）R——线路三相的电阻

答案：AC

Jf4C1083 以下是有关“在使用电流互感器时，接线注意事项”的描述，其正确的包括(　　)。

(A) 极性应连接正确

(B) 将测量表计、继电保护和自动装置分别接在单独的二次绕组上供电

(C) 运行中的二次绕组不许短路

(D) 二次绕组应可靠接地

答案：ABD

Jf4C1084 对动力用户要加装无功电能表的原因包括(　　)。

(A) 用户使用的无功功率增大，会增大输电线路的电压损耗

(B) 用户使用的无功功率增大，则有功功率就要相对减小

(C) 用户使用的无功功率增大，对发、供、用电设备的充分利用、节约电能和改善电压质量有着重要影响

(D) 用户使用的无功功率增大，会使用电设备不能正常运行

(E) 电力企业对动力用户要加装无功电能表，对用户进行功率因数考核，并执行《功率因数调整电费办法》，促使用户自己解决所需的无功功率，保持无功功率平衡

答案：ABCDE

Jf4C2085 一般低压供电，无线路工程的业扩报装流程是由(　　)几个方面组成的工作过程。

(A) 用户安装完毕后报竣工，业扩部门检验内线

(B) 业扩部门装表接电、传递信息资料

(C) 用户交付有关费用

(D) 用户提出书面申请，业扩部门调查线路、指定表位

答案：ABCD

Jf4C2086 以下是对供电负荷的解释，正确的是(　　)。

(A) 用户的用电设备在某一时刻实际取用的功率的总和

(B) 发电厂对外供电时所承担的全部负荷

(C) 用户在某一时刻对电力系统所要求的功率

(D) 用电负荷加上同一时刻的线路损失负荷

答案：BD

Jf4C2087 以下是有关“在使用电压互感器时，接线注意事项”的描述，其正确的包括(　　)。

(A) 单相电压互感器极性要连接正确　　(B) 按要求的相序接线

(C) 二次绕组不允许开路　　(D) 二次侧应有一点可靠接地

答案：ABD

Jf4C2088　10kV及以下供电，有线路工程的业扩报装流程是由（　　）几个方面组成的工作过程。

（A）用户安装内线报竣工

（B）用户提出书面申请，业扩部门现场查勘、拟定供电方案，通知客户缴纳相关费用

（C）施工部门线路施工报决算

（D）业扩部门检验内线，装表接电，并传递信息资料

答案：ABCD

Jf4C2089　以下是有关“有功、无功电能表的概念”的描述，其正确的包括（　　）。

（A）有功电能表的测量结果是在某一段时间内电路里所通过电能的总和

（B）有功电能表是用来计量电能的有功部分，即视在功率的有功分量和时间的乘积的累积式仪表

（C）无功电能表的测量结果是在某一段时间内电路里所通过电能的总和

（D）无功电能表是用来计量电能的无功部分，即视在功率的无功分量和时间的乘积的累积式仪表

答案：ABCD

Jf4C2090　现场运行的电子式电能表故障大致有（　　）。

（A）字轮式计度器轧阻、卡字，数码管或液晶显示屏缺笔画，液晶屏暗淡或无显示

（B）计量失准，电能表停走、潜动、内部线路或元件故障引起的其他故障

（C）无脉冲输出，脉冲发光管坏，通信口故障

（D）雷击或各种过电压引起的击穿烧表

（E）电表因过载导致电流元件过热烧坏。因接线未拧紧导致端钮盒烧坏，并可能因长期过热导致绝缘被破坏引起短路烧表

答案：ABCDE

Jf4C2091　以下是有关“互感器的工作原理”的描述，其正确的包括（　　）。

（A）互感器的工作原理和电动机的工作原理一样

（B）互感器是由两个相互绝缘的绕组绕在公共的闭合铁芯上构成的

（C）互感器的工作原理和变压器的工作原理一样

（D）互感器可按一定的比例将高电压或大电流转换为既安全又便于测量的低电压或小电流。

答案：BCD

Jf4C3092　电能计量装置包括（　　）仪表设备。

（A）计量箱

（B）计费电能表（有功、无功电能表及最大需量表）

（C）熔断器

（D）电压、电流互感器及二次连接线导线

答案：ABD

Jf4C3093　电动系仪表可作为(　　)。

（A）交流电压表　（B）直流电压表　（C）功率表　（D）交直流两用表

答案：ABCD

Jf4C3094　以下是对用电负荷的解释，正确的是(　　)。

（A）用户的用电设备在某一时刻实际取用的功率的总和

（B）发电厂对外供电时所承担的全部负荷

（C）用户在某一时刻对电力系统所要求的功率

（D）用电负荷加上同一时刻的线路损失负荷

答案：AC

Jf4C4095　电流互感器二次侧是不允许开路，是因为(　　)。

（A）由于磁通饱和，其二次侧将产生数 kV 高压，且波形改变，对人身和设备造成危害

（B）由于铁芯磁通饱和，使铁芯损耗增加，产生高热，会损坏绝缘

（C）将在铁芯中产生剩磁，使互感器比差和角差增大，失去准确性

（D）都不对

答案：ABC

Jf4C4096　产权属于供电企业的计费电能表，因(　　)发生故障，应由供电企业负责。

（A）不可抗力　（B）计数器卡字

（C）过负荷烧坏　（D）保管不善丢失

答案：AB

Jf4C4097　电能表错误接线的选项是(　　)。

（A）电压回路和电流回路发生短路或断路

（B）电压互感器和电流互感器极性接反

（C）电能表元件极性接反

（D）电能表元件中没有接入规定相别的电压和电流

答案：ABD

Jf4C4098　线路上电压损失过大的主要原因有(　　)。

（A）供电线路超出了合理的供电半径　（B）供电线路功率因数值太低

（C）供电线路导线线径太小　（D）供电端电压高

答案：ABC

Jf4C4099 低压单相、三相电能表安装完后，应通电检查的项目有(　　)。

(A) 用相序表复查相序，用验电笔测单相、三相电能表的相线、零线是否接对，外壳、零线端子上应无电压

(B) 空载检查电能表是否空走（潜动）

(C) 带负载检查电能表是否正转及表速是否正常，有无反转、停转现象

(D) 接线盖板、电能表箱等是否按规定加封

答案：ABCD

Jf4C4100 运行中的电能表如有潜动现象，应采取的措施是(　　)。

(A) 因有轻微负荷造成电能表圆盘转动时属正常指示，应向用户耐心说明情况

(B) 因潜动试验不合格的，应将电能表换回检修

(C) 安装电能表前一定要测量相序，按正相序接入电能表

(D) 指导用户调整三相负荷分布，使其达到电压基本平衡。对因故障现象导致电能表潜动的，应及时查找故障原因，除了检查电能表和互感器外，还要检查或改装二次回路接线

答案：ABCD

Jf4C5101 下面(　　)均属于复费率多功能电子式电能表的功能。

(A) 计量有功电量 (B) 计量无功电量　(C) 计量最大需量　(D) 计量分时电量

答案：ABCD

Jf4C5102 下列要求符合电能表的安装场所和位置选择要求是(　　)

(A) 电能表的安装应考虑便于监视、维护和现场检验

(B) 电能表应安装于水平中心线距地面0～6m以下高度的范围内

(C) 环境温度要求在－10～＋50℃

(D) 周围应清洁无灰尘，无霉菌及碱、酸等有害气体，不应过于潮湿

答案：ACD

Jf4C5103 在使用电流互感器时，接线要注意的问题有(　　)。

(A) 将测量表计、继电保护和自动装置分别接在单独的二次绕组上供电

(B) 极性应连接正确；(C) 运行中的二次绕组不许开路、二次绕组应可靠接地

(D) 进行升流试验

答案：ABC

Jf4C5104 与单相电能表的零线接线方法相比，三相四线有功电能表零线接法不同之处有(　　)。

(A) 单相电能表的零线接法是将零线剪断，再接入电能表的3、4端子

(B) 三相四线有功电能表零线接法是零线不剪断，只在零线上用截面积不小于

$2.5mm^2$ 的铜芯绝缘线 T 接到三相四线电能表零线端子上，以供电能表电压元件回路使用。零线在中间没有断口的情况下直接接到用户设备上

(C) 两种电能表零线采用不同接法，是因为三相四线电能表若零线剪断接入或在电能表里接触不良，容易造成零线断开事实，结果会使负载中点和电源中点不重合，负载上承受的电压出现不平衡，有的过电压、有的欠电压，因此设备不能正常工作，承受过电压的设备甚至还会被烧毁

(D) 两种导线的截面积要求不同

答案：ABC

1.4 计算题

La4D1001 供电所在一次营业普查过程中发现，某低压动力用户超过合同约定私自增加用电设备 $P=X_1$kW，应交违约使用电费 $DW=$________元。

X_1取值范围：3，4，5

计算公式：$DW=50\times X_1$

La4D2002 电阻 R_1 和 R_2 相并联，已知两端电压为 10V，总电流 $I=X_1$A，两条支路电流之比为 $I_1:I_2=1:2$，则电阻 $R_1=$________Ω，$R_2=$________Ω。

X_1取值范围：1，5，6，10，15

计算公式：$R_1=\frac{U}{I}=\frac{10}{\frac{X_1}{3}}$

$$R_2=\frac{U}{I}=\frac{10}{\frac{2\times X_1}{3}}$$

La4D2003 一单相电动机接在 $U=220$V、$f=50$Hz 的交流电源上，假设该电动机的等效电路图如下图所示。已知 $R=X_1\Omega$，$L=0.5$H，该电动机的阻抗 $Z=$________Ω，视在功率 $S=$________V·A。(若有小数保留两位小数)

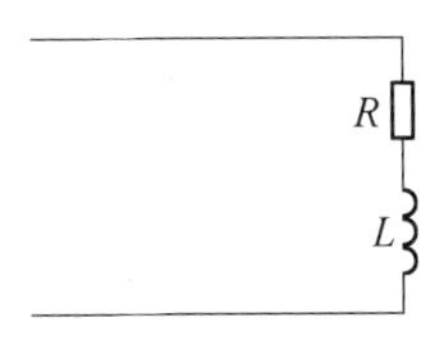

X_1取值范围：20.0 至 50.0 之间的整数

计算公式：$Z=\sqrt{R^2+X^2}=\sqrt{X_1{}^2+(2\times 3.14\times 50\times 0.5)^2}$

$$S=\frac{U^2}{Z}=\frac{220^2}{\sqrt{X_1{}^2+(2\times 3.14\times 50\times 0.5)^2}}$$

La4D3004 某独立电网中的火电厂某月发电量 10^5kW·h，厂用电电量占 4%。独立电网内另有一座上网水电站，购电关口表当月电量为 1.5×10^4kW·h。另该电网按约定向另一供电区输出电量 3.7×10^4kW·h。该电网当月售电量 $WD=X_1\times 10^4$kW·h，独立电网当月线损率 $M=$________。(有小数的保留两位小数)

X_1取值范围：6.9，7.0，7.1

计算公式：$M=\frac{10+1.5-10\times 4\%-3.7-X_1}{10+1.5-10\times 4\%-3.7}$

Lb4D1005 某水泥厂10kV供电，合同约定容量为1000kV·A。供电公司6月份抄表时发现该客户在高压计量之后，接用10kV高压电动机1台，容量$S_1=X_1$kV·A，至发现之日止，其已使用2个月，供电部门应补收基本电费DFJ=________元，违约使用电费DFW=________元。[按容量计收基本电费标准16元/(kV·A·月)]

X_1取值范围：200，300，400

计算公式：$DFJ = X_1 \times 2 \times 16$

$DFW = X_1 \times 2 \times 16 \times 3$

Lb4D2006 某工业电力用户2008年12月份的电费为$M_1=X_1$元，该用户2009年1月18日才到供电企业缴纳以上电费，该用户2009年1月份应缴纳电费违约金M=________元。(假设约定的缴费日期为每月10日至15日)

X_1取值范围：1000.0至3000.0之间的整数

计算公式：$M = X_1 \times 16 \times 0.2\% + X_1 \times 18 \times 0.3\%$

Lb4D2007 某供电所2008年3月累计应收电费账款$DF=X_1$元，其中应收上年结转电费500000.00元。至月末日，共实收电费980000.00元，其中收回以前年度电费340000.00元，其该时期累计电费回收率r=________，本年度电费回收率r_{08}=________。(保留两位小数)

X_1取值范围：1250500.00，1280000.00，1300500.00

计算公式：$r = \dfrac{980000}{X_1} \times 100\%$

$$r_{08} = \frac{980000 - 340000}{X_1 - 500000} \times 100\%$$

Lb4D2008 某工业电力用户2016年12月份的电费$DF=X_1$元，该用户2017年1月15日才到供电企业缴纳以上电费，该用户在缴纳电费时应缴纳的违约金DW=________元。(已知该用户的缴费日期为每月的20日至25日)

X_1取值范围：1000，2000

计算公式：$DW = X_1 \times 6 \times 0.2\% + X_1 \times 15 \times 0.3\%$

Lb4D2009 某工厂原有一台$Se_1=X_1$kV·A变压器和一台250kV·A变压器，按容量计收基本电费。2008年4月，因检修经供电企业检查同意，于13日暂停Se_1变压器，4月26日检修完毕恢复送电。供电企业对该厂的抄表日期是每月月末，基本电价为10元/(kV·A·月)。该厂4月份应缴纳的基本电费DFJ=________元。

X_1取值范围：315，500，630

计算公式：$DFJ = (X_1 + 250) \times 10$

Lb4D3010 某大工业电力客户，按容量计收基本电费，有三台受电变压器，容量分别是B_1=400kV·A、$B_2=X_1$kV·A、B_3=200kV·A。其中B_1、B_2变压器在其一次侧装有联锁装置，互为备用。某月，其受电方式为变压器 B_1、B_3 运行，B_2 退出，若基本电价为 15 元/（kV·A·月），则该客户本月基本电费 G=________元。

X_1取值范围：500，560，630

计算公式：$G=(X_1+200)\times 15$

Lb4D4011 某工业电力用户 2008 年 12 月份的电费 $M_1=X_1$元，2009 年元月份的电费为 2466.0 元。该用户 2009 年 1 月 18 日才到供电企业缴纳以上电费，该用户 2009 年元月份应缴纳电费违约金 M=________元。（假设约定的交费日期为每月 10 日至 15 日）

X_1取值范围：1000.0 至 3000.0 之间的整数

计算公式：$M=X_1\times 16\times 0.2\%+X_1\times 18\times 0.3\%+2466\times 3\times 0.2\%$。

Jd4D3012 某用户电能表经校验慢 $r\%=X_1\%$，抄表电量 W=21000kW·h，实际应收电量 W_0=________ kW·h。（取整数）

X_1取值范围：8，9，10

计算公式：$W_0=21000+\left(\frac{21000\times 100}{(100-X_1)\times 2}-10500\right)$

Jd4D3013 供电所在普查中发现某低压动力用户绕越电能表用电，容量 $P_1=X_1$kW，且接用时间不清，按规定该用户应补交电费 DF=________元，违约使用电费 DW=________元。（有小数的保留两位小数）[假设电价为 0.70 元/(kW·h)]

X_1取值范围：2.0，3.0，4.0

计算公式：$DF=X_1\times 180\times 12\times 0.7$；

$DW=X_1\times 180\times 12\times 0.7\times 3$

Jd4D4014 一居民用户电能表常数为 3000r/(kW·h)，测试负载有功功率为 P=100W，电能表转盘转 10r 时应该是 t=________ s，如果测量转 10r 的时间 $t_1=X_1$s，该表计误差为 r=________。

X_1取值范围：100，110，130

计算公式：$t=\frac{n\times 3600}{负载功率\times 电能表常数}=\frac{10\times 3600}{300}$

$r=\frac{理论时间-实际时间}{实际时间}\times 100\%=\frac{120-X_1}{X_1}\times 100\%$

Jd4D4015 某用户装有一块三相四线电能表，并装有 3 台 200/5 电流互感器，其中 1 台电流互感器因过载烧坏，用户在供电企业未到账时自行更换 TA=X_1电流互感器，半年后才发现。在此期间该装置计量有功电量 100000kW·h，假设三相负荷平衡，该用户应补收电量 W=________ kW·h。

X_1取值范围：250/5，300/5，400/5

计算公式：$W=更正率\times 电量=\frac{\frac{3}{40}-\left(\frac{1}{20}+\frac{1}{X_1}\right)}{\left(\frac{1}{20}+\frac{1}{X_1}\right)}\times 100000$

Jd4D5016 某用户装有一块三相四线电能表，并装有 3 台 200/5 电流互感器，其中 1 台电流互感器因过载烧坏，用户在供电企业未到账时自行更换 TA＝X_1电流互感器，在更换过程中互感器极性接反，半年后才发现。在此期间该装置计量有功电量 50000kW・h，假设三相负荷平衡，该用户应补收电量 W＝________ kW・h。

X_1取值范围：250/5，300/5，400/5

计算公式： $W = 更正率 \times 电量 = \dfrac{\dfrac{3}{40} - \left(\dfrac{1}{20} - \dfrac{1}{X_1}\right)}{\left(\dfrac{1}{20} - \dfrac{1}{X_1}\right)} \times 50000$

Jd4D5017 三相四线电能计算装置，经查其 U、V、W 三相所配 TA 变比分别为 150/5、100/5、200/5，且 C 相 TA 极性反接。计量期间，供电部门按 150/5 计收其电量 W_{inc}＝X_1kW・h，则计量装置应退补电量 ΔW＝________ kW・h。

X_1取值范围：100000，200000，300000

计算公式： $\Delta W = 更正率 \times 电量 = \dfrac{\dfrac{1}{10} - \dfrac{7}{120}}{\dfrac{7}{120}} \times X_1$

Je4D1018 某自来水厂，10kV 受电，变压器容量为 160kV・A，某月电量电费是 DF＝ X_1元，cosΦ＝0.75。该用户的功率因数调整电费为 TZF＝________元。（有小数的保留两位小数）

X_1取值范围：8000，10000，12000

计算公式： $TZF = X_1 \times 5\%$

Je4D1019 某 35kV 高压供电工业户，已知 K_{TA}＝50/5，有功电能表起码为 160，止码 N_1＝X_1。则该用户有功计费电量为 W＝________ kW・h。

X_1取值范围：200.0 至 300.0 之间的整数

计算公式： $W = 示数差 \times 倍率 = (X_1 - 160) \times \dfrac{50}{5} \times \dfrac{35000}{100}$

Je4D1020 已知某 110kV 高压供电工业户，高压计量 K_{TA}＝100/5，无功电能表起码为 ZQ_1＝160，止码 ZQ_2＝X_1。该用户无功电量为 WQ＝________ kvar・h。

X_1取值范围：200.0 至 300.0 之间的整数

计算公式： $WQ = 示数差 \times 倍率 = (X_1 - 160) \times \dfrac{100}{5} \times \dfrac{110000}{100}$

Je4D2021 某用户有 2 盏 W_1＝X_1kW 灯泡，每天使用 3h，一台电视机功率为 W_2＝0.06kW，平均每天收看 2h，冰箱一台平均每天耗电 W_3＝1.1kW・h。该户每月（30 天）需交电费 DF＝________元。[居民电价为 0.52 元/（kW・h）]

X_1取值范围：0.03，0.06，0.08

计算公式：$DF=(X_1\times6+0.06\times2+1.1)\times30\times0.52$

Je4D2022 某工厂原有一台250kV·A变压器和一台$S=X_1$kV·A变压器并列运行，按容量计收基本电费。2008年6月，用户于13日暂停250kV·A变压器1台，6月27日恢复送电。供电企业对该厂的抄表日期是每月月末，基本电价为10元/(kV·A·月)。该厂6月份应缴纳的基本电费$DFJ=$________元。

X_1取值范围：250，400，630

计算公式：$DFJ=(X_1+250)\times10$

Je4D2023 2008年7月某供电所工号为103号的抄表工，工作任务单上派发其本月应抄电费户3000户，其中照明户2500户，动力户500户。月末经电费核算员核算，发现其漏抄动力户X_1户、照明户20户，估抄照明户3户。103号抄表工本月综合实抄率$C_3=$________。(有小数的保留两位小数)

X_1取值范围：1，2，3

计算公式：$C_3=\frac{\text{实抄户数}}{\text{应抄户数}}\times100\%=\frac{3000-X_1-20-3}{3000}\times100\%$

Je4D2024 某一供电企业2008年某月发行全口径电费6200万元，当月发生新欠电费$f=X_1$万元，该供电企业当月电费回收率$m=$________。(有小数的保留两位小数)

X_1取值范围：310，320，330

计算公式：$m=\frac{6200-X_1}{6200}\times100\%$

Je4D3025 某大工业用户装有500kV·A变压器两台，根据供用电合同，供电企业按最大需量对该户计收基本电费，核准的最大需量为400kW。已知该户当月最大需量表读数P=X_1kW，该户当月基本电费$DFJ=$________元。[假设基本电费电价为20元/(kW·月)]

X_1取值范围：450，500，550

计算公式：$DFJ=400\times20+(X_1-400\times1.05)\times20\times2$

Je4D3026 某商业户每月15日抄表，9月份抄表时，抄表表码分别是：有功总1300，有功尖200，有功峰400，有功谷400，有功平300，已知上月表码分别为：有功总800，有功尖100，有功峰300，有功谷200，有功平200。用户组合倍率为$N=X_1$。用户本月应缴电费为$DF=$________元。[已知峰段电价=0.8元/(kW·h)，谷段电价=0.3元/(kW·h)，平段电价=0.5元/(kW·h)]

X_1取值范围：5，10，15，20

计算公式：$DF=(100+100)\times X_1\times0.8+200\times X_1\times0.3+100\times X_1\times0.5$

Je4D3027 某工业户运行容量为 200kV·A，每月 15 日抄表，5 月份抄表时，示数差分别为有功总 480，有功尖 80，峰 120，有功谷 150。用户组合倍率 $N=X_1$。用户本月应缴电费 $DF=$________元。[已知尖电价＝0.7 元/(kW·h)，峰段电价＝0.6 元/(kW·h)，谷段电价＝0.3 元/(kW·h)，平段电价＝0.4 元/(kW·h)]

X_1 取值范围：5，10，15，20

计算公式：$DF=(80+120)\times X_1\times 0.6+150\times X_1\times 0.3+130\times X_1\times 0.4$

Je4D3028 某"一户一表"用户抄表例日为每月 15 号，至 2016 年 5 月该用户已使用电量 $W=X_1$kW·h，该用户 5 月 25 日办理改类手续，由一户一表电价变更为商业电价。已知变更流程中录入的换表电量为 100kW·h，该用户改类流程结束后需要缴纳电费 DF＝________元。[居民阶梯一阶电价为 0.52 元/（kW·h），二阶电价为 0.57 元/（kW·h），三阶电价为 0.82 元/（kW·h）]

X_1 取值范围：1200，1300，1400

计算公式：$DF=(X_1-6\times 180)\times(0.57-0.52)+100\times 0.57$

Je4D3029 某供电营业所有三条出线。某月甲线供电量为 $WG_1=X_1$kW·h，售电量为 172000kW·h；乙线供电量为 220000kW·h，售电量为 209000kW·h；丙线为无损户，供电量为 $WG_3=400000$kW·h。该供电营业所当月总线损率 $W_Z=$________，若扣除无损户后总线损率 $W_{Z1}=$________。(有小数的保留两位小数)

X_1 取值范围：180000，185000，190000

计算公式：

$$W_Z=\frac{供电量-售电量}{供电量}\times 100\%$$

$$=\frac{X_1+220000-172000-209000}{X_1+220000+400000}\times 100\%$$

$$W_{Z1}=\frac{供电量-售电量}{供电量}\times 100\%$$

$$=\frac{X_1+220000-172000-209000}{X_1+220000}\times 100\%$$

Je4D3030 某自来水厂，10kV 供电，用电容量为 $S=80$kW，本月用电量为 $W=X_1$ kW·h，其中照明用电 300kW·h。电价见下表。该水厂本月电费 $DF=$________元。(有小数的保留两位小数)

电价表

用电类别	电价［元/（kW·h）］	用电类别	电价［元/（kW·h）］
居民生活	$D=0.4$	商业	$D=0.8$
非居民照明	$D=0.5$	农业生产	$D=0.35$
非普工业	$D=0.45$	农业排灌	$D=0.2$
大工业	$D=0.25$		

X_1取值范围：3500，4000，4500

计算公式：$DF=300\times 0.5+(X_1-300)\times 0.45$

Je4D3031 某普通工业用户采用10kV供电，供电变压器为250kV·A，计量方式用低压计量，已知该用户3月份抄见有功电量$Wp=X_1$kW·h，无功电量为10000kvar·h，有功变损为1037kW·h，无功变损为7200kvar·h。该用户3月份的功率因数Q=________。

X_1取值范围：40000，50000，60000

计算公式：$Q=\dfrac{(X_1+1037)}{\sqrt{(X_1+1037)^2+(10000+7200)^2}}$

Je4D3032 某10kV供电的钢铁企业，参与市场化售电，已知2017年7月该户大工业电量为1.0×10^6kW·h，其中尖电量2.0×10^5kW·h，峰电量2.0×10^5kW·h，谷电量4.0×10^5kW·h，平电量2.0×10^5kW·h。7月份，交易中心给定该户的交易电量为$DL=X_1\times 10^4$kW·h，该企业7月份市场化交易电费DF=________万元。[已知各代征基金总和为0.0274元/kW·h，该户大用户市场化交易电价为0.36元/(kW·h)，10kV电压等级对应输配电价为：0.1721元/(kW·h)]

X_1取值范围：70，80，90

计算公式：
$$DF=\frac{2\times X_1}{10}\times(0.36\times 1.6+0.1995)+\frac{2\times X_1}{10}\times(0.36\times 1.4+0.1995)+\frac{4\times X_1}{10}\times(0.36\times 0.6+0.1995)+\frac{2\times X_1}{10}\times(0.36+0.1995)$$

Je4D3033 某10kV高压电力排灌站装有变压器1台，容量为500kV·A，高供高计。该户本月抄见有功电量为Wp=40000kW·h，无功电量为Wq=30000kvar·h。该户本月应交电费DF=________元。电力排灌$Dnpd=X_1$元/（kW·h）（有小数的保留两位小数）

X_1取值范围：0.45，0.46，0.47

计算公式：$DF=40000\times X_1\times(1+0.025)$

Je4D3034 某工业企业用电容量为$S=X_1$kV·A，五月份的用电量为100000kW·h，如基本电价为15.00元/（kV·A），电量电价为0.46元/（kW·h）。则本月应交电费M=________元，平均电价C=________元/（kW·h）。（保留两位小数）

X_1取值范围：315，400，500，630，800，1000

计算公式：$M=X_1\times 15+100000\times 0.46$

$$C=\frac{总电费}{总电量}=\frac{X_1\times 15+100000\times 0.46}{100000}$$

Je4D3035　某大工业用户 3 月份新装 1000kV・A 变压器和 630kV・A 变压器各一台，后因资金不能到位于 6 月向供电部门申请暂停 1000kV・A 变压器一台，供电部门经核查后同意并于 6 月 $r=X_1$ 日对其 1000kV・A 变压器加封，则该用户 6 月份基本电费 $M=$ ________元。（假设基本电费为 15 元/（kV・A・月），供电部门抄表结算日期为每月末）

X_1 取值范围：5 至 25 之间的整数

计算公式： $M=630\times15+\dfrac{1000\times(X_1-1)\times15}{30}$

Je4D3036　某大工业用户 3 月份新装 200kV・A 变压器和 630kV・A 变压器各一台，后因资金不能到位于 6 月向供电部门申请暂停 630kV・A 变压器一台，供电部门经核查后同意并于 6 月 $r=X_1$ 日对其 630kV・A 变压器加封，则该用户 6 月份基本电费 $M=$ ________元。（假设基本电费为 15 元/（kV・A・月），供电部门抄表结算日期为每月末）

X_1 取值范围：5 至 25 之间的整数

计算公式： $M=\dfrac{(630+200)\times(X_1-1)}{30})\times15$

Je4D3037　某大工业用户装有 500kV・A 变压器两台，根据供用电合同，供电企业按最大需量对该户计收基本电费，核准的最大需量为 400kW。已知该户当月最大需量表读数为 $P=350$kW，该户当月基本电费 $DFJ=$ ________元。［假设基本电费电价为 $Dfjd=X_1$ 元/(kW・月)］

X_1 取值范围：15，20，22

计算公式： $DFJ=400\times X_1$

Je4D3038　某农村渔塘养殖场 380V 供电。已知某年 6 月有功电能表总表用电量为 5000kW・h，其中养殖场农户生活分表用电 $W_1=X_1$ kW・h，其余为渔塘养殖（抽灌水、加氧机等）用电，该养殖场 6 月应交 $M=$ ________元电费。

电价表（节选）

用电分类	电度电价［元/（kW・h)］					基本电价［元/（kW・A・月）或元/（kW・月)］	
	不满 1kV	1～10kV	35～110kV	110kV	220kV	最大需量	变压器容量
居民生活	0.41	0.4	0.4	0.4	0.4	—	—
非居民生活	0.557	0.547	0.547	—	—	—	—
非（普）工业	0.474	0.464	0.454	0.454	0.454	—	—
大工业	—	0.34	0.32	0.31	0.305	24	16
农业生产	0.395	0.385	0.375	0.375	0.375	—	—
农业排灌	0.2	0.195	0.19	—	—	—	—
城镇商业	0.792	0.782	0.782	—	—	—	—

X_1取值范围：500，1000，1500，2000

计算公式：$M=(5000-X_1)\times0.395+X_1\times0.41$

Je4D3039 某一户一表用户安装的是本地费控卡表，卡表内设置的电价为0.52元。至本年7月，用户已使用2050度。7月抄表电量为$W_1=X_1$度，该用户下次购电时，售电系统将扣除用户差价电费$TZDFF=$________元。[居民阶梯一阶电价为0.52元/（kW·h)，二阶电价为0.57元/（kW·h)，三阶电价为0.82元/（kW·h)]

X_1取值范围：350，380，400，410

计算公式：$TZDFF=(X_1-(2160-2050))\times(0.57-0.52)$

Je4D4040 某自来水厂，10kV受电，变压器容量为250kV·A，某年5月份有功计费电量为150000kW·h。次月1日，该水厂申请将变压器容量增至400kV·A后，若计费电量不变，根据假设的电价计算该用户5月份电费$DF5=$________元，6月份电费$DF6=$________元。[假设非（普）工业电价为0.528元/(kW·h)，大工业电价为$DDJ=X_1$元/(kW·h)，基本电价为16元/(kV·A·月)]（有小数的保留两位小数）

X_1取值范围：0.34，0.42，0.464

计算公式：$DF5=150000\times0.528$

$DF6=150000\times X_1+400\times16$

Je4D4041 某生产企业用电容量为$S=X_1$kV·A，5月份的用电量为100000kW·h，若基本电价为10元/（kV·A·月），电能电价为0.20元/（kW·h)，其月平均电价M=________元/（kW·h)，若要将平均电价降低0.05元/（kW·h)，则其月用电量最少应为$X=$________ kW·h。（有小数的均保留两位小数）（不考虑功率因数调整电费）

X_1取值范围：1000，2000，3000

计算公式：$M=\dfrac{X_1\times10+100000\times0.2}{100000}$

$$X=\frac{X_1\times10}{\dfrac{X_1\times10+100000\times0.2}{100000}-0.05-0.2}$$

Je4D4042 某抄表员在一次抄表时发现某工业用户有功分时计费电能表（三相四线制）一相电流回路接反，已知从上次装表时间到现在为止该用户抄见有功电量为80000kW·h，高峰电量为30000kW·h，低谷电量为20000kW·h。该用户应补缴电费$DF=$________元。[假设平段电价为$DJ=X_1$元/（kW·h)，高峰电价为平段电价的150%，低谷电价为平段电价的50%，三相负荷平衡]

X_1取值范围：0.40，0.50，0.60

计算公式：$DF=30000\times2\times X_1\times150\%+20000\times2\times X_1\times50\%+30000\times2\times X_1$

Je4D4043 某工业户运行容量为200kV·A，每月15日抄表，8月份抄表时，示数差分别是：有功总700、有功尖100、有功峰200、有功谷280。用户组合倍率为$N=X_1$。用户本月应缴纳电费$DF=$________元。［已知尖电价=0.9元/（kW·h），峰段电价=0.8元/（kW·h），谷段电价=0.3元/（kW·h），平段电价=0.5元/（kW·h）］

X_1取值范围：5，10，15，20

计算公式：$DF = 100 \times X_1 \times 0.9 + 200 \times X_1 \times 0.8 + 280 \times X_1 \times 0.3 + 120 \times X_1 \times 0.5$

Je4D4044 某工业户装有变压器1台，容量为500kV·A，高供低计。该户本月抄见有功电量$Z=X_1$kW·h，无功抄见电量为3000kvar·h，已知用户变压器损耗有功和无功电量分别是1000kW·h，1500kvar·h，该户本月的功率因数$Q=$________。（结果保留两个小数位）

X_1取值范围：5000，6000，7000

计算公式：$Q = \frac{X_1 + 1000}{\sqrt{(X_1 + 1000)^2 + (3000 + 1500)^2}}$

Je4D4045 某"一户一表"用户抄表例日为每月15号，至2016年5月该用户已使用电量为$W=X_1$kW·h，该用户5月25日办理销户手续，销户时表计又走了50度，该用户销户后需要缴纳电费$DF=$________元。［居民阶梯一阶电价为0.52元/（kW·h），二阶电价为0.57元/（kW·h），三阶电价为0.82元/（kW·h）］

X_1取值范围：1200，1300，1400

计算公式：$DF = (X_1 - 180 \times 6) \times (0.57 - 0.52) + 50 \times 0.57$

Je4D4046 某10kV生产企业，受电变压器容量为160kV·A。用户实行总表计量，企业办公照明用电实行定比方式计量，定比比率值为$N=X_1\%$。已知本月总表抄见电量为100000度，用户本月应缴纳电费$DF=$________元。［普通工业电价0.6元/(kW·h)，非居民照明电价0.8元/（kW·h）］

X_1取值范围：2至5之间的整数

计算公式：$DF = \frac{X_1}{100} \times 100000 \times 0.8 + \left(1 - \frac{X_1}{100}\right) \times 100000 \times 0.6$

Je4D4047 某10kV生产企业，受电变压器容量为160kV·A。用户实行总表计量，企业办公照明用电实行定量方式计量，定量值$W=X_1$kW·h。已知本月总表抄见电量为10000度，用户本月应缴纳电费$DF=$________元。［普通工业电价0.6元/（kW·h），非居民照明电价0.8元/（kW·h）］

X_1取值范围：500，600，700，800，900，1000

计算公式：$DF = (100000 - X_1) \times 0.6 + X_1 \times 0.8$

Je4D4048 某自来水厂，10kV受电，变压器容量为250kV·A，某年5月份有功计费电量为150000kW·h。次月1日，该水厂申请将变压器容量增至320kV·A后，若计费电量不变，根据假设的电价计算该用户5月份电费为$DF5=$________元，6月份电费为$DF6=$________元。［假设非（普）工业电价$DFJ=X_1$元/(kW·h)，大工业电价0.34元/(kW·h)，基本电价16元/(kV·A·月)］(有小数的保留两位小数)

X_1取值范围：0.464，0.490，0.528

计算公式：$DF5=150000\times X_1$

$DF6=150000\times 0.34+320\times 16$

Je4D4049 某机械厂装有2000kV·A变压器1台，已知基本电费电价为10元/(kV·A·月)，电度电费电价为$DFP=X_1$元/（kW·h)，高峰电价为0.45元/（kW·h)，低谷电价为0.10元/（kW·h)，该用户当月抄见总有功电量为$W=1000000$kW·h，高峰电量为$WF=400000$kW·h，低谷电量为$WD=200000$kW·h。该户当月平均电价$PDJ=$________元/（kW·h)。(有小数的保留两位小数)

X_1取值范围：0.30，0.35，0.40

计算公式：$PDJ=\frac{总电费}{总电量}=\frac{400000\times 0.45+400000\times X_1+200000\times 0.1+2000\times 10}{1000000}$

Je4D4050 某电影制片厂摄影棚水银灯用电，10kV受电，变压器容量为Se=160kV·A，某月计费电量为$WF=50000$kW·h，照明定比10%，则该电影制片厂摄影棚当月电费$DF=$________元。(有小数的保留两位小数)。［1～10kV电压等级，各类用户电价是：居民生活D'jd=0.4元/（kW·h)；非居民照明D'fjd=0.547元/（kW·h)；非（普）工业D'fgd$=X_1$；大工业D'gd=0.34元/（kW·h)；农业生产D'nd=0.385元/（kW·h)；农业排灌D'npd=0.195元/（kW·h)；城镇商业D'sd=0.782元/（kW·h)］

X_1取值范围：0.464至0.6之间的三位小数

计算公式：$DF=50000\times 0.9\times X_1+50000\times 0.1\times 0.547$

Je4D4051 某私营工业户某月抄见有功电量为40000kW·h，无功电量为20000kvar·h。后经检查发现，该无功电能表为非止逆表。已知该用户本月向系统倒送无功电量$W_{qd}=X_1$ kvar·h，该用户当月实际功率因数$Q=$________。(有小数的保留两位小数)

X_1取值范围：5000，6000，7000

计算公式：$Q=\frac{1}{\sqrt{1+\frac{Q^2}{P^2}}}=\frac{1}{\sqrt{1+\frac{(20000+2\times X_1)^2}{40000^2}}}$

Je4D4052 供电企业在进行营业普查时发现某居民户在公用220V低压线路上私自接用一只$P=X_1$ W的电炉进行窃电，且窃电时间无法查明。该居民户应补缴电费$DF=$________元，违约使用电费$DW=$________元。［假设居民电价为0.30元/(kW·h)］。

X_1取值范围：2000，2500，3000

计算公式：$DF=\frac{X_1}{1000}\times180\times6\times0.3$

$DW=\frac{X_1}{1000}\times180\times6\times0.3\times3$

Je4D5053 某大工业用户装有2000kV·A变压器1台，已知基本电费电价为$DFJ=X_1$元/(kV·A·月)，平段电价为0.60元/(kW·h) 高峰电价为0.90元/(kW·h)，低谷电价为0.40元/(kW·h)，该用户当月抄见总有功电量为10000kW·h，高峰电量为4000kW·h，低谷电量为2000kW·h。求该户当月平均电价$G=$________元/（kW·h)。(有小数的保留两位小数)

X_1取值范围：10，20，30

计算公式：$G=\frac{(X_1\times2000+4000\times0.9+4000\times0.6+2000\times0.4)}{10000}$

Je4D5054 某工业用户装有SL7-50/10型变压器1台，采用高供低计方式进行计量，根据供用电合同，该户用电比例为工业$r=X_1$，其余均为居民生活，已知4月份抄见有功电量为10000kW·h，该户4月份的工业电费$DFG=$________元，居民生活电费$DFM=$________元。(有小数的保留两位小数)［假设工业电价为0.5元/(kW·h)，居民生活电价为0.3元/(kW·h)，SL7-50/10型变压器的变损为435kW·h］

X_1取值范围：90%，95%，98%

计算公式：$DFG=(10000+435)\times X_1\times0.5$

$DFM=10000\times(1-X_1)\times0.3$

Je4D5055 电能表潜动转盘转一转时间$t=X_1$ s，每天不用电时间为$h=19$ h，电能表常数为5000r/(kW·h)，共潜动36 d，应退给用户电量$W=$________ kW·h。(有小数的保留两位小数)

X_1取值范围：30，40，45

计算公式：$W=\frac{60T}{CV}\times天数=\frac{60\times19\times36\times60}{5000\times X_1}$

1.5 识图题

La4E1001 电压互感器在电路中的图形符号（　　）。

（A）正确　　　　　　（B）错误

答案：A

La4E2002 过户工作程序流程框图（　　）。

过户

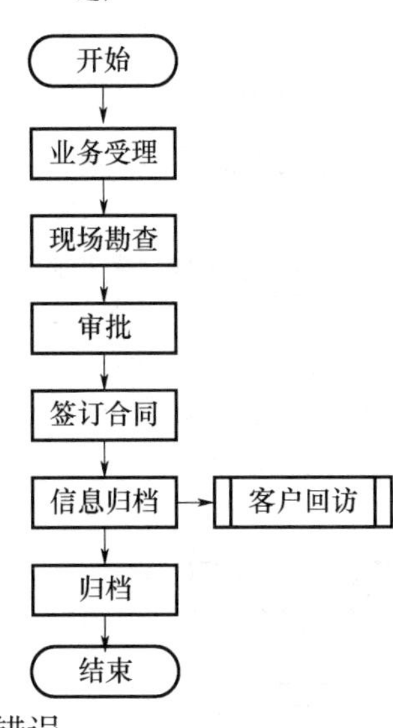

（A）正确　　　　　　（B）错误

答案：A

Lb4E2003 两部制电价的组成如图（　　）。

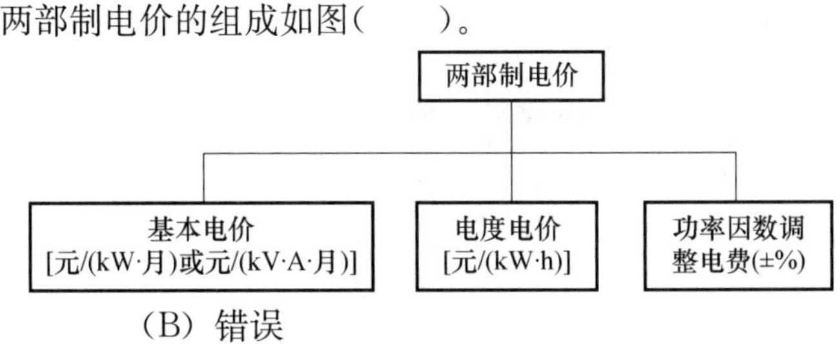

（A）正确　　　　　　（B）错误

答案：A

Lc4E1004 电流互感器在电路中的图形符号（　　）。

（A）正确　　　　　　（B）错误

答案：A

Lc4E1005 计算机软件系统组成示意图（ ）。

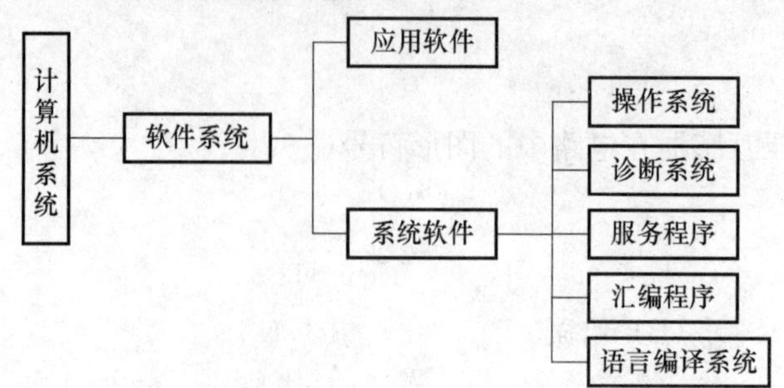

（A）正确 （B）错误

答案：A

Je4E2006 抄表计划流程框图（ ）。

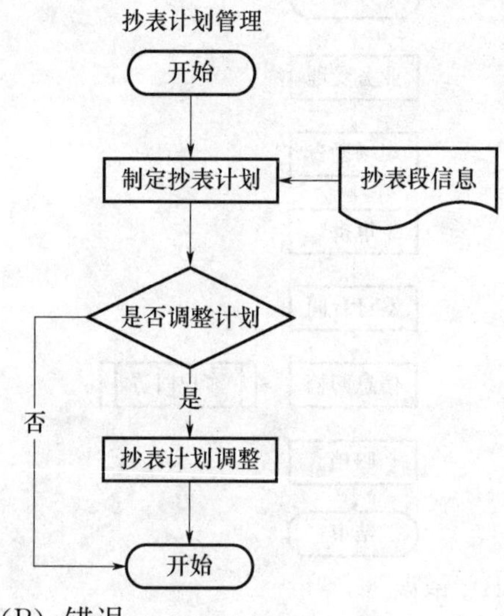

（A）正确 （B）错误

答案：A

Je4E3007 电流表直接接入的测量电路图（ ）。

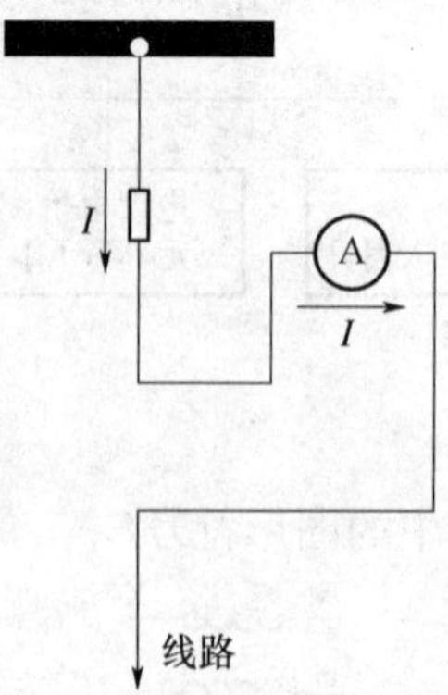

（A）正确 （B）错误

答案：A

Je4E4006 下面三相三线二元件有功电能表接线图正确的是(　　)。

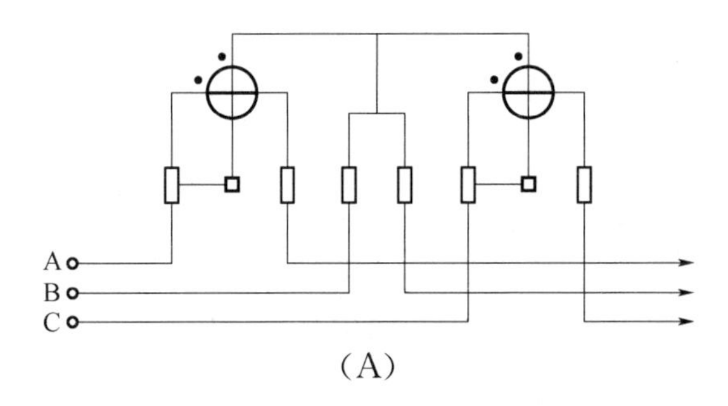

(A)

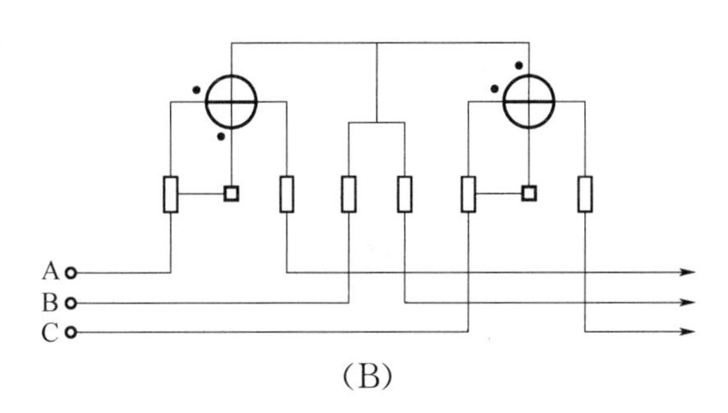

(B)

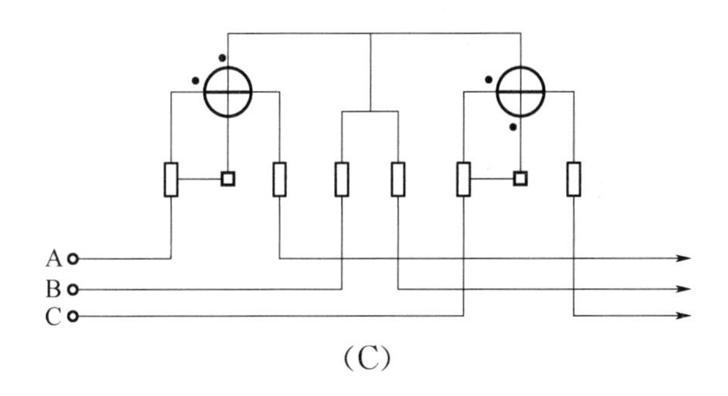

(C)

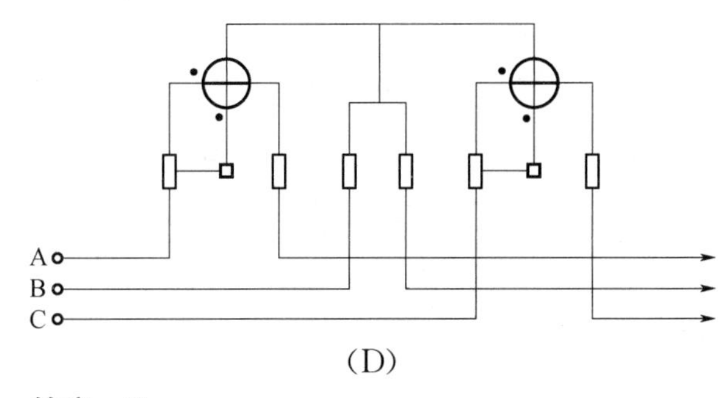

(D)

答案：D

Je4E4009 三相三线二元件有功电能表测量接线图（　　）。

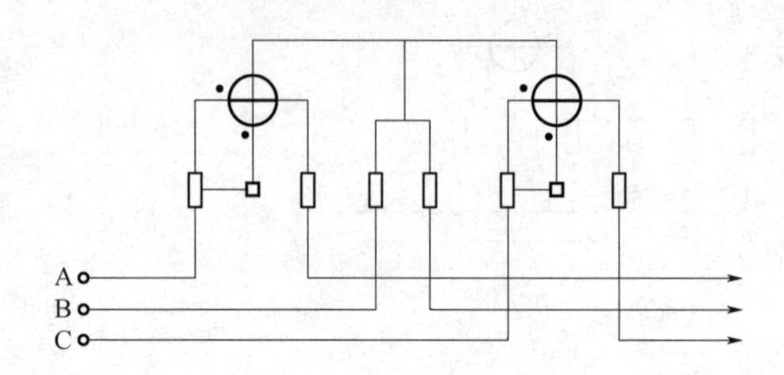

（A）正确　　　　　　（B）错误

答案：A

Je4E4010 如图所示，（　　）单相电能表经电流互感器接入（电压、电流分开）的接线图。

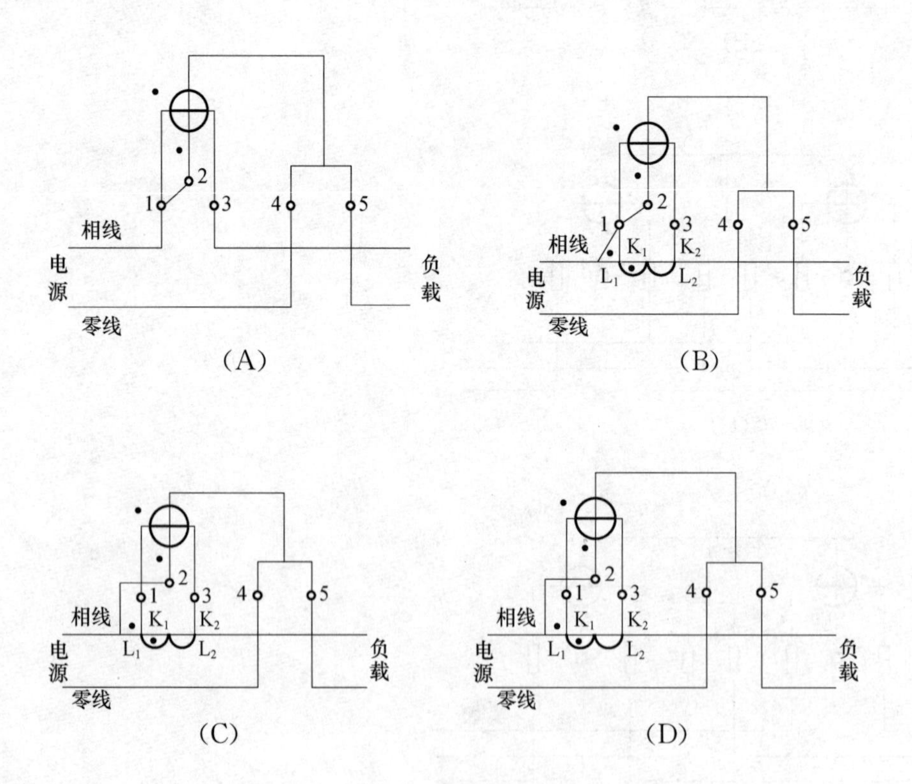

（A）　（B）　（C）　（D）

答案：C

Je4E5011 通过用电采集系统查的下列哪一组数据存在电压电流不同相问题的是(　　)。

召测项	召测值
F25 当前 A 相电压（V）	230
F25 当前 B 相电压（V）	230
F25 当前 C 相电压（V）	230
F25 当前 A 相电流（A）	0.51
F25 当前 B 相电流（A）	0.51
F25 当前 C 相电流（A）	0.51
F49 U_{ab}/U_a 相位角（度）	0
F49 U_b 相位角（度）	120
F49 U_{cb}/U_c 相位角（度）	240.9
F49 I_a 相位角（度）	25.8
F49 I_b 相位角（度）	146
F49 I_c 相位角（度）	266.2

(A)

召测项	召测值
F25 当前 A 相电压（V）	233
F25 当前 B 相电压（V）	232
F25 当前 C 相电压（V）	231
F25 当前 A 相电流（A）	0.62
F25 当前 B 相电流（A）	0.72
F25 当前 C 相电流（A）	0.86
F49 U_{ab}/U_a 相位角（度）	0
F49 U_b 相位角（度）	120
F49 U_{cb}/U_c 相位角（度）	240.9
F49 I_a 相位角（度）	149.1
F49 I_b 相位角（度）	26.5
F49 I_c 相位角（度）	268.7

(B)

召测项	召测值
F25 当前 A 相电压（V）	231
F25 当前 B 相电压（V）	232
F25 当前 C 相电压（V）	230
F25 当前 A 相电流（A）	1.21
F25 当前 B 相电流（A）	1.22
F25 当前 C 相电流（A）	1.21
F49 U_{ab}/U_a 相位角（度）	0
F49 U_b 相位角（度）	120
F49 U_{cb}/U_c 相位角（度）	240.9
F49 I_a 相位角（度）	30.5
F49 I_b 相位角（度）	150.2
F49 I_c 相位角（度）	269.2

(C)

召测项	召测值
F25 当前 A 相电压（V）	229
F25 当前 B 相电压（V）	230
F25 当前 C 相电压（V）	228
F25 当前 A 相电流（A）	1.25
F25 当前 B 相电流（A）	1.68
F25 当前 C 相电流（A）	1.54
F49 U_{ab}/U_a 相位角（度）	0
F49 U_b 相位角（度）	240.9
F49 U_{cb}/U_c 相位角（度）	120
F49 I_a 相位角（度）	25.8
F49 I_b 相位角（度）	275
F49 I_c 相位角（度）	150.2

(D)

答案：B

Je4E5012 通过用电采集系统查的下列哪一组数据存在逆相序问题的是(　　)。

召测项	召测值
F25 当前 A 相电压（V）	230
F25 当前 B 相电压（V）	230
F25 当前 C 相电压（V）	230
F25 当前 A 相电流（A）	0.51
F25 当前 B 相电流（A）	0.51
F25 当前 C 相电流（A）	0.51
F49 U_{ab}/U_a 相位角（度）	0
F49 U_b 相位角（度）	120
F49 U_{cb}/U_c 相位角（度）	240.9
F49 I_a 相位角（度）	25.8
F49 I_b 相位角（度）	146
F49 I_c 相位角（度）	266.2

(A)

召测项	召测值
F25 当前 A 相电压（V）	233
F25 当前 B 相电压（V）	232
F25 当前 C 相电压（V）	231
F25 当前 A 相电流（A）	0.62
F25 当前 B 相电流（A）	0.72
F25 当前 C 相电流（A）	0.86
F49 U_{ab}/U_a 相位角（度）	0
F49 U_b 相位角（度）	120
F49 U_{cb}/U_c 相位角（度）	240.9
F49 I_a 相位角（度）	149.1
F49 I_b 相位角（度）	26.5
F49 I_c 相位角（度）	268.7

(B)

召测项	召测值
F25 当前 A 相电压（V）	231
F25 当前 B 相电压（V）	232
F25 当前 C 相电压（V）	230
F25 当前 A 相电流（A）	1.21
F25 当前 B 相电流（A）	1.22
F25 当前 C 相电流（A）	1.21
F49 U_{ab}/U_a 相位角（度）	0
F49 U_b 相位角（度）	120
F49 U_{cb}/U_c 相位角（度）	240.9
F49 I_a 相位角（度）	30.5
F49 I_b 相位角（度）	150.2
F49 I_c 相位角（度）	269.2

(C)

召测项	召测值
F25 当前 A 相电压（V）	229
F25 当前 B 相电压（V）	230
F25 当前 C 相电压（V）	228
F25 当前 A 相电流（A）	1.25
F25 当前 B 相电流（A）	1.68
F25 当前 C 相电流（A）	1.54
F49 U_{ab}/U_a 相位角（度）	0
F49 U_b 相位角（度）	240.9
F49 U_{cb}/U_c 相位角（度）	120
F49 I_a 相位角（度）	25.8
F49 I_b 相位角（度）	275
F49 I_c 相位角（度）	150.2

(D)

答案：D

Jf4E3013 某电力系统如图所示，10kV 属于(　　)。

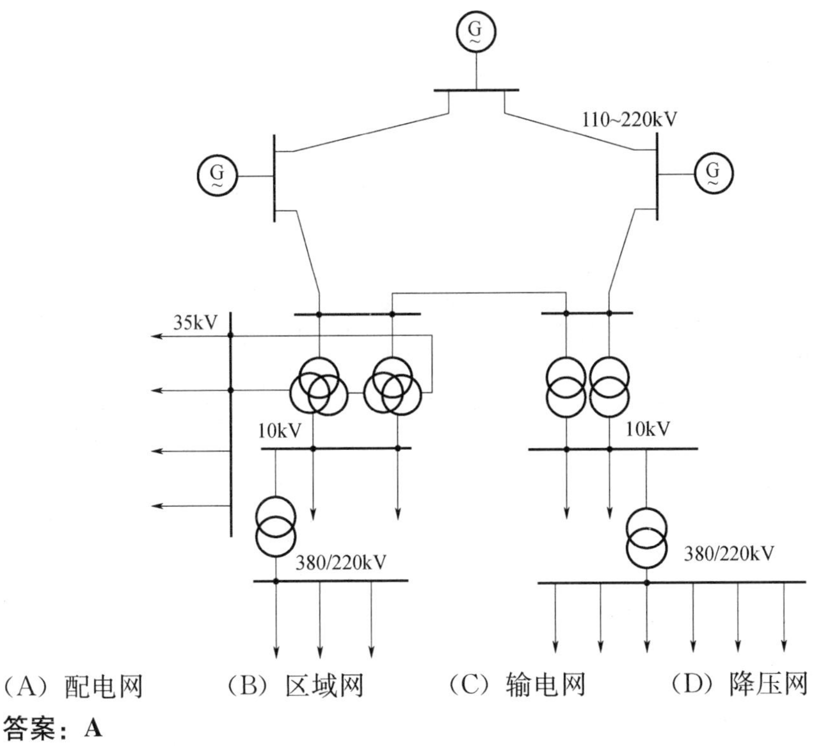

(A) 配电网　　(B) 区域网　　(C) 输电网　　(D) 降压网

答案：A

Jf4E3014 某电力系统如图所示，110～220kV 属于(　　)。

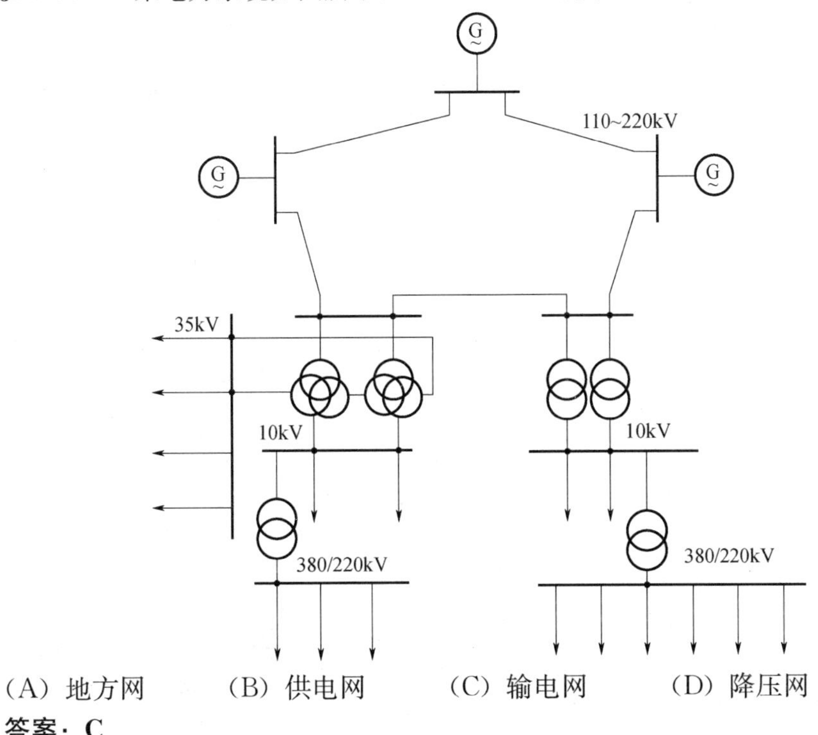

(A) 地方网　　(B) 供电网　　(C) 输电网　　(D) 降压网

答案：C

2 技能操作

2.1 技能操作大纲

中级工技能操作大纲

等级	考核方式	能力种类	能力项	考核项目	考核主要内容
中级工		基本技能	电量计算	单一制（总分表）客户的电量计算	（1）抄见电量的计算 （2）总分计量关系的电量分配
		专业技能	01. 电表抄读	01. 高压客户电能表抄录和异常处理	（1）正确抄读三相电能表 （2）能够进行客户信息核对 （3）能够确定抄表路线 （4）能对抄表异常（抄见零电量、电量突增突减、总表电量小于子表电量、分时电量大于总电量、功率因数异常等）情况分析与报办处理
			02. 电费核算	01. 单一制自备变客户变损电费的计算	（1）根据给定条件，正确确定电量 （2）正确运用变损表 （3）依据电价政策准确计算变损电费
				02. 单一制（带定量子表）客户的电费计算	（1）根据给定条件，正确确定带定量子表用电 （2）准确计算电费
				03. 单一制（带定比子表）客户的电费计算	（1）根据给定条件，正确确定带定比子表用电 （2）准确计算电费
				04. 基本电费（备用）的计算	正确运用《供电营业规则》和河北省物价局冀价管（2016）180 文件的规定，确定基本电费
				05. 基本电费（停用设备未按计划复电）的计算	正确运用《供电营业规则》和河北省物价局冀价管（2016）180 文件的规定，确定基本电费
				06. 基本电费（暂停）的计算	正确运用《供电营业规则》和河北省物价局冀价管（2016）180 文件的规定，确定基本电费

续表

等级	考核方式	能力种类	能力项	考核项目	考核主要内容
中级工		专业技能	02. 电费核算	07. 功率因数调整费的电费计算	(1) 电量计算符合计量规则 (2) 电价选取符合电价政策 (3) 电费计算公式正确 (4) 正确运用功率因数表 (5) 准确计算电费
			03. 电费回收	01. 收费和日解款交接报表的制作	(1) 掌握现金缴款单的填写 (2) 掌握收取客户银行转账支票注意事项 (3) 掌握电费现金管理要求 (4) 掌握电费交账的要求 (5) 掌握开具发票的注意事项 (6) 掌握应收、实收、未收的账务核对 (7) 掌握电费账务建立和分类 (8) 掌握手工账务、微机账务的核对
		相关技能	计量技能	0.2 低压用户电能计量装置选配	低压计量装置选配

2.2 技能操作项目

2.2.1 CS4JB0101 单一制（总分表）客户的电量计算

1. 作业

1）工器具、材料、设备

（1）工器具：红、黑或蓝色签字笔，计算器。

（2）材料：试卷、电价表、答题纸以及草稿。

（3）设备：独立的书写桌椅。

2）安全要求

无。

3）操作步骤及工艺要求（含注意事项）

（1）根据给定条件，依据计量规则，确定各用电类别电量。

（2）步骤清晰，结果正确，答题完整。

2. 考核

1）考核场地

（1）技能考场。

（2）独立的书写桌椅。

（3）设置评判桌和相应的计时器。

2）考核时间

（1）自准许始 20min。

（2）在时限内作业，不得超时。

3）考核要点

（1）正确确定计量倍率和计量关系。

（2）列式计算，步骤清晰，准确计算电量。

（3）答题规范，单位正确。

3. 评分标准

行业：电力工程　　　　工种：抄表核算收费员　　　　等级：四

编号	CS4JB0101	行为领域	e	鉴定范围			
考核时限	20min	题型	A	满分	100 分	得分	
试题名称	单一制（总分表）客户的电量计算						
考核要点及其要求	（1）正确确定计量倍率和计量关系 （2）列式计算，步骤清晰，准确计算各用电类别电量 （3）答题规范，单位正确						
现场设备、工器具、材料	（1）工器具：红、黑或蓝色签字笔，计算器 （2）材料：试卷、电价表、答题纸以及草稿纸 （3）设备：独立的书写桌椅						
备注	上述栏目未尽事宜						

续表

评分标准						
序号	考核项目名称	质量要求	分值	扣分标准	扣分原因	得分
1	计量倍率的确定	正确确定计量倍	10	未正确确定计量倍率一处扣5分		
2	计算子表抄见电量	正确计算抄见电量	20	未正确确定抄见电量（总，尖、峰、谷、平段电量）每项扣5分		
3	计算总表抄见电量	正确计算总表抄见电量	20	未正确确定抄见电量（总，尖、峰、谷、平段电量）每项扣5分		
4	计算工业用电电量	正确计算工业用电计费电量	30	未正确确定抄见电量（总，尖、峰、谷、平段电量）每项扣6分		
5	规范答题	规范答题，单位正确	20	未正确答出结果每项扣4分，本项分数扣完为止		

例题：某10kV工业用户，其总表计量为高供高计TA＝15/5，有功总表起码4268，止码4592，尖段起码0983止码1000，峰段起码2130止码2185，谷段起码2298止码2389，其子表低压计量，TA＝75/5，为居民生活（合表，不执行分时）用电，有功总为5426止码5721，尖段起码0623止码0638，峰段起码1998止码2053，谷段起码2918止码3009，请计算该户工业用电电量及各时段点电量和居民生活电量。

解：根据题意，该户低压计量即居民生活计量倍率：75/5＝15（倍）

则其居民用电量：(5721－5426)×15＝4425（kW·h）

其中尖段电量：(638－623)×15＝225（kW·h）

峰段电量：(2053－1998)×15＝825（kW·h）

谷段电量：(3009－2918)×15＝1365（kW·h）

总表计量倍率＝TA×TV＝(15/5)×(10000/100) ＝300（倍）

则，总表抄见电量分别为

总抄见电量：(4592－4268)×300＝97200（kW·h）

其中尖段抄见电量：(1000－983)×300＝5100（kW·h）

峰段抄见电量：(2185－2130)×300＝16500（kW·h）

谷段抄见电量：(2389－2298)×300＝27300（kW·h）

则平段抄见电量：76200－5100－16500－27300＝27300（kW·h）

工业用电量＝抄见电量－子表电量

所以，工业总用电量：97200－4425＝92775（kW·h）

工业尖段电量：5100－225＝4875（kW·h）

工业峰段电量：16500－825＝15675（kW·h）

工业谷段电量：27300－1365＝25935（kW·h）

工业平段电量：92775－4875－15675－25935＝46290（kW·h）

答：该户本月发生工业电量92775kW·h，其中尖段电量4875kW·h，峰段电量15675kW·h，谷段电量25935kW·h，平段电量46290kW·h，发生居民生活电量4425kW·h。

2.2.2 CS4ZY0101 高压客户电能表抄录和异常处理

1. 作业

1）工器具、材料、设备

（1）工器具：红、黑或蓝色签字笔，低压试电笔，计算器，电筒以及个人电工工具。

（2）材料：工作证件、电能表补抄卡、空白工作票。

（3）设备：模拟抄表台（至少装有6具三相电能表成3套总分关系）。

2）安全要求

（1）正确填用第二种工作票。

（2）工作服、安全帽、绝缘鞋符合《电业安全工作规程（电力线路部分）》DL-409—1991要求。

（3）进入配电室抄表过程中，分清高低压设备，与高压带电设备保持0.7m安全距离。

（4）防止电缆沟盖板损坏跌落。

（5）使用验电笔测试配电柜体不带电，严谨头部进入配电柜抄录电表。

（6）登高1.5m以上应系好安全带，保持与带电设备的安全距离。使用梯子登高作业时，应有人扶持。

（7）防止动物伤害。

（8）发现客户违约用电，应做好记录，及时通知相关人员处理，不与客户发生冲突。

3）操作步骤及工艺要求（含注意事项）

（1）出发前，应认真检查必备的抄表工器具是否完好、齐全。

（2）领取电能表补抄卡，做好抄表准备。抄表数据包括抄表客户信息、变更信息、新装客户档案信息等确保数据完整正确。

（3）确定抄表路线、抄表顺序。综合考虑客户类型、抄表周期、抄表例日、地理分布、便于线损管理等因素，遵循抄表效率最高的原则。

（4）在模拟抄表台进行手工现场抄表，使用电能表补抄卡逐户对客户端用电计量装置记录的有关用电计量计费数据进行抄录。

（5）现场抄表工作必须遵循电力安全生产工作的相关规定，严禁违章作业。需要到客户门内抄录的，应出示工作证件，遵守客户的出入制度。

（6）抄表时核对客户用电信息，并对疑问信息记录，填写调查工作票。抄表时，应认真核对客户电能表箱位、表位、表号、倍率等信息，检查电能计量装置运行是否正常，封印是否完好。对新装及用电变更客户，应核对并确认用电容量、最大需量、电能表参数、互感器参数等信息，做好核对记录。发现客户电量异常、违约用电或窃电嫌疑、表计故障、有信息（卡）无表、有表无信息（卡）等异常情况，做好现场记录，提出异常报告并及时上报处理。

（7）规范准确抄录电能表示数，要求按有效位数正确抄录电能表示数。

（8）正确计算客户的用电量。

(9) 不得估抄漏抄。
(10) 出现抄录错误时应规范更正。
(11) 清理现场，文明作业。
2. 考核
1) 考核场地
(1) 操作场地面积不小于 2000mm×2000mm。
(2) 模拟抄表台单相电能表至少装有 6 具三相电能表成 3 套总分关系。
(3) 每位考生配置独立的书写桌椅。
(4) 设置 2 套评判桌椅和计时表计。
2) 考核时间
(1) 考试时间自许可开工始计 20min。
(2) 考核前准备工作不计入考核时间。
3) 考核要点
(1) 遵守安全规定。
(2) 确定抄表线路。
(3) 准确抄录电能表示数。
(4) 不估抄不漏抄
(5) 规范处理抄录错误。
(6) 准确计算客户电量。
(7) 对客户信息判断和处理。
3. 评分标准

行业：电力工程　　　　　　　　工种：抄表核算收费员　　　　　　　　等级：四

编号	CS4ZY0101	行为领域	e	鉴定范围			
考核时限	20min	题型	C	满分	100分	得分	
试题名称	高压客户电能表抄录和异常处理						
考核要点 及其要求	(1) 遵守安全规定 (2) 合理确定抄表顺序 (3) 准确抄录电能表示数 (4) 不估抄、不漏抄 (5) 规范处理抄录错误 (6) 准确计算客户电量 (7) 对客户信息判断和处理						
现场设备、 工器具、材料	1. 工器具：红、黑或蓝色签字笔，低压试电笔，计算器，电筒以及个人电工工具 2. 材料：工作证件、电能表补抄卡、空白工作票 3. 设备：模拟抄表台（至少装有 6 具三相电能表成 3 套总分关系）						
备注	两种工作票上述栏目未尽事宜已经办理完毕						

续表

评分标准						
序号	考核项目名称	质量要求	分值	扣分标准	扣分原因	得分
1	着装	穿工作服、绝缘鞋，戴安全帽，正确佩戴工作证件	5	未穿工作服扣2分 未穿绝缘鞋扣2分 未戴安全帽扣2分 本项分数扣完为止		
2	确定抄表路线、抄表顺序	根据地理位置合理确定抄表顺序	10	抄表顺序不合理扣10分		
3	抄表	准确完成电能表抄录，出现抄录错误时，应双红线处理更正	40	未能按电能表有效位抄表，每户扣2分 抄表错误，每户扣7分 未能规范更正按抄表错误处理扣7分，规范更正者，该户扣2分 本项分数扣完为止		
4	电量计算	准确计算客户电量	30	电量计算不正确每户扣5分		
5	异常处理	核对客户用电信息异常，发现问题填写工作票，明确描述问题	10	（1）未对异常进行判断扣10分 （2）确定异常但工作票表述不明确扣2分		
6	安全文明生产	安全项目。禁止违规操作，不损坏工器具，不发生安全生产事故 文明操作	5	（1）安全项目一票否决，危机安全问题直接判定考试不通过 （2）不能保持考场整洁扣5分		

2.2.3 CS4ZY0201 单一制自备变客户变损电费的计算

1. 作业

1）工器具、材料、设备

（1）工器具：红、黑或蓝签字笔，计算器。

（2）材料：试卷、电价表、变损表、答题纸以及草稿纸。

（3）设备：独立的书写桌椅。

2）安全要求

无。

3）操作步骤及工艺要求（含注意事项）

（1）根据给定条件，正确确定电量，正确运用变损表，依据电价政策准确计算变损电费。

《供用电营业规则》规定，当用电计量装置未安装在产权分界处时，线路和变压器损耗的有功电量和无功电量应由产权所有者负担。变压器损耗计收有参数法和查表法两种方式，查表法按照变压器容量、月用电量和生产班次确定变压器损耗。

变压器损耗电量按照有功损耗和无功损耗，分别进行分摊。

① 定量计量点不参与损耗分摊。

② 被转供户和转供户的损耗的分摊。若有分摊协议按协议进行分摊。若没有协议，则按照被转供户的抄见电量进行分摊，分摊给被转供户的损耗电量不参与转供户的电费结算。

③ 多个主表间分摊，按照每个表计的抄见电量比例分摊。

④ 居民生活电量只分摊损耗不计收电费。

变损电费只计目录电费，不计收附加费。

（2）公式正确，步骤清晰，过程完整，结果正确。

2. 考核

1）考核场地

（1）技能考场。

（2）独立的书写桌椅。

（3）设置评判桌和相应的计时器。

2）考核时间

（1）自准许始 20min。

（2）在时限内作业，不得超时。

3）考核要点

（1）正确确定电量，运用变损表查对变损电量。

（2）依据电价政策，正确列式，准确计算变损电费。

（3）步骤清晰，答题完整正确。

3. 评分标准

行业：电力工程　　　　　　　　　　工种：抄表核算收费员　　　　　　　　　　等级：四

编号	CS4ZY0201	行为领域	e	鉴定范围		
考核时限	20min	题型	B	满分	100 分	得分	
试题名称	单一制自备变客户变损电费的计算					
考核要点及其要求	(1) 正确确定电量，运用变损表查对变损电量 (2) 依据电价政策，正确列式，准确计算变损电费 (3) 步骤清晰，答题完整正确					
现场设备、工器具、材料	(1) 工器具：红、黑或蓝签字笔，计算器 (2) 材料：试卷、电价表、答题纸以及草稿纸 (3) 设备：独立的书写桌椅					
备注	上述栏目未尽事宜					

评分标准

序号	考核项目名称	质量要求	分值	扣分标准	扣分原因	得分
1	高供低计自备变户收取变损的依据	正确说明高供低计自备变户收取依据	10	未正确说明变损收取的依据扣10分		
2	正确计算抄见电量	正确计算抄见电量	10	未正确计算抄见电量每时段扣2分		
3	确定变损电量	正确运用变损表确定变损电量	20	未正确确定变损电量扣20分		
4	确定变损电量分时电量	正确确定该户当月变损分摊到各时段的电量	20	未正确确定分时电量每项扣7分，本项分数扣完为止		
5	计算变损的分时电费	正确计算变损电量的分时电费	30	未正确计算分时电费和总计电费，每项扣8分，本项分数扣完为止		
6	答题	正确完整答题	10	未能正确答出结果扣10分		

例题：某工业用户，受电容量 80kV·A 一台，高供低计，倍率 30，一班次生产。2017 年 7 月总、尖、峰、谷时段指针分别为 6625、1824、2123、3056，2017 年 8 月抄见指针总、尖、峰、谷分别为 7128、1857、2208、3242。请计算该户 8 月份变损电费。

解：该户应执行工商业及其他电价，因受电容量小于 100kV·A 故不执行尖峰电价，将尖段电量归为峰段计算。

则该户抄见电量＝(抄见止码－抄见起码)×倍率

＝(7128－6625)×30

＝15090（kW·h）

同理，该户尖段电量：(1857－1824)×30＝990（kW·h）

峰段电量：(2208－2123)×30＝2550（kW·h）

谷段电量：(3242－3056)×30＝5580（kW·h）

则平段电量：15090－990－2550－5580＝5970（kW·h）

应该户不执行尖峰电价，故峰段电量应为990＋2550＝3540（kW·h）

查表，该户本月发生15090kW·h电量应计变损有功电量590kW·h。

依据现行计算规则，变损电量按照抄见电量比例分摊。

峰段电量＝(抄见峰段电量/总抄见电量)×变损电量

＝(3540/15090)×590

＝138（kW·h）

谷段电量＝(抄见谷段电量/抄见总电量)×变损电量

＝(5580/15090)×590

＝218（kW·h）

则，变损平段电量＝总变损电量－峰段变损电量－谷段变损电量

＝590－138－218

＝234（kW·h）

查询电价表，各时段电量电费（根据河北省变损计算规则，变压器损耗只计目录电价不计附加，即电度电价扣除附加部分计费）分别计算：

峰段变损电量电费＝峰段电量×峰段目录电价［峰段目录电价0.9174－0.0274

＝0.89（元）］

＝138×0.89

＝122.82（元）

同理，谷段变损电费＝218×0.3814［谷段目录电价0.4088－0.0274＝0.3814（元）］

＝83.15（元）

平段变损电费＝234×0.6357［平段目录电价0.6631－0.0274＝0.6357（元）］

＝148.75（元）

合计：122.82＋83.15＋148.75＝354.72（元）

答：该户8月份变损电费应为354.72元。

2.2.4 CS4ZY0202 单一制（带定量子表）客户的电费计算

1. 作业

1）工器具、材料、设备

（1）工器具：红、黑或蓝色签字笔，计算器。

（2）材料：试卷、电价表、变损表、答题纸以及草稿纸。

（3）设备：独立的书写桌椅。

2）安全要求

无。

3）操作步骤及工艺要求（含注意事项）

（1）根据给定条件，正确确定各类用电，准确计算电费。

定量计量点可作为主表的子表计算电费，也可以作为无表用户计收电费。定量值按照用电负荷和用电时间确定，需每年复核一次。定量值以月为单位确定电量，若进行分次计算或发生用电变更时定量值按使用天数计算。

定量电量不分摊损耗电量。

（2）步骤清晰、过程完整、结果正确。

2. 考核

1）考核场地

（1）技能考场。

（2）独立的书写桌椅。

（3）设置评判桌和相应的计时器 。

2）考核时间

（1）自准许始 20min。

（2）在时限内作业，不得超时。

3）考核要点

（1）正确运用定量子表电量计算规则确定各类电量，依照电价政策计算电费。

（2）列式计算，步骤清晰。

（3）答题完整正确。

3. 评分标准

行业：电力工程　　　　**工种：抄表核算收费员**　　　　**等级：四**

编号	CS4ZY0202	行为领域	e	鉴定范围			
考核时限	20	题型	A	满分	100 分	得分	
试题名称	单一制（带定量子表）客户的电费计算						
考核要点及其要求	（1）正确运用定量子表电量计算规则确定各类电量，依照电价政策计算电费 （2）列式计算，步骤清晰 （3）答题完整正确						

续表

现场设备、工器具、材料	(1) 工器具：红、黑或蓝色签字笔，计算器 (2) 材料：试卷、电价表、答题纸以及草稿纸 (3) 设备：独立的书写桌椅					
备注	上述栏目未尽事宜					
评分标准						
序号	考核项目名称	质量要求	分值	扣分标准	扣分原因	得分
1	正确计算抄见电量	正确计算抄见电量	18	未正确计算抄见电量每项扣3分		
2	确定定量子表各时段电量	正确确定定量子表各时段分摊电量	12	未正确确定每项电量扣3分		
3	确定工商业各时段电量	正确确定各时段电量	12	未正确确定分时电量每项扣3分		
4	计算工商业电费	正确计算工商业各时段电费和合计电费	30	未为正确计算分时电费和总计电费，每项扣8分，本项分数扣完为止		
5	计算定量电费	正确计算定量电费	8	为正确计算该项电费扣8分		
5	合计电费	正确统计合计电费	10	合计结果不正确扣10分		
6	答题	正确完整答题	10	未能正确答出结果扣10分		

例题：某工业用户，受电容量80kV·A一台，高供高计，倍率100。2017年8月总、尖、峰、谷时段指针分别为6625、1824、2123、3056，2017年9月抄见指针总、尖、峰、谷分别为6744、1833、2149、3112。其有定量子表每月提居民（合表，不执行分时）电量2000kW·h，请计算该户9月份电费。

解：该户总表扣减定量后电量应执行一般工商业及其他电价，因受电容量小于100kV·A故不执行尖峰电价，将尖段电量归为峰段计算。

则该户抄见电量＝(抄见止码－抄见起码)×倍率

＝(6744－6625)×100

＝11900（kW·h）

同理，该户尖段电量：(1833－1824)×100＝900（kW·h）

峰段电量：(2149－2123)×100＝2600（kW·h）

谷段电量：(3112－3056)×100＝5600（kW·h）

则平段电量：11900－900－2600－5600＝2800（kW·h）

因该户不执行尖峰电价，故峰段电量应为900＋2600＝3500（kW·h）

依据现行计算规则，子表定量电量按照抄见电量比例分摊。

峰段应摊电量=(抄见峰段电量/总抄见电量)×子表定量电量

=(3500/11900)×2000

=588（kW·h）

谷段应摊电量=(抄见谷段电量/抄见总电量)×子表定量电量

=(5600/11900)×2000

=941（kW·h）

则，平段应摊电量=子表定量电量－峰段分摊电量－谷段分摊电量

=2000－588－941

=471（kW·h）

因此，工商业及其他电量：

峰段电量=抄见峰段电量－定量分摊峰段电量

=3500－588

=2912（kW·h）

谷段电量=抄见谷段电量－定量分摊谷段电量

=5600－941

=4659（kW·h）

平段电量=抄见平段电量－定量分摊平段电量

=2800－471

=2329（kW·h）

各时段电量电费分别计算：

峰段电量电费=峰段电量×峰段电价

=2912×0.9174

=2671.47（元）

同理，谷段电费=4659×0.4088

=1904.60（元）

平段电费=2329×0.6631

=1544.36（元）

则工商业及其他电费：2671.47+1904.60+1544.36=6120.43（元）

定量子表电费：2000×0.4862=972.40（元）

合计：6120.43+972.40=7092.83（元）

答：该户9月份电费应为7092.83元。

2.2.5　CS4ZY0203　单一制（带定比子表）客户的电费计算

1. 作业

1）工器具、材料、设备

（1）工器具：红、黑或蓝色签字笔，计算器。

（2）材料：试卷、电价表、变损表、答题纸以及草稿纸。

（3）设备：独立的书写桌椅。

2）安全要求

无。

3）操作步骤及工艺要求（含注意事项）

（1）根据给定条件，依照计量规则正确确定各类用电电量，依照电价政策准确计算电费。

定比计量点必须有上级计量点作为计费主计量点电能表。定比值大于 0 且小于 1。计算定比电量要明确定比的计算顺序，确定定比子表是在主表下还是主表和其他子表之后提定比。

定比电量＝上级抄见电量×定比值

损耗电量在各类电量确定之后比例分摊。

（2）公式正确，步骤清晰，过程完整，结果正确。

2. 考核

1）考核场地

（1）技能考场。

（2）独立的书写桌椅。

（3）设置评判桌和相应的计时器。

2）考核时间

（1）自准许始 20min。

（2）在时限内作业，不得超时。

3）考核要点

（1）正确运用定比子表电量计算规则，确定各类电量。

（2）准确计算电费。

（3）列式计算，步骤清晰。

（4）答题完整正确。

3. 评分标准

行业：电力工程　　　　**工种：抄表核算收费员**　　　　**等级：四**

编号	CS4ZY0203	行为领域	e	鉴定范围			
考核时限	20min	题型	A	满分	100 分	得分	
试题名称	单一制（带定比子表）客户的电费计算						
考核要点及其要求	1）正确运用定比子表电量计算规则，确定各类电量 2）准确计算电费 3）列式计算，步骤清晰 4）答题完整正确						

续表

现场设备、工器具、材料	(1) 工器具：红、黑色或蓝签字笔，计算器 (2) 材料：试卷、电价表、答题纸以及草稿纸 (2) 设备：独立的书写桌椅
备注	上述栏目未尽事宜

评分标准

序号	考核项目名称	质量要求	分值	扣分标准	扣分原因	得分
1	正确计算抄见电量	正确计算抄见电量	18	抄见电量计算不正确，每项扣3分		
2	确定定比子表各时段电量	正确确定定比子表各时段电量	12	未正确确定每项电量扣3分		
3	确定工商业各时段电量	正确确定电量	12	未正确确定分时电量每项扣3分		
4	计算工商业电费	正确计算工商业各时段电费和合计电费	30	未为正确计算分时电费和总计电费，每项扣8分，本项分数扣完为止		
5	计算定比电费	正确计算定比电费	8	为正确计算该项电费扣8分		
5	合计电费	正确统计合计电费	10	合计结果不正确扣10分		
6	答题	正确完整答题	10	未能正确答出结果扣10分		

例题：某工业用户，受电容量80kV·A一台，高供高计，倍率100。2017年10月总、尖、峰、谷时段指针分别为6625、1824、2123、3056，2017年11月抄见指针总、尖、峰、谷分别为6744、1833、2149、3112。其有定比子表每月提总电量10%为居民（合表，不执行分时）电量，请计算该户11月份电费。

解：该户总表扣减定比后电量应执行一般工商业及其他电价，因受电容量小于100kV·A故不执行尖峰电价，将尖段电量归为峰段计算。

则该户抄见电量＝(抄见止码－抄见起码)×倍率

＝(6744－6625)×100

＝11900（kW·h）

同理，该户尖段电量：(1833－1824)×100＝900（kW·h）

峰段电量：(2149－2123)×100＝2600（kW·h）

谷段电量：(3112－3056)×100＝5600（kW·h）

则平段电量：11900－900－2600－5600＝2800（kW·h）

因该户不执行尖峰电价，故峰段电量应为900＋2600＝3500（kW·h）

依据现行计算规则，子表定比电量按照抄见电量比例分摊。

子表应摊总电量＝抄见总电量×子表定比值

＝11900×10％

＝1190（kW·h）

峰段应摊电量＝抄见峰段电量×子表定比值

＝3500×10％

＝350（kW·h）

谷段应摊电量＝抄见谷段电量×子表定比值

＝5600×10％

＝560（kW·h）

则，平段应摊电量＝子表定比电量－峰段分摊电量－谷段分摊电量

＝1190－350－560

＝280（kW·h）

因此，工商业及其他电量：

峰段电量＝抄见峰段电量－定比分摊峰段电量

＝3500－350

＝3150（kW·h）

谷段电量＝抄见谷段电量－定比分摊谷段电量

＝5600－560

＝5040（kW·h）

平段电量＝抄见平段电量－定比分摊平段电量

＝2800－280

＝2520（kW·h）

各时段电量电费分别计算：

峰段电量电费＝峰段电量×峰段电价

＝3150×0.9174

＝2889.81（元）

同理，谷段电费＝5040×0.4088

＝2060.35（元）

平段电费＝2520×0.6631

＝1671.01（元）

则工商业及其他电费：2889.81＋2060.35＋1671.01＝6621.17（元）

定比子表电费：1190×0.4862＝578.58（元）

合计：6621.17＋578.58＝7199.75（元）

答：该户 11 月份电费应为 7199.75 元。

2.2.6 CS4ZY0204 基本电费（备用）的计算

1. 作业

1）工器具、材料、设备

（1）工器具：红、黑或蓝签字笔，计算器。

（2）材料：试卷、电价表、答题纸以及草稿纸。

（3）设备：独立的书写桌椅。

2）安全要求

无。

3）操作步骤及工艺要求（含注意事项）

（1）根据给定条件，正确运用《供电营业规则》和河北省物价局冀价管（2016）180文件的规定，准确基本电费。

（2）步骤清晰，过程完整，结果正确。

2. 考核

1）考核场地

（1）技能考场。

（2）独立的书写桌椅。

（3）设置评判桌和相应的计时器 。

2）考核时间

（1）自准许始 20min。

（2）在时限内作业，不得超时。

3）考核要点

（1）正确运用《供电营业规则》和河北省物价局冀价管（2016）180 文件的规定。

（2）列式计算，步骤清晰，准确计算基本电费。

（3）答题规范，单位正确。

3. 评分标准

行业：电力工程　　　　工种：抄表核算收费员　　　　等级：四

编号	CS4ZY0204	行为领域	e	鉴定范围			
考核时限	20min	题型	A	满分	100 分	得分	
试题名称	基本电费（备用）的计算						
考核要点及其要求	（1）正确运用《供电营业规则》和河北省物价局冀价管（2016）180 文件的规定 （2）列式计算，步骤清晰，准确计算基本电费 （3）答题规范，单位正确						
现场设备、工器具、材料	（1）工器具：红、黑或蓝色签字笔，计算器 （2）材料：试卷、电价表、答题纸以及草稿纸 （3）设备：独立的书写桌椅						
备注	上述栏目未尽事宜						

续表

评分标准						
序号	考核项目名称	质量要求	分值	扣分标准	扣分原因	得分
1	基计费依据	明确《供电营业规则》基本电费相关政策	30	未明确基本电费相关政策扣30分		
2	计算基本电费	正确计算基本电费	60	(1) 参与计算基本电费容量确定不正确扣30分 (2) 列式不正确计算基本电费扣20分 (2) 结果不正确扣10分		
3	规范答题	规范答题，单位正确	10	未正确答出结果扣10分		

例题：某工业用户，受电容量200kV·A设备有5台，其中2台处运行状态，1台处热备用状态，另2台处冷备用状态，冷备用状态受电设备已被供电公司加封，请计算该户基本电费。

解：根据《供电营业规则》规定：对备用的变压器（含高压电机），属于冷备状态并经供电企业加封的，不收取基本电费。属于热备状态或未加封的，不论使用与否都计收基本电费。

故，依题意，该户两台冷备状态的受电设备不收取基本费。另3台受电设备应收取基本电费。现行电价为23.3元/（kV·A·月）。

则，本月基本电费计费容量：

200×3=600（kV·A）

本月基本电费为：

600×23.3=13980（元）

答：该户基本电费电费应为13980元。

2.2.7 CS4ZY0205 基本电费（停用设备未按计划复电）的计算

1. 作业

1）工器具、材料、设备

（1）工器具：红、黑或蓝签字笔，计算器。

（2）材料：试卷、电价表、答题纸以及草稿纸。

（3）设备：独立的书写桌椅。

2）安全要求

无。

3）操作步骤及工艺要求（含注意事项）

（1）根据给定条件，正确运用《供电营业规则》和河北省物价局冀价管（2016）180文件的规定，准确基本电费。

（2）步骤清晰，过程完整，结果正确。

2. 考核

1）考核场地

（1）技能考场。

（2）独立的书写桌椅。

（3）设置评判桌和相应的计时器。

2）考核时间

（1）自准许始20min。

（2）在时限内作业，不得超时。

3）考核要点

（1）正确运用《供电营业规则》和河北省物价局冀价管（2016）180文件的规定。

（2）列式计算，步骤清晰，准确计算基本电费。

（3）答题完整正确。

3. 评分标准

行业：电力工程　　　　工种：抄表核算收费员　　　　等级：四

编号	CS4ZY0205	行为领域	e	鉴定范围		
考核时限	20min	题型	A	满分	100分	得分	
试题名称	基本电费（停用设备未按计划复电）的计算						
考核要点及其要求	（1）正确运用《供电营业规则》和河北省物价局冀价管（2016）180文件的规定 （2）列式计算，步骤清晰，准确计算基本电费 （3）答题完整正确。						
现场设备、工器具、材料	（1）工器具：红、黑或蓝色签字笔，计算器 （2）材料：试卷、电价表、答题纸以及草稿纸 （3）设备：独立的书写桌椅						
备注	上述栏目未尽事宜						

续表

评分标准						
序号	考核项目名称	质量要求	分值	扣分标准	扣分原因	得分
1	确定变更容量	正确确定变更容量	10	未正确确定变更容量每台扣5分		
2	确定变更时间	正确确定变更时间	20	未正确确定变更天数每台扣10分		
3	确定折合容量	准确计算折合容量	40	未正确确定折合容量每台扣20分		
4	确定基本电费容量	正确确定该户当月基本电费	10	未正确确定该户本月基本电量扣10分		
5	计算基本电费	正确计算基本电费	10	计算错误扣10分		
5	答题	正确完整答题	10	未能正确答出结果扣10分		

例题：某工业用户，运行315kV·A设备一台，运行250kV·A设备一台，停用200kV·A设备一台，计划恢复用电日期为2017年5月21日，但客户并未办理复电手续。约定按容量计收基本电费。请计算该户5月份基本电费。

解：根据现行政策和SG186计费规则，逾期未办理复电手续的设备按逾期之日复电运行计算基本电费，因此该户停用的200kV·A变压器应于2017年5月21日起计收基本电费。

其中200kV·A变压器变更时间31－20＝11（天），即停用20天，使用11天。

故折算容量为：

200×11÷30＝73.33（kV·A）

则，该户5月份基费容量：315＋250＋73.33＝638.33（kV·A）

基本电费：638.33×23.3＝14873.09（元）

答：该户5月份基本电费为14873.09元。

2.2.8 CS4ZY0206 基本电费（暂停）的计算

1. 作业

1）工器具、材料、设备

（1）工器具：红、黑或蓝签字笔，计算器。

（2）材料：试卷、电价表、答题纸以及草稿纸。

（3）设备：独立的书写桌椅。

2）安全要求

无。

3）操作步骤及工艺要求（含注意事项）

（1）根据给定条件，正确运用《供电营业规则》和河北省物价局冀价管（2016）180文件的规定，准确基本电费。

（2）公式正确，步骤清晰，结果正确，答题完整。

2. 考核

1）考核场地

（1）技能考场。

（2）独立的书写桌椅。

（3）设置评判桌和相应的计时器

2）考核时间

（1）自准许始 20min。

（2）在时限内作业，不得超时。

3）考核要点

（1）正确运用《供电营业规则》和河北省物价局冀价管（2016）180文件的规定。

（2）列式计算，步骤清晰，准确计算基本电费。

（3）答题规范，单位正确。

3. 评分标准

行业：电力工程 **工种：抄表核算收费员** **等级：四**

编号	CS4ZY0206	行为领域	e	鉴定范围			
考核时限	20min	题型	A	满分	100分	得分	
试题名称	基本电费（暂停）的计算						
考核要点及其要求	（1）正确运用《供电营业规则》和河北省物价局冀价管（2016）180文件的规定 （2）列式计算，步骤清晰，准确计算基本电费 （3）答题规范，单位正确						
现场设备、工器具、材料	（1）工器具：红、黑或蓝色签字笔，计算器 （2）材料：试卷、电价表、答题纸以及草稿纸 （3）设备：独立的书写桌椅						
备注	上述栏目未尽事宜						

续表

评分标准						
序号	考核项目名称	质量要求	分值	扣分标准	扣分原因	得分
1	计算基本电费依据	明确《供电营业规则》和河北省物价局冀价管（2016）180文件的相关规定	30	未明确本题相关政策扣30分		
2	计算基本电费	正确计算基本电费	60	未正确确定受电设备运行天数扣20分 计费电量确定错误扣20分 计算基本电费错误扣20分		
3	规范答题	规范答题，单位正确	10	未答出正确结果扣10分		

例题：某工业用户，受电容量运行200kV·A设备2台，其中1台于3月15日暂停，请计算该户3月份基本电费。

解：根据《供电营业规则》规定：业务变更的按实际使用天数计收基本电费，且该户办理暂停后仅有200kV·A运行，根据河北省物价局冀价管（2016）180文件的规定不再符合两部制电价，不应再计收基本电费。

故依题意，两部制计费天数为14天，即

$$\text{基本电费计费容量}=\frac{\text{计费容量}}{30}\times\text{使用天数}$$

$$=\frac{400}{30}\times 14$$

$$=186.67\ (\text{kV}\cdot\text{A})$$

该户基本电费=计费容量×基费单价

=186.67×23.3

=4349.41（元）

答：该户3月份基本电费电费应为4349.41元。

2.2.9 CS4ZY0207 功率因数调整费的电费计算

1. 作业

1）工器具、材料、设备

（1）工器具：红、黑或蓝色签字笔，计算器。

（2）材料：试卷、电价表、功率因数表、变损表、答题纸以及草稿纸。

（3）设备：独立的书写桌椅。

2）安全要求

无。

3）操作步骤及工艺要求（含注意事项）

（1）根据给定条件，电量计算符合计算电量规则，电价选取符合电价政策，电费计算公式正确，正确运用功率因数表，准确计算电费。

（2）步骤清晰，过程完整，结果正确。

2. 考核

1）考核场地

（1）技能考场。

（2）独立的书写桌椅。

（3）设置评判桌和相应的计时器。

2）考核时间

（1）自准许始 20min。

（2）在时限内作业，不得超时。

3）考核要点

（1）正确计算电量。

（2）正确确定功率因数和力调系数。

（3）列式计算，步骤清晰，准确计算电费。

（4）答题完整正确

3. 评分标准

行业：电力工程　　　　工种：抄表核算收费员　　　　等级：四

编号	CS4ZY0207	行为领域	e	鉴定范围		
考核时限	20min	题型	A	满分	100 分	得分	
试题名称	功率因数调整费的电费计算						
考核要点及其要求	（1）正确计算电量 （2）正确确定功率因数和力调系数 （3）列式计算，步骤清晰，准确计算电费 （4）答题完整正确						
现场设备、工器具、材料	（1）工器具：红、黑或蓝色签字笔，计算器 （2）材料：试卷、电价表、答题纸以及草稿纸 （3）设备：独立的书写桌椅						

续表

备注	上述栏目未尽事宜					
评分标准						
序号	考核项目名称	质量要求	分值	扣分标准	扣分原因	得分
1	正确计算抄见电量	正确计算抄见电量	10	未正确计算抄见电量一项扣5分		
2	确定功率因数	正确确定力调系数	20	功率因数计算错误扣10分 力调系数确定错误扣10分		
3	计算电量电费	正确确定电量电费和附加费	20	未正确确定电量电费每项扣3分，本项分数扣完为止		
4	计算力调电费	正确计算参与力调的电费和力调电费	30	（1）未为正确计算参与力调的电费扣15分 （2）未正确计算力调电费扣15分		
5	合计电费	正确统计合计电费	10	合计结果不正确扣10分		
6	答题	正确完整答题	10	未能正确答出结果扣10分		

例题：某商业用户（约定不执行分时），受电容量200kV·A设备一台，高供高计，倍率100。2017年8月有功总指针为6625，无功总指针1824，2017年9月抄见有功总指针为6744，无功总指针1890，请计算该户9月份电费。

解：该户应执行一般工商业及其他电价。

则该户抄见有功电量＝(抄见止码－抄见起码)×倍率

＝(6744－6625)×100

＝11900（kW·h）

同理，该户抄见无功电量＝(1890－1824)×100＝6600（kvar·h）

计算该户本月功率因数为0.87，查表确定其本月力调系数为－0.002

该户本月电度电费＝抄见电量×电度电价

＝11900×0.6631

＝7890.89（元）

因参与力调的金额应为目录电价，故应扣除其附加费，

即其中国家重大水利工程建设基金0.53分/（kW·h）；大中型水库移民后期扶持资金0.26分/（kW·h）；地方水库移民后期扶持资金0.05分/（kW·h）；可再生能源电价附加1.9分/（kW·h），

计：0.53＋0.26＋0.05＋1.9＝2.74分/（kW·h）。即0.0274元/（kW·h）

则，本月发生电量应计附加11900×0.0274＝326.06（元）

则参与力调的金额为：7890.89－326.06＝7564.83（元）

故力调费＝参与力调金额×力调系数

=7564.83×（－0.002）

=－15.13（元）

则该户本月电费=电度电费＋力调费

=7890.89－15.13

=7875.76（元）

答：该户 9 月份电费应为 7875.76 元。

2.2.10　CS4ZY0301　收费和日解款交接报表的制作

1. 作业

1）工器具、材料、设备

（1）工器具：红、黑或蓝色签字笔，计算器。

（2）材料：试卷、工作证件。

（3）设备：可运行 SG186 营销业务模拟系统的计算机、验钞机。

2）安全要求

无。

3）操作步骤及工艺要求（含注意事项）

（1）按照要求的工号密码登陆 SG186 营销业务模拟系统。

（2）按照试题要求，在模拟系统内分别以现金、支票方式收取客户电费。收取现金时，应当面点清并验明真伪。收取支票时，应仔细检查票面金额、日期及印鉴等是否清晰正确。

（3）制作日解款交接报表，电费收取应做到日清日结，收费人员每日将现金交款单、银行进账单、当日电费汇总表交电费账务人员。

（4）操作正确，语言文明，桌面整洁。

2. 考核

1）考核场地

（1）技能考场。

（2）独立的书写桌椅。

（3）设置评判桌和相应的计时器。

2）考核时间

（1）自准许始 20min。

（2）在时限内作业，不得超时。

3）考核要点

（1）正确登陆 SG186 营销业务模拟系统。

（2）正确以现金、支票方式收取电费。收取现金时，应当面点清并验明真伪。收取支票时，应仔细检查票面金额、日期及印鉴等是否清晰正确。

（3）正确制作日解款交接报表。

（4）操作正确，语言文明，桌面整洁。

3. 评分标准

行业：电力工程　　**工种：抄表核算收费员**　　**等级：五**

编号	CS5ZY0301	行为领域	e	鉴定范围			
考核时限	20min	题型	B	满分	100 分	得分	
试题名称	收费和日解款交接报表的制作						

续表

考核要点及其要求	(1) 正确登陆 SG186 营销业务模拟系统 (2) 正确以现金、支票方式收取电费。收取现金时，应当面点清并验明真伪。收取支票时，应仔细检查票面金额、日期及印鉴等是否清晰正确 (3) 正确制作日解款交接报表 (4) 操作正确，语言文明，桌面整洁
现场设备、工器具、材料	(1) 工器具：红、黑或蓝色签字笔，计算器 (2) 材料：试卷、电价表、答题纸以及草稿纸 (3) 设备：独立的书写桌椅
备注	上述栏目未尽事宜

评分标准

序号	考核项目名称	质量要求	分值	扣分标准	扣分原因	得分
1	登陆 SG186 营销业务模拟系统	按照要求的工号密码登陆 SG186 营销业务模拟系统	10	不能正确登陆扣 10 分		
2	验钞	验明钞票真伪	10	未验钞扣 10 分		
3	现金方式收取电费	正确以现金方式收取两户电费	20	未成功收费一笔扣 10 分		
4	支票方式收取电费	正确以支票方式收取一户电费	20	未成功收费扣 20 分		
5	制作日解款交接报表	正确制作、复核，签字	40	(1) 未制作出报表不得分 (2) 报表金额不符扣 30 (3) 报表未签字扣 10 分		

题例：按指定工号密码登陆 SG186 营销业务模拟系统，收取 A 客户（户号××× 名称××× 地址××××）现金 100 元，收取 B 客户（户号×××× 名称×××× 地址××××）现金 50 元，收取 C 客户（户号×××× 名称×××× 地址××××）支票一张，并制作日解款交接报表。

附：

日解款交接报表

解款日期： 解款员工号：

解款员姓名： 共 页第 页

解款编号	缴费方式	结算方式	结算票据号码	解款金额	费用类别	解款银行	解款账号
		现金					
		列账单					
		POS 机刷卡					
合　计							
解款人员确认签字			日期		备注		
接收人员确认签字			日期		备注		

2.2.11 CS4XG0102 低压用户电能计量装置的选配

1. 作业

1）工器具、材料、设备

（1）工器具：红、黑或蓝色签字笔，计算器。

（2）材料：试卷、答题纸以及草稿纸。

（3）设备：独立的书写桌椅。

2）安全要求

无。

3）操作步骤及工艺要求（含注意事项）

（1）根据试题题意确定用户用电功率。

（2）计算用户负荷，列出公式 $I=\frac{P}{\sqrt{3}\cos\varphi}$ 并求值。

（3）选择电流互感器，写出公式 $I_{in}=\frac{I_f}{60\%}$，并求值。

（4）依据《电能计量装置技术管理规程》DL/T 448—2016 相关规定，按照客户负荷确定计量装置类别、计量装置准确度等级。

（5）选择电流互感器准确度、电压等级、变比、数量。

（6）选择电能表准确度等级、电压等级、电流量程、数量。

（7）公式正确，计算正确，配置合理，答题完整。

2. 考核

1）考核场地

（1）技能考场。

（2）独立的书写桌椅。

（3）设置评判桌和相应的计时器

2）考核时间

（1）自准许始 20min。

（2）在时限内作业，不得超时。

3）考核要点

（1）根据任务给定条件选择计量装置参数。

（2）列式计算，步骤清晰，保留两位有效数字，单位正确。

（3）按用户负荷确定计量装置类别，明确配置计量装置准确度等级要求。

（4）选择电流互感器准确度、电压等级、变比、数量。

（5）选择电能表准确度等级、电压等级、电流量程、数量。

（6）答题完整正确。

3. 评分标准

行业：电力工程　　　　　　　　工种：抄表核算收费员　　　　　　　　等级：四

编号	CS4XG0102	行为领域	f	鉴定范围			
考核时限	20min	题型	A	满分	100分	得分	
试题名称	低压用户电能计量装置的选配						
考核要点及其要求	(1) 根据任务给定条件选择计量装置参数 (2) 列式计算，步骤清晰，保留两位有效数字，单位正确 (3) 按用户负荷确定计量装置类别，明确配置计量装置准确度等级要求 (4) 选择电流互感器准确度、电压等级、变比、数量 (5) 选择电能表准确度等级、电压等级、电流量程、数量 (6) 答题完整正确						
现场设备、工器具、材料	(1) 工器具：红、黑或蓝色签字笔，计算器 (2) 材料：试卷、电价表、答题纸以及草稿纸 (3) 设备：独立的书写桌椅						
备注	上述栏目未尽事宜						

评分标准

序号	考核项目名称	质量要求	分值	扣分标准	扣分原因	得分
1	计算用户容量	列出算式并计算	10	(1) 容量列式不正确扣5分 (2) 单位不正确扣2分 (3) 结果不正确扣3分		
2	计算电流	列出公式并计算	10	(1) 公式不正确本项不得分 (2) 结果不正确扣5分		
3	选择电流互感器变比	写出公式并计算	15	(1) 公式不正确本项不得分 (2) 结果不正确扣5分		
4	确定计量装置准确度	正确确定计量装置准确度	15	(1) 未正确确定计量装置类别扣5分 (2) 未选择电流互感器准确度等级扣5分 (3) 未选择有功电能表准确度扣5分		
5	选择电流互感器参数及数量	正确选择电流互感器参数、数量	20	(1) 未正确确定准确度扣5分 (2) 未正确确定电压等级扣5分 (3) 未正确确定电流等级扣5分 (4) 未正确确定数量扣5分		
6	选择电能表参数	正确选择电能表	20	(1) 未正确选定准确度扣5分 (2) 未正确选定电压等级扣5分 (3) 未正确选定电流量程扣5分 (4) 未正确选定电能表类别扣5分		
7	答题	答题正确完整	10	未能完整正确答出结果扣5分		

例题：某加工厂装有设备车床 3 台，每台铭牌容量 10kW，升降台一具，铭牌容量 7.5kW，综合功率因数 0.85，试根据条件选配计量装置。

解：根据题意，

（1）该户用电容量＝10×3＋7.5＝37.5（kW）

（2）计算电流 $I=\frac{P}{\sqrt{3}U\cos\varphi}=\frac{37.5}{\sqrt{3}\times 0.38\times 0.85}$＝67.03（A）。依据《电能计量装置技术管理规程》相关规定可选用低压供电，采用经电流互感器接入式电能表的接线方式。

（3）选择电流互感器电流比 $I_{in}=\frac{I_f}{60\%}$＝111.71A，故应选用户 100/5 或 75/5 电流互感器。

（4）根据《电能计量装置技术管理规程》和该户负荷情况，此户为Ⅳ类客户，应配置准确度 1.0 级、电流量程 1.5（6）A、电压等级 220/380V×3 的三相四线有功电能表一只。应配置准确度 0.5S 级、变比 100/5 或 75/5 低压电流互感器 3 只。

答：根据该户负荷情况，此户为Ⅳ类计量装置客户，应配置准确度 1.0 级、电流量程 1.5（6）A、电压等级 220/380V×3 的三相四线有功电能表一只。应配置准确度 0.5S 级、变比 100/5 或 75/5 低压电流互感器 3 只。

第三部分　高　级　工

1 理论试题

1.1 单选题

La3A1001 《居民用户家用电器损坏处理办法》对电光源类家用电器使用寿命有(　　)规定。

(A) 电光源类使用寿命为2年　　(B) 电光源类使用寿命为5年

(C) 电光源类使用寿命为10年　　(D) 电光源类使用寿命为12年

答案：A

La3A1002 供电频率质量以(　　)来衡量。

(A) 用户受电的电压变动幅度　　(B) 供电企业对用户停电的时间

(C) 允许波动的偏差　　(D) 供电企业对用户停电的次数

答案：C

La3A1003 供用电合同中(　　)。

(A) 可以约定用电人不得窃电　　(B) 不可以约定用电人不得窃电

(C) 可以约定用电人窃电由电力企业处理　　(D) 几个表述都不对

答案：B

La3A1004 根据《供电营业规则》，用户的无功电力应(　　)。

(A) 就地平衡　　(B) 分组补偿　　(C) 集中补偿　　(D) 集中平衡

答案：A

La3A1005 供电可靠性以供电企业对(　　)来衡量。

(A) 用户受电的电压变动幅度　　(B) 用户停电的时间及次数

(C) 允许波动的偏差　　(D) 电力网灵活、可靠的运行

答案：B

La3A1006 保护中性线应选用(　　)绝缘导线。

(A) 红绿双色　　(B) 黄绿双色

(C) 淡蓝色　　(D) 黑色

答案：B

La3A1007　《电力供应与使用条例》是根据(　　)制定的。

(A)《中华人民共和国电力法》　　(B)《合同法》

(C)《供电营业规则》　　(D)《电网调度条例》

答案：A

La3A1008　三相电动势的相序为U—V—W，称为(　　)。

(A) 负序　　(B) 正序　　(C) 零序　　(D) 反序

答案：B

La3A1009　正序的顺序是(　　)。

(A) U、V、W　　(B) V、U、W

(C) U、W、V　　(D) W、V、U

答案：A

La3A2010　按照《居民用户家用电器损坏处理办法》的说明，电冰箱使用年限为(　　)。

(A) 2年　　(B) 5年

(C) 10年　　(D) 12年

答案：D

La3A2011　相序是电压或电流三相相位的顺序，通常习惯A相用(　　)表示。

(A) 黄　　(B) 红　　(C) 蓝　　(D) 绿

答案：A

La3A2012　导电性能介于导体和绝缘体之间的物质如硅(Si)、锗(Ge)等称为(　　)。

(A) 固体　　(B) 绝缘体　　(C) 导体　　(D) 半导体

答案：D

La3A2013　白炽灯、调光灯的使用寿命为(　　)年。

(A) 4　　(B) 3　　(C) 5　　(D) 2

答案：D

La3A2014　用户连续(　　)个月不用电也不办理暂停手续，供电企业须以销户终止其用电。

(A) 1　　(B) 3　　(C) 6　　(D) 9

答案：C

La3A2015 在电力系统正常状况下，供电企业供到用户受电端的供电电压允许偏差为：380V 三相供电的，为额定值的(　　)。

(A) ±5%　　(B) ±10%　　(C) ±7%　　(D) +7%，-10%

答案：C

La3A2016 用户暂拆，应持有关证明向供电企业提出申请暂拆时间，最长不得超过(　　)，暂拆期间供电企业保留该用户原容量的使用权。

(A) 三个月　　(B) 六个月　　(C) 一年　　(D) 两年

答案：B

La3A2017 “供用电合同”是供电企业与用户之间就电力供应与使用等问题经过协商建立供用电关系的一种(　　)。

(A) 协议　　(B) 方法　　(C) 责任　　(D) 内容

答案：A

La3A2018 相序是电压或电流三相相位的顺序，通常习惯 C 相用(　　)表示。

(A) 黄　　(B) 红　　(C) 蓝　　(D) 绿

答案：B

La3A2019 节约用电是指根据国家有关规定和标准采用新技术、新设备、新材料降低电力消耗的一项(　　)。

(A) 规章制度　　(B) 纪律制度　　(C) 法律制度　　(D) 设备管理措施

答案：C

La3A2020 相序是电压或电流三相相位的顺序，通常习惯 B 相用(　　)表示。

(A) 黄　　(B) 红　　(C) 蓝　　(D) 绿

答案：D

La3A2021 《居民用户家用电器损坏处理办法》对电子类家用电器使用寿命有(　　)规定。

(A) 电子类使用寿命为 5 年　　(B) 电子类使用寿命为 10 年
(C) 电子类使用寿命为 12 年　　(D) 电子类使用寿命为 15 年

答案：B

La3A2022 《供电营业规则》规定：供电企业对已受理的用电申请，应尽速确定供电方案，低压电力用户最长不超过(　　)正式书面通知用户。

(A) 5 天　　(B) 7 天　　(C) 10 天　　(D) 15 天

答案：C

La3A2023　N型半导体中，电子数目多于空穴数目，其导电能力主要由电子决定，所以称为(　　)型半导体。

(A) 空穴　　(B) 电子　　(C) 光敏　　(D) 热敏

答案：B

La3A2024　*RLC* 串联电路中，如把 L 增大一倍，C 减少到原有电容的1/4，则该电路的谐振频率变为原频率 f 的(　　)。

(A) 1/2 倍　　(B) 2 倍　　(C) 4 倍　　(D) 1/4 倍

答案：D

La3A2025　当电容器 C_1、C_2、C_3 串联时，等效电容为(　　)。

(A) $C_1+C_2+C_3$　　(B) $1/C_1+1/C_2+1/C_3$

(C) $1/(1/C_1+1/C_2+1/C_3)$　　(D) $1/(C_1+C_2+C_3)$

答案：C

La3A2026　电视机、充电器的使用寿命为(　　)年。

(A) 10　　(B) 8　　(C) 5　　(D) 6

答案：A

La3A2027　相序的定义是指三相电压或电流(　　)的顺序，通常习惯用A（黄）—B（绿）—C（红）表示。

(A) 电位　　(B) 相位　　(C) 功率　　(D) 接线

答案：B

La3A2028　按照《居民用户家用电器损坏处理办法》的说明，电风扇使用年限为(　　)。

(A) 2 年　　(B) 5 年　　(C) 10 年　　(D) 12 年

答案：D

La3A2029　用电负荷是指用户电气设备在某一时刻向电力系统取用的(　　)的总和。

(A) 电流　　(B) 电功率　　(C) 视在功率　　(D) 电能

答案：B

La3A2030　根据欧姆定律，导体中电流 I 的大小(　　)。

(A) 与加在导体两端的电压 U 成反比，与导体的电阻 R 成反比

(B) 与加在导体两端的电压 U 成正比，与导体的电阻 R 成正比

(C) 与加在导体两端的电压 U 成正比，与导体的电阻 R 成反比

(D) 与加在导体两端的电压 U 成反比，与导体的电阻 R 成正比

答案：C

La3A2031 软盘或硬盘上的信息常常是按(　　)形式存储的。

(A) 拷贝　(B) 文件　(C) 命令　(D) 磁盘

答案：B

La3A2032 《居民用户家用电器损坏处理办法》规定对不可修复的家用电器，其购置时间在(　　)个月及以内的，按原购货发票价，供电企业全额予以赔偿。

(A) 3　(B) 6　(C) 9　(D) 12

答案：B

La3A2033 供电企业与电力用户一般应签订“供用电合同”，明确双方的权利、义务和(　　)。

(A) 利益　(B) 经济责任　(C) 要求　(D) 制度

答案：B

La3A2034 产权分界点是指供电企业和(　　)的电气设备连接处。

(A) 发电厂　(B) 变电所　(C) 开闭站　(D) 用户

答案：D

La3A2035 电力生产与电网运行应当遵循(　　)的原则。

(A) 自主经营、自负盈亏　(B) 安全、优质、经济

(C) 风险共担、利益共享　(D) 诚实守信、秉公办事

答案：B

La3A2036 电力系统的供电负荷，是指(　　)。

(A) 综合用电负荷加各发电厂的厂用电

(B) 各工业部门消耗的功率与农业交通运输和市政生活消耗的功率和

(C) 综合用电负荷加网络中损耗的功率之和

(D) 综合用电负荷加网络损耗率和厂用电之和

答案：C

La3A2037 电力系统的主网络是(　　)。

(A) 配电网　(B) 输电网　(C) 发电厂　(D) 微波网

答案：B

La3A2038 电阻和电感串联的单相交流电路中，用(　　)表示电阻、电感及阻抗之间的关系。

(A) 电压三角形　(B) 功率三角形　(C) 阻抗三角形　(D) 电流三角形

答案：C

La3A2039 电阻和电感串联的单相交流电路中的无功功率计算公式是（ ）。

(A) $P=UI$ (B) $P=UI\cos\varphi$ (C) $Q=UI\sin\varphi$ (D) $P=S sin\varphi$

答案：C

La3A2040 电阻和电容串联的单相交流电路中的有功功率计算公式是（ ）。

(A) $P=UI$ (B) $P=UI\cos\varphi$ (C) $P=UI\sin\varphi$ (D) $P=S\sin\varphi$

答案：B

La3A2041 变压器容量在（ ）及以上的用户实行功率因数调整电费。

(A) 2000kV·A (B) 315kV·A (C) 100kV·A (D) 50kV·A

答案：C

La3A2042 在三相四线制动力供电线路中，负荷采用星形联结，交流电频率为50Hz，线电压为380V，则（ ）。

(A) 线电压为相电压的1.732倍 (B) 线电压的最大值为380V

(C) 相电压的瞬时值为220V (D) 交流电的周期为0.62s

答案：A

La3A3043 单相半波整流电路的特点有（ ）。

(A) 接线简单，使用的整流元件少，输出的电压低、脉动大，效率低

(B) 接线简单，使用的整流元件少，输出的电压高、脉动小，效率高

(C) 接线复杂，使用的整流元件多，输出的电压高、脉动小，效率高

(D) 接线复杂，使用的整流元件多，输出的电压低、脉动大，效率低

答案：A

La3A3044 在变压器铁芯中，产生铁损的原因是（ ）。

(A) 磁滞 (B) 涡流现象 (C) 磁阻的存在 (D) 磁滞和涡流现象

答案：D

La3A3045 从理论上讲，电流互感器一次电流、二次电流之比与一、二次绕组匝数（ ）。

(A) 成正比 (B) 成反比 (C) 相同 (D) 无关

答案：B

La3A3046 关于磁感应强度，下面说法中错误的是（ ）。

(A) 磁感应强度 B 和磁场 H 有线性关系，H 定了，B 就定了

(B) B 值的大小与磁介质性质有关

(C) B 值还随 H 的变化而变化

(D) 磁感应强度是表征磁场的强弱和方向的量

答案：A

La3A3047 因电力运行事故引起居民家用电器损坏的，使用年限已超过本《办法》规定的使用寿命，或折旧后的差额低于原价10%的，按原价的( )予以赔偿。

(A) 不予以 (B) 10% (C) 20% (D) 30%

答案：B

La3A3048 在电力系统正常状况下，供电企业供到用户受电端的供电电压允许偏差为：220V单相供电的，为额定值的( )。

(A) −7%、−10% (B) +7%、+10%

(C) −7%、+10% (D) +7%、−10%

答案：D

La3A3049 截面均匀的导线，其电阻( )。

(A) 与导线横截面积成反比 (B) 与导线长度成反比

(C) 与导线电阻率成反比 (D) 与导线中流过的电流成正比

答案：A

La3A3050 电容器的运行电压不得超过电容器额定电压的( )倍。

(A) 1.05 (B) 1.1 (C) 1.15 (D) 1.2

答案：B

La3A3051 《居民用户家用电器损坏处理办法》对家用电器使用寿命规定，电炒锅使用寿命为( )。

(A) 12 (B) 10 (C) 2 (D) 5

答案：D

La3A3052 在电力系统电气装置中，为运行需要所设的接地（如中性点直接接地或经其他装置接地等）称为( )。

(A) 保护接零 (B) 工作接地 (C) 重复接地 (D) 保护接地

答案：B

La3A3053 《国家电网公司业扩供电方案编制导则》规定，二级重要电力客户应采用双电源或( )供电。

(A) 单电源 (B) 应急电源 (C) 双回路 (D) 保安电源

答案：C

La3A3054 《国家电网公司业扩供电方案编制导则》规定，高压供电的客户，宜在高压侧计量；但对10kV供电且容量在(　　)及以下的，高压侧计量确有困难时，可在低压侧计量，即采用高供低计方式。

(A) 250kV·A　(B) 315kV·A　(C) 400kV·A　(D) 500kV·A

答案：B

La3A4055 单相半波整流电路的工作原理是：在变压器二次绕组的两端串接一个整流二极管和一个负载电阻当交流电压为(　　)时，二极管(　　)，电流流过负载电阻，当交流电压为(　　)时，二极管(　　)，负载电阻中没有电流流过，所以负载电阻上的电压只有交流电压一个周期中的半个波形。

(A) 负半周、导通、正半周、截止　(B) 正半周、导通、负半周、截止
(C) 负半周、截止、正半周、导通　(D) 正半周、截止、负半周、导通

答案：B

La3A4056 绝缘介质的绝缘电阻值随温度的升高而(　　)。

(A) 增大　(B) 减小　(C) 不变　(D) 先增大后减小

答案：B

La3A4057 应用右手定则时，拇指所指的是(　　)。

(A) 导线切割磁力线的运动方向　(B) 磁力线切割导线的方向
(C) 导线受力后的运动方向　(D) 在导线中产生感应电动势的方向

答案：A

La3A4058 因抢险救灾需要紧急用电而架设临时电源所需的工程费用和应付的电费，由(　　)负责从救灾经费中拨付。

(A) 所在地人民政府　(B) 地方人民政府有关部门
(C) 省级电网企业　(D) 电力主管部门

答案：B

Lb3A1059 最大需量是指用户1个月中每一固定时段的(　　)的最大指示值。

(A) 最大功率　(B) 平均有功功率
(C) 最大平均功率　(D) 最大负荷

答案：B

Lb3A2060 供电企业可以向(　　)电力客户开具增值税专用发票。

(A) 大工业　(B) 容量在100kW以上的
(C) 商业　(D) 有增值税一般纳税人资格的

答案：D

Lb3A2061 电价政策是国家物价政策的组成部分，也是国家制定和管理电价的(　　)。

(A) 行为准则　(B) 经济原则　(C) 利益关系　(D) 产业政策

答案：A

Lb3A2062 仲裁的性质属于(　　)。

(A) 官方法庭　(B) 民间组织　(C) 国际法庭　(D) 企业内部

答案：B

Lb3A2063 临时用电在申请时应缴纳定金，客户在约定期限内拆除临时用电设施的，全额退还定金，超过约定期限的，每天扣除(　　)的定金；超过约定期限 1 年的，定金不退。

(A) 1‰　(B) 2‰　(C) 3‰　(D) 4‰

答案：C

Lb3A2064 开展抄表示数自动核算，重点围绕电量突变、示数不连续、峰谷不平、(　　)等情况。

(A) 用电性质变更　(B) 零电量

(C) 倍率变更　(D) 换表电量异常

答案：D

Lb3A2065 在计算转供户用电量、最大需量及功率因数调整电费时，应扣除被转供户公用线路与变压器消耗的有功、无功电量最大需量折算：三班制用电量(　　)折合为 1kW。

(A) 150kW·h/月　(B) 180kW·h/月

(C) 360kW·h/月　(D) 540kW·h/月

答案：D

Lb3A2066 居民用户以外的其他用户私自移表，应承担(　　)的违约使用电费。

(A) 正常月用电量 3 倍　(B) 5000 元

(C) 设备容量 30 元/kW　(D) 500 元

答案：B

Lb3A2067 根据创“国际一流供电企业”的要求，月末抄见电量占全月公司抄见电量的百分率应≥(　　)%。

(A) 55　(B) 65　(C) 75　(D) 85

答案：C

Lb3A2068 电力企业要加强内部经营管理机制，建立健全电费回收的各项规章制度和(　　)。

(A) 厂长责任制　(B) 经济责任制　(C) 岗位责任制　(D) 经营管理

答案：B

Lb3A2069 电费管理系统固定信息相对来说不经常变动，可以从业务扩充管理系统的公用数据库中(　　)得来，不需重复输入。

(A) 共享　(B) 计算　(C) 拷贝　(D) 编制

答案：A

Lb3A2070 开具增值税发票的税率是(　　)。

(A) 15%　(B) 16%　(C) 17%　(D) 18%

答案：B

Lb3A3071 在计算转供户用电量、最大需量及功率因数调整电费时，应扣除被转供户公用线路与变压器消耗的有功、无功电量最大需量折算：农业生产用电量(　　)折合为1kW。

(A) 270kW·h/月　(B) 180kW·h/月　(C) 360kW·h/月　(D) 540kW·h/月

答案：A

Lb3A3072 供电企业对查获的窃电者，有权追补电费，并加收(　　)。

(A) 罚金　(B) 罚款　(C) 滞纳金　(D) 违约使用电费

答案：D

Lb3A3073 在计算转供户用电量、最大需量及功率因数调整电费时，应扣除被转供户公用线路与变压器消耗的有功、无功电量最大需量折算：一班制用电量(　　)折合为1kW。

(A) 270kW·h/月　(B) 180kW·h/月　(C) 360kW·h/月　(D) 540kW·h/月

答案：B

Lb3A3074 凡实行功率因数用户应装设带有防倒装置的或双向(　　)。

(A) 单相电能表　(B) 三相电能表　(C) 有功电能表　(D) 无功电能表

答案：D

Lb3A3075 根据目前销售电价执行政策，可将售电单价分解为(　　)。

(A) 电量电价、基本电价、用电分类电价、力率调整电价

(B) 电量电价、基本电价、峰谷增收电价、力率调整电价

(C) 电量电价、基本电价、力率调整电价、用电分类电价

(D) 电量电价、用电分类电价、力率调整电价、峰谷增收电价

答案：B

Lb3A3076 开展营业(　　)的目的是加强营业管理，堵漏增收，提高效益，促进发展。

(A) 检查　　(B) 普查　　(C) 调查　　(D) 稽查

答案：B

Lb3A3077 变压器的损耗分为(　　)。

(A) 有功损耗和无功损耗　　(B) 空载损耗

(C) 有功铜损　　(D) 无功铜损

答案：A

Lb3A3078 电价制度的执行应有相应(　　)配合，否则就难以核算。

(A) 管理方法　　(B) 经济体制　　(C) 生产手段　　(D) 计量装置

答案：D

Lb3A3079 在计算转供户用电量、最大需量及功率因数调整电费时，应扣除被转供户公用线路与变压器消耗的有功、无功电量最大需量折算：二班制用电量(　　)折合为1kW。

(A) 150kW·h/月　　(B) 180kW·h/月

(C) 360kW·h/月　　(D) 540kW·h/月

答案：C

Lb3A5080 对受电点内难以按电价类别分别装设用电计量装置而执行定比电量计费的用户，供电企业(　　)个月至少对其用电比例或定量核定一次，用户不得拒绝。

(A) 6　　(B) 12　　(C) 24　　(D) 36

答案：B

Lb3A5081 以下内容列入功率因数调整电费计算的是(　　)。

(A) 基本电费　　(B) 农网还贷基金

(C) 可再生能源电价附加　　(D) 电度电费

答案：A

Lb3A5082 按最大需量计收基本电费，实际计收需量中，在超过确认数(　　)以上的，超过部分加倍计收基本电费。

(A) 10%　　(B) 15%　　(C) 20%　　(D) 5%

答案：D

Lb3A5083 《供电服务规范》(GB/T 28583—2012) 规定，供电企业对执行两部制大工业电价用户以及执行功率因数调整电费用户的抄表周期一般不宜大于(　　)。

(A) 两个月　　(B) 一个月　　(C) 25 天　　(D) 28 天

答案：B

Lb3A5084　电压互感器采用 V/v 接线时，应在(　　)相二次侧接地。

(A) u　　(B) v　　(C) w　　(D) n

答案：B

Lc3A1085　电力企业不仅要满足用户对电力数量不断增长的需要，而且也要满足对电能(　　)的要求。

(A) 安全　　(B) 设备　　(C) 质量　　(D) 性质

答案：C

Lc3A1086　推动 PDCA 循环，关键在于(　　)阶段。

(A) 计划　　(B) 执行　　(C) 总结

答案：C

Lc3A1087　装设无功电能表的目的主要是对用户进行(　　)的考核。

(A) 线损率　　(B) 功率因数

(C) 电压质量　　(D) 记录无功电量

答案：B

Lc3A1088　动力系统是(　　)。

(A) 电力系统

(B) 动力部分

(C) 电力系统与动力部分的总合

(D) 电力系统与动力部分和输电线路的总合

答案：C

Lc3A1089　中断供电将造成人身死亡，产品大量报废，主要设备损坏以及企业的生产不能很快恢复，中断供电将造成重大(　　)影响的用电负荷属一类负荷。

(A) 市场　　(B) 社会　　(C) 质量　　(D) 政治

答案：D

Lc3A1090　计算机外部命令可作为独立的文件存在(　　)上。

(A) 键盘　　(B) 显示器　　(C) 主机　　(D) 磁盘

答案：D

Lc3A2091　在计量屏上的电能表间的间距应不小于(　　)cm。

(A) 5　　(B) 10　　(C) 15　　(D) 20

答案：B

Lc3A2092 使用电流表测量高电压或大电流电路的电流时，(　　)进行测量。

(A) 可直接　　(B) 必须经过电流互感器

(C) 必须经过电压互感器　　(D) 方法均可

答案：B

Lc3A2093 用电检查人员在执行用电检查任务时，应遵守用户的保卫保密规定，不得在检查现场(　　)用户进行电工作业。

(A) 命令　　(B) 指挥　　(C) 替代　　(D) 要求

答案：C

Lc3A2094 变压器的电压比是指变压器在(　　)运行时，一次电压与二次电压的比值。

(A) 负载　　(B) 空载　　(C) 满载　　(D) 欠载

答案：B

Lc3A2095 合同无效后，合同中解决争议的条款(　　)。

(A) 也随之无效　　(B) 有效

(C) 视具体情况而定　　(D) 依当事人约定

答案：B

Lc3A2096 供电企业可以适用(　　)，促使用电人履行供用电合同。

(A) 同时履行抗辩权　　(B) 先履行抗辩权

(C) 不安抗辩权　　(D) 抗辩权

答案：C

Lc3A2097 对两路及以上线路供电（不同的电源点）的用户，装设计量装置的形式为(　　)。

(A) 两路合用一套计量装置，节约成本

(B) 合用无功电能表

(C) 两路分别装设电能计量装置

(D) 两路合用有功电能表，但分别装设无功电能表

答案：C

Lc3A2098 由于供电质量问题引起的家用电器损坏，需对家用电器进行修复时，供电企业应承担(　　)责任。

(A) 赔偿　　(B) 被损坏元件的修复

(C) 更换　　(D) 维修

答案：B

Lc3A2099 在电力系统非正常状况下，供电频率允许偏差不应超过(　　)。

(A) ±0.2Hz　　(B) ±0.3Hz

(C) ±0.4Hz　　(D) ±1.0Hz

答案：D

Lc3A2100 在电力系统正常状况下，电力系统装机容量在300万kW及以上的，供电频率的允许偏差为(　　)。

(A) ±0.2Hz　　(B) ±0.3Hz　　(C) ±0.4Hz　　(D) ±0.5Hz

答案：A

Lc3A2101 三段式电流保护，其保护范围(　　)。

(A) 一段最大　　(B) 二段最大　　(C) 三段最大　　(D) 一样大

答案：C

Lc3A2102 供电企业对检举、查获违约用电的非供电企业人员进行奖励，奖金每次按违约金总额的20%计算，奖金最高额每人每次不超过(　　)。

(A) 1000元　　(B) 800元　　(C) 600元　　(D) 500元

答案：A

Lc3A2103 质量管理中，PDCA循环反映了质量管理活动的规律，其中C表示(　　)。

(A) 执行　　(B) 处理　　(C) 检查　　(D) 计划

答案：C

Lc3A2104 供电企业在接到居民家用电器损坏投诉后，应在(　　)内派员赴现场调查、核实。

(A) 12小时　　(B) 24小时　　(C) 36小时　　(D) 72小时

答案：B

Lc3A2105 创建“国际一流供电企业”对电费差错率规定是(　　)。

(A) 差错率<0.05%　　(B) 差错率≤0.5%

(C) 差错率≤0.05%　　(D) 差错率≤0.1%

答案：C

Lc3A2106 在电力系统正常状况下，供电企业供到用户受电端的供电电压允许偏差为：35kV及以上电压供电的，电压正、负偏差的绝对值之和不超过额定值的(　　)%。

(A) 7　　(B) 8　　(C) 9　　(D) 10

答案：D

Lc3A2107 供电营业区自核准之日起，期满(　　)仍未对无电地区实施供电的，省级以上电力管理部门认为必要时，可缩减其供电营业区。

(A) 1年　(B) 2年　(C) 3年　(D) 5年

答案：C

Lc3A2108 质量管理中，直接反映用户对产品质量要求和期望的质量特性是(　　)。

(A) 真正质量特性　(B) 代用质量特性　(C) 使用质量特性　(D) 设计质量特性

答案：A

Lc3A2109 质量管理中，质量控制的目的在于(　　)。

(A) 严格贯彻执行工艺规程　(B) 控制影响质量的各种因素

(C) 实现预防为主，提高经济效益　(D) 提高产品的设计质量

答案：C

Lc3A2110 农村供电所“四到户”指的是(　　)。

(A) 销售到户、抄表到户、收费到户、服务到户

(B) 承诺到户、抄表到户、收费到户、服务到户

(C) 销售到户、抄表到户、收费到户、承包到户

(D) 都不对

答案：A

Lc3A2111 变配电所内用于接受和分配电能的各种电气设备统称为(　　)。

(A) 供电装置　(B) 变电装置　(C) 配电装置　(D) 用电装置

答案：B

Lc3A2112 计量方式是业扩工作确定供电(　　)的一个重要环节。

(A) 方式　(B) 方案　(C) 方法　(D) 方针

答案：B

Lc3A2113 用户重要负荷的保安电源，应由(　　)提供电源。

(A) 供电企业　(B) 用户

(C) 供电企业或用户　(D) 供电企业与用户同时

答案：C

Lc3A2114 对10kV供电的用户，供电设备计划检修停电次数不应超过(　　)。

(A) 2次/年　(B) 3次/年　(C) 5次/年　(D) 6次/年

答案：B

Lc3A2115 电子计算机主要的输出设备是(　　)。

(A) CPU　　(B) 硬盘　　(C) 存储器　　(D) 打印机

答案：D

Lc3A2116 在电力系统正常状况下，供电企业供到用户受电端的供电电压允许偏差为：10kV及以下三相供电的，为额定值的(　　)%。

(A) −7　　(B) +7　　(C) ±7　　(D) |7|

答案：C

Lc3A2117 电压互感器(　　)加、减极性，电流互感器(　　)加、减极性。

(A) 有，无　　(B) 无，有　　(C) 有，有　　(D) 无，无

答案：C

Lc3A2118 客户使用的电力电量，以(　　)的用电计量装置的记录为准。

(A) 计量检定机构依法认可　　(B) 经过电力部门检定

(C) 经过电力客户认可　　(D) 经过供用电双方认可

答案：A

Lc3A2119 新参加电气工作的人员、实习人员和临时参加劳动的人员（管理人员、非全日制用工等），应经过(　　)后，方可下现场参加指定的工作，并且不得单独工作。

(A) 专业技能培训　　(B) 安全生产知识教育

(C) 考试合格　　(D) 电气知识培训

答案：B

Lc3A2120 作业过程“三不伤害”指(　　)。

(A) 不伤害自己，不伤害他人，不被他人伤害

(B) 不伤害用户，不伤害他人，不被他人伤害

(C) 不伤害自己，不伤害设备，不被他人伤害

(D) 都不对

答案：A

Lc3A2121 向社会公布供电服务投诉和举报电话，投诉电话应在(　　)天内应答，举报电话应在(　　)天内应答。

(A) 10　5　　(B) 5　10　　(C) 3　5　　(D) 3　7

答案：B

Lc3A2122 因电力运行事故造成居民家用电器损坏后，对于用外币购买的家用电器，供电企业应以(　　)给予赔偿。

(A) 人民币　　(B) 外币
(C) 购买时外币兑换价兑换成人民币　　(D) 现行的外币兑换价兑换成人民币

答案：C

Lc3A2123　《居民用户家用电器损坏处理办法》适用于由供电企业以(　　)V 电压供电的居民用户，因发生电力运行事故导致电能质量劣化，引起居民用户家用电器损坏时的索赔处理。

(A) 220　　(B) 380　　(C) 36　　(D) 220/380

答案：D

Lc3A2124　《居民用户家用电器损坏处理办法》对电机类家用电器使用寿命有(　　)规定。

(A) 电机类使用寿命为 5 年　　(B) 电机类使用寿命为 10 年
(C) 电机类使用寿命为 12 年　　(D) 电机类使用寿命为 15 年

答案：C

Lc3A2125　《居民用户家用电器损坏处理办法》对电阻类家用电器使用寿命有(　　)规定。

(A) 电阻类使用寿命为 5 年　　(B) 电阻类使用寿命为 10 年
(C) 电阻类使用寿命为 12 年　　(D) 电阻类使用寿命为 15 年

答案：A

Lc3A3126　某 10kV 用户负荷为 200kW，功率因数 0.9，线路电阻 2Ω，则线路损耗为(　　)。

(A) 0.8kW　　(B) 0.9kW　　(C) 1kW　　(D) 10kW

答案：C

Lc3A3127　P 型半导体中，自由电子的数目少于空穴的数目，其导电能力主要由空穴决定，所以称为(　　)型半导体。

(A) 空穴　　(B) 电子
(C) 光敏　　(D) 热敏

答案：A

Lc3A3128　窃电时间无法查明时，窃电天数至少按(　　)天计算，每日窃电时间：电力用户按 12 小时计算；照明用户按 6 小时计算。

(A) 30　　(B) 90　　(C) 180　　(D) 一年

答案：C

Lc3A3129 为电力客户提供电能表的校验和检定工作，属于（ ）。

（A）售前服务 （B）售中服务 （C）售后服务 （D）电力社区服务

答案：B

Lc3A3130 A级绝缘的电器设备最高运行温度应不超过（ ）℃。

（A）85 （B）95 （C）105 （D）115

答案：C

Lc3A3131 当事人在合同中未订立仲裁条款，事后也没有达成仲裁协议的，任何一方当事人（ ）。

（A）可以单方提请仲裁机构仲裁

（B）可以向人民法院起诉

（C）既可申请仲裁，又可以向法院起诉

（D）在对方当事人同意的情况下方可向法院起诉

答案：B

Lc3A3132 变压器温度升高，绝缘电阻值（ ）。

（A）升高 （B）降低 （C）不变 （D）成比例增大

答案：B

Lc3A3133 营业管理既是电力工业企业产品——电能的销售环节，也是综合体现电力企业（ ）的所在。

（A）经营成果 （B）经济效益 （C）市场营销 （D）销售收入

答案：A

Lc3A3134 钳形电流表的钳头实际上是一个（ ）。

（A）电压互感器 （B）电流互感器 （C）自耦变压器 （D）整流器

答案：B

Lc3A3135 在电力系统非正常状况下，用户受电端的电压最大允许偏差不应超过额定值的±（ ）%。

（A）7 （B）8 （C）9 （D）10

答案：D

Lc3A3136 已批准的未装表的临时用电户，在规定时间外使用电力，称为（ ）。

（A）正常用电 （B）违章用电 （C）窃电 （D）计划外用电

答案：C

Lc3A3137 电饭煲、电热水器的使用寿命为(　　)年。

(A) 10　　(B) 8　　(C) 5　　(D) 6

答案：C

Lc3A3138 按照最高人民法院所作的处理触电损害赔偿案件司法解释，高电压是指(　　)。

(A) 380V以上等级

(B) 最高人民法院所作的处理触电损害赔偿案件司法解释

(C) 220V以上等级

(D) 10kV以上等级

答案：B

Lc3A3139 (　　)的用电负荷属于三级负荷。

(A) 中断供电将在政治、经济上造成较大损失时

(B) 中断供电将影响重要用电单位的正常工作

(C) 中断供电将在政治、经济上造成重大损失时

(D) 中断供电后对生活、生产影响不大

答案：D

Lc3A3140 将零线的一处或多处通过接地装置与大地再次连接，称为(　　)。

(A) 保护接零　　(B) 工作接地

(C) 重复接地　　(D) 保护接地

答案：C

Lc3A3141 是否采用高压供电是根据供、用电的安全，用户的用电性质、用电量以及当地电网的(　　)确定的。

(A) 供电量　　(B) 供电线路　　(C) 供电条件　　(D) 供电电压

答案：C

Lc3A4142 电源频率增加一倍，变压器绕组感应电动势(　　)。

(A) 增加一倍　　(B) 不变　　(C) 减小一半　　(D) 略有增加

答案：A

Lc3A4143 电能计量装置的综合误差实质上是(　　)。

(A) 互感器的合成误差

(B) 电能表的误差、互感器的合成误差以及电压互感器二次导线压降引起的误差的总和

(C) 电能表测量电能的线路附加误差
(D) 电能表和互感器的合成误差
答案：B

Lc3A4144 一只电流表与一只变比为600/5的电流互感器配用，当电流表读数为3A时，电路的实际电流为(　　)A。
(A) 3　　(B) 120　　(C) 360　　(D) 600
答案：C

Lc3A4145 兆欧表输出的电压是(　　)。
(A) 直流电压　　(B) 正弦波交流电压
(C) 脉动直流电压　　(D) 非正弦交流电压
答案：C

Lc3A5146 电压互感器可把高电压变为标准的计量用(　　)电压，便于计量表和指示仪表接入电路进行测量。
(A) 110V　　(B) 100V　　(C) 220V　　(D) 200V
答案：B

Ld3A1147 电力系统高峰、低谷的负荷悬殊性是人们生产与生活用电(　　)所决定的。
(A) 时间　　(B) 范围　　(C) 规律　　(D) 制度
答案：C

Ld3A1148 用户减容须在(　　)前向供电企业提出申请。
(A) 10天　　(B) 7天
(C) 5天　　(D) 3天
答案：C

Ld3A1149 对于单相供电的家庭照明用户，应该安装(　　)。
(A) 单相智能电能表　　(B) 三相三线智能电能表
(C) 三相四线智能电能表　　(D) 三相复费率电能表
答案：A

Ld3A2150 下列设备属于二次设备的是(　　)。
(A) 断路器　　(B) 隔离开关　　(C) 互感器　　(D) 交流继电器
答案：D

Ld3A2151 若电力用户超过报装容量私自增加电气容量，称为(　　)。

(A) 窃电　　(B) 违章用电

(C) 正常增容　　(D) 计划外用电

答案：B

Ld3A2152 下列都属于一次设备的有(　　)。

(A) 断路器、隔离开关、接触器

(B) 测量仪表、隔离开关、遥测装置

(C) 断路器、继电器、遥信装置

(D) 自动空气开关、交流接触器、热继电器、控制按纽

答案：A

Ld3A2153 具备以下哪一个条件，合同就肯定不能成立(　　)。

(A) 内容违法　　(B) 合同内容不完全

(C) 意思表示不一致　　(D) 条款有疏漏

答案：A

Ld3A2154 属于公用性质或占用公用线路规划走廊的供电设施，由(　　)统一管理。

(A) 居民　　(B) 工业企业

(C) 商业企业　　(D) 供电企业

答案：D

Ld3A2155 单相电能表每(　　)年轮换1次。

(A) 2　　(B) 5　　(C) 7　　(D) 10

答案：B

Ld3A2156 对于高压供电用户，一般应在(　　)计量。

(A) 高压侧　　(B) 低压侧　　(C) 高低压　　(D) 任意一侧

答案：A

Ld3A2157 下列说法中，正确的是(　　)。

(A) 电力系统和电力网是一个含义

(B) 电力网中包含各种用电设备

(C) 电力系统（或电力网）是动力系统的一部分

(D) 发电机是电力网组成的一部分

答案：C

Ld3A2158 下列设备中，二次绕组比一次绕组少的是(　　)。

(A) 电流互感器　(B) 电压互感器　(C) 升压变压器　(D) 均不正确

答案：B

Ld3A2159 计费用电能表配备的电压互感器，其准确度等级至少为(　　)。

(A) 1.0 级　(B) 0.5 级　(C) 0.2 级　(D) 0.1 级

答案：B

Ld3A2160 电压互感器的一次绕组应与被测电路(　　)。

(A) 串联　(B) 并联　(C) 混联　(D) 串并联

答案：B

Ld3A2161 电压、电流互感器二次侧应有(　　)接地。

(A) 一点　(B) 两点　(C) 全部接地　(D) 不接地

答案：A

Ld3A3162 将一根导线均匀拉长为原长度的 3 倍，则它的阻值约为原阻值的(　　)。

(A) 3 倍　(B) 6 倍　(C) 4 倍　(D) 9 倍

答案：D

Ld3A3163 因发电、供电系统发生故障需要停电、限电时，供电企业应当按照(　　)进行停电或限电。

(A) 单位性质　(B) 事先确定的限电序位

(C) 可能造成的损失大小　(D) 距离事故点的远近

答案：B

Ld3A3164 运行中的 35kV 及以上的电压互感器二次回路，其电压降至少每(　　)年测试一次。

(A) 两　(B) 三　(C) 四　(D) 五

答案：A

Ld3A3165 属于用户专用，且不在公用变电所内的供电设施，由(　　)运行维护管理。

(A) 线路工区　(B) 变电维护

(C) 营业管理部门　(D) 用户

答案：D

Ld3A3166 由测量仪表、继电器、控制及信号器具等设备连接成的回路称为(　　)。

(A) 一次回路　　(B) 二次回路　　(C) 仪表回路　　(D) 远动回路

答案：B

Ld3A3167 用一个恒定电动势 E 和一个内阻 R_0 串联组合来表示一个电源，R_0 = (　　)Ω 时我们称之为理想电压源。

(A) 0　　(B) 10　　(C) 100　　(D) 1000

答案：A

Ld3A3168 把 220V 交流电压加在 440Ω 电阻上，则电阻的电压和电流是(　　)。

(A) 电压有效值 220V，电流有效值 0.5A

(B) 电压有效值 220V，电流最大值 0.5A

(C) 电压最大值 220V，电流最大值 0.5A

(D) 电压最大值 220V，电流有效值 0.5A

答案：A

Ld3A4169 在中性点直接接地系统中，发生单相接地时非故障相的对地电压(　　)。

(A) 不会升高　　(B) 大幅度降低　　(C) 升高倍　　(D) 降低倍

答案：A

Ld3A4170 供电所用电检查中查明，某 380V 三相四线制居民生活用电户，在电能表之后，私自接用其经营门市的照明设备 1000W，实际使用起迄日期不清根据《供电营业规则》，则该用户属于(　　)行为。

(A) 违约用电　　(B) 窃电　　(C) 正常用电　　(D) 节约用电

答案：A

Ld3A5171 若三相负荷电流对称，则用钳形电流表测量电流互感器二次电流时 I_U 和 I_W 电流值相近，而 I_U 和 I_W 两相电流合并后测试值为单独测试 732 倍，则说明(　　)。

(A) I_U、I_W 中有一相电流互感器极性接反

(B) I_U、I_W 两相电流互感器均极性接反

(C) I_U、I_W 中有一相电流互感器断线

(D) I_U、I_W 两相电流互感器断线

答案：A

Ld3A5172 两台单相电压互感器按 V/V 形连接，二次侧 V 相接地若电压互感器额定变比为 10000V/100V，一次侧接入线电压为 10000V 的三相对称电压带电检查二次回路电压时，电压表一端接地，另一端接 u 相，此时电压表的指示值为(　　)V 左右。

(A) 58　　　(B) 100　　　(C) 173　　　(D) 0

答案：B

Le3A1173　在计算转供户用电量、最大需量及功率因数调整电费时，应扣除被转供户公用线路与变压器消耗的有功、无功电量最大需量折算：照明用电量(　　)折合为1kW。

(A) 270kW·h/月　(B) 180kW·h/月　(C) 360kW·h/月　(D) 540kW·h/月

答案：B

Le3A1174　变压器容量在(　　)及以上的工业用户实行功率因素调整电费。

(A) 2000kV·A　(B) 315kV·A　(C) 100kV·A　(D) 50kV·A

答案：C

Le3A1175　在下列计量方式中，考核用户用电需要计入变压器损耗的是(　　)。

(A) 高供高计　(B) 高供低计　(C) 低供低计　(D) 均要计入

答案：B

Le3A2176　规范抄表数据获取方式与数据时点，高压客户为购售同期结算考虑，将抄表例日安排到月末(　　)，抄表数据使用例日当天零点冻结示数。

(A) 24日　(B) 25日　(C) 25日以后　(D) 月末日

答案：C

Le3A2177　电费回收完成情况表是(　　)应收实收电费的回收率及欠费的报表。

(A) 统计　(B) 反映　(C) 汇总　(D) 分析

答案：B

Le3A2178　采集覆盖区域户数比例在95%以上，抄表自动化客户例日抄表数据采集成功率(　　)以上。

(A) 97%　(B) 98%　(C) 98.5%　(D) 99%

答案：B

Le3A2179　对供电企业一般是以售电量、供电损失及供电单位成本作为主要(　　)进行考核的。

(A) 电费回收率　(B) 经济指标　(C) 线损率　(D) 售电单价

答案：B

Le3A2180　总分类账的清理与核对，要求各栏数字与所属各明细账相加后的各项数字以及各种(　　)数字完全相符。

(A) 账单　　(B) 报表　　(C) 收据　　(D) 款项

答案：B

Le3A2181　电费管理人员必须执行国家电价政策，严格遵守(　　)，遵守职业道德和职业纪律，牢固树立为用户服务的思想。

(A) 财经纪律　　(B) 劳动纪律　　(C) 质量管理　　(D) 电费管理

答案：A

Le3A2182　变压器容量在(　　)及以上的大工业用户实行两部制电价。

(A) 2000kV·A　　(B) 315kV·A

(C) 100kV·A　　(D) 50kV·A

答案：B

Le3A2183　用户用电分户账既有它的使用周期，又有它一定的联系范围，使用比较(　　)。

(A) 方便　　(B) 简单　　(C) 频繁　　(D) 困难

答案：C

Le3A2184　采集覆盖区域低压客户户数占比在95%以上，高压客户户数占比(　　)以上。

(A) 95%　　(B) 98%　　(C) 80%　　(D) 99%

答案：C

Le3A2185　江河堤坝防汛期间的照明用电(　　)。

(A) 按居民生活照明电价收费　　(B) 按非居民生活照明电价收费

(C) 按农业生产电价收费　　(D) 不收电费

答案：C

Le3A3186　某电焊机的额定功率为10kW，铭牌暂载率为25%，则其设备计算容量为(　　)。

(A) 10kW　　(B) 5kW　　(C) 2～5kW　　(D) 40kW

答案：B

Le3A3187　某单相用户功2kW，功率因数0.9，则计算电流为(　　)。

(A) 10A　　(B) 9A　　(C) 11A　　(D) 8A

答案：C

Le3A3188 一只 220V60W 的灯泡，把它改接到 110V 的电源上，消耗功率为(　　)W。

(A) 10　　(B) 15　　(C) 20　　(D) 40

答案：B

Le3A3189 某一供电企业 2008 年某月发行全口径电费 6200 万元，当月发生新欠 310 万元，该供电企业当月电费回收率为(　　)。

(A) 5%　　(B) 95%　　(C) 98%　　(D) 90%

答案：B

Le3A3190 凡高供低计计收铜损、铁损的用户，为合理负担，应按(　　)分担损耗。

(A) 用电类别　　(B) 用电容量

(C) 供电电压　　(D) 用电负荷

答案：B

Le3A3191 现行电价制度是由电价种类、计价方式、电压等级等内容组成，并且对不同(　　)的用电规定不同的价格。

(A) 规模　　(B) 业务　　(C) 性质　　(D) 制度

答案：C

Le3A3192 大工业用户暂停部分用电容量后，其未停止运行的设备容量小于 315kV·A 应按(　　)电价计费。

(A) 普通工业　　(B) 大工业　　(C) 非工业　　(D) 单一制

答案：A

Le3A3193 大工业用户暂停部分用电容量后，其未停止运行的设备容量不小于 315kV·A 应按(　　)电价计费。

(A) 普通工业　　(B) 大工业　　(C) 非工业　　(D) 单一制

答案：B

Le3A3194 收费电子化和社会化率：占收费比数的 75%以上，其中自营渠道电子化收费比数占比(　　)以上。

(A) 30%　　(B) 5%　　(C) 20%　　(D) 50%

答案：B

Le3A3195 根据现行电价政策，容量为 500kV·A 且执行大工业分时电价的商业用电的功率因数考核标准为(　　)。

(A) 0.95　　(B) 0.90　　(C) 0.85　　(D) 0.80

答案：C

Le3A5196　某受电容量为400kV·A工业用户，因生产任务的原因到供电部门申请暂停变压器四个月，但到执行暂停的第十天，用户接到订单，随即到供电部门申请暂停恢复，供电部门在执行暂停的第十三天完成暂停恢复的工作，则该抄表周期内(　　)。

(A) 可以减收12天的基本电费

(B) 可以减收13天的基本电费

(C) 可以减收10天的基本电费

(D) 收取全月天数的基本电费

答案：D

Le3A5197　某大工业用户在7月5日在供电企业报停400kV·A配变，抄表例日为每月17日，7月抄表计算基本电费天数为(　　)天。

(A) 4　　(B) 5　　(C) 3　　(D) 6

答案：A

Le3A5198　某大工业用户在7月20日在供电企业报停400kV·A配变，抄表例日为每月17日，7月SG186系统抄表计算发行基本电费为(　　)元。[30元/(kV·A)]

(A) 7600　　(B) 12000　　(C) 8000　　(D) 8400

答案：B

Le3A5199　某大工业用户在6月20日在供电企业报停400kV·A配变，抄表例日为每月17日，7月10日暂停恢复，7月SG186系统抄表计算发行基本电费为(　　)元。[30元/(kV·A)]

(A) 4000　　(B) 12000　　(C) 7600　　(D) 8400

答案：D

Lf3A1200　由于用电管理各方面是相互联系、相互影响的，这就迫切需要把各个独立的计算机连接起来实现(　　)的交换和资源共享。

(A) 信息　　(B) 数据　　(C) 业务　　(D) 管理

答案：A

Lf3A1201　三相电能表应采用(　　)接线。

(A) 正相序　　(B) 反相序　　(C) 可以任意接　　(D) 逆相序

答案：A

Lf3A1202 电动机按所接电源性质分为( )和交流电动机两大类。

(A) 直流电动机 (B) 同步电动机 (C) 异步电动机 (D) 绕线型电动机

答案：A

Lf3A2203 电能表铭牌上有一个三角形标志，该三角形内置一代号，如A、B等，该标志指的是电能表( )组别。

(A) 制造条件 (B) 使用条件 (C) 安装条件 (D) 运输条件

答案：B

Lf3A2204 DT862型电能表在平衡负载条件下，B相元件损坏，电量则( )。

(A) 少计1/3 (B) 少计2/3 (C) 倒计1/3 (D) 不计

答案：A

Lf3A2205 变压器的负荷电流一般在额定电流的( )左右较为合适。

(A) 50% (B) 60% (C) 70% (D) 80%

答案：C

Lf3A2206 关于电压互感器下列说法正确的是( )。

(A) 二次绕组可以开路 (B) 二次绕组可以短路

(C) 二次绕组不能接地 (D) 二次绕组不能开路

答案：A

Lf3A2207 选择电动机应根据电压、功率、转速、频率、功率因数、防护型式、结构型式和启动转矩等进行( )。

(A) 合理选择 (B) 考虑选用 (C) 功率比较 (D) 规格选择

答案：A

Lf3A2208 10kV供电线路可输送电能的距离为( )。

(A) 20～50km (B) 6～20km (C) 1～5km (D) 4～15km

答案：D

Lf3A2209 三段式电流保护，其保护动作时间( )。

(A) 一段最短 (B) 二段最短 (C) 三段最短 (D) 一样长

答案：A

Lf3A2210 为提高低压负荷计量的准确性，10kV及以下电能计量装置原则上最适合选用( )及以上的电能表。

(A) 1倍　(B) 2倍　(C) 3倍　(D) 4倍

答案：D

Lf3A2211　在带电的电流互感器二次回路上工作，可以(　　)。

(A) 将互感器二次侧开路

(B) 用短路匝或短路片将二次回路短路

(C) 将二次回路永久接地点断开

(D) 在电能表和互感器二次回路间进行工作

答案：B

Lf3A2212　内部命令是指计算机启动时装入(　　)可以随时直接使用的DOS命令。

(A) 内存　(B) 磁盘　(C) 网络　(D) 文件

答案：A

Lf3A2213　互感器二次侧负载不应大于其额定负载，但也不宜低于其额定负载的(　　)。

(A) 10%　(B) 25%　(C) 50%　(D) 5%

答案：B

Lf3A2214　电能表型号中“Y”符号代表(　　)。

(A) 分时电能表　(B) 最大需量电能表

(C) 预付费电能表　(D) 无功电能表

答案：C

Lf3A2215　在测量变压器10kV的绝缘电阻时，应选用(　　)兆欧表。

(A) 250V　(B) 500V　(C) 1000V　(D) 2500V

答案：D

Lf3A2216　使用钳形电流表测量导线电流时，应使被测导线(　　)。

(A) 尽量离钳口近些　(B) 尽量离钳口远些

(C) 尽量居中　(D) 无所谓

答案：C

Lf3A2217　计算机在工作中突然断电，则计算机的信息被丢失的是(　　)。

(A) 软盘中的信息　(B) 硬盘中的信息

(C) RAM中的信息　(D) ROM中的信息

答案：C

Lf3A2218 要想变压器效率最高，应使其运行在(　　)。

(A) 额定负载时　　(B) 80%额定负载时

(C) 75%额定负载时　　(D) 绕组中铜损耗与空载损耗相等时

答案：D

Lf3A2219 10kV电压互感器二次侧(　　)接地。

(A) 必须　　(B) 不能

(C) 任意　　(D) 仅35kV及以上系统必须

答案：A

Lf3A2220 三级用电检查员仅能担任(　　)kV及以下电压受电的用户的用电检查工作。

(A) 0.4　　(B) 10　　(C) 0.22　　(D) 35

答案：A

Lf3A2221 异步电动机不宜空载或轻载运行，因为(　　)。

(A) 定子电流较大　　(B) 功率因数较低

(C) 转速太高有危险　　(D) 转子电流过小

答案：B

Lf3A2222 由供电企业以220/380V电压供电的居民户，家用电器因电力运行事故损坏后，(　　)日内不向供电企业投诉并索赔的，供电企业不再负赔偿责任。

(A) 5　　(B) 6　　(C) 7　　(D) 10

答案：C

Lf3A2223 普通单相感应式有功电能表的接线，如将火线与零线接反，则电能表将(　　)。

(A) 正常　　(B) 正转　　(C) 停转　　(D) 慢转

答案：B

Lf3A2224 为了防止断线，电流互感器二次回路中不允许有(　　)。

(A) 接头　　(B) 隔离开关辅助触点

(C) 开关　　(D) 接头、隔离开关辅助触点、开关

答案：D

Lf3A3225 异步电动机因具有结构简单、价格便宜、坚固耐用、维修方便等一系列优点而得到广泛应用，但它的主要缺点是(　　)。

(A) 性能差　　(B) 功率因数低　　(C) 体积大　　(D) 过载能力差

答案：B

Lf3A3226　某用户变压器容量160kV·A，按DL/T 488—2016要求，电流互感器至少应采用(　　)。

(A) 0.2S级　　(B) 0.5S级　　(C) 2S级　　(D) 3S级

答案：B

Lf3A3227　一台单相380V电焊机额定容量为10kW，功率因数0.35，额定电压380V求得其计算电流为(　　)。

(A) 26A　　(B) 44A　　(C) 56A　　(D) 75A

答案：D

Lf3A3228　DT862型电能表在测量平衡负载的三相四线电能时，若A、C两相电流进出线接反，则电能表将(　　)。

(A) 停转　　(B) 慢走，计量2/3

(C) 倒走，计量1/3　　(D) 正常

答案：C

Lf3A3229　某用户变压器容量630kV·A，按DL/T 488—2016要求，电压互感器至少应采用(　　)。

(A) 0.2级　　(B) 0.5级　　(C) 2级　　(D) 3级

答案：B

Lf3A3230　使用钳形电流表测量，为了提高测量精度，测量小电流时可把被测导线在钳口多绕几匝，测得的结果为(　　)。

(A) 读数除以钳口内导线的匝数

(B) 读数乘以以钳口内导线的匝数

(C) 读数减去钳口内导线的匝数

(D) 读数加上钳口内导线的匝数

答案：A

Lf3A3231　中断供电将在政治上、经济上造成较大(　　)的用电负荷属二类负荷。

(A) 影响　　(B) 损失　　(C) 混乱　　(D) 损坏

答案：B

Lf3A3232　造成配电变压器低压侧熔丝熔断的原因可能是(　　)。

(A) 变压器内部绝缘击穿

(B) 变压器低压侧负载短路
(C) 高压引线短路
(D) 低压侧开路
答案：B

Lf3A3233 某用户计量电能表，允许误差为±2%，经校验该用户计量电能表实际误差为+5%，计算退回用户电量时应按( )计算。
(A) +2% (B) +3% (C) +5% (D) -2%
答案：C

Lf3A3234 异步电动机空载运行时，( )。
(A) 定子电流较大 (B) 功率因数较低
(C) 转速太高有危险 (D) 转子电流过小
答案：B

Lf3A3235 下列不影响电能计量装置准确性的是( )。
(A) 实际运行电压 (B) 实际二次负载的功率因数
(C) TA 接电系数 (D) 电能表常数
答案：D

Lf3A3236 带电换表时，若接有电压、电流互感器时，则应分别( )。
(A) 开路、短路 (B) 短路、开路 (C) 均开路 (D) 均短路
答案：A

Lf3A4237 某用户月平均用电为 2.0×10^5kW·h，则应安装( )计量装置。
(A) Ⅰ类 (B) Ⅱ类 (C) Ⅲ类 (D) Ⅳ类
答案：C

Lf3A4238 用钳形电流表测量三相平衡电流时，夹住一相线读数为 I，夹住两相线读数为 I，夹住三相线读数为( )。
(A) I (B) $2I$ (C) 0 (D) $1\sim5I$
答案：C

Lf3A4239 带互感器的单相感应式电能表，如果电流进出线接反，则( )。
(A) 停转 (B) 反转 (C) 正常 (D) 烧表
答案：B

Lf3A4240 漏电钳形电流表测量漏电电流，在三相四线制线路当中一定要把(　　)导线全部一起卡进钳口。

(A) 四根　　(B) 三根　　(C) 两根　　(D) 五根

答案：A

Lf3A5241 用钳形电流表测量电流互感器 V/V 接线时，I_a 和 I_c 电流值相近，而 I_a 和 I_c 两相电流合并后测试值为单独测试时电 1.732 倍，则说明(　　)。

(A) 一相电流互感器的极性接反

(B) 有两相电流互感器的极性接反

(C) 有一相电流互感器断线

(D) 有两相电流互感器断线

答案：A

Lf3A5242 三相四线三元件有功电能表在测量平衡负载的三相四线电能时，若有两相电压断线，则电能表将(　　)。

(A) 停转　　(B) 少计 2/3　　(C) 倒走 1/3　　(D) 正常

答案：B

Lf3A5243 三相三元件用功电能表在测量平衡负载的三相四线电能时，若有 U、W 两相电流进出线接反，则电能表将(　　)。

(A) 停转　　(B) 慢走 2/3　　(C) 倒走 1/3　　(D) 正常

答案：C

1.2 判断题

La3B1001 35kV及以上公用高压线路供电的，以用户厂界外或用户变电所外第一基电杆为分界点。(√)

La3B1002 按变压器容量计收基本电费的用户，暂停用电必须是整台或整组变压器停止运行。(√)

La3B1003 变压器一次、二次绕组的匝数不同，匝数多的一侧电压低，匝数少的一侧电压高。(×)

La3B1004 单相电能表的电流线圈不能接反，如接反，则电能表要倒走。(√)

La3B1005 低压供电线路负荷电流在50A及以下时，宜采用直接接入式电能表。(√)

La3B1006 供电企业用电检查人员实施现场检查时，用电检查员的人数不得少于三人。(×)

La3B1007 基建工地的临时用电可以用于生产、试生产和生活照明用电。(×)

La3B1008 如果将两只电容器在电路中串联起来使用，总容量会增大。(×)

La3B1009 供电服务热线“95598”24小时受理业务咨询、信息查询、服务投诉和电力故障报修。(√)

La3B2010 当使用电流表时，它的内阻越小越好，当使用电压表时，它的内阻越大越好。(√)

La3B2011 对同一电网内、同一电压等级、同一用电类别的用户，执行相同的电价标准。(√)

La3B2012 对违法违章用电户，供电企业应在停电前2～5天内，将停电通知书送达用户。(×)

La3B2013 广播电台、电视台的用电，按供电可靠性要求应为一级负荷。(√)

La3B2014 国家电网公司承诺，城市地区供电可靠率不低89%，居民客户端电压合格率不低于96%。(×)

La3B2015 临时用电期间不办理暂停、减容等变更用电事宜。(√)

La3B2016 煤、铁、石油矿井生产用电，按供电可靠性要求应为二级负荷。(×)

La3B2017 窃电时间无法查明时，窃电日至少以三个月计算。(×)

La3B2018 提高用电设备的功率因数对电力系统有好处，用户并不受益。(×)

La3B2019 运行中变压器铜损的大小与电流的平方成正比。(√)

La3B3020 35kV及以上供电电压允许偏差为不超过额定电压的10%。(×)

La3B3021 变压器分为电力变压器和特种变压器。(√)

La3B3022 电流方向相同的两根平行载流导体会互相排斥。(×)

La3B3023 电能计量装置包括电能表、电压互感器、电流互感器及二次回路连接导线。(×)

La3B3024 电压互感器二次侧应有一点接地，以防止一次、二次绕组绝缘击穿，危及人身和设备安全。(√)

La3B3025 对损坏家用电器，供电企业不承担被损坏元件的修复责任。(×)

La3B3026 某电能表铭牌上标明常数为 b=2000r/(kW·h)，则该表转一圈是 0.5W·h。(√)

La3B3027 输出或输入交流电能的旋转电机，称为交流电机。交流电机又分为同步交流电机和异步交流电机。(√)

La3B3028 已经开具的发票存根联和登记簿，应当保存 10 年，专用发票抵扣联应当保存 5 年，保存期满，报经主管税务机关查验后销毁。(×)

La3B3029 异步电动机按额定电压可分为笼型和绕线型两类；按转子绕组形式又可分为高压和低压两种类型。(×)

La3B3030 因电力运行事故给用户或者第三人造成损害的供电企业应当依照规定承担赔偿责任。(×)

La3B3031 因用户过错，但由于供电企业责任而使事故扩大造成其他用户损害的，该用户应承担事故扩大部分 50%的赔偿责任。(×)

La3B3032 用户擅自超过合同约定的容量用电的行为属于窃电行为。(×)

La3B3033 用户提出家用电器损坏索赔要求的最长期限为 10 天，超过 10 天供电企业不再负责赔偿。(×)

La3B3034 有重要负荷的用户在已取得供电企业供给的保安电源后，无需采取其他应急措施。(×)

La3B3035 在测量电流时，应将电流表同被测电路并联。(×)

La3B3036 中断供电将在政治、经济上造成较大损失的用户用电负荷，列入一级负荷。(×)

La3B4037 N 型半导体中，电子数目少于空穴数目，其导电能力主要由空穴决定。P 型半导体中，电子数目多于空穴数目，其导电能力主要由电子决定。(×)

La3B4038 变压器的效率随着它的负载大小和负载功率因数而变，负载改变时，其负载损耗随着负载率的平方而变化。(√)

La3B4039 电流互感器二次回路接用熔断器可以防止过负荷电流流过互感器烧坏计量装置。(×)

La3B4040 电流互感器二次回路开路，可能会在二次绕组两端产生高压，危及人身安全。(√)

La3B4041 供电企业在接到居民用户因供电线路事故家用电器损坏投诉后，应在 3 日内派员赴现场进行调查、核实。(×)

La3B4042 农村电网的自然功率因数较低，负荷又分散，无功补偿应采用分散补偿为主。(√)

La3B4043 为保证电网的安全运行，在电力负荷高峰时期，电力企业有权对所有安装负控装置的单位中断供电。(×)

La3B4044 用户暂停，应在三天前向供电企业提出申请。(×)

La3B4045 用三表法测量三相四线电路电能时，电能表反映的功率之和等于三相负载消耗的有功功率。(√)

La3B4046 中断供电将造成人身伤亡的用电负荷，应列入二级负荷。(×)

La3B5047 确认一个会计期间结束，完成对该会计期间的会计核算工作的会计行为称为关账。(√)

La3B5048 触电伤员如神志不清者，应就地仰面躺平且确保气道通畅，并用5秒时间呼叫伤员或轻拍肩部，以判定伤员是否意识丧失。(√)

La3B5049 电流互感器二次侧不允许开路，对二次侧双绕组互感器只用一个二次回路时，另一个绕组应可靠连接。(√)

La3B5050 因电力事故造成居民用户的家用电器损坏后，超过7日还没提出索赔要求的，供电企业不再负赔偿责任。(√)

Lb3B1051 100kV·A及以上的电力排灌站执行功率因数标准为0.80。(×)

Lb3B1052 200kV·A及以上的高压供电的商业用户执行功率因数标准为0.9。(×)

Lb3B1053 新装客户应在归档后7个工作日内编入抄表段。(×)

Lb3B1054 电价是电能价值的货币表现，由电能成本、利润两大部分构成。(×)

Lb3B1055 电力用户因不可抗力因素造成停产，在停产期间基本电费照收。(×)

Lb3B1056 因银行代扣电费出现错误或超时影响客户按时交纳电费造成客户产生电费违约金时，可以减免客户违约金。(×)

Lb3B1057 解款后发现错收电费的，按退费流程处理，退费应准确、及时，避免产生纠纷。(√)

Lb3B1058 两部制电价是以合理地分担电力企业容量成本和电能成本为主要依据的电价制度，是一种很先进的电价计费办法。(√)

Lb3B1059 100kV·A及以上的商业用电用户在每年的6月至8月应执行尖峰电价。(×)

Lb3B2060 基本电价计费方式变更周期从现行按年调整为不少于90天变更，电力用户可在电网企业下一个月抄表之日前15个工作日，向当地电网企业申请变更基本电价计费方式。(√)

Lb3B2061 可再生能源电价附加的征收范围：除贫困县农排用电外的全部销售电量。(×)

Lb3B2062 减容（暂停）后容量达不到315kV·A的，应改按相应用电类别单一制电价计费，并执行相应的分类电价标准。(√)

Lb3B2063 居民客户自愿选择执行峰谷电价，执行时间以年度为周期，且不得少于一年。(√)

Lb3B2064 凡装见容量在320（315）kV·A及以上的大用户，执行两部制电价。(×)

Lb3B2065 电网经营企业直接报装接电的经营性集中式充换电设施用电，执行大工业用电价格并收基本电费。(×)

Lb3B2066 居民阶梯电价以供电企业抄表周期为基础，执行年周期，每月抄表的用户年周期为当年1月至下一年度的1月。（×）

Lb3B2067 采用远程费控业务方式的，应根据平等自愿原则，与客户协商签订协议。（√）

Lb3B2068 解款前发现错收电费的，可由当日原收费人员进行全额冲正处理，并记录冲正原因，收回并作废原发票。（√）

Lb3B2069 停电通知书须按规定履行审批程序，在停电前三天至七天内送达客户，可采取客户签收或公证等方式送达。（√）

Lb3B2070 擅自伸入或者跨越供电营业区供电的，除没收违法所得外并处违法所得5～10倍罚款（×）

Lb3B2071 电费票据应严格管理。经当地税务部门批准后方可印制，并应加印监制章和专用章。（√）

Lb3B2072 居民用户欠费，其违约金计算时本年按欠费总额的千分之一计算，跨年部分按照欠费总额的千分之二计算。（×）

Lb3B2073 抄表段一经设置，应相对固定。调整抄表段应不影响相关客户正常的电费计算。新建、调整、注销抄表段，无需履行审批手续。（×）

Lb3B3074 抄表员应定期轮换抄表区域，除远程自动抄表方式外，同一抄表员对同一抄表段的抄表时间最长不得超过一年。（×）

Lb3B3075 对连续三个抄表周期出现抄表数据为零度的客户，应抽取一定比例进行现场核实，0.4kV非居民客户应抽取不少于80%的客户。（√）

Lb3B3076 对连续三个抄表周期出现抄表数据为零度的客户，应抽取一定比例进行现场核实，居民客户应抽取不少于50%的客户（×）

Lb3B3077 严格执行电费收交制度。做到准确、全额、按期收交电费、开具电费发票及相应收费凭证。任何单位和个人不得减免应收电费。（√）

Lb3B3078 电价按照生产流通环节划分可分为：①直供电价；②趸售电价；③互供电价。（×）

Lb3B3079 电费资金实行专户管理，不得存入其他银行账户。（√）

Lb3B3080 严格执行电费违约金制度，不得随意减免电费违约金，但可用电费违约金冲抵电费实收（×）

Lb3B3081 重大水利工程建设基金征收范围：按照各省、自治区、直辖市扣除国家扶贫开发工作重点县农业排灌用电后的全部销售电量。（√）

Lb3B3082 非政策性退补流程的退补处理方式有：退补电量、退补电费。（×）

Lb3B3083 对执行分时峰谷电价的用户，大力推广使用蓄热式电锅炉（电热水器）和冰蓄冷集中型电力空调器，对改善系统负荷曲线，用户减少电费支出都有好处。（√）

Lb3B3084 尖峰电价执行范围是：大工业客户和受电变压器容量在100kV·A及以上的非普工业客户。（√）

Lb3B3085 南部电网峰谷分时电价浮动幅度统一确定为：高峰和低谷时段用电价格

在平段电价基础上分别上、下浮动40%；尖峰时段用电价格在平段电价基础上上浮50%。(×)

Lb3B3086 远程自动抄表异常客户现场核抄时，如现场抄见读数与远程获取读数不一致，仍应以远程获取读数为准。(×)

Lb3B3087 客户申请开具电费增值税发票的，经审核其提供的税务登记证副本及复印件、银行开户名称、开户银行和账号等资料无误后，从申请当月起给予开具电费增值税发票，申请以前月份的电费发票不予调换或补开增值税发票。(√)

Lb3B3088 两部制电价计费的用户，其固定电费部分不实行《功率因数调整电费办法》。(×)

Lb3B3089 对作废发票，须各联齐全，每联均应加盖“作废”印章，并与发票存根一起保存完好，不得丢失或私自销毁。(√)

Lb3B3090 农村低压电网维护费不得开具增值税专用发票。(√)

Lb3B3091 用户倒送电网的无功电量，不参加计算月平均功率因数。(×)

Lb3B3092 在电费会计核算中，银行存款科目，借方表示增加，贷方表示减少。(√)

Lb3B4093 对实行远程自动抄表方式的客户，应定期安排现场核抄，10 kV及以上客户现场核抄周期应不超过 6 个月；0.4kV 及以下客户现场核抄周期应不超过 12 个月。(√)

Lb3B4094 按最大需量计算基本电费时，在用电相同情况下，负荷率越高，则基本电费就越多。(×)

Lb3B4095 大工业生产车间空调用电，按非居民照明电价计费。(×)

Lb3B4096 电费收费人员的款项交接单是指电费收费人员每日收取电费金额汇总单，用于与电费出纳的交接。(√)

Lb3B4097 实行分次划拨电费的，每月电费划拨次数一般不少于三次，月末统一抄表后结算。实行分次结算电费的，每月应按结算次数和结算时间，按时抄表后进行电费结算。(√)

Lb3B4098 电力用户申请暂停用电必须是整台或整组变压器停止运行，申请暂停时间每次应不少于15天，每一日历年内累计不超过6个月。(√)

Lb3B4099 按最大需量收取基本电费的大工业用户，其最大需量核定值可每月申请变更。(√)

Lb3B4100 居民用户阶梯月数因调价、新装、销户等原因，不足一年的按照实际用电月数执行。(√)

Lb3B4101 某一工业用户，容量为 315kV·A，其动力用电执行 0.9 的功率因数标准，非居民照明用电执行 0.85 的功率因数标准。(×)

Lb3B5102 抄表数据复核结束后，应在48小时内完成电量电费计算工作。(×)

Lb3B5103 电力销售的增值税税率为15%。(×)

Lb3B5104 冲红是发生在解款后，是把错收金额转成预收。(√)

Lb3B5105 使用三相设备的供电电源中性线（零线）不得加装熔断器及开关。（√）

Lb3B5106 在系统中解款银行当天发现错误，可以解款撤还进行错误纠正。（√）

Jd3B2107 测量接地电阻时，应先将接地装置与电源断开。（√）

Jd3B2108 两只 10μF 的电容器相串联，那它的等效电容应为 20μF。（×）

Jd3B2109 三相电能计量的接线方式中，U、V、W 接线为正相序，那么 W、V、U 就为逆相序。（√）

Jd3B2110 用钳形电流表测量三相平衡负载电流时，钳口中放入两相导线时的指示值与放入一相导线时的指示值相同。（√）

Jd3B3111 三相三线电能表中相电压断了，此时电能表应走慢 1/3。（×）

Jd3B3112 三相三线有功电能表电压 A、B 两相接反，电能表反转。（×）

Jd3B4113 处理故障电容器时，当设备断开电源后，必须进行人工放电。（√）

Jd3B4114 已知 a，b 两点之间的电位差 $U_{ab}=-16V$，若以点 a 为参考电位（零电位）时则 b 点的电位是 16V。（√）

Jd3B5115 测量直流电流时，除应将直流电流表与负载串联外，还应注意电流表的正端钮接到电路中电位较高的点。（√）

Je3B1116 装见容量为 315kV·A 的码头装卸作业动力用电，执行非工业电价计费。（√）

Je3B2117 按抄见功率（kW）数计算最大需量时，可直接按每小时抄见功率（kW）数计算最大需量。（×）

Je3B2118 用电容量在 100kV·A（100kW）以上的工业、非工业、农业用户均要实行功率因数考核，需要加装无功电能表。（×）

Je3B2119 用户私自将小变比电流互感器更换为大变比的电流互感器，电能表的计量示数必然突降。（√）

Je3B4120 次日解款后发现错收电费的，可由原收费人员进行全额冲正处理，并记录冲正原因，收回并作废原发票。（×）

Je3B4121 两只额定电压为 220V 的白炽灯泡，一个是 100W，一个是 40W，当将它们串联后，仍接于 220V 线路，这时 100W 灯泡亮，因为它的功率大。（×）

Je3B5122 用户申请的最大需量低于变压器容量（1kV·A 视同 1kW）和高压电动机容量总和的 40%时，可按低于 40%的容量核定最大需量。（×）

Jf3B4123 有一个电路，所加电压为 U，当电路中串联接入电容后，若仍维持原电压不变，电流增加了，则原电路是感性的。（√）

1.3 多选题

La3B1001 用电负荷按供电可靠性要求分类包括（ ）。

（A）二类负荷 （B）重要负荷 （C）一类负荷 （D）三类负荷

答案：ACD

La3B1002 供电企业低压供电的额定电压分（ ）等级。

（A）36V （B）220V （C）110V （D）380V

答案：BD

La3B1003 供电企业高压供电的额定电压分（ ）等级。

（A）10kV （B）35kV （C）110kV （D）50kV

（E）220kV

答案：ABCE

La3B1004 在电气设备上工作，填用工作票的原因（ ）。

（A）准许在电气设备上工作的书面命令，通过工作票可明确安全职责，履行工作许可、工作间断、转移和终结手续

（B）作为完成其他安全措施的书面依据

（C）准许在电气设备上工作的口头命令，通过此可明确安全职责，履行工作许可、工作间断、转移和终结手续

（D）作为完成其他安全措施的口头依据

答案：AB

La3B1005 下列属于供用电合同条款选项有（ ）。

（A）供用电设施维护责任的划分

（B）合同的有效期

（C）违约责任

（D）双方共同认为应当约定的其他条款

答案：ABCD

La3B1006 电力生产的特点有（ ）。

（A）电能的生产、输送、分配以及转换为其他形态能量的过程是同时进行的，电能是不能大量储存的

（B）电能生产是高度集中的、统一的

（C）电能使用最方便，适用性最广泛，与国民经济各部门的关系都很密切

(D) 过渡过程相当迅速
(E) 电力生产在国民经济发展中具有先行性
答案：ABCDE

La3B1007 供电企业在办理客户销户时的规定有(　　)。
(A) 销户必须停止全部用电容量的使用
(B) 客户已向供电企业结清电费
(C) 查验用电计量装置完好性后，拆除接户线和用电计量装置
(D) 客户持供电企业出具的凭证，领还安装费
答案：ABC

La3B1008 属于供用电合同条款选项有(　　)。
(A) 供电方式、供电质量和供电时间
(B) 用电容量和用电地址、用电性质
(C) 计量方式和电价、电费结算方式
(D) 双方共同认为应当约定的其他条款
答案：ABCD

La3B1009 国家电网公司供电服务“十项承诺”对供电方案的答复期限是(　　)。
(A) 居民客户不超过3个工作日
(B) 低压电力客户不超过7个工作日
(C) 高压单电源客户不超过15个工作日
(D) 高压双电源客户不超过30个工作日
答案：ABCD

La3B1010 下列选项中属于“供用电合同”条款的有(　　)。
(A) 供电方式、供电质量和供电时间
(B) 用电容量、用电地址和用电性质
(C) 计量方式、电价和电费结算方式
(D) 双方共同认为应当约定的其他条款
答案：ABCD

La3B2011 10kV/0.4kV的配电变压器，(　　)必须接地。
(A) 高压套管一相　　(B) 低压套管一相相线
(C) 低压零线　　(D) 变压器外壳
答案：CD

La3B2012 以下关于相序的描述正确的是(　　)。

(A) 相序是指电压或电流三相相位的顺序

(B) 在三相电路中，电压或电流的正相序是指A相比B相超前120°，B相比C相超前120°，C相又比A相超前120°

(C) 正相序有(A)(B)C，(B)(C)A，(C)(A)B

(D) 正相序有(A)(C)B，(C)(B)A，(B)(A)C

答案：ABC

La3B2013 (　　)是运用中的电气设备。

(A) 全部带有电压的电气设备

(B) 一部分带有电压的电气设备

(C) 一经操作即带有电压的电气设备

(D) 所有设备

答案：ABC

La3B2014 发电厂和变电所中装设的电气设备中一次设备担负着生产和输配电能的任务，有(　　)。

(A) 生产和转换电能的设备

(B) 接通和断开电路的开关电器

(C) 无功补偿设备

(D) 限制故障电流或防御过电压的电器

(E) 接地装置

(F) 载流导体

答案：ABCDEF

La3B2015 供电质量主要是用(　　)标准来衡量。

(A) 供电半径

(B) 供电电压

(C) 供电频率

(D) 供电可靠性

答案：BCD

La3B2016 供电可靠性主要指标包含(　　)。

(A) 用户平均停电时间

(B) 供电可靠率

(C) 停电次数

(D) 系统停电小时数

答案：CD

La3B2017　关于正序、负序和零序概念正确的有(　　)。

(A) 三相正弦量中 A 相比 B 相超前 120°，B 相比 C 相超前 120°，C 相比 A 相超前 120°，即相序为 (A) (B) C，这样的相序叫作正序

(B) 三相正弦量中 A 相比 B 相滞后 120°，B 相比 C 相滞后 120°，C 相比 A 相滞后 120°，即相序为 (A) (C) B，这样的相序叫作负序

(C) 三相正弦量 A 相比 B 相超前 0°，B 相比 C 相超前 0°，C 相比 A 相超前 0°，即三者同相，这样的相序叫作零序

(D) 三相正弦量中 A 相比 B 相超前 90°，B 相比 C 相超前 90°，C 相比 A 相超前 90°，即三者同相，这样的相序叫作零序

答案：ABC

La3B3018　变压器的低压绕组在里边，高压绕组在外边的原因是(　　)。

(A) 变压器铁芯是接地的，低压绕组靠近铁芯从绝缘角度容易做到

(B) 若将高压绕组靠近铁芯，由于绕组电压高达到绝缘要求就需要加强绝缘材料和较大的绝缘距离，增加了绕组的体积和材料的浪费

(C) 变压器的电压调节是靠改变电压绕组匝数来达到的，高压绕组安置在外边，做抽头、引出线比较容易

(D) 比较美观

答案：ABC

La3B3019　用电负荷按国民经济各个时期的政策和不同季节的要求分类包括(　　)。

(A) 重点负荷

(B) 一般性供电的非重点负荷

(C) 优先保证供电的重点负荷

(D) 可以暂时限电或停止供电的负荷

答案：BCD

La3B5020　用戴维南定理求某一支路电流的一般步骤是(　　)

(A) 将原电路划分为待求支路与有源二端网络两部分

(B) 断开待求支路，求出有源二端网络开路电压

(C) 将网络内电动势全部短接，内阻保留，求出无源二端网络的等效电阻

(D) 画出待效电路，接入待求支路，由欧姆定律求出该支路电流

答案：ABCD

La3B5021　下列关于戴维南定律说法正确的是(　　)

(A) 一个线性电阻性有源二端网络，对外部电路而言，可以用一个电压源和一个电阻的串联组合等效替代

(B) 任何一个不含独立电源的线性电阻性二端网络，对外电路而言，都可以用一个电阻元件等效替代

(C) 求戴维南等效电路的等效电阻，应将该有源二端网络内部所有独立电源置零

(D) 戴维南等效电路电压源电压不等于有源二端网络开路时端纽之间的电压

答案：ABC

Lb3B1022 公路路灯可由下列(　　)部门和单位负责建设和支付电费。

(A) 乡、民族乡

(B) 镇人民政府

(C) 县级以上地方人民政府有关部门

(D) 供电公司

答案：ABC

Lb3B2023 抄表线路安排应注意(　　)。

(A) 考虑地理环境对抄表工作的影响，尽量减少抄表员往返的路程，提高工效

(B) 对具备条件的应按变压器台区或供电线路抄表，以方便线损的统计和考核

(C) 满足对抄表员考核的要求

(D) 客户缴费时间

答案：ABC

Lb3B3024 在用户的电费结算中，实行《功率因数调整电费的办法》的目的是(　　)。

(A) 提高和稳定用电功率因数，能提高电压质量

(B) 提高和稳定用电功率因数，能减少供、配电网络的电能损失

(C) 提高和稳定用电功率因数，能提高电气设备的利用率

(D) 提高和稳定用电功率因数，能减少电力设施的投资和节约有色金属

答案：ABCD

Lb3B3025 (　　)是电费明细账。

(A) 售电分析后，售电日报及坐收、走收、银行代收

(B) 托收等实收电费凭证

(C) 未收电费凭证

(D) 应收电费凭证

答案：AB

Lb3B4026 影响平均电价波动的主要原因(　　)。

(A) 在电费收入中，每月或每年发生的特殊情况

(B) 在正常各类用电中本类用电的平均电价发生变化

(C) 在正常各类用电中，用电量发生的变化

(D) 实行《功率因数电费调整办法》，灯力比是否恰当，对趸售户各类电量确定的比例是否合适等

答案：ABCD

Lb3B4027 临时用电的客户若不具备安装用电计量装置计费条件，其用电量应根据其(　　)计收全部电费。用电终止时，如实际使用时间不足约定期限 1/2 的，可退还预收电费的 1/2；超过约定期限 1/2 的，预收电费不退；到约定期限时，终止供电。

(A) 用电容量

(B) 双方约定的每日用电时数

(C) 临时用电期限

(D) 用电类别

答案：ABCD

Lb3B4028 我省现行电网销售电价表中除目录电价以外还包含下列项目(　　)。

(A) 含税收

(B) 含重大水利工程建设基金

(C) 电力建设基金

(D) 可再生能源附加

(E) 农村低维费

答案：BD

Lb3B5029 《国家电网公司电费抄核收管理规则》规定，对(　　)的客户，其业务流程处理完毕后的首次电量电费计算，应逐户进行审核。

(A) 高压客户

(B) 新装用电客户

(C) 用电变更客户

(D) 电能计量装置参数变化

答案：BCD

Lb3B5030 《国家电网公司电费抄核收管理规则》规定，对用(　　)的客户，应根据电费收缴风险程度，实行每月多次抄表，并按国家有关规定或合同约定实行预收或分次结算电费。

(A) 用电量较大的客户

(B) 临时用电客户

(C) 租赁经营客户

(D) 交纳电费信用等级较差

答案：ABCD

Lc3B1031 感应式电能表用来产生转动力矩的主要元件是(　　)。

(A) 铝盘　(B) 电流元件　(C) 电压元件　(D) 计度器

答案：ABC

Lc3B1032 简述班组管理的主要内容及创一流班组的重要性(　　)。

(A) 班组管理的主要内容。班组是企业最基层的生产和经营的组织，是企业管理的重要基础，其管理内容十分广泛，就全面性而言，包括生产技术管理、质量管理、安全环保管理、设备工具管理、经济核算与经济责任制、管理的基础工作，管理现代化、劳动管理、劳动竞赛、思想政治工作，民主、生活管理、全员培训管理等。就其重点而言，主要是质量管理和管理的基础工作

(B) 创一流班组的重要性。1997 年 12 月，国家电力公司颁发了创建一流管理企业的标准，推动了电力企业的改革与发展。之所以称为一流企业，其明显标志在于一流的设备、一流的管理、一流的人才，达到或接近国际先进水平

(C) 班组是企业的基础，是企业一切工作的落脚点，企业要创一流，首先班组要创一流。只有班组建设的各项管理落实了，企业管理水平才能提高

(D) 营业电费管理的班组，肩负着电力销售繁重的任务，电力销售收入是否正确及时地回收，对电力企业经济效益和创一流工作有很大影响

答案：ABC

Lc3B2033 更换电流互感器及其二次线时除应执行有关安全规程外应注意的问题是(　　)。

(A) 更换电流互感器时，应选用电压等级、变比相同并经试验合格的

(B) 因容量变化而需更换时，应重新校验保护定值和仪表、电能表倍率

(C) 更换二次接线时，应考虑截面芯数必须满足最大负载电流及回路总负载阻抗不超过互感器准确度等级允许值的要求，并要测试绝缘电阻和核对接线

(D) 在运行前还应测量极性

答案：ABCD

Lc3B2034 因供电企业运行事故引起居民家用电器损坏，理赔措施是(　　)。

(A) 登记笔录材料应由受害居民用户签字确认，作为理赔处理的依据

(B) 损坏的家用电器经供电企业指定的或双方认可的检修单位检定，认为可修复的，供电企业承担被损坏元件的修复责任，修复所发生的费用由供电企业承担

(C) 不属于责任损坏或未损坏元件，受害居民用户也要求更换时，所发生的元件购置费与修理费应由提出要求者负担

(D) 按购置时间在 6 个月以内、6 个月以上及已超过平均使用年限的三种区别和使用家用电器折旧后的余额，分别予以赔偿。以外币购置的家用电器，按购置时国家外汇牌价折人民币计算其购置价，以人民币进行清偿

答案：ABCD

Lc3B2035 《居民用户家用电器损坏处理办法》适用的范围有(　　)。

(A) 供电企业负责运行维护的 220/380V 供电线路或设备上，因供电企业责任，发生

相线与零线接错或三相相序接反

(B) 供电企业负责运行维护的220/380V供电线路或设备上，因供电企业责任，发生零线断线

(C) 供电企业负责运行维护的220/380V供电线路或设备上，因供电企业责任，发生零线与相线互碰

(D) 供电企业负责运行维护的220/380V供电线路或设备上，因供电企业责任，同杆架设或交叉跨越时，供电企业的高压线路导线掉落到220/380V线路上或高压线路对220/380V线路放电

答案：ABCD

Lc3B2036 在使用电压互感器时，接线要注意的问题有(　　)。

(A) 按要求的相序接线

(B) 电压互感器极性要连接正确

(C) 二次侧应有一点可靠接地

(D) 二次绕组不允许短路

答案：ABCD

Lc3B2037 单相电能表由(　　)制动元件和计度器等部分组成。

(A) 阻尼元件　　(B) 驱动元件　　(C) 转动元件　　(D) 支撑元件

答案：BC

Lc3B3038 下列属于引起电能计量装置失准、故障的原因的选项有(　　)。

(A) 由于电能计量装置容量一定，若使用的负荷太大，可使电能计量装置长期过负荷发热而烧坏

(B) 由于电能计量装置装设地点过于潮湿或漏雨、雪等使其绝缘降低，致使绝缘击穿烧坏

(C) 由于电能计量装置的接触点或焊接点接触不良，使之发热，而导致烧坏

(D) 由于地震等其他自然灾害而损毁

答案：ABCD

Lc3B3039 制定《居民用户家用电器损坏处理办法》的目的是(　　)。

(A) 便于居民用户能尽快拿到损坏的家用电器的赔偿款

(B) 为了保护供用电双方的合法权益

(C) 规范因电力运行事故引起的居民用户家用电器损坏的理赔处理

(D) 公正、合理地调解纠纷

答案：BCD

Lc3B3040 下列属于引起电能计量装置失准、故障的原因的选项有（　　）。

（A）由于接线或极性错误

（B）电压互感器的熔断器熔断或电压回路断线

（C）年久失修，设备老化，如电能表轴承磨损、磁钢退磁、表油变质，高压电压互感器绝缘介质损失角增大等

（D）由于地震等其他自然灾害而损毁

答案：ABCD

Lc3B3041 选择电流互感器时应考虑以下内容（　　）。

（A）电流互感器一次电流的确定，应保证其在正常运行中的实际负荷电流达到额定值的60%左右，至少应不小于30%。否则应选用高动热稳定电流互感器以减小变化

（B）电流互感器的一次额定电压和运行电压相同

（C）注意使二次负载所消耗的功率不超过额定负载

（D）根据系统的供电方式，选择互感器的台数和满足电能计量或继电保护方式的要求

（E）根据测量的目的和保护方式的要求，选择其准确度等级

答案：ABCDE

Lc3B4042 电压互感器在运行中为什么不允许二次短路运行（　　）。

（A）因为电压互感器在正常运行时，由于其二次负载是计量仪表或继电器的电压线圈，其阻抗均较大，基本上相当于电压互感器在空载状态下运行

（B）二次回路中的电流大小主要取决于二次负载阻抗的大小，由于电流很小，所以选用的导线截面很小，铁芯截面也较小

（C）当电压互感器二次短路时，二次阻抗接近于零，二次的电流很大，将引起熔断器熔断，从而影响到测量仪表的正确测量和导致继电保护装置的误动作等

（D）如果熔断器未能熔断，此短路电流必然引起电压互感器绕组绝缘的损坏，以致无法使用，甚至使事故扩大到使一次绕组短路，乃至造成全厂（所）或部分设备停电事故

答案：ABCD

Jd3B1043 用电负荷按国民经济行业分类包括（　　）。

（A）农业用电负荷　　（B）照明及市政用电负荷

（C）交通运输用电负荷　　（D）工业用电负荷

答案：ABCD

Jd3B1044 下列选项中属于“供用电合同”条款的有（　　）。

（A）供用电设施维护责任的划分　　（B）合同的有效期限

（C）违约责任　　（D）计量方式、电价和电费结算方式

答案：ABCD

Jd3B2045　进行(　　)电气工作可不填写工作票。
(A) 事故紧急抢修工作
(B) 用绝缘工具做低压测试工作
(C) 线路运行人员在巡视工作中，需蹬杆检查或捅鸟巢
(D) 从运行设备中取油样的工作
(E) 路灯维修工作（只限于更换路灯灯泡、修理路灯立线、保险、灯光等）
答案：ABCDE

Jd3B2046　用电负荷按用电时间分类包括(　　)。
(A) 三班制生产负荷 (B) 间断性负荷　　(C) 两班制生产负荷 (D) 单班制生产负荷。
答案：ABCD

Jd3B2047　在(　　)下，须经批准后方可对客户实施中止供电。
(A) 对危害供用电安全，扰乱供用电秩序，拒绝检查者
(B) 拖欠电费经通知催缴仍不缴者
(C) 受电装置经检验不合格，在指定期间未改善者
(D) 客户注入电网的谐波电流超过标准，以及冲击负荷、非对称负荷等对电能质量产生干扰与妨碍，在规定限期内不采取措施者
答案：ABCD

Jd3B2048　"95598"客户热线具有(　　)功能。
(A) 受理电力客户业扩报装申请和日常用电业务
(B) 受理电力客户紧急服务业务
(C) 为电力客户提供快捷、方便的电话咨询服务
(D) 受理客户的投诉和举报，进行服务质量的监督
(E) 综合查询：电费查询、电量查询、欠费查询及停电信息查询
(F) 通过广域网，系统可以跨区域受理客户用电业务
答案：ABCDEF

Jd3B2049　下列选项属于需要新建或扩建35kV及以上输变电工程的业扩报装流程环节的有(　　)。
(A) 用户申请，业扩部门审核用电资料及文件，审查用电必要性和合理性，提出初步供电意见
(B) 规划部门拟订供电方案，组织会审上报批准并下达供电方案
(C) 基建设计部门立项并组织勘查设计、编制概算
(D) 业扩部门通知用户交款，审查用户内部电气设备图纸
答案：ABCD

Jd3B2050 供电企业若对欠费客户停止供电时，须满足(　　)条件。

(A) 逾期欠费已超过 30 天

(B) 经催缴，在期限内仍未缴纳

(C) 停电前应按有关规定通知客户

(D) 客户同意

答案：**ABC**

Jd3B3051 抄表中发现窃电的处理方法是(　　)。

(A) 现场抄表，发现窃电现象时，抄表员现场不得自行处理

(B) 不惊动客户，保护现场

(C) 及时与公司用电检查人员或班组联系

(D) 等公司有关人员到达现场取证后，方可离开

答案：**ABCD**

Jd3B4052 进入用户高低压变（配）电所抄表时，应注意的安全事项有(　　)。

(A) 抄表员进入用户高低压变（配）电所，应出示工作证

(B) 遵守用户单位的保卫保密规定和配电所（房）的规章制度

(C) 不到有电部位乱走乱动，不得操作电器设备

(D) 抄表时应站在配电柜前的橡胶绝缘毯上，并保持一定安全距离

答案：**ABCD**

Jd3B4053 多费率电能表按工作原理可分为(　　)。

(A) 机械式　　(B) 脉冲式　　(C) 电子式　　(D) 电子机械式

答案：**ACD**

Jd3B4054 发电厂和变电所中装设的电气设备中二次设备是对一次设备进行测量、控制、监视和保护，有(　　)。

(A) 仪用互感器　　(B) 测量表计

(C) 继电保护和自动装置　　(D) 直流设备

答案：**ABCD**

Jd3B5055 下列选项中，属于电力企业生产成本中的管理费的有(　　)。

(A) 利息　　(B) 生产费用　　(C) 发电费用　　(D) 罚金

答案：**AD**

Je3B1056 各类客户抄表日期应按(　　)安排。

(A) 居民客户一般在每月 15 日前完成抄表工作

（B）小电力客户一般在每月 25 日前完成抄表工作

（C）大电力客户一般在每月 25 日后安排抄表工作

（D）月用电量超过 10^5kW·h 以上的客户，一般安排在月末“0”点抄表

答案：ABCD

Je3B1057 为扩大电流表的量程，一般可采用的方法有（　　）。

（A）采用分流器　　（B）和电流表串联一个低值电阻

（C）采用电流互感器　　（D）和电流表并联一个低值电阻

答案：ACD

Je3B1058 编排抄核收工作例日方案的依据是（　　）。

（A）根据所在单位各类用电户数等决定工作量的大小

（B）根据所在单位各类用电销售电量和收入等决定工作量的大小

（C）就抄表方式、收费方式的不同制定例日工作方案

（D）结合人员定编、工作定额制定例日工作方案

答案：ABCD

Je3B1059 抄表时进行常规检查的主要项目有（　　）。

（A）计量装置运行是否正常，铅封是否齐全

（B）客户电量有无异常变化，主表与分表的电量关系是否正常

（C）客户有无违章、窃电行为，客户用电性质有无变化

（D）有无明显的不安全用电行为

答案：ABCD

Je3B2060 复核人员收到业务工作传票应注意（　　）。

（A）用电类别是否改变　　（B）用电容量是否改变

（C）互感器变比是否改变　　（D）客户法人是否改变

答案：ABC

Je3B2061 为降低电费风险，经常在供用电合同中运用担保手段，其担保方式有（　　）。

（A）保证　　（B）抵押　　（C）质押　　（D）限电

答案：ABC

Je3B2062 抄录分时计费客户电能表示数应注意（　　）。

（A）抄录分时计费客户电能表示数除应抄总电量外，还应同步抄录峰、谷、平的电量

(B) 核对峰、谷、平的电量和与总电量是否相符

(C) 核对峰、谷、平时段及时钟是否正确

(D) 峰、谷、平时段示数与时钟没有关系

答案：ABC

Je3B2063 下列(　　)是电费现场复核的正确规定。

(A) 居民客户年现场复核应达到应抄户数的5%

(B) 小动力客户年现场复核应达到应抄户数的10%

(C) 专用变客户年现场复核应达到应抄户数的50%

(D) 大工业客户年现场复核应达到应抄户数的100%

答案：ACD

Je3B3064 抄表过程中发现客户违约用电的处理方法(　　)。

(A) 现场抄表，发现封印脱落、表位移动、高价低接、用电性质变化等违约用电现象时，应在抄表微机中键入异常代码

(B) 抄表员现场通知客户到供电部门接受处理

(C) 抄表员现场不得自行处理，并不惊动客户

(D) 应及时与用电检查人员联系或回公司后填写《违约用电工作传票》交相关班组或人员处理

答案：ACD

Je3B3065 以下是关于“两部制电价的优越性”的描述，其正确的包括(　　)。

(A) 两部制电价使电网负荷率相应提高，减少了无功负荷，提高了电力系统的供电能力，使供用双方从降低成本中都获得了一定的经济效益

(B) 两部制电价发挥了价格的杠杆作用，促进用户合理使用用电设备，同时改善用电功率因数，提高设备利用率，压低最大负荷，减少了电费开支

(C) 两部制电价中的基本电价是按用户的用电设备容量或最大需量用量来计算的。用户的设备利用率或负荷率越高，应付的电费就越少，其平均电价就越低，反之，电费就越多，均价也就越高

(D) 两部制电价，使用户合理负担电力生产的固定成本费用

答案：ABCD

Je3B3066 在营业账务管理中，账簿的设置，账簿的规格和凭证的分类的内容有(　　)。

(A) 账簿的设置为：电费总账、现金账、银行存款日记账、分类账和收入明细账共五种

(B) 账簿的规格为：使用通用会计账本，电费总账、银行账使用钉本账，其他各科账使用活页账（随着计算机管理的逐渐深入，要求采用“电力财务管理信息系统”）

（C）凭证的分类为：转账凭证、收款凭证和付款凭证三种
（D）凭证的分类为：收款凭证和付款凭证两种
答案：ABC

Je3B3067 下列属于电费复核的依据是（　　）。
（A）抄表数据　（B）工作传票　（C）客户缴费时间　（D）客户档案
答案：ABD

Je3B3068 电费复核工作的内容是（　　）。
（A）对客户基本信息、电价执行情况和电费计算结果进行复核，确保电费发行准确
（B）对手工或计算机内的电费台账进行复核，确保抄表信息、电费台账、电量、电费发行等信息一致
（C）对电力销售、电费相关报表数据进行复核，确保发行汇总准确
（D）对电费账务进行复核，确保账与账之间正确、吻合
答案：ABCD

Je3B3069 上网电价应该实行的三同原则是（　　）。
（A）同网　（B）同质　（C）同量　（D）同价
答案：ABD

Je3B3070 抄表段设置应遵循抄表效率最高的原则，综合考虑（　　）等因素。
（A）客户类型　（B）抄表周期　（C）抄表例日　（D）抄表人员
（E）便于线损管理　（F）地理分布
答案：ABCEF

Je3B3071 大工业用户的电费组成是（　　）。
（A）基本电费。根据用户设备容量或用户最大需量来计算
（B）电度电费。以用户实际使用的电量数计算
（C）变压器损耗
（D）功率因数调整电费。以用户的实际功率因数对用户的实用电费按功率因数调整办法进行调整（增、减）
答案：ABD

Je3B4072 复费率电能表就是能够将电网高峰负荷时间和低谷负荷时间的用电量（包括发电量、供电量）分别记录在不同的记度器上，以便按不同的费率收费，或用来监视考核电网（或用户）的用电状态的电能表；它可以分为机械式、机电式、电子式三种类型，但都包括了以下几个基本组成部分：电能测量元件、（　　）电源及稳压部分。
（A）电能、脉冲转换部分　（B）逻辑功能控制部分

（C）时间控制部分　　　　　　　　　　（D）分时计数部分

答案：ABCD

Je3B4073　由于电能计量装置接线错误、熔断器熔断、倍率不符使电能计量出现差错时，应如何退补电费（　　）。

（A）因计费电能计量装置接线错误使电能计量出现差错时，以其实际记录的电量为基数，按正确与错误接线的差额率退补电量。退补时间从上次校验或换装投入之日起至接线错误更正之日止

（B）因电能计量装置电压互感器的熔断器熔断使电能计量出现差错时，按规定计算方法计算并补收相应电量的电费，无法计算的，以用户正常月份用电量为基准，按正常月与故障月的差额补收相应电量的电费。补收时间按抄表记录或按失压自动记录仪记录确定

（C）因电能计量装置计算电量的倍率或铭牌倍率与实际不符使电能计量出现差错时，以实际倍率为基准，按正确与错误倍率的差值退补电量和电费。退补时间以抄表记录为准

（D）退补期间，用户待差错确定后，再按抄见电量缴纳电费

答案：ABC

Je3B4074　因电能计量装置自身原因引起计量不准，应如何退补电费（　　）。

（A）互感器或电能表误差超出允许范围时，以“0”误差为基准，按验证后的误差值退补电量。退补时间从上次校验或换装后投入之日起至误差更正之日止的时间计算

（B）连接线的电压降超出允许范围时，以允许电压降为基准，按验证后实际值与允许值之差补收电量。补收时间从连接线投入或负荷增加之日起至电压降更正之日止

（C）其他非人为原因致使计量记录不准时，以用户正常月份的用电量为基准退补电量。退补时间按抄表记录确定

（D）退补期间，用户待误差确定后，再按抄见电量缴纳电费

答案：BC

Je3B4075　大工业用户的电费组成是（　　）。

（A）基本电费　　　　　　　　　　　（B）电度电费

（C）变压器损耗　　　　　　　　　　（D）功率因数调整电费

答案：ABD

Je3B4076　抄表异常分类包括（　　）。

（A）计量装置故障　　　　　　　　　（B）违约用电、窃电

（C）电量电费差错　　　　　　　　　（D）档案错误　　　　　（E）抄表段错误

答案：ABCD

Je3B4077　现场抄表发现窃电应如何处理（　　）。

（A）立即停止供电　　　　　　　　　（B）在抄表机中键入异常代码

(C) 通知客户

(D) 不惊动客户并保护现场

(E) 现场取证留下影像资料

(F) 通知公司用电检查人员，等用电检查人员到达现场后离开

答案：BDEF

Je3B5078 如何提高售电平均电价(　　)。

(A) 对大工业用户基本电费的计收是否严格按标准执行，有无少收现象，对装见容量较大，变压器利用率达到70%及以上者，应按最大需量计收基本电费

(B) 严格按物价部门的规定，对执行优待电价的用户认真核定

(C) 对城乡居民生活用电、非居民照明用电、商业用电，按规定正确区分，不能随意混淆，防止高价低收

(D) 对灯力比的划分要恰当。对农业用电灯力比的划分，要随季节调整，对趸售户各类用电比例，要调查后确定，积极推行峰谷电价，认真执行功率因数电费调整办法，做到应执行户必执行

答案：ABCD

Jf3B1079 电能计量装置的倍率与(　　)有关。

(A) 电能表本身倍率

(B) 电流互感器变比

(C) 电压互感器变比

(D) 变压器变比

答案：ABC

Jf3B1080 使用钳形电流表时应注意(　　)。

(A) 被测导线应尽量放在钳口中央

(B) 首次测量应将档位调至电流最低档

(C) 钳口应注意闭合

(D) 测量电流过程中不得调节档位

答案：ACD

Jf3B2081 电压互感器的保险丝熔断，应(　　)退补电费。

(A) 按规定计算方法补收相应电量的电费

(B) 无法计算的以用户正常月份用电量为基准，按抄表记录时间退补

(C) 与用户协商解决

(D) 按违章处理

答案：AB

Jf3B2082 相序测量检查方法有(　　)。

(A) 电感灯泡法

(B) 电容灯泡法

(C) 相序表法

(D) 相位角法

答案：ABCD

Jf3B2083　使用兆欧表时应注意(　　)。

(A) 开路试验

(B) 短路试验

(C) 测量过程中保持测量线间绝缘

(D) 转速为 120r/min

答案：ABCD

Jf3B2084　在(　　)下，须经批准后方可对客户实施中止供电。

(A) 拒不在限期内拆除私增用电容量者

(B) 拒不在限期内交付违约用电引起的费用者

(C) 违反安全用电、计划用电有关规定，拒不改正者

(D) 私自向外转供电力者

答案：ABCD

Jf3B2085　万用表使用后应将万用表的开关：(　　)位置。

(A) 有 OFF 档位的应旋至 OFF 档位

(B) 无 OFF 档位的应旋至直流电压最高档

(C) 无 OFF 档位的应旋至交流电压最高档

(D) 无 OFF 档位的应旋至直流电流最高档

答案：AC

Jf3B2086　下列属于引起电能计量装置失准、故障的原因的选项有(　　)。

(A) 由于电能计量器具制造、检修不良而造成烧坏

(B) 由于雷击等过电压，将电能计量装置绝缘击穿而损毁

(C) 由于外力机械性损坏或人为蓄意损坏

(D) 由于地震等其他自然灾害而损毁

答案：ABCD

Jf3B3087　电力变压器可以按(　　)等方式分类。

(A) 组耦合方式　　(B) 相数

(C) 冷却方式　　(D) 绕组数

答案：ABCD

Jf3B3088　根据财务制度规定，发票应怎样保管(　　)。

(A) 企业应建立发票登记簿，用以反映发票购领使用及结存情况

(B) 企业须设置专人登记保管发票。增值税专用发票须设置专门的存放场所。抵扣联按税务机关的要求进行登记并装订成册，不能擅自毁损发票的联次

(C) 已开具的发票存根和发票登记簿，应当保存五年，保存期满报经税务部门检查后

销毁。增值税专用发票实行以旧换新的购领制度，凭用完的专用发票存根购买新的专用发票，存根联交回税务部门

(D) 发票丢失一被窃时应及时报告税务机关，并采用有效方式声明作废

答案：ABCD

Jf3B3089 电能表潜动的概念及现场判断是(　　)

(A) 电能表潜动是指电流线圈无负载，而电能表的圆盘继续不停地转动

(B) 电能表潜动是指电流线圈有负载，而电能表的圆盘继续不停地转动

(C) 断开用户控制负荷的总刀闸，如圆盘运转一圈后，仍继续不停地转动，则证实电能表潜动

(D) 都不对

答案：AC

Jf3B3090 在使用电流互感器时，接线要注意的问题有(　　)

(A) 将测量表计、继电保护和自动装置分别接在单独的二次绕组上供电

(B) 极性应连接正确

(C) 运行中的二次绕组不许开路

(D) 二次绕组应可靠接地

答案：ABCD

Jf3B4091 下列选项属于需要新建或扩建35kV及以上输变电工程的业扩报装流程环节的有(　　)。

(A) 基建设计部门立项并组织勘查设计、编制概算

(B) 业扩部门通知用户交款，审查用户内部电气设备图纸

(C) 基建部门组织审查设计、组织施工、验收并提出决算

(D) 业扩部门通知用户办理工程结算和产权移交手续，传递装表接电信息资料

答案：ABCD

Jf3B4092 室内低压线路短路的原因大致有(　　)。

(A) 接线错误引起相线与中性线直接相碰

(B) 因接线不良导致接头之间直接短接，或接头处接线松动而引起碰线

(C) 在该用插头处不用插头，直接将线头插入插座孔内造成混线短路

(D) 电器用具内部绝缘损坏，导致导线碰触金属外壳或用具内部短路而引起电源线短接

(E) 房屋失修漏水，造成灯头或开关过潮甚至进水，而导致内部相间短路

(F) 导线绝缘受外力损伤，在破损处发生电源线碰接或者同时接地

答案：ABCDEF

1.4 计算题

La3D2001 有$C=X_1\mu F$的电容器上，加频率为50Hz的交流电压220V，其功率$Q=$________ kV·A。

X_1取值范围：50，60，70

计算公式：$Q=\frac{U^2}{R}=U^2\times 2\times 3.14\times f\times C=220^2\times 2\times 3.14\times 50\times X_1\times 10^{-6}$

La3D2002 已知某变压器铭牌参数为：$S_N=X_1$kV·A，$U_{1N}=10$（1±5%）kV，$U_{2N}=0.4$kV，当该变压器运行档位为Ⅰ档时，试求该变压器低压侧额定电流$I_N=$________A。（答案保留两位有效数字）

X_1取值范围：50，100，200

计算公式：$I_N=\frac{S_N}{\sqrt{3}\times U}\times 100\%=\frac{X_1}{\sqrt{3}\times 0.4}$

Lb3D1003 2000年7月，某供电所工号为103号的抄表工，工作任务单上派发其本月应抄电费户3000户，其中，照明户2500户，动力户500户。月末经电费核算员核算，发现其漏抄动力户2户、照明户$F=X_1$户，估抄照明户3户，求103号抄表工本月综合实抄率$C_{总}=$________。（保留两位小数）

X_1取值范围：18，20，25

计算公式：$C_{总}=\frac{实抄户数}{应抄户数}\times 100\%=\frac{3000-2-3-X_1}{3000}\times 100\%$

Lb3D2004 某工业用户为单一制电价用户，并与供电企业在供用电合同中签定有电力运行事故责任条款。7月份由于供电企业运行事故造成该用户停电$t=30$h，已知该用户6月正常用电电量为$W=X_1$kW·h，电度电价为$D_{fd}=0.40$元/(kW·h)。供电企业应赔偿该用户$D=$________元 。（有小数的保留两位小数）

X_1取值范围：30000，36000，40000

计算公式：$D=可能用电时间\times 每小平均用电量\times 4=\frac{30\times 0.4\times 4\times X_1}{30\times 24}$

Jd3D2005 某企业装有$PG=X_1$kW电动机一台，三班制生产，居民生活区总用电容量为$P_m=8$kW，办公用电总容量$P_b=14$kW，未装分表。请根据该企业用电负荷确定该用户用电比例，工业$r_g=$________，居民生活$r_m=$________。

X_1取值范围：35，38，40

计算公式：$r_g=\frac{P}{P_{总}}=\frac{24\times X_1}{24\times X_1+8\times 6+14\times 8}$

$$r_m=\frac{P}{P_{总}}=\frac{8\times 6}{24\times X_1+8\times 6+14\times 8}$$

Jd3D3006 某居民用户反映电能表不准，检查人员查明这块电能表准确度等级为2.0，电能表常数为$C=3600r/(kW \cdot h)$，当用户点一盏$P=X_1 W$灯泡时，用秒表测得电表转$N=6r$，用电时间$t=2min$。该表的相对误差=________%。（有小数的保留两位小数）

X_1取值范围：40，50，60

计算公式：$R=\dfrac{T-t}{t}=\dfrac{\dfrac{N}{C \times P}-120}{120}=\dfrac{6 \times 3600 \times 1000/(3600 \times X_1)-120}{120}$

Je3D1007 某机床厂2012年12月电费总额为3400元，其中居民生活分表电费$JMF=X_1$元。供用电合同约定缴费日期为每月30日前。该电力客户2013年1月18日才到供电企业缴纳上月电费，该用户2013年1月应缴纳的电费违约金$M=$________元。

X_1取值范围：1600，1700，1800

计算公式：$M=X_1 \times 19 \times 0.001+(3400-X_1) \times 1 \times 0.002+(3400-X_1) \times 18 \times 0.003$

Je3D1008 某10kV高压供电普通工业用户，1级计量方式为高供低计，TA=100/5，有功总表起码为3399，止码为4399，2级定量$DL=X_1$为非居民，假设变损为480kW·h，该用户普通工业电量$M=$________kW·h。

X_1取值范围：1000，2000，3000

计算公式：$M=20000-X_1+480$

Je3D1009 某10kV高压供电普通工业用户，1级计量方式为高供低计，TA=100/5，有功总表起码为3399，止码为4399，2级定比$DB=X_1\%$为非居民，假设变损为480kW·h，该用户普通工业电量$M=$________kW·h。

X_1取值范围：10，15，20

计算公式：$M=\dfrac{(20000+480) \times (100-X_1)}{100}$

Je3D2010 经查，三相四线电能计算装置A、B、C三相所配电流互感器变比分别为$K_A=150/5$、$K_B=150/5$、$K_C=X_1$。计量期间，供电企业按$K=150/5$计收其电量$W=20000kW \cdot h$。该用户实际用电量为多少$Dl=$________kW·h。

X_1取值范围：20，40，50

计算公式：$Dl=\text{更正系数} \times \text{电量}=\dfrac{\dfrac{1}{10} \times 20000}{\dfrac{1}{30}+\dfrac{1}{X_1}+\dfrac{1}{30}}$

Je3D2011 客户A的2008年4月计费电量$W_z=X_1 kW \cdot h$，其中峰段电量$W_f=20000kW \cdot h$，谷段电量$W_g=50000kW \cdot h$。客户所在供电区域实行峰段电价为平段电价的160%，谷段电价为平段电价的40%的分时电价政策。该客户4月份电量电费因执行分

时电价所支出的电费占原电费的百分之$M=$________。(有小数的保留两位小数)

X_1取值范围：100000，120000，150000

计算公式：$M=\dfrac{\text{执行峰谷总电费}}{\text{不执行峰谷总电费}}$

$$=\frac{160\%\times20000+50000\times40\%+(X_1-20000-50000)}{X_1}\times100$$

Je3D2012 某用户，每月6号抄表例日，2014年1月至2014年7月执行城镇居民不满1kV（一户一表）电价，该用户于2014年7月8日申请改为城镇居民不满1kV（合表）电价，改类时拆表电量是120kW·h，已知2014年1至7月累计电量$D=X_1$kW·h，2014年7月份电费$DF=$________。[居民一阶电价为0.52元/（kW·h），二阶电价为0.57元/（kW·h），三阶电价为0.82元/（kW·h），城镇居民不满1kV（合表）电价为0.5362元/（kW·h）]

X_1取值范围：1900，2000，2100

计算公式：$DF=(X_1-180\times8)\times(0.57-0.52)+0.57\times120$

Je3D2013 供电企业在进行营业普查时发现某居民户在公用220V低压线路上私自接用一只$P=X_1$W的电炉进行窃电，且窃电时间无法查明。该居民户应补交电费$DF=$________元、违约使用电费$DW=$________元。(有小数的保留两位小数)[假设电价为$Dfd=0.50$元/(kW·h)]

X_1取值范围：2000，2500，3000

计算公式：$DF=\dfrac{X_1\times6\times180}{1000}\times0.5$

$$DW=\frac{X_1\times6\times180}{1000}\times0.5\times3$$

Je3D2014 某私营工业户某月抄见有功电量为$W_p=40000$kW·h，无功电量为$W_q=20000$kvar·h。后经检查发现，该无功电能表为非止逆表。已知该用户本月向系统倒送无功电量$W_{qd}=X_1$kvar·h，该用户当月实际功率因数$Q=$________。

X_1取值范围：5000，6000，7000

计算公式：$Q=\dfrac{40000}{\sqrt{40000^2+(20000+X_1\times2)^2}}$

Je3D2015 某35kV供电的钢铁企业，实行总表计量，设有二级定比计量点，定比值为5%。2017年2月参与市场化售电，已知2017年5月该户总表电量为1000万千瓦时，其中尖电量100万千瓦时，峰电量200万千瓦时，谷电量400万千瓦时，平电量300万千瓦时。5月份，交易中心给定该户的交易电量为$DL=X_1$万千瓦时，该企业5月份市场化电费$DF=$________万元。(已知各代征基金总和为0.0274元/千瓦时，该户大用户直购电价为0.36元/千瓦时，35kV电压等级对应输配电价为0.1571元/千瓦时)

X_1取值范围：700，800，900

计算公式：$DF=\frac{X_1}{10}\times(0.36\times1.4+0.1845)+\frac{X_1}{5}\times(0.36\times1.4+0.1845)$
$+\frac{4\times X_1}{10}\times(0.36\times0.6+0.1845)+\frac{3\times X_1}{10}\times(0.36+0.1845)$

Je3D2016 某大工业用户，装有受电变压器 $S_0=315$kV·A 一台。5 月 $R=X_1$日变压器故障，因无同容量变压器，征得供电企业同意，暂换一台 $S1=400$kvar·A 变压器。供电企业与用户约定的抄表结算电费日期为每月月末，则 5 月份应交纳的基本电费为 $M=$________元。[基本电费 10 元/（kW·h）]

X_1取值范围：5.0 至 25.0 之间的连续整数

计算公式：$M=\left(\frac{315\times(X_1-1)}{30}+\frac{400\times(31-(X_1-1))}{30}\right)\times10$

Je3D3017 某普通工业用户采用 10kV 供电，供电变压器为 250kV·A，计量方式用低压计量。根据《供用电合同》，该户每月加收线损电量 $r=3\%$和变损电量。已知该用户 3 月份抄见有功电量为 40000kW·h，无功电量为 10000kvar·h，有功变损为 1037kW·h，无功变损为 7200kvar·h。该用户 3 月份的功率因数调整电费 $T_{df}=$________元。（有小数的保留两位小数）[假设电价为 $D_{fd}=X_1$元/(kW·h)]

X_1取值范围：0.50，0.55，0.60

计算公式：$T_{df}=(40000+1037)\times1.03\times X_1\times(-0.3\%)$

Je3D3018 经查，三相四线电能计算装置 A、B、C 三相所配电流互感器变比分别为 $K_A=150/5$、$K_B=X_1$、$K_C=200/5$，且 C 相电流互感器极性反接。计量期间，供电企业按 $K=150/5$ 计收其电量 $W=210000$kW·h。该用户实际用电量是 $Dl=$________ kW·h。

X_1取值范围：20，30，40

计算公式：$Dl=\text{更正系数}\times\text{电量}=\frac{\frac{1}{10}\times210000}{\frac{1}{30}+\frac{1}{X_1}-\frac{1}{40}}$

Je3D3019 某工业用户变压器容量为 500kV·A，装有有功电能表和双向无功电能表各 1 块。已知某月该户有功电能表抄见电量为 40000kW·h，无功电能抄见电量为正向 25000kvar·h，反向 5000kvar·h。该户当月功率因数调整电费 $Tzf=$________元。（有小数的保留两位小数）[假设工业用户电价为 $Gdj=X_1$元/(kW·h)，基本电费电价为 10 元/(kV·A·月)]

X_1取值范围：0.25，0.3，0.35

计算公式：$Tzf=(40000\times X_1+500\times10)\times0.05$

Je3D3020 某工厂以10kV供电，变压器容量S为3200kV·A，本月有功电量$W_P=X_1$kW·h，无功电量W_Q为186904kvar·h。基本电价15.00元/（kV·A），电量电价0.46［元/（kW·h)］。则该厂本月应付电费M=________元及平均电价C=________元/(kW·h)（保留两位小数）。（按该用户变压器容量，应执行功率因数考核值为0.9，若在0.8～0.9范围，应加收电费3%）。

X_1取值范围：150000至201000的整数

计算公式：$M=(3200\times15+X_1\times0.46)\times1.03$

$$C=\frac{M}{X_1}=\frac{(3200\times15+X_1\times0.46)\times1.03}{X_1}$$

Je3D3021 某大工业用户装有1000kV·A变压器两台，根据供用电合同，电力部门按最大需量对该户计收基本电费，核准的最大需量S为1800 kW。已知该户当月最大需量表读数$S_1=X_1$kW，该户当月基本电费为M=________元。［假设基本电费电价为20元/(kW·月)］

X_1取值范围：1891.0至1990.0之间的整数

计算公式：$M=1800\times20+(X_1-1890)\times2\times20$

Je3D3022 某用户当月工业用电电量为$W_1=X_1$kW·h，电费为DF_1=9342元，其中各项代征基金$DZJJ$=630元；生活用电W_2=3000kW·h，电费DF_2=1371元，其中各项代征基金105元。该用户当月平均目录销售电价Dfd=________元/（kW·h)。（有小数的保留两位小数）

X_1取值范围：18000，18100，18200

计算公式：$Dfd=\dfrac{9342-630+1371-105}{X_1+3000}$

Je3D3023 某自来水厂采用10kV供电，供电变压器为Se=250kV·A，计量方式用低压计量。根据《供用电合同》，该户每月加收线损电量$r\%$=2.5%和变损电量。已知该用户3月份抄见有功电量为Wp=40000kW·h，无功电量为Wq=10000kvar·h，有功变损为ΔWp=1037kW·h，无功变损为ΔWq=7200kvar·h。该用户3月份的电费DF=________元。（有小数的保留两位小数）［假设电价为$Dfd=X_1$元/(kW·h)］

X_1取值范围：0.602，0.655，0.798

计算公式：$DF=(40000+1037)\times1.025\times X_1\times(1-0.003)$

Je3D3024 某农场现代化养鸡装有10kV变压器1台，容量为500kV·A，高供高计。该户本月抄见有功电量为Wp=40000kW·h，无功电量为Wq=30000kvar·h。电价标准见表。求该户本月应交电费DF=________元。［农业生产$Dnd=X_1$元/（kW·h)］（有小数的保留两位小数）

X_1取值范围：0.385，0.455，0.674

计算公式：$DF=40000\times X_1\times(1-0.1)$

Je3D3025 某工业用户装有 SL7—50/10 型变压器一台，采用高供低计方式进行计量，根据供用电合同，该户用电比例为工业 95%，居民生活 5%，已知 4 月份抄见有功电量 $W=X_1$kW·h，则该户 4 月份的总电费 $M=$________元。[假设工业电价 0.5 元/（kW·h），居民生活电价为 0.3 元/（kW·h），SL7—50/10 型变压器的变损 WB 为 435kW·h]（小数点后两位）

X_1取值范围：5000.0 至 20000.0 之间的连续整数

计算公式： $M=(X_1+435)\times0.95\times0.5+(X_1+435)\times0.05\times0.3)$

Je3D3026 某工厂以 10kV 供电，变压器容量 S 为 3200kV·A，本月有功电量 $W_P=X_1$kW·h，无功电量 W_Q为 186904.0kvar·h。基本电价 15.00 元/（kV·A），电量电价 0.46 元/（kW·h）。则该厂本月平均电价 $C=$________元/（kW·h）。（按该用户变压器容量，应执行功率因数考核值为 0.9，若在 0.8～0.9 范围，应加收电费 3%）。（保留两位小数）

X_1取值范围：150000.0 至 201000.0 之间的连续整数

计算公式： $C=\dfrac{(3200\times15+X_1\times0.46)\times1.03}{X_1}$

Je3D3027 某大工业用户装有容量 S 为 2000kV·A 变压器 1 台，已知基本电费电价为 10 元/（kV·A·月），电度电费电价为 0.20 元/（kW·h），高峰电价为 0.30 元/（kW·h），低谷电价为 0.10 元/（kW·h），已知该户当月抄见总有功电量 $W=X_1$kW·h，高峰电量 W_H 为 400000kW·h，低谷电量 W_D 为 296779.0kW·h，试求该户当月平均电价 $C=$________元/（kW·h）（小数点后两位）。

X_1取值范围：1000000，1500000，2000000

计算公式： $C=\dfrac{20000+400000\times0.3+296779\times0.1+(X_1-400000-296779)\times0.2}{X_1}$

Je3D3028 某用户，每月 6 号抄表例日，2014 年 1 月至 2014 年 7 月执行城镇居民不满 1kV（一户一表）电价，该用户于 2014 年 7 月 8 日申请改为城镇居民不满 1kV（合表）电价，改类时拆表表码是 561，已知 2014 年 1 至 7 月累计电量 $DL=X_1$kW·h，2014 年 7 月份电费 $DF=$________元。[居民一阶电价为 0.52 元/（kW·h），二阶电价为 0.57 元/（kW·h），三阶电价为 0.82 元/（kW·h），城镇居民不满 1kV（合表）电价为 0.5362 元/（kW·h）]

X_1取值范围：1900，2000，2100

计算公式： $DF=(X_1-180\times8)\times0.05+(280\times8-X_1)\times0.57$
$+(561+X_1-2240)\times0.82$

Je3D3029 某大工业用户，装设带联锁装置两路进线，互为备用。已知某月该客户第一路进线的最大需量表读数为 0.3850，倍率为 2000；第二路进线最大需量表读数为 0.56，倍率为1600。若约定最大需量为800kW，基本电费电价为33元/(kW·月)，该用户当月的基本电费$JBDF$=______元。

X_1取值范围：0.56，0.57，0.58

计算公式：$JBDF=(800+(X_1\times1600-1.05\times800)\times2)\times33$

Je3D3030 某35kV供电的钢铁企业，参与市场化售电，已知2017年7月该户大工业电量为1000万kW·h，其中尖电量100万kW·h，峰电量200万kW·h，谷电量400万kW·h，平电量300万kW·h。7月份，交易中心给定该户的交易电量为$DL=X_1$万kW·h，该企业7月份电费DF=______万元。[已知大工业35kV电价分别为尖：0.8696元/(kW·h)，峰：0.7641元/(kW·h)，谷：0.3431/(kW·h)，平：0.5536元/(kW·h)。大工业电价中各代征基金总和为0.0274元/(kW·h)，该户大用户直购电价为0.36元/(kW·h)，35kV电压等级对应输配电价为：0.1571元/(kW·h)]

X_1取值范围：700，800，900

计算公式：DF = 网购电费 + 市场化交易电费

$$=100\times\left(1-\frac{X_1}{1000}\right)\times0.8696+200\times\left(1-\frac{X_1}{1000}\right)\times0.7641+400\times\left(1-\frac{X_1}{1000}\right)\times0.3431+300\times\left(1-\frac{X_1}{1000}\right)\times0.5536+\frac{X_1}{10}\times(0.36\times1.6+0.1845)+\frac{X_1}{5}\times(0.36\times1.4+0.1845)+\frac{4\times X_1}{10}\times(0.36\times0.6+0.1845)+\frac{3\times X_1}{10}\times(0.36+0.1845)$$

Je3D3031 某大工业用户，2013年8月新装投运两台受电变压器315kV·A、500kV·A，合同约定基本电费按变压器容量计收，基本电价为$JBJ=X_1$元/(kW·月)，抄表例日为每月25日。2016年1月18日用户申请全部暂停，至2016年3月15日，用户申请变压器全部启用，该用户2016年3月基本电费JBF=______元。

X_1取值范围：22，23，24

计算公式：$JBF=\frac{(500+315)\times(31-14)\times X_1}{30}$

Je3D4032 某大工业用户属于10kV线路供电，高压侧产权分界点处计量，装有500kV·A变压器一台，该用户3月、4月各类表计的止码为：

表名 \ 月份	3月	4月	倍率
有功总表	712	800	400
高峰总表	250	277	400
低谷总表	125	149	400
无功总表	338	366	400

假设大工业用户的电度电价 $DJ=X_1$元/(kW·h)，基本电费电价为 10 元/(kV·A·月)，高峰电价系数为 160%，低谷为 40%，请计算该户 4 月份电费 $DF=$________元。

X_1取值范围：0.32，0.42，0.55

计算公式： $DF=((277-250)\times400\times X_1\times160\%+(149-125)\times400\times X_1\times40\%+((800-712)\times400-10800-9600)\times X_1+500\times10)\times(1-0.75\%)$

Je3D4033 水利局某电力排灌站由两台 3200kV·A 变压器受电，2007 年启动期间，月均有功电量 $WP_1=2880000$kW·h，无功用电量 $WQ_1=2160000$kvar·h，纯电费支出（不含各级代收费）$DF=X_1$元。2008 年水利局投资 $Tz=27.5$ 万元，投入无功补偿装置后，月均有功电量达到 $WP_2=4032000$kW·h，无功用电量 $WQ_2=1290240$kvar·h。若电价不发生变化，用电量按 2008 年水平测算，则用电 $n=$________月后，其无功补偿投资可简单收回（不考虑电量损失变化因素和投资利息回报）。

X_1取值范围：574560，655260，874560

计算公式： $n=\dfrac{275000}{\text{减收的力调电费}}=\dfrac{275000\times288000\times1.05}{403200\times(0.05+0.0075)\times X_1}$

Je3D4034 某用户最大负荷时，月平均有功功率为 $P=X_1$kW，功率因数为 $\cos\varphi_1=0.65$。若将功率因数提高到 $\cos\varphi_2=0.9$，应装电容器组的总容量 $Q_c=$________ kV·A。（结果保留两位小数）

X_1取值范围：500，550，600

计算公式： $Q_c=X_1\times\left(\sqrt{\dfrac{1}{0.65^2}-1}-\sqrt{\dfrac{1}{0.9^2}-1}\right)$

Je3D4035 某 10kV 企业三班制生产，年有功用电量与无功用电量分别为 $W\text{p}=X_1$kvar·h 和 $W\text{q}=14000000$kvar·h，年最大负荷利用小时 $T_{\max}=5200$h，负荷系数 β=0.8，其平均功率因数 $Q=$________，如按要求将功率因数提高到规定值 $\cos\varphi_2=0.9$，则应补偿无功容量 $Qc=$________ kV·A。（有小数的保留两位小数）

X_1取值范围：13000000，13100000，13200000。

计算公式： $Q=\cos\varphi_1=\dfrac{X_1}{\sqrt{X_1{}^2+Q^2}}=\dfrac{X_1}{\sqrt{X_1{}^2+14000000^2}}$

$$Qc=P\times(\tan\varphi_1-\tan\varphi_2)=\frac{X_1\times0.8}{5200}\times\left(\frac{14000000}{X_1}-0.48\right)$$

Je3D4036 某客户 10kV 照明用电，受电容量 $S=200$kV·A，由两台 10kV 同系列 $Se=100$kV·A 节能变压器并列运行，其单台变压器损耗 $P_0=0.25$kW，$P_k=1.15$kW。某月，因负荷变化，两台变压器负荷率都只有 $\beta=X_1$。此时功率损耗 $P_{总}=$________ kW，若申请暂停 1 台受电变压器，则此时功率损耗 $P'=$________ kW。（有小数的保留两位小数）

X_1取值范围：0.3，0.4，0.45

计算公式： $P_{总}=P_{Fe}+P_{Cu}=2\times0.25+2\times1.15\times\frac{X_1\times100}{100}\times\frac{X_1\times100}{100}$

$$P'=P'_{Fe}+P'_{Cu}=0.25+1.15\times\frac{2\times X_1\times100}{100}\times\frac{2\times X_1\times100}{100}$$

Je3D4037 经查，三相四线电能计算装置A、B、C三相所配电流互感器变比分别为$K_A=150/5$、$K_B=X_1$、$K_C=200/5$，且C相电流互感器极性反接。计量期间，供电企业按$K=150/5$计收其电量$W=210000$kW·h。该用户实际用电量是$W=$________ kW·h。（有小数的保留两位小数）

X_1取值范围：20，30，40

计算公式： $W=更正系数\times电量=\dfrac{210000\times\left(\frac{1}{10}\right)}{\left(\frac{1}{30}+\frac{1}{X_1}-\frac{1}{40}\right)}$

Je3D5038 某电能表常数为$C=450$r/（kW·h），负载加热圈为$P=X_1$kW，计量倍率为$B=50/5$，该表表盘$t=10$min应转$n=$________。若实际测得转数为$N=14$r，表计实际误差$R=$________。（有小数的保留两位小数）

X_1取值范围：2.0，2.1，2.2

计算公式： $n=\frac{10}{60}\times X_1\times\frac{450}{10}$；$R=\dfrac{14-\frac{10}{60}\times X_1\times\frac{450}{10}}{\frac{10}{60}\times X_1\times\frac{450}{10}}$

Je3D5039 经查，某三相四线电能计算装置，第一元件接U_{bn}，I_a，第二元件接U_{an}，$-I_b$，第三元件接U_{cn}，I_c。错误接线期间计收其电量$W=X_1$kW·h。假设用户平均功率因数角$\varphi=20°$，该用户实际用电量是$W_0=$________ kW·h。（有小数的保留两位小数）

X_1取值范围：200，300，400

计算公式： $W_0=更正系数\times电量=\dfrac{3\times\cos20°\times X_1}{\cos100°-\cos140°+\cos20°}$

Je3D5040 经查，某三相四线电能计算装置，第一元件接U_{an}，I_b，第二元件接U_{bn}，I_c，第三元件接U_{cn}，I_a。错误接线期间计收其电量$W=X_1$kW·h。假设用户平均功率因数角$\varphi=20°$，该用户实际用电量是$W_0=$________ kW·h。（有小数的保留两位小数）

X_1取值范围：-200，-300，-400

计算公式： $W_0=更正系数\times电量=\dfrac{\cos20°\times X_1}{\cos140°}$

Je3D5041 经查，某三相四线电能计算装置，第一元件接U_{cn}，$-I_a$，第二元件接U_{an}，$-I_b$，第三元件接U_{bn}，$-I_c$。错误接线期间计收其电量$W=X_1$kW·h。假设用户平均功率因数角$\varphi=20°$，该用户实际用电量是$W_0=$________ kW·h。(有小数的保留两位小数)

X_1取值范围：200，300，400

计算公式：$W_0=更正系数\times电量=\dfrac{\cos 20°\times X_1}{-\cos 140°}$

1.5 识图题

La3E2001 假定下图中互感器同名端标注正确，那么在开关合上的瞬间，电流表正偏的图形是(　　)。

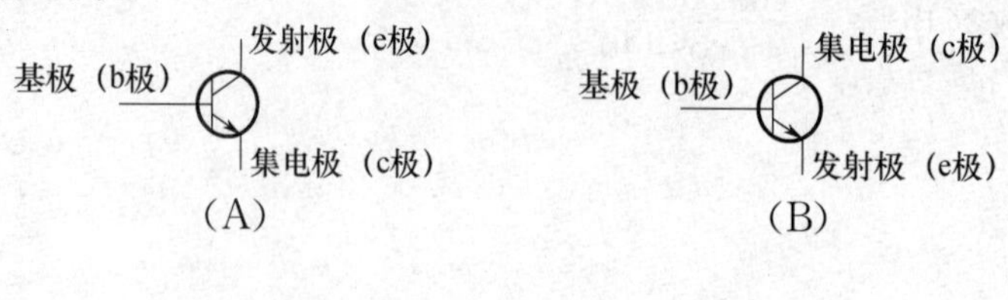

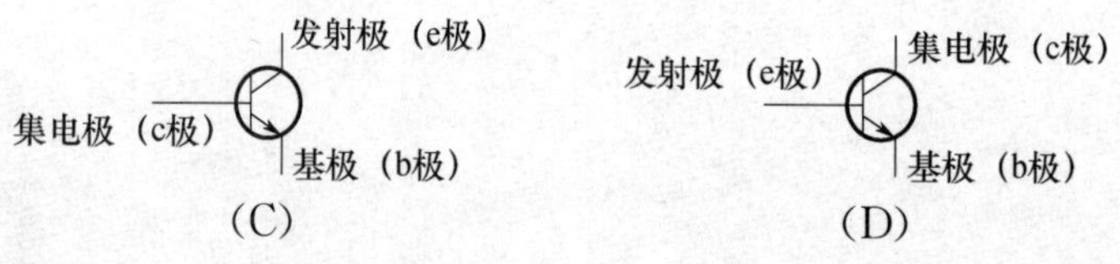

答案：A

La3E2002 硅晶体三极管的图形符号及标注正确的是(　　)。

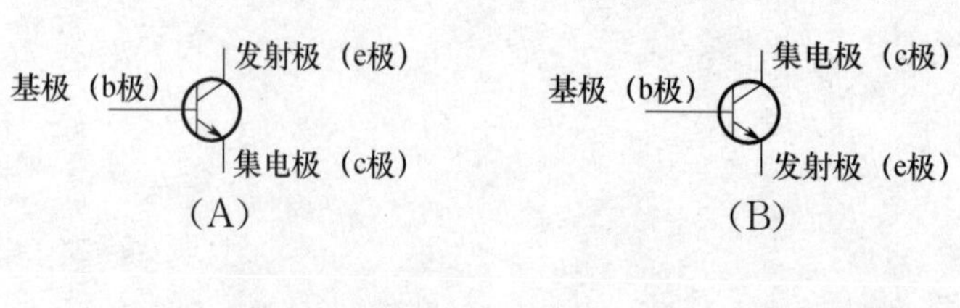

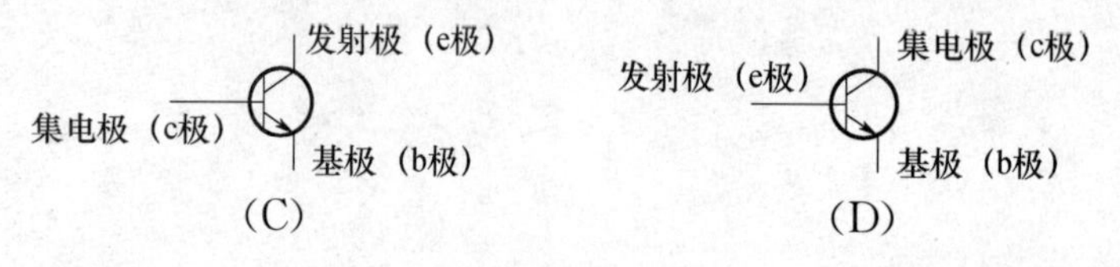

答案：B

La3E2003 正确的全波整流电路是(　　)。

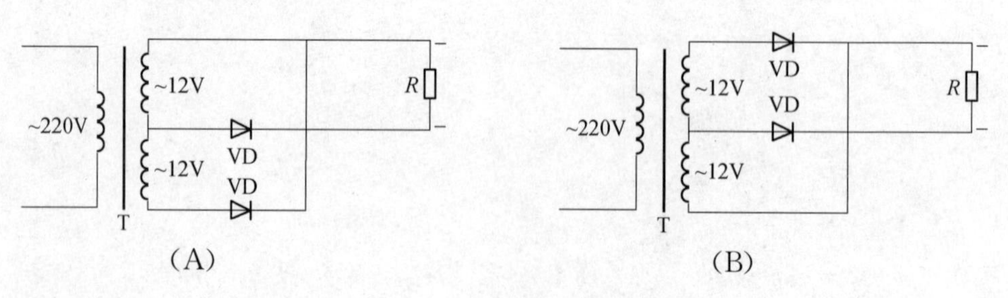

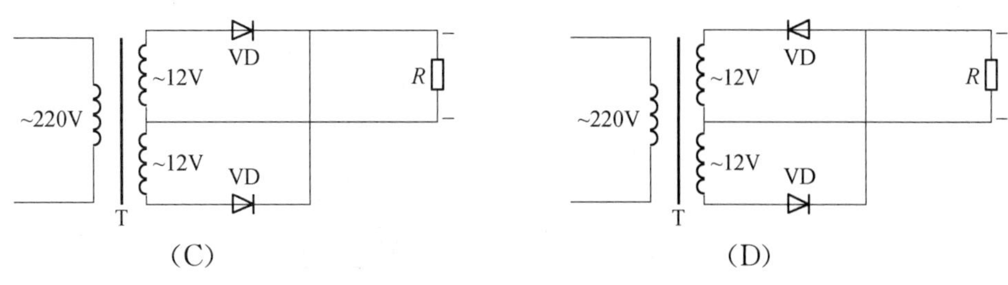

答案：C

Lc3E1004 如图带附加电流线圈的三相二元件无功电能表经 TA 接入，分用电压线和电流线的内外部接线图是否正确(　　)。

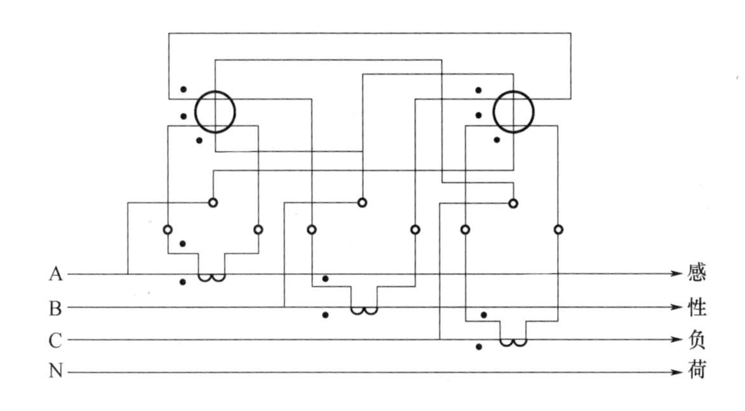

(A) 正确　　　　　　　　　　(B) 错误

答案：A

Lc3E1005 用两只双控开关在甲、乙两地控制一只灯的接线图是否正确(　　)。

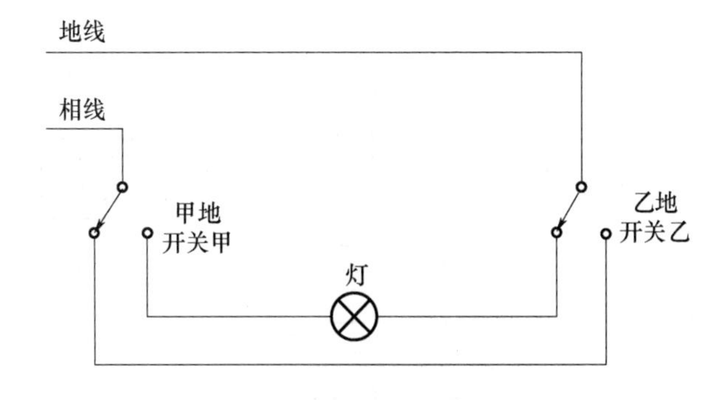

(A) 正确　　　　　　　　　　(B) 错误

答案：B

Lc3E1006 暂停流程框图是否正确（ ）。

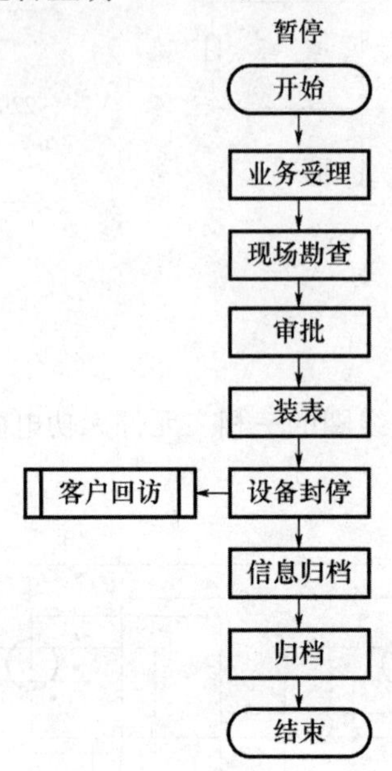

（A）正确 （B）错误

答案：A

Lc3E1007 减容恢复流程框图是否正确（ ）。

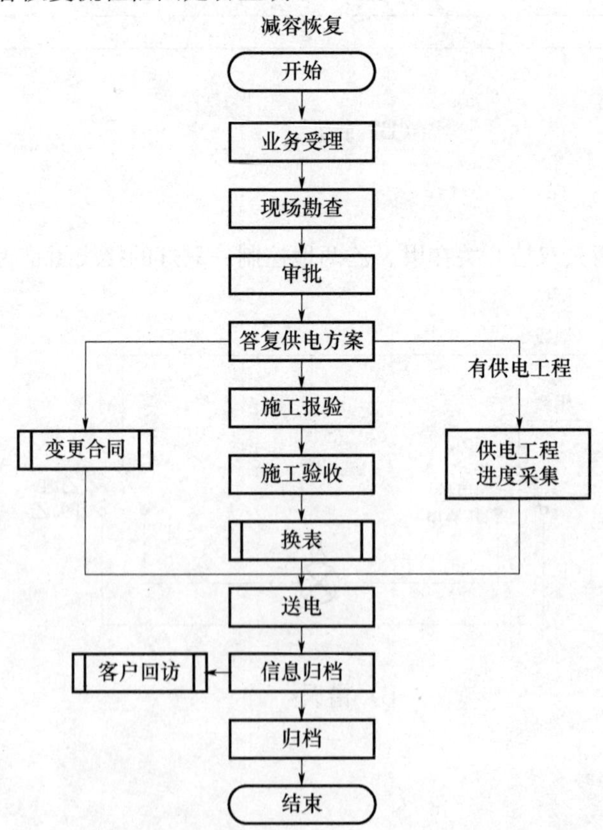

（A）正确　　　　　　　　　　（B）错误

答案：A

Lc3E2008　计算机管理信息系统基本组成示意图是否正确（　　）。

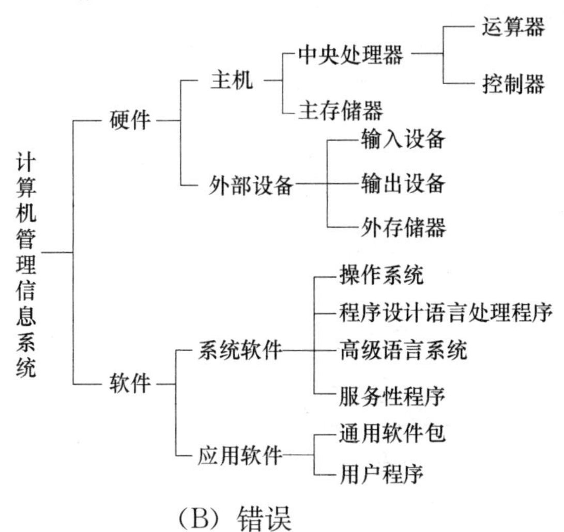

（A）正确　　　　　　　　　　（B）错误

答案：A

Lc3E2009　电能表申请校验流程框图是否正确（　　）。

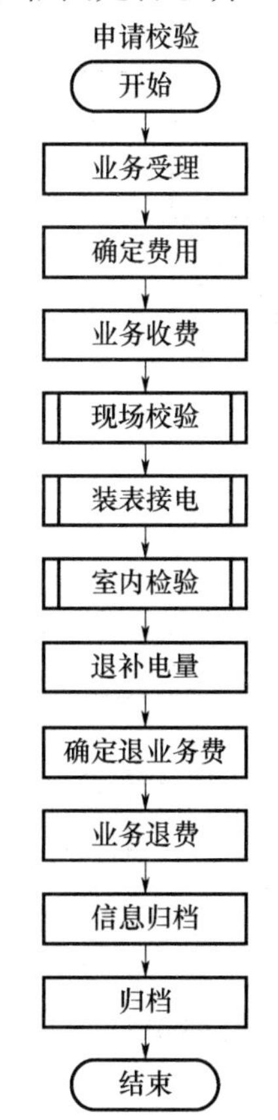

（A）正确　　　　　　　　　　（B）错误

答案：A

Lc3E2010　无表临时用电新装流程框图是否正确（　　）。

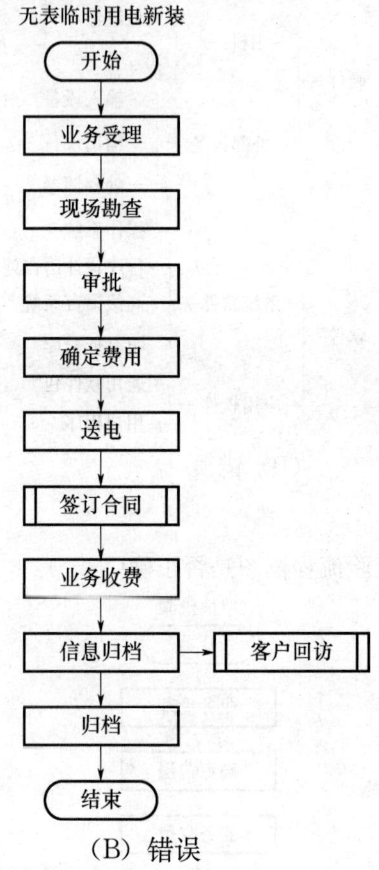

（A）正确　　　　　　　　　　（B）错误

答案：B

Jd3E3011　由电源、开关、双线圈镇流器、灯管、启辉器组成的荧光灯控制电路的原理接线图是否正确（　　）。

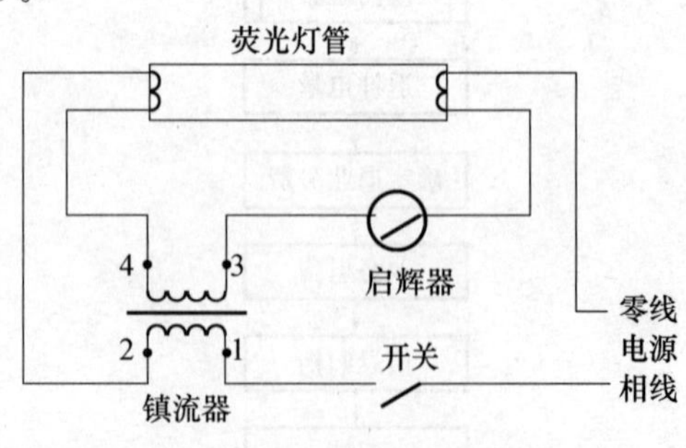

（A）正确　　　　　　　　　　（B）错误

答案：A

Jd3E3012 三相电压互感器 Y/y0—12 接线组别是(　　)。

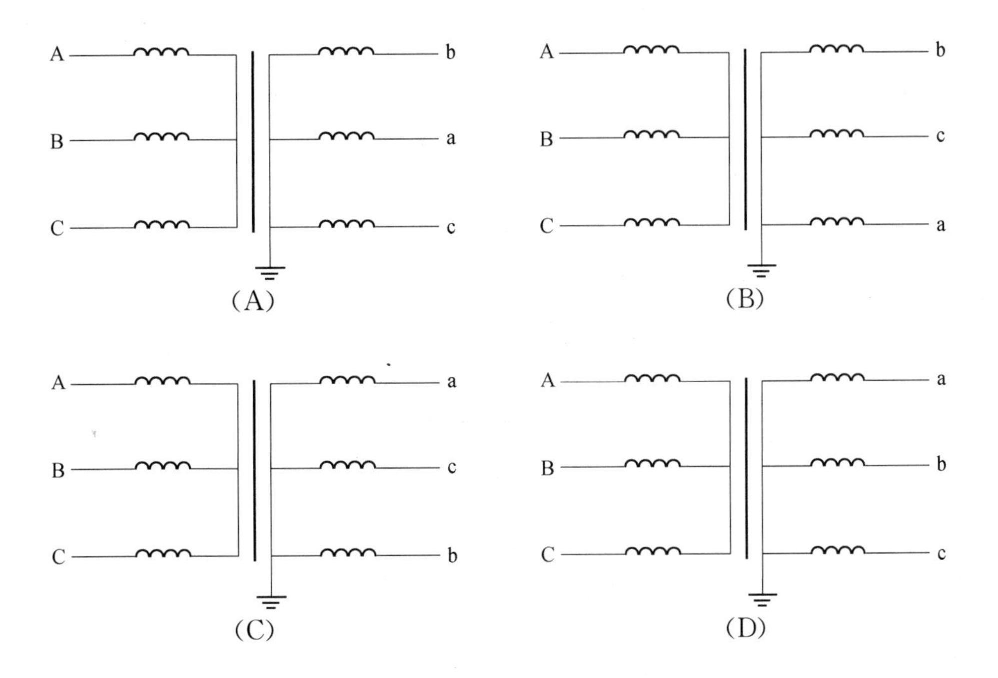

答案：D

Jd3E4013 如图所示用一只三相四有功电能表计量三相四线有功电能，采用经 TA 接入，分用电压线和电流线的接线图是否正确(　　)。

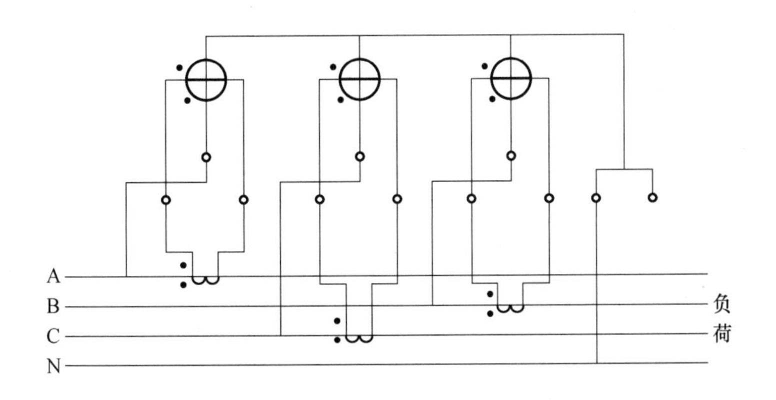

(A) 正确　　　　(B) 错误

答案：B

Je3E2014 调整客户抄表段流程框图是否正确(　　)。

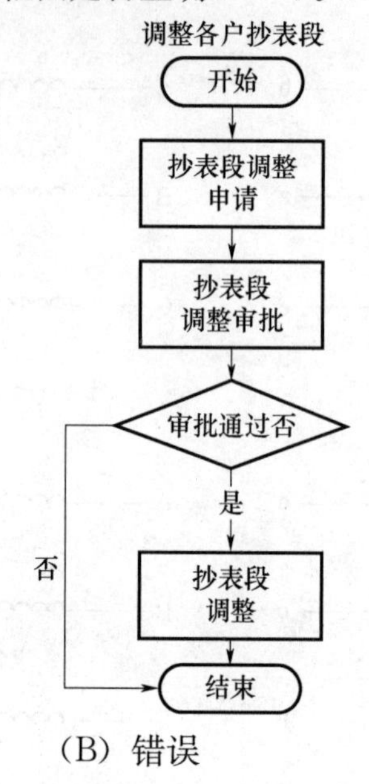

(A) 正确　　　　　　　　(B) 错误

答案：A

Jf3E1015 图中三相四线三元件有功电能表错误接线中，若负荷为感性，并且电能表为非逆止机械表，则电能表停转（三相负荷平衡）的错接线是(　　)。

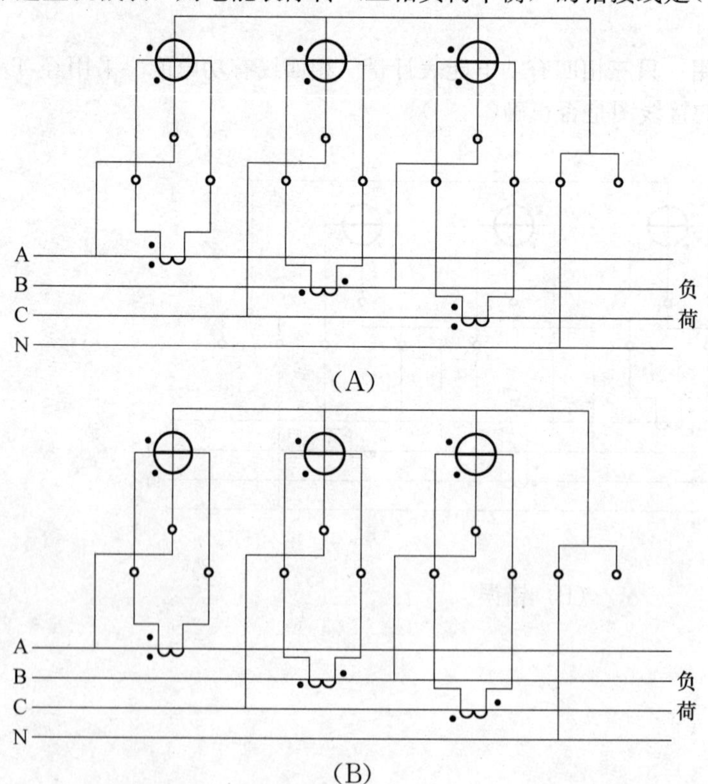

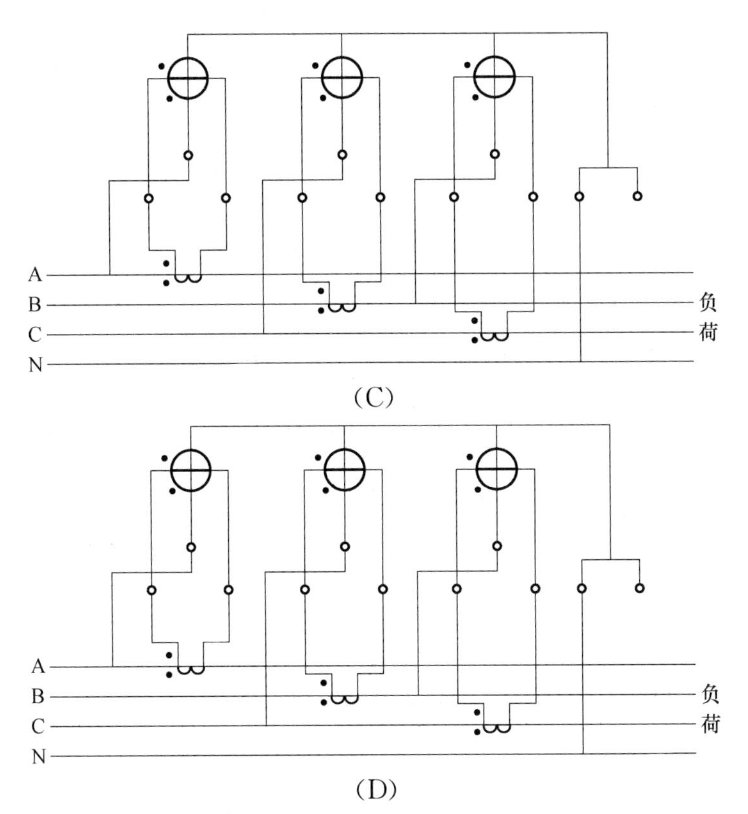

(C)

(D)

答案：C

Je3E2016 如表所示数据，(　　)数据疑似存在反极性问题。

召测项	召测值
F25 当前 A 相电压（V）	232.9
F25 当前 B 相电压（V）	231
F25 当前 C 相电压（V）	230.6
F25 当前 A 相电流（A）	1.21
F25 当前 B 相电流（A）	1.35
F25 当前 C 相电流（A）	1.32
F49 U_{ab}/U_a 相位角（度）	0
F49 U_b 相位角（度）	120
F49 U_{cb}/U_c 相位角（度）	240
F49 I_a 相位角（度）	25
F49 I_b 相位角（度）	141
F49 I_c 相位角（度）	271

(A)

召测项	召测值
F25 当前 A 相电压（V）	231
F25 当前 B 相电压（V）	230
F25 当前 C 相电压（V）	229
F25 当前 A 相电流（A）	2.13
F25 当前 B 相电流（A）	2.15
F25 当前 C 相电流（A）	2.21
F49 U_{ab}/U_a 相位角（度）	0
F49 U_b 相位角（度）	121
F49 U_{cb}/U_c 相位角（度）	241
F49 I_a 相位角（度）	30
F49 I_b 相位角（度）	145
F49 I_c 相位角（度）	268

(B)

召测项	召测值
F25 当前 A 相电压（V）	228
F25 当前 B 相电压（V）	229
F25 当前 C 相电压（V）	227
F25 当前 A 相电流（A）	1.98
F25 当前 B 相电流（A）	1.73
F25 当前 C 相电流（A）	1.87
F49 U_{ab}/U_a 相位角（度）	0
F49 U_b 相位角（度）	240
F49 U_{cb}/U_c 相位角（度）	119.4
F49 I_a 相位角（度）	26
F49 I_b 相位角（度）	214
F49 I_c 相位角（度）	269

（C）

召测项	召测值
F25 当前 A 相电压（V）	224
F25 当前 B 相电压（V）	225
F25 当前 C 相电压（V）	226
F25 当前 A 相电流（A）	1.56
F25 当前 B 相电流（A）	1.61
F25 当前 C 相电流（A）	1.59
F49 U_{ab}/U_a 相位角（度）	0
F49 U_b 相位角（度）	119.5
F49 U_{cb}/U_c 相位角（度）	240
F49 I_a 相位角（度）	29
F49 I_b 相位角（度）	150
F49 I_c 相位角（度）	269

（D）

答案：C

Jf3E3017 用一只三相二元件有功电能表、一只三相二元件 60 度无功电能表、两只 TA、两只 TV 计量高压用户电量的联合接线图是否正确（ ）。

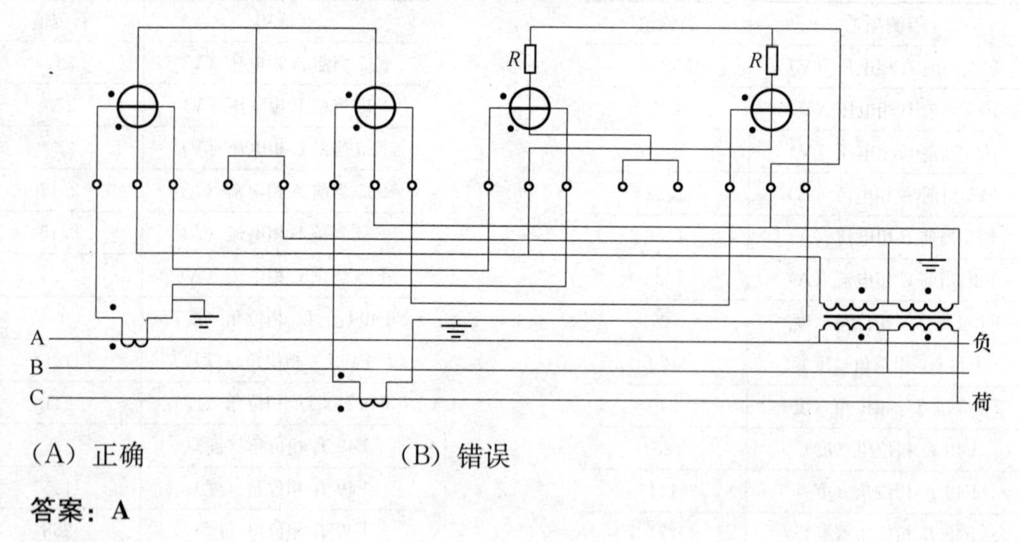

（A）正确　　　　　　　　（B）错误

答案：A

Jf3E3018 有三台单相三绕组（一次侧一绕组，二次侧二绕组）电压互感器，接Y/y0－12/开口三角形组别连接的接线图是否正确（　　）。

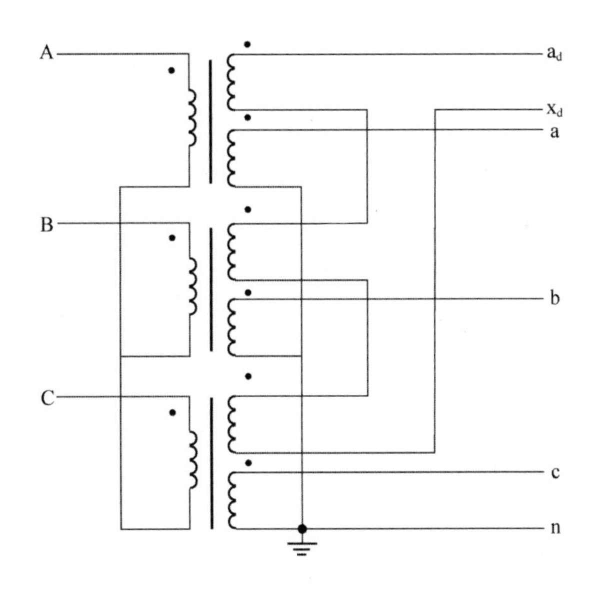

（A）正确　　　　（B）错误

答案：A

Jf3E3019 有一台三相五线柱电压互感器，按Y/y0－12/开口三角形组别连接，其原理接线图是否正确（　　）。

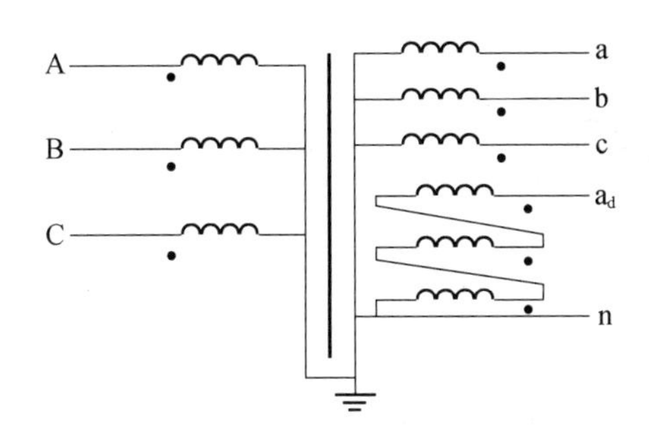

（A）正确　　　　（B）错误

答案：A

Jf3E4020 10kV 高供高计三相三线有功电能计量装置正确接线的是(　　)。

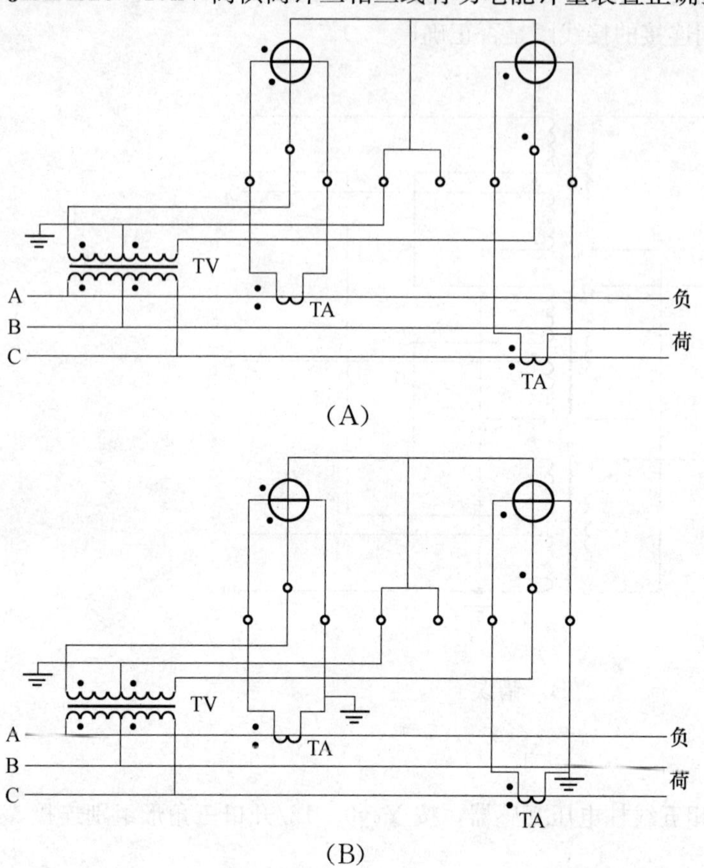

(A)

(B)

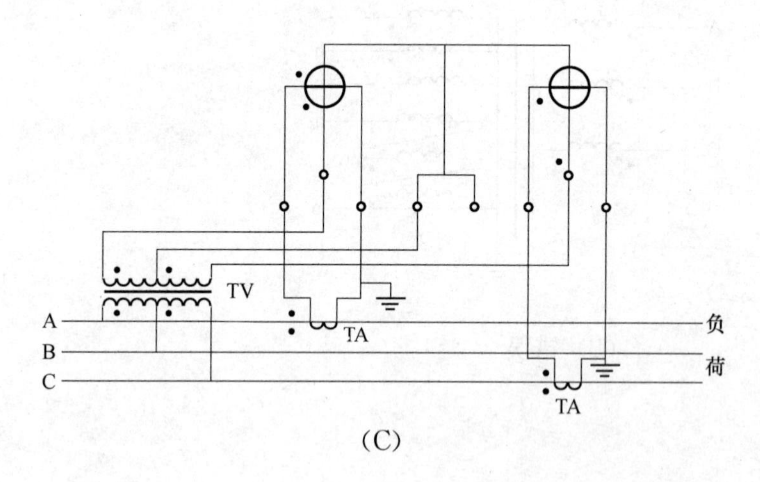

(C)

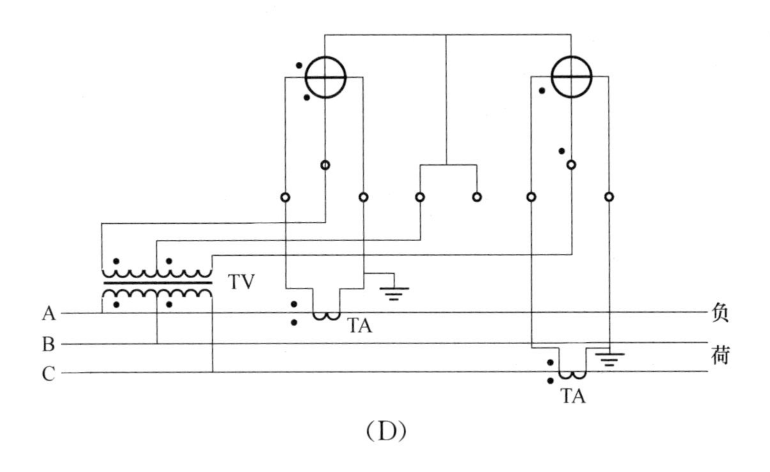

(D)

答案：B

Jf3E4021 如图所示用三只单相有功电能表计量三相四线有功电能，采用经 TA 接入，分用电压线和电流线的接线图是否正确(　　)。

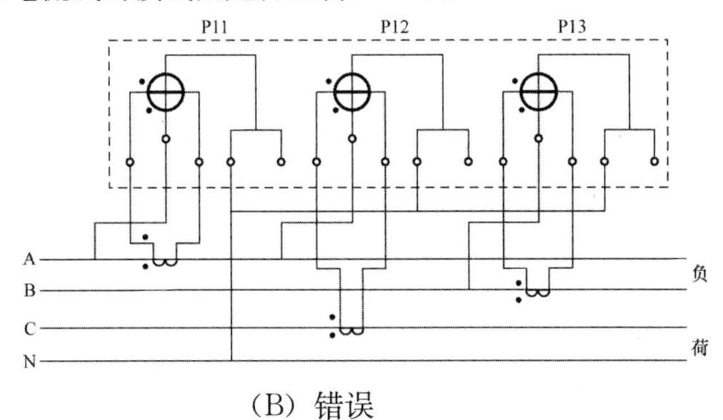

(A) 正确　　　　　　　　(B) 错误

答案：A

Jf3E5022 如图所示三相四线三元件有功电能表错误接线中，若负荷为感性，并且电能表为非逆止机械表，则电能表将被烧坏的错误接线是(　　)。

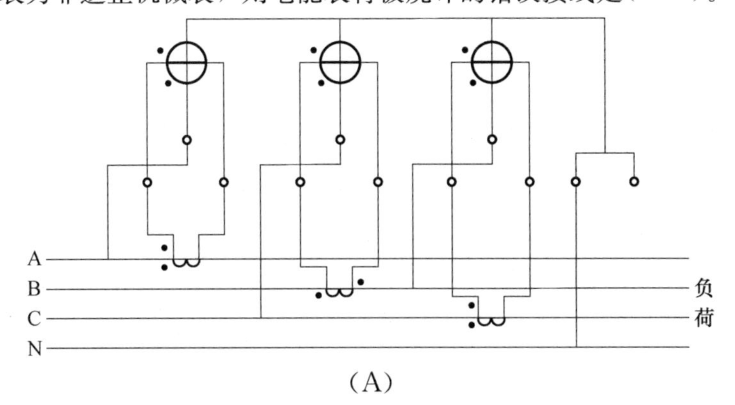

(A)

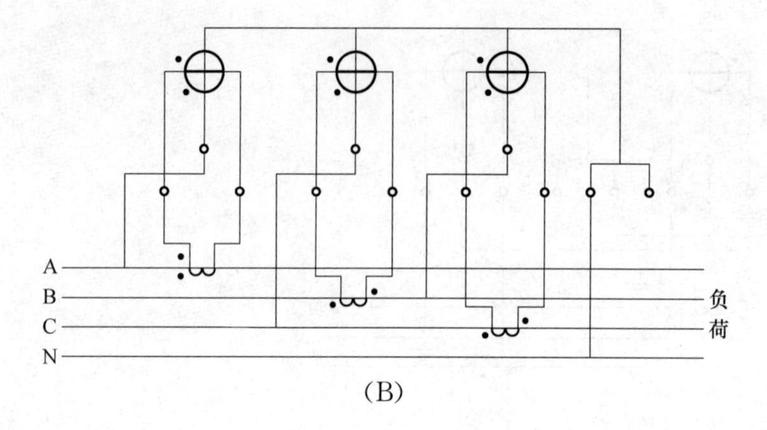

(B)

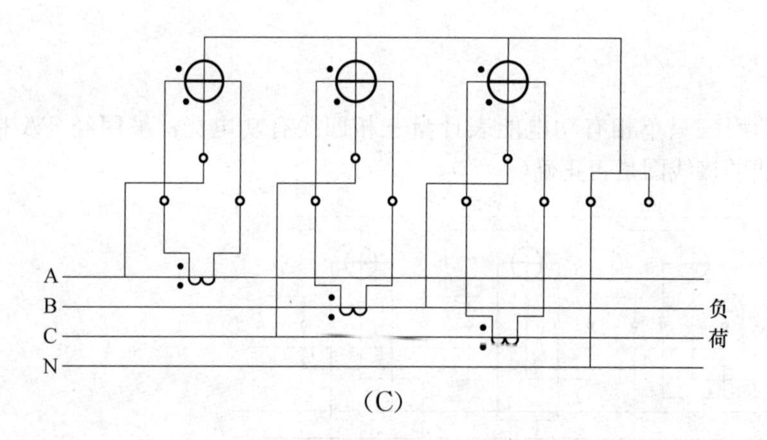

(C)

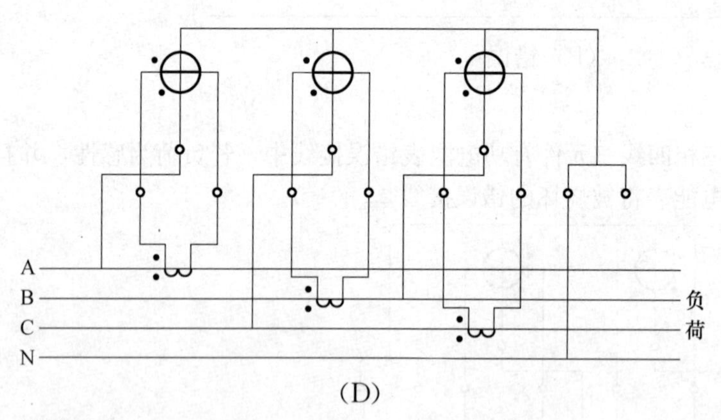

(D)

答案：D

Jf3E5023 下图中三相四线三元件有功电能表错误接线中，若负荷为感性，并且电能表为非逆止机械表，则电能表反转的错误接线是(　　)。

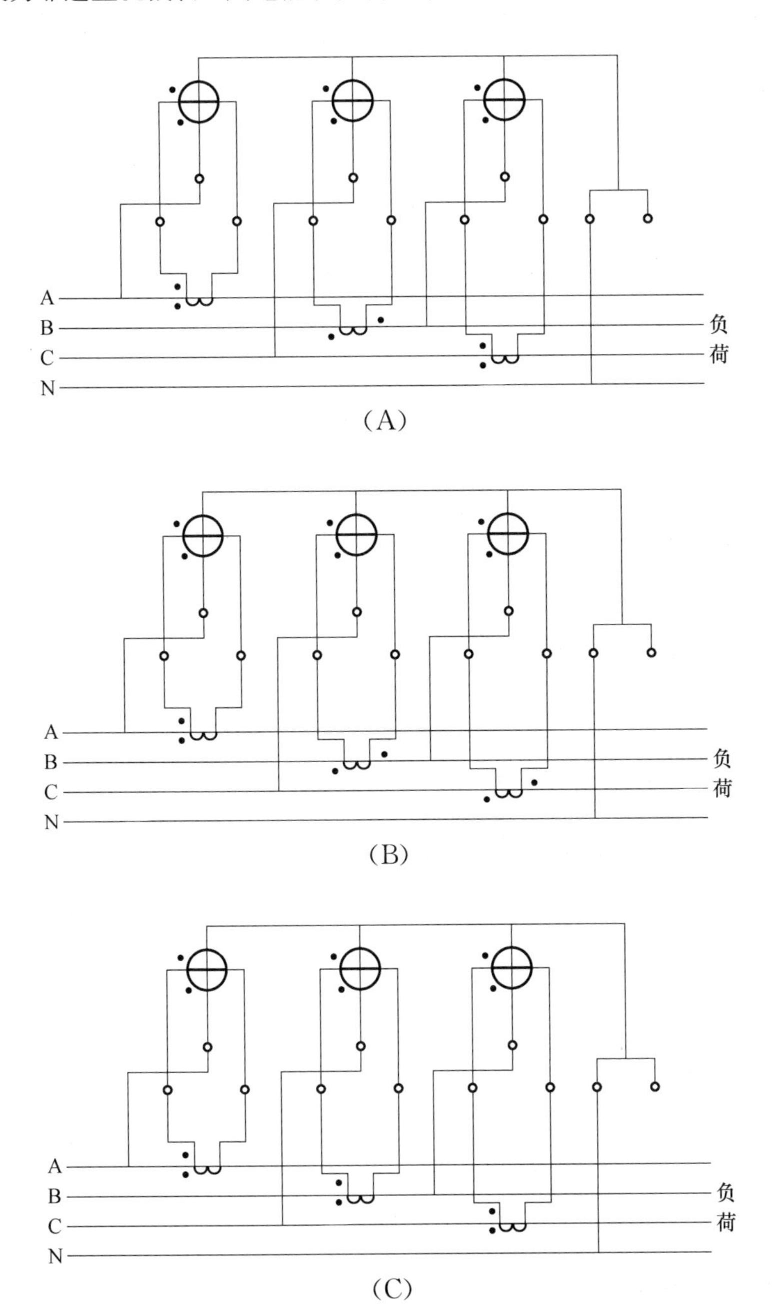

(A)

(B)

(C)

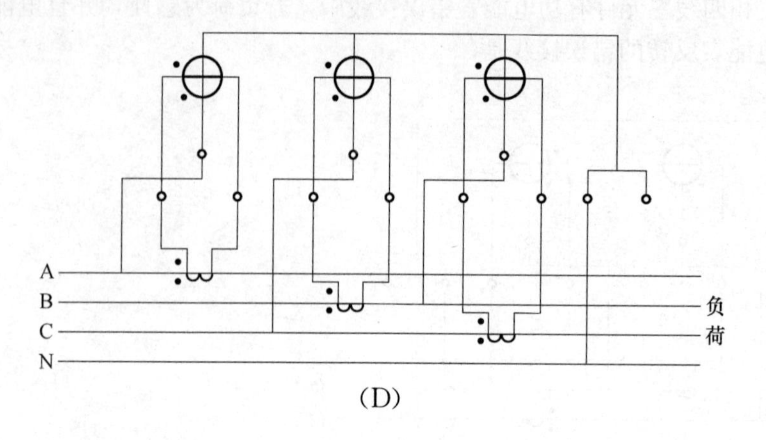

(D)

答案：B

Jf3E5024 下图中三相四线三元件有功电能表错误接线中，若负荷为感性，并且电能表为非逆止机械表，则电能表正转的错误接线是(　　)。

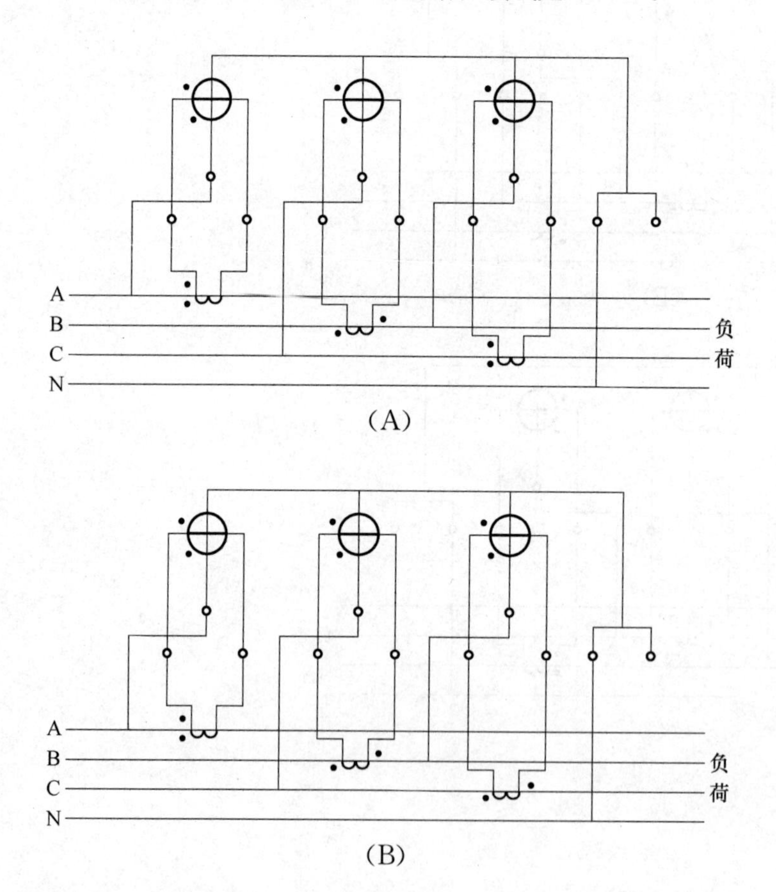

(A)

(B)

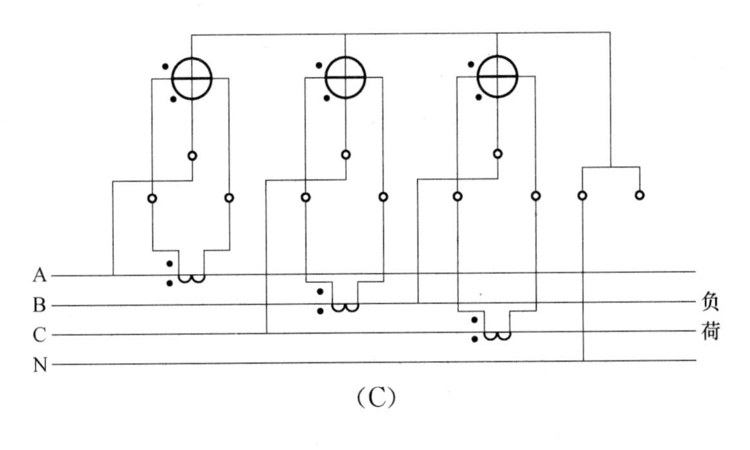

(C)

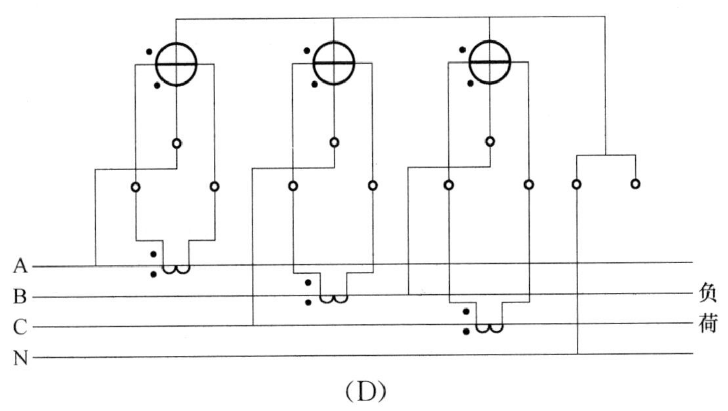

(D)

答案：A

2 技能操作

2.1 技能操作大纲

高级工技能操作大纲

<table>
<tr><th>等级</th><th>考核方式</th><th>能力种类</th><th>能力项</th><th>考核项目</th><th>考核主要内容</th></tr>
<tr><td rowspan="4">高级工</td><td rowspan="4"></td><td>基本技能</td><td>01. 手持终端使用</td><td>01. 手持终端现场停电、复电</td><td>（1）正确使用SG186营销系统，正确下发停电、复电指令
（2）根据下发指令，手持终端停电、复电操作
（3）使用SG186系统对操作用户状态校正</td></tr>
<tr><td rowspan="3">专业技能</td><td>01. 电表抄读</td><td>01. 电能表抄录和异常处理</td><td>（1）制定抄表计划
（2）能够进行SG186系统中抄表信息核对和手工抄表录入
（3）能使用自动化抄表系统进行数据采集
（4）掌握用电业务变更客户电费计算信息复核
（5）掌握新装、增容、变更的客户基础资料中计费参数的分析方法及异常报办处理
（6）掌握客户抄见零电量、电量突增突减、总表电量小于子表电量、分时电量大于总电量、功率因数异常等情况分析与报办处理
（7）能正确运用退补电费的公式
（8）能客观描述退补原因办理退补申请票</td></tr>
<tr><td rowspan="2">02. 电费核算</td><td>01. 两部制客户电费的计算</td><td>（1）根据给定条件和电费核算规则，正确计算基本电费、电度电费、功率因数数值、力调系数以及力调电费和总电费
（2）正确列出计算式
（3）正确计算电量电费</td></tr>
<tr><td>02. 高压客户的抄表计算</td><td>（1）掌握高压客户电费的计算方法
（2）掌握高压客户疑问电费审核
（3）掌握应收电费的核对与汇总
（4）掌握功率因数和利率调整电费的计算
（5）掌握新装、增容、变更的两部制电价客户基础资料中计费参数的分析方法及异常报办处理
（6）能够按照退补申请制订退补方案</td></tr>
</table>

续表

等级	考核方式	能力种类	能力项	考核项目	考核主要内容
高级工		专业技能	02. 电费核算	03. 基本电费（减容）的审核	（1）在SG186系统中正确审核基本电费 （2）根据《供电营业规则》，用电变更按实际用电天数计算基本电费 （3）对基本电费错误的用户进行电费退补
				04. 基本电费（增容）的审核	（1）在SG186系统中正确审核基本电费 （2）根据《供电营业规则》，用电变更按实际用电天数计算基本电费 （3）对基本电费错误进行电费退补
				05. 基本电费（最大需量）的审核	（1）确定基费计算的最大需量 （2）计算基本电费的业务依据正确 （3）判断需量是否超容 （4）选择正确的电价 （5）计算基本电费 （6）对基本电费错误进行电费退补
				06. 市场化交易电费的计算	（1）正确计算交易电费、输配电费 （2）正确计算基本电费、力率调整费并汇总
			03. 电费回收	01. 收费和账务处理	（1）掌握电费账务管理的流程及基本环节 （2）掌握电费收取、退费及调账 （3）掌握收取客户银行转账支票注意事项 （4）掌握电费现金管理要求 （5）掌握电费交账的要求 （6）掌握开具发票的注意事项 （7）掌握手工账务、微机账务的核对
		相关技能	03. 计量技能	0.1 确定计量方案及装置参数	高压计量装置选配
			04. 检查技能	0.1 违约用电电量电费的计算	违约用电处理

2.2 技能操作项目

2.2.1 CS3JB0101 手持终端现场停电、复电

1. 作业

1）工器具、材料、设备

（1）工器具：红、黑或蓝色签字笔。

（2）材料：试卷答题纸、工作任务单、计算纸。

（3）设备：SG186 营销模拟系统、模拟抄表台、计量现场手持终端。

2）安全要求

（1）遵守考场规定，规范使用手持终端。

（2）计量箱柜带电箱体保持安全距离。

3）操作步骤及工艺要求（含注意事项）

（1）出示考试证件（准考证、身份证）。

（2）领取试题及工作任务单。

（3）使用给定账号密码登录 SG186 营销模拟系统，根据任务要求下发停电指令至手持终端进行任务同步。

（4）对掉闸指示灯亮的制定表计首映手持终端强行复电，智能表掉闸指示灯熄灭。

（5）现场操作完毕后，要与 SG186 系统对用户状态校正。

（6）考生操作进入 SG186 系统应在考评员监视下，并不得进行其他无关操作。

（7）操作人应与带电部位、手持终端与智能表保持安全距离。

（8）退出系统，报完工并保持考试现场整洁。

2. 考核

1）考核场地

（1）每个工位面积不小于 2000mm×2000mm。

（2）每个工位有对应的 SG186 营销模拟系统、评判桌椅和计时表计。

2）考核时间

（1）考试时间自许可开工始计 30min。

（2）考核前准备工作不计入考核时间。

（3）许可开工后记录考核开始时间并在规定时间内完成。

（4）清理现场后报告工作终结，记录考核结束时间。

3）考核要点

（1）正确使用 SG186 营销系统，正确下发停电、复电指令。

（2）根据下发指令，手持终端停电、复电操作。

（3）使用 SG186 系统对操作用户状态校正。

（4）安全操作、规范作业。

3. 评分标准

行业：电力工程 **工种：抄表核算收费员** **等级：三**

编号	CS3JB0101	行为领域	e	鉴定范围			
考核时限	30min	题型	A	满分	100分	得分	
试题名称	手持终端现场停电、复电						
考核要点及其要求	（1）出示考试证件（准考证、身份证） （2）正确使用SG186营销系统，正确下发停电、复电指令 （3）根据下发指令，手持终端停电、复电操作 （4）使用SG186系统对操作用户状态校正 （5）安全操作，规范作业						
现场设备、工器具、材料	（1）工器具：红、黑或蓝色签字笔 （2）材料：试卷答题纸、工作任务单、计算纸 （3）设备：SG186营销模拟系统、模拟抄表台、计量现场手持终端						
备注	（1）如因设备故障应停止计时，待恢复正常后方可继续计时 （2）考评老师应随时掌握进入系统操作状态						

评分标准

序号	考核项目名称	质量要求	分值	扣分标准	扣分原因	得分
1	着装	穿工作服、绝缘鞋，戴安全帽，正确佩戴工作证件	5	（1）未穿工作服扣2分 （2）未穿绝缘鞋扣2分 （3）未戴安全帽扣2分 （4）本项分数扣完为止		
2	正确使用设备	（1）正确登录指定账户 （2）正确使用手持终端	10	（1）不能正确使用手持终端扣5分 （2）手持终端未做外观检查扣2分		
3	SG186系统操作	正确通过SG186模拟系统下发停电、复电指令	25	（1）未查询到指定户扣5分 （2）未能正确下发指令扣10分 （3）未能手持终端同步10分		
4	现场停复电	根据下发指令，对指定电能表操作	30	（1）未正确停电扣15分 （2）未正确复电扣15分		
5	状态校正	完成任务后进行手持终端同步和SG186系统状态校正	20	未完成终端同步、SG186系统校正每项扣10分		
6	安全文明生产	（1）安全操作，禁止违规操作 （2）文明生产，保持作业现场整洁	10	（1）人为系统故障设备故障扣5分 （2）不能保持现场整洁扣5分		

例题：居民用户1，客户编号××××××，电能表表号××××，已欠费，但系统发送停电指令失败，需现场停电。居民用户2，客户编号×××××，电能表表号××××××，已交清电费并预存，系统发送复电指令失败，要求恢复送电。

工作任务：（1）对居民用户1下载停电指令并现场停电。（2）对居民用户2现场复电。

2.2.2 CS3ZY0101 电能表抄录和异常处理

1. 作业

1）工器具、材料、设备

（1）工器具：红、黑或蓝色签字笔，低压试电笔，计算器，电筒以及个人电工工具。

（2）材料：工作证件、电能表补抄卡、空白工作票、客户档案资料、业务变更工作票。

（3）设备：SG186营销模拟系统、模拟抄表台（至少装有5具三相电能表）。

2）安全要求

（1）正确填用第二种工作票。

（2）工作服、安全帽、绝缘鞋符合DL 409—1991《电业安全工作规程（电力线路部分）》要求。

（3）进入配电室抄表过程中，分清高低压设备，与高压带电设备保持0.7m的安全距离。

（4）防止电缆沟盖板损坏跌落。

（5）使用验电笔测试配电柜体不带电，严禁头部进入配电柜抄录电表。

（6）登高1.5m以上应系好安全带，保持与带电设备的安全距离。使用梯子登高作业时，应有人扶持。

（7）防止受到动物伤害。

（8）发现客户违约用电，应做好记录，及时通知相关人员处理，不与客户发生冲突。

3）操作步骤及工艺要求（含注意事项）

（1）编制抄表计划。

（2）出发前，应认真检查必备的抄表工器具是否完好、齐全。领取电能表补抄卡，做好抄表准备。抄表数据包括抄表客户信息、变更信息、新装客户档案信息等确保数据完整正确。

（3）确定抄表路线、抄表顺序。综合考虑客户类型、抄表周期、抄表例日、地理分布、便于线损管理等因素，遵循抄表效率最高的原则。

（4）在模拟抄表台进行手工现场抄表，使用电能表补抄卡逐户对客户端用电计量装置记录的有关用电计量计费数据进行抄录。

（5）现场抄表工作必须遵循电力安全生产工作的相关规定，严禁违章作业。需要到客户门内抄录的，应出示工作证件，遵守客户的出入制度。

（6）抄表时核对客户用电信息，并对疑问信息记录，填写调查工作票。抄表时，应认真核对客户电能表箱位、表位、表号、倍率等信息，检查电能计量装置运行是否正常，封印是否完好。对新装及用电变更客户，应核对并确认用电容量、最大需量、电能表参数、互感器参数等信息，做好核对记录。发现客户电量异常、违约用电或窃电嫌疑、表计故障、有信息（卡）无表、有表无信息（卡）等异常情况，做好现场记录，提出异常报告并及时上报处理。

（7）规范准确抄录电能表示数，要求按有效位数正确抄录电能表示数。

(8) 正确计算客户的用电量。
(9) 手工录入 SG186 营销业务模拟系统并发送至抄表复核环节。
(10) 不得估抄漏抄。
(11) 出现抄录错误时应规范更正。
(12) 清理现场，文明作业。

2. 考核

1) 考核场地

(1) 操作场地面积不小于 2000mm×2000mm。
(2) 模拟抄表台单相电能表至少装有 5 具三相电能表。
(3) 每位考生配置独立的书写桌椅。
(4) 设置 2 套评判桌椅和计时表计。

2) 考核时间

(1) 考试时间自许可开工始计 30min。
(2) 考核前准备工作不计入考核时间。
(3) 许可开工后记录考核开始时间并在规定时间完成。
(4) 清理现场后报告工作终结，记录考核结束时间。

3) 考核要点

(1) 遵守安全规定。
(2) 制订抄表计划。
(3) 制订抄表路线。
(4) 准确抄录电能表示数。
(5) 不漏抄、不估抄。
(6) 规范处理抄录错误。
(7) 准确计算客户电量。
(8) 正确录入 SG186 营销业务模拟系统。
(9) 发送至抄表复核环节。
(10) 对客户信息判断和处理。
(11) 清理现场，文明作业。

3. 评分标准

行业：电力工程　　　　　工种：抄表核算收费员　　　　　等级：三

编号	CS3ZY0101	行为领域	e	鉴定范围			
考核时限	30min	题型	A	满分	100 分	得分	
试题名称	电能表抄录和异常处理						
考核要点及其要求	(1) 遵守安全规定 (2) 制订抄表计划 (3) 制订抄表路线 (4) 准确抄录电能表示数 (5) 不漏抄、不估抄						

续表

考核要点及其要求	(6) 规范处理抄录错误 (7) 准确计算客户电量 (8) 正确录入 SG186 营销业务模拟系统 (9) 发送至抄表复核环节 (10) 对客户信息判断和处理 (11) 清理现场，文明作业
现场设备、工器具、材料	(1) 工器具：红、黑或蓝色签字笔，低压试电笔，计算器，电筒以及个人电工工具 (2) 材料：工作证件、电能表补抄卡、空白工作票 (3) 设备：模拟抄表台（至少装有 5 具三相电能表）
备注	两种工作票上述栏目未尽事宜已经办理完毕

评分标准

序号	考核项目名称	质量要求	分值	扣分标准	扣分原因	得分
1	着装	穿工作服、绝缘鞋，戴安全帽，正确佩戴工作证件	5	(1) 未穿工作服扣 2 分 (2) 穿绝缘鞋扣 2 分 (3) 未戴安全帽扣 2 分 (4) 本项分数扣完为止		
2	制定抄表计划	正确使用 SG186 制订抄表计划	5	未制订抄表计划扣 5 分		
3	确定抄表路线	效率优化抄表路线	5	未效率优化抄表路线扣 5 分		
4	手工抄录	正确完成电能表抄录，出现抄录错误时，应双红线处理更正	40	(1) 未能按电能表有效位抄表，每户扣 3 分 (2) 抄表错误，每户扣 8 分 (3) 未能规范更正按抄表错误处理，每户扣 8 分。规范更正者扣 3 分		
5	手工录入 SG186 系统	正确录入并保存	15	未能正确录入并保存每户扣 3 分		
6	发送复核环节	发送复核环节	5	未正确发送至复核环节扣 5 分		
7	异常处理	核对客户用电信息异常，发现问题填写工作票	20	未对异常客户发起抄表异常处理流程扣 20 分		
8	安全文明生产	(1) 规范操作 (2) 文明操作	5	(1) 不规范操作，危及安全直接判定考试不通过 (2) 不能保持考场整洁扣 5 分		

题例：某营业所高压客户 5 户电能表未能回复示数，需现抄表，请持电能表补抄卡完成抄表工作并上传至复核环节。

2.2.3 CS3ZY0201 两部制客户电费的计算

1. 作业

1）工器具、材料、设备

（1）工器具：红、黑或蓝色签字笔、计算器。

（2）材料：电价表、功率因数系数对照表、试卷答题纸、计算纸。

（3）设备：桌椅一套（工位）。

2）安全要求

无。

3）操作步骤及工艺要求（含注意事项）

（1）根据题意分析，正确运用电价政策计算电费。

（2）步骤清晰、过程完整、答题准确。

（3）清理现场，文明作业。

2. 考核

1）考核场地

（1）每工位面积不小于 2000mm×2000mm，并配有考生书写桌椅一套。

（2）每个工位有对应的评判桌椅和计时表计。

2）考核时间

（1）考试时间自许可开工始计 30min。

（2）考核前准备工作不计入考核时间。

（3）许可开工后记录考核开始时间并在规定时间内完成。

（4）清理现场后报告工作终结，记录考核结束时间。

3）考核要点

（1）根据给定条件和电费核算规则，正确计算基本电费、电度电费、功率因数数值、力调系数以及力调电费和总电费。

（2）正确列出计算式。

（3）正确计算电量电费，步骤清晰、计算准确、答题完整。

3. 评分标准

行业：电力工程　　　　工种：抄表核算收费员　　　　等级：三

编号	CS3ZY0201	行为领域	e	鉴定范围			
考核时限	30min	题型	A	满分	100 分	得分	
试题名称	两部制客户电费的计算						
考核要点及其要求	（1）正确计算该户抄见电量 （2）根据月平均功率因数能够依据功率因数力调系数对照表确定力调系数 （3）正确计算该户月平均功率因数、基本电费、各段电费、力调电费以及总电费 （4）答题完整正确						

续表

现场设备、工器具、材料	(1) 工器具：红、黑或蓝色签字笔，计算器，手电筒，低压验电笔，电工个人工具，绝缘梯 (2) 材料：工作证、电能表补抄卡、电价表、功率因数系数对照表、试卷答题纸、计算纸 (3) 设备：装有三相多功能电能表的模拟抄表台，桌椅一套（工位）
备注	

评分标准

序号	考核项目名称	质量要求	分值	扣分标准	扣分原因	得分
1	计算各段电量	正确计算各段电量	20	未正确计算各段电量和有功总电量、无功总电量每项扣4分，本项分数扣完为止		
2	计算平均功率因数	正确计算平均功率因数和确定力率调整系数	10	未正确确定平均功率因数扣5分，未能正确确定力调系数扣5分		
3	计算基本电费	正确按约定方式计算基本电费	20	(1) 未正确列式扣10分 (2) 结果不正确扣5分		
4	计算各段电费	正确计算各段电费	10	未正确计算尖、峰、平、谷段电费每项扣3分，本项分数扣完为止		
6	计算力调电费	正确计算力调电费	15	未正确列式计算扣10分，结果不正确扣5分		
7	计算总电费	正确计算总电费	15	未正确列式扣10分，结果不正确扣5分		
8	答题	正确完整答题	10	未能正确答出结果扣10分		

题例：某10kV工业高压用户，受电设备容量500kV·A，高供高计并安装在产权分界点处，该厂2017年8月、9月电能表示数以及电价见下表，约定按使用容量计收基本电费，请计算该厂功率因数以及调整系数和9月力调电费、总电费。

时段	2017年8月示数	2017年9月示数	综合倍率
有功总	750.12	960.36	500
有功尖	210.50	238.40	500
有功峰	315.37	350.18	500
有功谷	120.25	198.96	500
有功平	—	—	500
无功总	300.16	377.94	500

基本电价23.3元/（千伏安·月）

解：(1) 计算各时段电量

有功总＝(960.36－750.12)×500＝105120（kW·h）

有功尖=(238.40－210.50)×500=13950（kW·h）

有功峰=(350.18－315.37)×500=17405（kW·h）

有功谷=(198.96－120.25)×500=39355（kW·h）

则有功平=105120－13950－17405－39355=34410（kW·h）

无功总=(377.94－300.16)×500=38890（kvar·h）

$$\cos\varphi = \frac{1}{\sqrt{1+\left(\frac{Q}{P}\right)^2}} = 0.94$$

查表得：该户9月力调系数为－0.006。

（2）计算基本电费

基本电费=运行容量×基本电价

=500×23.3

=11650（元）

（3）计算各段电费，根据电价政策，9月不执行尖峰电价，尖峰电量计入峰段，故峰段电量为：13950+17405=31355（kW·h）

则峰段电费=31355×0.7851=24616.81（元）

谷段电费=39355×0.3521=13856.90（元）

平段电费=34410×0.5686=19565.53（元）

（4）不参与力调金额=105120×0.0274=2880.29（元）

（5）参与力调金额=11650+24616.81+13856.90+19565.53－2880.29=66808.95（元）

（6）力调电费=66808.95×（－0.006）=－400.85（元）

（7）总电费=11650+24616.81+13856.90+19565.53－400.85=69288.39（元）

答：该户9月平均功率因数为0.94，力调系数为－0.06，利率调整费为－400.85元，总电费69288.39元。

2.2.4 CS3ZY0202 高压客户的抄表计算

1. 作业

1）工器具、材料、设备

（1）工器具：红、黑或蓝色签字笔、计算器、手电筒、低压验电笔、电工个人工具、绝缘梯。

（2）材料：工作证、电能表补抄卡、电价表、功率因数系数对照表、试卷答题纸、计算纸。

（3）设备：装有三相多功能电能表的模拟抄表台，桌椅一套（工位）。

2）安全要求

（1）工作服、安全帽、绝缘鞋，要求完好，符合安规要求。

（2）明确工作内容，安全措施完备。

（3）进入配电室抄表过程中，分清高低压设备，并始终与高压带电设备保持 0.7m 的安全距离。

（4）防止电缆沟盖板损坏跌落。

（5）使用低压验电笔确定配电柜体不带电，严禁头部进入低压配电箱柜内。

（6）登高 1.5m 以上时系好安全带，使用梯子作业需有人扶持监护。

（7）发现客户违约用电应做好记录，及时通知相关人员处理，不与客户发生冲突。

3）操作步骤及工艺要求（含注意事项）

（1）出示证件，到模拟抄表台抄表作业。

（2）核对用电信息，包括电能表表号、表计是否报警，自检信息是否正确，铅封是否完好。

（3）按照操作要求抄录电能表示数，注意有效位。

（4）按操作要求准确计算电量电费。

（5）发现电能表故障以及客户违约用电做好记录，并通知检查人员处理。

（6）规范操作、安全操作。

（7）步骤清晰、过程完整、答题准确。

（8）清理现场，文明作业，确认工作结束。

2. 考核

1）考核场地

（1）每个工位面积不小于 2000mm×2000mm，并配有考生书写桌椅一套。

（2）每个工位有对应的评判桌椅和计时表计。

2）考核时间

（1）考试时间自许可开工始计 30min。

（2）考核前准备工作不计入考核时间。

（3）许可开工后记录考核开始时间并在规定时间完成。

（4）清理现场后报告工作终结，记录考核结束时间。

3）考核要点

（1）遵守安全规定。

（2）抄表准确，卡片填写规范，不漏抄、不估抄。

（3）正确计算电量电费，步骤清晰、过程完整。

3. 评分标准

行业：电力工程　　　　　　　　工种：抄表核算收费员　　　　　　　　等级：三

编号	CS3ZY0202	行为领域	e	鉴定范围			
考核时限	30min	题型	A	满分	100分	得分	
试题名称	高压客户的抄表计算						
考核要点及其要求	(1) 正确抄录电能表示数 (2) 正确计算该户抄见电量、月平均功率因数、各段电费、力调电费以及总电费 (3) 根据月平均功率因数能够依据功率因数力调系数对照表确定力调系数 (4) 答题完整正确 (5) 安全操作，文明生产，保持场所安静整洁						
现场设备、工器具、材料	(1) 工器具：红、黑或蓝色签字笔，计算器，手电筒，低压验电笔，电工个人工具，绝缘梯 (2) 材料：工作证、电能表补抄卡、电价表、功率因数系数对照表、试卷答题纸、计算纸 (3) 设备：装有三相多功能电能表的模拟抄表台，桌椅一套（工位）						
备注							

评分标准

序号	考核项目名称	质量要求	分值	扣分标准	扣分原因	得分
1	着装	穿工作服、绝缘鞋，戴安全帽，正确佩戴工作证件	5	(1) 未穿工作服扣2分 (2) 未穿绝缘鞋扣2分 (3) 未戴安全帽扣2分 (4) 本项分数扣完为止		
2	核对信息	核对电能表表号、查看电能表是否报警、封印是否完好，并做好记录	10	(1) 未核对扣5分 (2) 记录不完整每项扣3分 (3) 本项分数扣完为止		
3	抄录示数	准确抄录电能表示数	10	未完整抄录有功总、有功尖、有功峰、有功谷和无功总每项扣2分		
4	计算各段电量	正确计算各段电量	12	未正确计算各段电量和有功总、无功总电量每项扣2分，本项分数扣完为止		
5	计算平均功率因数	正确计算平均功率因数和确定力率调整系数	15	未正确确定平均功率因数扣10分，未能正确确定力调系数扣5分		
6	计算各段电费	正确计算各段电费	8	未正确计算尖、有功峰、有功平、有功谷段电费每项扣2分		
7	计算力调电费	正确计算力调电费	15	未正确列式计算扣10分，结果不正确扣5分		
8	计算总电费	正确计算总电费	15	未正确列式扣10分，结果不正确扣5分		
9	答题	正确完整答题	5	未能正确答出结果扣5分		
10	安全操作，文明生产	(1) 安全操作 (2) 保持考场整洁安静	5	工作不规范，引发安全问题，直接否决 不能保持考场整洁扣5分		

例题：某 10kV 非工业高压用户，受电设备容量 200kV·A，高供高计，该厂 2017 年 6 月电能表示数见下表，抄录 7 月电能表示数，并按现行电价，计算该厂功率因数以及调整系数和本月力调电费、总电费。

时段	2017 年 6 月示数	2017 年 7 月示数	综合倍率
有功总	750.12	960.36	300
有功尖	210.50	238.40	300
有功峰	315.37	350.18	300
有功谷	120.25	198.96	300
有功平	—	—	300
无功总	300.16	426.30	300

解：（1）计算各时段电量

有功总＝(960.36－750.12)×300＝63072（kW·h）

有功尖＝(238.40－210.50)×300＝8370（kW·h）

有功峰＝(350.18－315.37)×300＝10443（kW·h）

有功谷＝(198.96－120.25)×300＝23613（kW·h）

则有功平＝63072－8370－10443－23613＝20646（kW·h）

无功总＝(426.30－300.16)×300＝37842（kvar·h）

（2）计算平均功率因数

$$\cos\varphi=\frac{1}{\sqrt{1+\left(\frac{Q}{P}\right)^2}}=0.86$$

查表得：该户 7 月力调系数为－0.001。

（3）计算各段电费，根据电价政策，7 月执行尖峰电价

故各段电费分别为

尖段电费＝8370×1.0445＝8742.47（元）

峰段电费＝10443×0.9174＝9580.41（元）

谷段电费＝23613×0.4088＝9652.99（元）

平段电费＝20646×0.6631＝13690.36（元）

（4）不参与力调电费金额＝63072×0.0274＝1728.17（元）（附加不参与力调）

（5）参与力调电费金额＝8742.47＋9580.41＋9652.99＋13690.36－1728.17

＝39938.06（元）

（6）力调电费＝39938.06×（－0.001）＝－39.94（元）

（7）总电费＝8742.47＋9580.41＋9652.99＋13690.36－39.94＝41626.29（元）

答：该户 7 月平均功率因数为 0.86，力调系数为－0.001，利率调整费为－39.94 元，总电费 41993.26 元 。

2.2.5 CS3ZY0203 基本电费（减容）的审核

1. 作业

1）工器具、材料、设备

（1）工器具：红、黑或蓝色签字笔、计算器、SG186 营销模拟系统。

（2）材料：电价表、计算纸。

（3）设备：SG186 营销模拟系统、桌椅一套（工位）。

2）安全要求

正确使用 SG186 营销模拟系统。

3）操作步骤及工艺要求（含注意事项）

（1）正确理解《用电营业规则》以及相关文件政策。

（2）依题意对两部制电价用户用电变更的基本电费进行计算。

（3）步骤清晰，过程完整，计算准确，答题正确。

2. 考核

1）考核场地

（1）每工位面积不小于 2000mm×2000mm，并配有考生书写桌椅一套。

（2）设置 4 套评判桌椅和计时表计。

2）考核时间

（1）考试时间自许可开工始计 30min。

（2）考核前准备工作不计入考核时间。

（3）许可开工后记录考核开始时间并在规定时间完成。

（4）清理现场后报告工作终结，记录考核结束时间。

3）考核要点

（1）在 SG186 系统中正确审核基本电费。

（2）计算基本电费的业务依据正确：根据《供电营业规则》，用电变更按实际用电天数计算基本电费，不足 24h 按一天计算。

（3）对基本电费错误的客户进行电费退补，在试卷上列出计算过程和退补结果，并在 SG186 营销系统发起退补流程。

（4）步骤清晰，过程完整，计算准确，答题正确。

3. 评分标准

行业：电力工程　　　　工种：抄表核算收费员　　　　等级：三

编号	CS3ZY0203	行为领域	e	鉴定范围			
考核时限	30min	题型	A	满分	100 分	得分	
试题名称	基本电费（减容）的审核						
考核要点及其要求	（1）在 SG186 系统中正确审核基本电费 （2）计算基本电费的业务依据正确：根据《供电营业规则》，用电变更按实际用电天数计算基本电费，不足 24h 按一天计算 （3）对基本电费错误的客户进行电费退补，在试卷上列出计算过程和退补结果，并在 SG186 营销系统发起退补流程 （4）步骤清晰，过程完整，计算准确，答题正确						

续表

现场设备、工器具、材料	(1) 工器具：红、黑或蓝色签字笔，计算器，SG186营销模拟系统 (2) 材料：电价表、计算纸 (3) 设备：SG186营销模拟系统、桌椅一套（工位）
备注	

评分标准

序号	考核项目名称	质量要求	分值	扣分标准	扣分原因	得分
1	电费审核	对SG186系统计算结果进行审核，审核项包括电价、电量、基本电费、电费	30	(1) 审核无书面计算过程扣20分 (2) 未明确差错项扣10分		
2	退补计算	对审核异常进行退补计算，正确完成书写计算过程和退补结果	30	无计算过程扣15分，退补结果错误扣15分		
3	发起退补申请	在SG186系统中发起退补申请	10	未能正确发起申请扣10分		
4	制定退补方案	在SG186系统制订退补方案并保存发送至审批环节	20	(1) 退补方案不正确本项不得分 (2) 未能发送到审批环节扣10分		
5	答题	完整正确答题	10	答题不完整不正确扣10分		

例题： 某10kV高压工业用户，合同约定基本电费计收方式按容量收取，因减产，原运行受电容量2000kV·A，2017年6月10日减容400kV·A，请计算该客户6月基本电费是多少。（电价按现行电价计算）

解： 根据《供电营业规则》以及相关规定，用电变更按实际使用天数计算基本电费，不足24h按一天计算。

该户于2017年6月10日减容400kV·A，6月该变压器实际运行天数9天。

则该户当月基本电费为：

1600×23.3+400×23.3×9÷30=40076（元）

答： 该户6月基本电费40076元。

2.2.6 CS3ZY0204 基本电费（增容）的审核

1. 作业

1）工器具、材料、设备

（1）工器具：红、黑或蓝色签字笔、计算器、SG186 营销模拟系统。

（2）材料：电价表、计算纸。

（3）设备：SG186 营销模拟系统、桌椅一套（工位）。

2）安全要求

正确使用 SG186 营销模拟系统。

3）操作步骤及工艺要求（含注意事项）

（1）正确理解《用电营业规则》以及相关文件政策。

（2）对两部制电价用户用电变更的基本电费进行计算。

（3）步骤清晰、公式正确、计算准确、答题完整。

2. 考核

1）考核场地

（1）每个工位面积不小于 2000mm×2000mm，并配有考生书写桌椅一套。

（2）设置 4 套评判桌椅和计时表计。

2）考核时间

（1）考试时间自许可开工始计 30min。

（2）考核前准备工作不计入考核时间。

（3）许可开工后记录考核开始时间并在规定时间完成。

（4）清理现场后报告工作终结，记录考核结束时间。

3）考核要点

（1）在 SG186 系统中正确审核基本电费。

（2）计算基本电费的业务依据正确：根据《供电营业规则》，用电变更按实际用电天数计算基本电费，不足 24h 按一天计算。

（3）对基本电费错误进行电费退补，在试卷上列出计算过程和退补结果，并在 SG186 营销系统发起退补流程。

（4）步骤清晰、公式正确、计算准确、答题完整。

3. 评分标准

行业：电力工程　　　　工种：抄表核算收费员　　　　等级：三

编号	CS3ZY0204	行为领域	e	鉴定范围			
考核时限	30min	题型	A	满分	100 分	得分	
试题名称	基本电费（增客）的审核						

续表

考核要点及其要求	（1）在SG186系统中正确审核基本电费 （2）计算基本电费的业务依据正确：根据《供电营业规则》，用电变更按实际用电天数计算基本电费，不足24h按一天计算 （3）对基本电费错误进行电费退补，在试卷上列出计算过程和退补结果，并在SG186营销系统发起退补流程 （4）步骤清晰、公式正确、计算准确、答题完整
现场设备、工器具、材料	（1）工器具：红、黑或蓝色签字笔，计算器，SG186营销模拟系统 （2）材料：电价表、计算纸 （3）设备：SG186营销模拟系统、桌椅一套（工位）
备注	

评分标准

序号	考核项目名称	质量要求	分值	扣分标准	扣分原因	得分
1	电费审核	对SG186系统计算结果进行审核，审核项包括电价、电量、基本电费、电费	30	（1）审核无书面计算过程扣20分 （2）未明确差错项扣10分		
2	退补计算	对审核异常进行退补计算，正确完成书写计算过程和退补结果	30	无计算过程扣15分，退补结果错误扣15分		
3	发起退补申请	在SG186系统中发起退补申请	10	未能正确发起申请扣10分		
4	制定退补方案	在SG186系统制定退补方案并保存发送至审批环节	20	（1）退补方案不正确本项不得分 （2）未能发送到审批环节扣10分		
5	答题	完整正确答题	10	答题不完整不正确扣10分		

例题：某10kV高压工业用户，合同约定基本电费计收方式按容量收取，因扩大生产，受电容量由2000kV·A增容到3000kV·A，增容日期为2017年6月10日，请计算该客户6月基本电费是多少。（电价按现行电价计算）

解：根据《供电营业规则》以及相关规定，用电变更按实际使用天数计算基本电费，不足24h按一天计算。

该户于2017年6月10日增容1000kV·A，6月该变压器实际运行天数30－9＝21天。

则该户当月基本电费为：

2000×23.3＋1000×23.3×21÷30＝62910（元）

答：该户6月基本电费62910元。

2.2.7 CS3ZY0205 基本电费（最大需量）的审核

1. 作业

1）工器具、材料、设备

（1）工器具：红、黑或蓝色签字笔，计算器，SG186 营销模拟系统。

（2）材料：电价表、计算纸。

（3）设备：SG186 营销模拟系统、桌椅一套（工位）。

2）安全要求

正确使用 SG186 营销模拟系统。

3）操作步骤及工艺要求（含注意事项）

（1）正确理解《用电营业规则》以及相关文件政策。

（2）对两部制电价用户用电变更的基本电费进行计算。

（3）步骤清晰，计算准确，答题完整。

2. 考核

1）考核场地

（1）每个工位面积不小于 2000mm×2000mm，并配有考生书写桌椅一套。

（2）设置 4 套评判桌椅和计时表计。

2）考核时间

（1）考试时间自许可开工始计 30min。

（2）考核前准备工作不计入考核时间。

（3）许可开工后记录考核开始时间并在规定时间完成。

（4）清理现场后报告工作终结，记录考核结束时间。

3）考核要点

（1）确定基费计算的最大需量。

（2）计算基本电费的业务依据正确：根据《供电营业规则》，供电企业对执行两部制电价的用电客户计收基本电费有两种方式，可以按容量，也可以按最大需量计收。

（3）判断需量是否超过核定最大需量值 1.05 倍。抄见最大需量大于计费点最大需量核定值 1.05 倍时，超过部分按照基本电费标准的双倍收取。

（4）选择正确的电价，根据基本电费收取方式确定基本电价。

（5）计算基本电费：

①基本电费＝核定值×最大需量电价（最大需量值小于核定值 1.05 倍时）。

②基本电费＝核定值×最大需量电价＋(最大需量值－核定值×1.05)×最大需量电价×2（最大需量值超过核定值 1.05 倍时）。

（6）对基本电费错误进行电费退补，在试卷上列出计算过程和退补结果，并在 SG186 营销系统发起退补流程。

（7）计算结果准确、答题完整。

（8）按时独立完成，安全文明生产。

3. 评分标准

行业：电力工程 **工种：抄表核算收费员** **等级：三**

编号	CS3ZY0205	行为领域	e	鉴定范围		
考核时限	30min	题型	A	满分	100分	得分
试题名称	基本电费（最大需量）的审核					
考核要点及其要求	（1）正确运用《用电营业规则》以及相关文件政策，确定基费计算的最大需量值 （2）对两部制电价用户用电变更的基本电费进行计算 （3）步骤清晰、计算准确、答题完整					
现场设备、工器具、材料	（1）工器具：红、黑或蓝色签字笔，计算器，SG186营销模拟系统 （2）材料：电价表、计算纸 （3）设备：SG186营销模拟系统、桌椅一套（工位）					
备注						

评分标准

序号	考核项目名称	质量要求	分值	扣分标准	扣分原因	得分
1	电费审核	对SG186系统计算结果进行审核，审核项包括电价、电量、基本电费、电费	30	审核无书面计算过程扣20分		
2	退补计算	对审核异常进行退补计算，正确完成书写计算过程和退补结果	25	无计算过程扣20分，退补结果错误扣5分		
3	发起退补申请	在SG186系统中发起退补申请	15	未能正确发起申请扣15分		
4	制定退补方案	在SG186系统制定退补方案并保存发送至审批环节	20	（1）退补方案不正确不得分 （2）未能发送到审批环节扣10分		
5	答题	完整正确答题	10	答题不完整不正确扣10分		

题例：某10kV高压工业用户，受电设备容量1600kV·A，合同约定基本电费计收方式按最大需量收取，2017年6月核定最大需量值800kW，6月抄见值885kW，请计算该客户6月基本电费是多少。（电价按现行电价计算）

解：根据《供电营业规则》以及相关规定，计算基本电费。

由于最大需量885kW＞核定值800kW的1.05倍

则该户当月基本电费为：

800×35＋(885－800×1.05)×35×2＝28000＋3150＝31150（元）

答：该户6月份基本电费31150元。

2.2.8 CS3ZY0206 市场化交易电费的计算

1. 作业

1）工器具、材料、设备

（1）工器具：红、黑或蓝色签字笔、计算器。

（2）材料：电价表、功率因数系数对照表、试卷答题纸、计算纸。

（3）设备：桌椅一套（工位）。

2）安全要求

无。

3）操作步骤及工艺要求（含注意事项）

（1）根据题意分析，正确运用电价政策计算电费。

（2）步骤清晰、过程完整、答题准确。

（3）清理现场，文明作业。

2. 考核

1）考核场地

（1）每个工位面积不小于2000mm×2000mm，并配有考生书写桌椅一套。。

（2）每个工位有对应的评判桌椅和计时表计。

2）考核时间

（1）考试时间自许可开工始计30min。

（2）考核前准备工作不计入考核时间。

（3）许可开工后记录考核开始时间并在规定时间完成。

（4）清理现场后报告工作终结，记录考核结束时间。

3）考核要点

（1）根据给定条件和电费核算规则，正确计算基本电费、交易电费、输配电费、电度电费、功率因数数值、力调系数以及力调电费和应缴电费。

（2）正确列出计算式。

（3）正确计算电量电费，步骤清晰、计算准确、答题完整。

3. 评分标准

行业：电力工程　　　　工种：抄表核算收费员　　　　等级：三

编号	CS3ZY0206	行为领域	e	鉴定范围			
考核时限	30min	题型	A	满分	100分	得分	
试题名称	市场化交易电费的计算						
考核要点及其要求	（1）正确计算该户抄见电量 （2）根据月平均功率因数能够依据功率因数力调系数对照表确定力调系数 （3）正确计算该户月平均功率因数、基本电费、交易电费、输配电费、力调电费以及应缴电费 （4）答题完整正确						

续表

现场设备、工器具、材料	(1) 工器具：红、黑或蓝色签字笔，计算器，手电筒，低压验电笔，电工个人工具，绝缘梯 (2) 材料：工作证、电能表补抄卡、电价表、功率因数系数对照表、试卷答题纸、计算纸 (3) 设备：装有三相多功能电能表的模拟抄表台，桌椅一套（工位）
备注	

评分标准

序号	考核项目名称	质量要求	分值	扣分标准	扣分原因	得分
1	计算各段电量	正确计算平段电量	5	未正确计算各段电量和有功总、无功总电量每项扣4分，本项分数扣完为止		
2	计算平均功率因数	正确计算平均功率因数和确定力率调整系数	10	未正确确定平均功率因数扣5分，未能正确确定力调系数扣5分		
3	计算基本电费	正确按约定方式计算基本电费	5	(1) 未正确列式扣10分 (2) 结果不正确扣5分		
4	计算交易电费和输配电费	正确计算各段交易电费和输配电费	40	未正确计算交易电费有功尖、有功峰、有功平、有功谷段以及输配电费每项扣8分		
6	计算力调电费	正确计算力调电费	15	未正确列式计算扣10分，结果不正确扣5分		
7	计算总电费	正确计算应缴电费	15	未正确列式扣10分，结果不正确扣5分		
8	答题	正确完整答题	10	未能正确完整答出结果扣10分		

题例：某10kV工业高压用户，直接交易客户，受电设备容量500kV·A，高供高计并安装在产权分界点处，该厂2017年8月抄见电量及电价见下表，约定按使用容量计收基本电费，请计算该厂8月基本电费、力调电费以及应缴电费。

时段	抄见电量	交易电价	输配电价
有功总	93900	—	—
有功尖	7140	0.5648	0.1995
有功峰	36860	0.4942	0.1995
有功谷	6980	0.2118	0.1995
有功平	—	0.353	0.1995
无功总	34940	—	—

基本电价23.3元/（千伏安·月）

交易中心核定交易电量为93900 kW·h

解：（1）计算平时段电量

有功平＝93900－7140－36860－6980＝42920（kW·h）

（2）计算平均功率因数

$$\cos\varphi=\frac{1}{\sqrt{1+\left(\frac{Q}{P}\right)^2}}=0.94$$

查表得：该户 9 月力调系数为－0.006

（2）计算基本电费

基本电费＝运行容量×基本电价＝500×23.3＝11650（元）

（3）计算各段电费，根据电价政策，8 月应执行尖峰电价，计算各时段交易电费和输配电费

交易电费：

尖段交易电费＝7140×0.5648＝4032.67（元）

峰段交易电费＝36860×0.4842＝18216.21（元）

谷段交易电费＝6980×0.2118＝1478.36（元）

平段交易电费＝42920×0.353＝15150.76（元）

输配电费＝93900×0.1995＝18733.05（元）

（4）不参与力调金额＝93900×0.0274＝2572.86（元）

（5）参与力调金额＝11650＋4032.67＋18216.21＋1478.36＋15150.76＋18733.05－2572.86＝66688.19（元）

（6）力调电费＝66688.19×（－0.006）＝－400.13（元）

（7）应缴电费＝11650＋4032.67＋18216.21＋1478.36＋15150.76＋18733.05－400.13＝68860.92（元）

答：该户 8 月基本电费 11650 元，力率调整费－400.13 元，应缴电费 68860.92 元 。

2.2.9 CS3ZY0301 收费和账务处理

1. 作业

1）工器具、材料、设备

（1）工器具：红、黑或蓝色签字笔、计算器。

（2）材料：试卷答题纸、现金缴款单、业务工作票 。

（3）设备：SG186 营销模拟系统、桌椅一套（工位）。

2）安全要求

无。

3）操作步骤及工艺要求（含注意事项）

（1）根据给定工号密码登录 SG186 营销模拟系统。

（2）对某户缴费单进行变更，将原缴费方式变更为金融机构代收，且错收××××元现金，并进行全额退费处理或冲红。

（3）对某两户一张金额为 4 万元的进账单分别收取 1 万元和 3 万元，且资金已到账，到账信息：银行票据号×××××××××，票据银行为×××××××××，收取金额全额销账。

（4）对某户以现金收取×××××××元，并对该用户的违约金申请全额缓交至××年××月××日。

（5）解款银行错选为工商银行，并更正为建设银行。

（6）填写现金缴款单，将当日所收现金存入公司电费资金账户。其中交款人为考生考号，收款单位为××供电分公司，账号为××××××。

（7）统计日终业务报表，并完成相应审批工作。

（8）规范操作并保持现场整洁。

2. 考核

1）考核场地

（1）每个工位面积不小于 2000mm×2000mm。

（2）每个工位有对应具备书写桌椅和计时器一套。

2）考核时间

（1）考试时间自许可开工始计 30min。

（2）考核前准备工作不计入考核时间。

（3）许可开工后记录考核开始时间并在规定时间完成。

（4）清理现场后报告工作终结，记录考核结束时间。

3）考核要点

（1）电费收缴及账务管理业务步骤操作正确。

（2）统计报表准确。

（3）规范安全操作。

3. 评分标准

行业：电力工程　　　　　　　　工种：抄表核算收费员　　　　　　　　等级：三

<table>
<tr><td>编号</td><td>CS3ZY0301</td><td>行为领域</td><td>e</td><td colspan="2">鉴定范围</td><td colspan="2"></td></tr>
<tr><td>考核时限</td><td>30min</td><td>题型</td><td>A</td><td>满分</td><td>100 分</td><td>得分</td><td></td></tr>
<tr><td>试题名称</td><td colspan="7">收费和账务处理</td></tr>
<tr><td>考核要点
及其要求</td><td colspan="7">（1）电费收缴及账务管理业务步骤操作正确
（2）统计报表准确
（3）规范安全操作</td></tr>
<tr><td>现场设备、
工器具、材料</td><td colspan="7">（1）工器具：红、黑或蓝色签字笔，计算器
（2）材料：试卷答题纸、现金缴款单、业务工作票
（3）设备：SG186 营销模拟系统，桌椅一套（工位）</td></tr>
<tr><td>备注</td><td colspan="7"></td></tr>
</table>

评分标准

序号	考核项目名称	质量要求	分值	扣分标准	扣分原因	得分
1	缴费方式	正确完成缴费方式变更	10	未完成扣 10 分		
2	冲正	正确完成错收电费退款	10	未完成错收电费并退款扣 10 分		
3	进账单收费	正确用进账单方式收取一户电费	10	未完成进账单缴费扣 10 分		
4	现金收费	正确用现金方式收取一户电费	10	未完成现金缴费扣 10 分		
5	违约金暂缓	正确完成违约金暂缓申请处理	10	未完成违约金暂缓扣 10 分		
6	解款	（1）解款至错误银行 （2）对错误解款进行更正	10	未完成解款扣 10 分		
7	现金交款单	正确填写现金交款单	20	未正确填写币种、日期、收款单位、交款人、账号、款项来源、小写金额、大写金额每项扣 3 分，此项分数扣完为止		
8	报表	正确统计相关收费报表并进行审批	20	（1）未统计相关收费报表扣 15 分 （2）未对报表进行审批扣 5 分		

2.2.10 CS3XG0101 确定计量方案及装置参数

1. 作业

1）工器具、材料、设备。

（1）工器具：红、黑或蓝色签字笔、计算器。

（2）材料：营业工作票、计算纸。

（3）设备：桌椅一套（工位）

2）安全要求

无。

3）操作步骤及工艺要求（含注意事项）

（1）根据受电设备容量确定计量方案，确定计量方式高供高计还是高供低计。

（2）计算一次、二次侧电流确定电流互感器。

列出计算公式 $I=\frac{P}{\sqrt{3}U\cos\varphi}$

（3）依据《电能计量装置技术管理规程》选用互感器、电能表。

（4）步骤清晰，过程完整，结果正确。

2. 考核

1）考核场地

（1）每工位面积不小于2000mm×2000mm，并配有考生书写桌椅一套。

（2）设置4套评判桌椅和计时表计。

2）考核时间

（1）考试时间自许可开工始计30min。

（2）考核前准备工作不计入考核时间。

（3）许可开工后记录考核开始时间并在规定时间完成。

（4）清理现场后报告工作终结，记录考核结束时间。

3）考核要点

（1）根据提供的设备容量计算确定计量方案。

（2）依据《电能计量装置技术管理规程》配置计量设备。

（3）计量装置应满足国家电网公司智能电能表要求。

（4）公式正确、计算准确、配置合理、答题完整。

3. 评分标准

行业：电力工程　　　　**工种：抄表核算收费员**　　　　**等级：三**

编号	CS3XG0101	行为领域	f	鉴定范围			
考核时限	30min	题型	A	满分	100分	得分	
试题名称	确定计量方案及装置参数						

续表

考核要点及其要求	(1) 根据受电设备容量确定计量方案，确定计量方式高供高计还是高供低计 (2) 计算一次、二次侧电流确定电流互感器 列出计算公式 $I=\dfrac{P}{\sqrt{3}U\cos\varphi}$ (3) 依据《电能计量装置技术管理规程》选用互感器、电能表 (4) 公式正确，计算准确，配置合理，答题完整
现场设备、工器具、材料	(1) 工器具：红、黑或蓝色签字笔、计算器 (2) 材料：计算纸 (3) 设备：桌椅一套（工位）
备注	

评分标准

序号	考核项目名称	质量要求	分值	扣分标准	扣分原因	得分
1	确定计量方案	正确确定计量方案	20	方案错误扣20分		
2	确定电流	(1) 列出计算公式 (2) 正确计算电流	35	(1) 公式错误扣20分 (2) 计算错误扣10分		
3	确定计量装置	正确选择计量装置电流互感器和电能表	35	(1) 电流互感器变比、电压等级、准确级选择错误一项扣5分 (2) 电能表型号、电压等级、电流、准确级选择错误一项扣5分		
4	答题	答题完整正确	10	答题不完整不正确扣10分		

例题：客户报装工单摘要：工业用户，申请受电设备变压器容量100kV·A，功率因数取0.90，请确定计量装置。

解：(1) 确定计量方案，根据受电容量为100kV·A及计量装置规定，计量方案确定为高供低计。

(2) 确定受电设备一次侧最大电流

(3) 列出计算公式$=\dfrac{P}{\sqrt{3}U\cos\varphi}=\dfrac{100\times1000}{\sqrt{3}\times380\times\cos\varphi}$（当$\cos\varphi=0.9$时）

$=168.82\text{A}$

根据《电能计量装置技术管理规程》要求，电流互感器TA选取150/5，500V，0.5S级设备。电能表选用4倍过载能力的DTSD型电能表，220/380V，1.5（6）A，1.0级三相四线多功能电能表。

答：根据《电能计量装置技术管理规程》和受电设备以及运行功率因数要求，确定计量方案和设备参数为：电流互感器TA选取150/5，500V，0.5S级设备。电能表选用4倍过载能力的DTSD型电能表，220/380V，1.5（6）A，1.0级三相四线多功能电能表。

2.2.11 CS3XG0201 违约用电电量电费的计算

1. 作业

1）工器具、材料、设备

（1）工器具：红、黑或蓝色签字笔、计算器。

（2）材料：试卷答题纸、计算纸、电价表。

（3）设备：桌椅一套（工位）。

2）安全要求

无。

3）操作步骤及工艺要求（含注意事项）

（1）根据《供电营业规则》确定违约用电。

（2）根据《供电营业规则》确定电量。

擅自接线用电的，所窃电量按私接设备额定容量乘以实际切点时间计算。以其他行为窃电的，所窃电量按计费电能表标定额定电流所指容量乘以实际使用的时间计算。

窃电时间无法查明的，窃电日数至少以 180d 计算，动力用户每日按 12h 计算，照明用户每日按 6h 计算。

（3）依据用电性质确定电价，计算电费。

（4）公式正确，计算准确，答题完整。

2. 考核

1）考核场地

（1）每个工位面积不小于 2000mm×2000mm，并配有考生书写桌椅一套。

（2）设置 4 套评判桌椅和计时表计。

2）考核时间

（1）考试时间自许可开工始计 30min。

（2）考核前准备工作不计入考核时间

（3）许可开工后记录考核开始时间并在规定时间完成。

（4）清理现场后报告工作终结，记录考核结束时间。

3）考核要点

（1）依据《供用电营业规则》确定违约用电。

（2）依据《供用电营业规则》正确确定电量。

（3）依据电价政策正确确定电费。

（4）公式正确，计算准确，答题完整。

3. 评分标准

行业：电力工程　　　　工种：抄表核算收费员　　　　等级：三

编号	CS3XG0201	行为领域	f	鉴定范围			
考核时限	30min	题型	A	满分	100 分	得分	
试题名称	违约用电电量电费的计算						

考核要点 及其要求	(1) 依据《供用电营业规则》确定违约用电 (2) 依据《供用电营业规则》正确确定电量 (3) 依据电价政策正确确定电费 (4) 公式正确、计算准确、答题完整
现场设备、 工器具、材料	(1) 工器具：红、黑或蓝色签字笔、计算器 (2) 材料：计算纸 (3) 设备：桌椅一套（工位）
备注	

评分标准

序号	考核项目名称	质量要求	分值	扣分标准	扣分原因	得分
1	确定依据	明确确定擅自接线用电的处理依据	20	未明确依据扣 20 分		
2	确定电量	正确计算电量	40	未正确确定容量、天数、使用时间、电量每项扣 10 分		
3	确定电费	正确计算电费	15	未正确确定分项电费、合计电费扣 15 分		
4	确定违约电费	正确计算违约电费	15	未正确确定违约电费扣 15 分		
5	答题	正确完整答题	10	未能正确答出结果扣 10 分		

题例：在营业普查中发现一机械加工厂私自在供电企业的供电设施上擅自接线用电，经查私自接用动力设备 5kW，私自接用照明 2kW，实际使用时间无法查明。请确定应怎样对该户处理（所有方案执行现行电价）。

解：（1）私自接线用电应按窃电处理。

（2）根据题意，该户为动力用户私接设备容量，动力负荷 5kW，照明负荷 2kW，共计私接容易 7kW。

根据《供电营业规则》对无法确定窃电时间的，至少以 180d 计，动力用户每日按 12h 计算，照明用户每日按 6h 计算。则

窃电量：7×12×180＝15120（kW·h）

电费：15120×0.6781＝10252.87（元）

根据《供电营业规则》该户还应承担 3 倍窃电金额的违约使用电费 30758.6 元

答：该户应承担追补电费金额为 10252.87 元，应承担违约使用电费 30758.61 元。

第四部分　技　　师

1 理论试题

1.1 单选题

La2A1001 （　　）用电是社会主义经济发展的需要。

（A）合理　　（B）计划　　（C）节约　　（D）安全

答案：B

La2A1002 Ⅰ类电能计量装置的电压、电流互感器及有功、无功电能表的准确度等级分别为（　　）。

（A）0.2、0.2S、0.2S（或0.5S）、2.0

（B）0.2、0.2、0.2S（或0.5S）、2.0

（C）0.2、0.2S、0.5、2.0

（D）0.2、0.5S、0.5、2.0

答案：A

La2A2003 保证功放电路稳定输出的关键部分是（　　）。

（A）保护电路　　（B）稳幅电路

（C）阻抗匹配电路　　（D）控制电路

答案：B

La2A2004 变压器并列运行的基本条件是（　　）。

（A）连接组别相同　　（B）电压变比相等

（C）短路阻抗相等　　（D）三项表述均满足

答案：D

La2A4005 变压器的工作原理是：当交流电源的电压 U_1 加到一次侧绕组，就有交流电流 I_1 流过一次侧绕组，在铁芯中产生交变磁通同时穿过一、二次绕组，在一次、二次绕组分别产生电动势 E_1 和 E_2，交变磁通在每一匝线圈上感应电动势的大小（　　），但由于一次、二次绕组匝数多少不同，在一次、二次绕组上感应电动势 E_1、E_2 的大小就（　　），匝数多的绕组电动势（　　），匝数少的绕组电动势（　　），从而实现了变压的目的。

（A）相等、不相等、小、大　　（B）相等、不相等、大、小

（C）不相等、相等、小、大　　（D）不相等、相等、大、小

答案：B

La2A2006　变压器的铜损与(　　)成正比。

(A) 负载电流　　(B) 负载电流的平方

(C) 负载电压　　(D) 负载电压平方

答案：B

La2A2007　变压器一次绕组的1匝导线与二次绕组的1匝导线所感应的电动势(　　)。

(A) 相等　　(B) 不相等　　(C) 更大　　(D) 更小

答案：A

La2A2008　变压器中性点零序过流保护在(　　)时不应动作。

(A) 三相短路　　(B) 单相接地短路

(C) 两相短路　　(D) 两相接地短路

答案：A

La2A2009　变压器重瓦斯保护在(　　)故障时不应动作。

(A) 变压器内三相短路　　(B) 变压器内两相短路

(C) 变压器内匝间短路　　(D) 变压器外三相短路

答案：D

La2A2010　从事供用电监督管理的机构和人员要以电力法律和行政法规以及技术标准为准则，必须以事实为依据做好供用电(　　)工作。

(A) 检查　　(B) 监督管理　　(C) 行政管理　　(D) 用电管理

答案：B

La2A1011　低压供电方案的有效期为(　　)。

(A) 1个月　　(B) 3个月　　(C) 半年　　(D) 1年

答案：B

La2A2012　电力变压器的中性点接地属于(　　)。

(A) 保护接地类型　　(B) 防雷接地类型

(C) 工作接地类型　　(D) 工作接零类型

答案：C

La2A2013　电流互感器相当于普通变压器(　　)运行状态。

(A) 开路　　(B) 短路　　(C) 带负荷　　(D) 空载

答案：B

La2A3014　电压表的内阻为3kΩ，最大量程为3V，现将它串联一个电阻，改装成量程为15V的电压表，则串联电阻值为(　　)。

(A) 3kΩ　　(B) 9kΩ　　(C) 12kΩ　　(D) 15kΩ

答案：C

La2A3015　电压互感器的空载误差是由(　　)引起的。

(A) 励磁电流在一次、二次绕组的漏抗上产生的压降

(B) 励磁电流在励磁阻抗上产生的压降

(C) 励磁电流在一次绕组的漏抗上产生的压降

(D) 其他三点都不对

答案：C

La2A3016　电阻、电感、电容并联电路中，当电路中的总电流滞后于电路两端电压的时候(　　)。

(A) $X=X_L-X_C>0$　　(B) $X=X_L-X_C<0$

(C) $X=X_L-X_C=0$　　(D) $X=X_L=X_C$

答案：B

La2A3017　电阻、电感、电容串联电路中，当电路中的总电流滞后于电路两端电压的时候(　　)。

(A) $X=X_L-X_C>0$　　(B) $X=X_L-X_C<0$

(C) $X=X_L-X_C=0$　　(D) $X=X_L=X_C$

答案：A

La2A3018　电阻、电感、电容串联电路中，电路中的总电流与电路两端电压的关系是(　　)。

(A) 电流超前于电压

(B) 总电压可能超前于总电流，也可能滞后于总电流

(C) 电压超前于电流

(D) 电流与电压同相位

答案：B

La2A2019　对35kV供电的用户，供电设备计划检修停电次数每年不应超过(　　)。

(A) 1次　　(B) 2次　　(C) 3次　　(D) 5次

答案：A

La2A1020　对于高压供电用户，一般应在(　　)计量。

(A) 高压侧　　(B) 低压侧　　(C) 高、低压侧　　(D) 任意一侧

答案：A

La2A1021 发电、供电都是(　　)的组成部分。

(A) 电力销售　　(B) 电力供应　　(C) 电力资源　　(D) 电力生产

答案：D

La2A2022 供电企业和用户应当根据平等自愿、协商一致的原则签订(　　)。

(A) 供用电协议　　(B) 供用电合同

(C) 供用电规则　　(D) 供用电管理条例

答案：B

La2A2023 减少用电容量的期限，应根据用户所提出的申请确定，但最短期限不得(　　)。

(A) 少于15天　　(B) 少于30天　　(C) 少于60天　　(D) 少于180天

答案：D

La2A2024 居民客户如何判断峰谷电能表时段切换正常的时段是(　　)。

(A) 上午7：40～8：00和晚上21：50～22：10之间

(B) 上午7：50～8：10和晚上21：50～22：10之间

(C) 上午7：50～8：20和晚上21：50～22：00之间

(D) 上午7：50～8：10和晚上22：00～22：20之间

答案：B

La2A3025 两只额定电压相同的电阻，串联在适当的电压上，则额定功率较大的电阻(　　)。

(A) 发热量较大　　(B) 发热量较小

(C) 与功率较小的电阻发热量相同　　(D) 不能确定

答案：B

La2A3026 判断电流产生磁场的方向是用(　　)。

(A) 左手定则　　(B) 右手定则　　(C) 右手螺旋定则　(D) 安培定则

答案：C

La2A1027 若用户擅自使用已报暂停的电气设备，称为(　　)。

(A) 窃电　　(B) 违约用电　　(C) 正常用电　　(D) 计划外用电

答案：B

La2A4028 利用三极管不能实现(　　)。

(A) 电流放大　　(B) 电压放大　　(C) 功率放大　　(D) 整流侧熔丝烧断

答案：D

La2A1029　申请新装用电、临时用电、增加用电容量、变更用电和终止用电均应到当地供电企业办理手续，并按照国家有关规定(　　)。

(A) 填写申请　(B) 上交书面报告　(C) 交付费用　(D) 履行报装手续

答案：C

La2A1030　使用 2 级检定装置的检定周期不得超过(　　)。

(A) 1 年　(B) 2 年　(C) 3 年　(D) 半年

答案：B

La2A2031　使用电流互感器和电压互感器时，其二次绕组应分别(　　)接入被测电路之中。

(A) 串联、并联　(B) 串联、串联　(C) 并联、串联　(D) 并联、并联

答案：A

La2A1032　输电线路电压等级是指线路的平均电压值，因此连接在线路末端的变压器一次侧的额定电压与线路额定电压数值(　　)。

(A) 不同，应相应提高　(B) 不同，应相应降低

(C) 不同，有电压降　(D) 相同

答案：D

La2A1033　通过人体的交流电若超过(　　)触电者就会感到麻痹或剧痛。

(A) 10mA　(B) 20mA　(C) 30mA　(D) 50mA

答案：A

La2A1034　危害发电设施、变电设施和电力线路设施的，由电力管理部门责令改正，拒不改正的，处(　　)元以下的罚款。

(A) 1000　(B) 10000　(C) 15000　(D) 50000

答案：B

La2A5035　为改善 RC 桥式振荡器的输出电压幅值的稳定，可在放大器的负反馈回路里采用(　　)来自动调整反馈的强弱，以维持输出电压的恒定。

(A) 正热敏电阻　(B) 非线性元件　(C) 线性元件　(D) 调节电阻

答案：B

La2A2036　为了建立一个数据库，要有一个功能很强的软件来对数据库中的数据进行全面的管理，这个软件通常称之为(　　)管理系统。

(A) 功能　(B) 操作　(C) 程序　(D) 数据

答案：D

La2A3037 下述论述中，正确的是(　　)。

(A) 当计算电路时，规定自感电动势的方向与自感电压的参考方向都跟电流的参考方向一致这就是说，自感电压的实际方向就是自感电动势的实际方向

(B) 自感电压的实际方向始终与自感电动势的实际方向相反

(C) 在电流增加的过程中，自感电动势的方向与原电流的方向相同

(D) 自感电动势的方向除与电流变化方向有关外，还与线圈的绕向有关

答案：B

La2A2038 一般经济责任事故是指除重大经济责任事故以外的造成公司经济损失达(　　)kW・h的营销事故。

(A) 5000　　(B) 40000　　(C) 30000　　(D) 10000

答案：D

La2A2039 营业部门对于已经接电用户在用电过程中办理的业务变更服务管理等工作称为(　　)。

(A) 营业管理　　(B) 用电工作　　(C) 杂项工作　　(D) 事务工作

答案：A

La2A2040 用电检查工作必须以事实为依据，以国家有关电力供应与使用的法规、方针、政策以及国家和电力行业的标准为(　　)，对用户的电力使用进行检查。

(A) 准则　　(B) 条例　　(C) 条款　　(D) 规定

答案：A

La2A1041 用户Ⅱ类电能计量装置的有功、无功电能表和测量用电压、电流互感器的准确度等级应分别为(　　)。

(A) 0.5级，2.0级，0.2S级，0.2 S级

(B) 0.5或0.5S级，2.0级，0.2级，0.2S级

(C) 0.5S级，2.0级，0.2级，0.2S

(D) 0.5或0.5S级，2.0级，0.2S级，0.2S级

答案：B

La2A1042 用户需要的电压等级在(　　)时，其受电装置应作为终端变电所设计，其方案需经省电网经营企业审批。

(A) 10kV　　(B) 35kV　　(C) 63kV　　(D) 110kV及以上

答案：D

La2A2043 用户由于产品工艺改变使生产任务变化，致使原容量过大不能充分利用而提出申请减少一部分用电容量的，叫(　　)。

(A) 暂停用电　(B) 减容　(C) 暂拆　(D) 调整

答案：B

La2A4044　用一个恒定电动势 E 和一个内阻 R_0 串联组合来表示一个电源，其中当 $R_0=0$ 时则称该电源为(　　)。

(A) 电位源　(B) 理想电流源

(C) 理想电压源　(D) 电阻源

答案：C

La2A4045　用一个恒定电动势 E 和一个内阻 R_0 串联组合来表示一个电源用这种方式表示的电源称为(　　)。

(A) 电压源　(B) 电流源　(C) 电阻源　(D) 电位源

答案：A

La2A4046　用一个恒定电流 I_s 和一个电导 G_0 并联表示一个电源，其中，当 $G_0=0$ 时则称该电源为(　　)。

(A) 电位源　(B) 理想电压源　(C) 电阻源　(D) 理想电流源

答案：D

La2A4047　用一个恒定电流 I_s 和一个电导 G_0 并联表示一个电源，这种方式表示的电源称(　　)。

(A) 电压源　(B) 电流源　(C) 电阻源　(D) 电位源

答案：B

La2A2048　运行中的电流互感器开路时，最重要的是会造成(　　)，危及人身和设备安全。

(A) 二次侧产生尖顶波形、峰值相当高的电压

(B) 一次侧产生尖顶波形、峰值相当高的电压

(C) 一次侧电流剧增，线圈损坏

(D) 激磁电流减少，铁芯损坏

答案：A

La2A2049　在测量变压器绕组的直流电阻时，环境温度较高时的测量值应比环境温度较低时的测量值(　　)。

(A) 增大　(B) 降低

(C) 不变　(D) 随温度的升高成比例降低

答案：A

La2A2050 在电能表经常运行的负荷点，Ⅰ类装置允许误差应不超过(　　)。

(A) ±0.25%　　(B) ±0.4%　　(C) ±0.5%　　(D) ±0.75%

答案：D

La2A1051 在同样电压下电流频率在(　　)时，人体触电最危险。

(A) 0～20Hz　　(B) 40～60Hz

(C) 100～200Hz　　(D) 200Hz 以上

答案：B

La2A2052 在有(　　)的情况下，供电企业的用电检查人员可不经批准即对客户中止供电，但事后应报告本单位负责人。

(A) 不可抗力和紧急避险

(B) 对危害供用电安全，扰乱供用电秩序，拒绝检查者

(C) 受电装置经检查不合格，在指定期间末改善者

(D) 客户欠费，在规定时间内未缴清者

答案：A

La2A1053 重大经济责任事故造成公司经济损失电量达(　　)万千瓦时及以上的行为。

(A) 100　　(B) 200　　(C) 500　　(D) 1000

答案：A

La2A1054 重大经济责任事故造成公司经济损失金额达(　　)万元及以上的行为。

(A) 10　　(B) 20　　(C) 50　　(D) 100

答案：C

La2A1055 装见容量是指接入计费电能表的全部设备(　　)之和。

(A) 额定电流　　(B) 额定电压　　(C) 额定容量　　(D) 额定频率

答案：C

Lb2A1056 《供电营业规则》于(　　)年10月8日发布施行。

(A) 1996　　(B) 1997　　(C) 1998　　(D) 1995

答案：A

Lb2A2057 Ⅲ类计量装置电能表配备的电压互感器，其准确度等级至少为(　　)。

(A) 1.0级　　(B) 0.5级　　(C) 0.2级　　(D) 0.1级

答案：B

Lb2A2058 DL/T 448—2016 规程中规定，电能计量用电压和电流互感器的二次导线最小截面面积为(　　)。

(A) 1.5 mm^2、2.5 mm^2　　(B) 2.5 mm^2、4mm^2

(C) 4 mm^2、6mm^2　　(D) 6 mm^2、2mm^2

答案：B

Lb2A4059 V/v 接线的电压互感器若二次侧无接地则二次回路对地电压是(　　)。

(A) 57.7V　　(B) 100V　　(C) 173V　　(D) 0

答案：D

Lb2A3060 V/v 接线的电压互感器在正常运行时二次回路对地电压是(　　)。

(A) 57.7V　　(B) 100V　　(C) 173V　　(D) 0

答案：B

Lb2A4061 Y/y 接线的电压互感器在正常运行时二次回路对地电压是(　　)。

(A) 57.7V　　(B) 100V　　(C) 173V　　(D) 0

答案：D

Lb2A4062 Y0/y0 接线的电压互感器在正常运行时二次回路对地电压是(　　)。

(A) 57.7V　　(B) 100V　　(C) 173V　　(D) 不能确定

答案：A

Lb2A2063 抄表、核算、收费和上缴电费这四道工序统称为(　　)。

(A) 营业管理　　(B) 用电管理

(C) 电费管理　　(D) 账务管理

答案：C

Lb2A2064 电价实行统一政策、统一定价原则，分级管理就是要求电价管理应由(　　)。

(A) 市政府统一管理　　(B) 省政府统一管理

(C) 地区统一管理　　(D) 国家集中统一管理

答案：D

Lb2A2065 电路分析的目的是对电路的电性能进行定性或者定量的预测，其分析工具是(　　)。

(A) 电学　　(B) 力学　　(C) 数学　　(D) 光学

答案：C

Lb2A2066 电网运行中的变压器高压侧额定电压不可能为(　　)。

(A) 110kV　　(B) 123kV　　(C) 10kV　　(D) 35kV

答案：B

Lb2A2067 对售电量、售电收入、售电平均单价完成情况的分析称(　　)。

(A) 经济分析　　(B) 电费管理分析　(C) 营销分析　　(D) 计量分析

答案：C

Lb2A2068 对用电设备需要的无功功率进行人工补偿，以提高(　　)的方法，称为人工补偿法。

(A) 有功功率　　(B) 无功功率　　(C) 功率因数　　(D) 视在功率

答案：C

Lb2A1069 各级用电管理人员均应认真执行国家现行(　　)政策和制度，严格遵守电价的管理权限和规定。

(A) 价格　　(B) 电价　　(C) 物价　　(D) 电费

答案：B

Lb2A2070 工厂企业等动力用户因生产任务临时改变、设备检修等原因需短时间内停止使用一部分或全部用电容量的，叫(　　)。

(A) 暂拆　　(B) 停用　　(C) 暂停　　(D) 减容

答案：C

Lb2A2071 供电企业在计算转供户用电量、最大需量及功率因数调整电费时，应扣除(　　)。

(A) 被转供户、公用线路损耗的有功、无功电量

(B) 被转供户变压器损耗的有功、无功电量

(C) 转供户损耗的有功、无功电量

(D) 被转供户、公用线路及变压器损耗的有功、无功电量

答案：D

Lb2A2072 供电企业在受理居民客户申请用电办完手续后，(　　)个工作日内送电。

(A) 6　　(B) 5　　(C) 1　　(D) 7

答案：B

Lb2A3073 关于功率因数角的计算，(　　)是正确的。

(A) 功率因数角等于有功功率除以无功功率的反正弦值

(B) 功率因数角等于有功功率除以无功功率的反余弦值

(C) 功率因数角等于有功功率除以无功功率的反正切值

(D) 功率因数角等于有功功率除以无功功率的反余切值

答案：D

Lb2A1074 国标规定分时表日计时误差应小于(　　)。

(A) 1S　　(B) 0.5S　　(C) 0.3S　　(D) 2S

答案：B

Lb2A2075 会计科目编号的方法(　　)。

(A) 数字编号法　　(B) 文字编号法　　(C) 大写编号法　　(D) 账户编号

答案：A

Lb2A1076 客户在欠费停限电过程中承诺付费，必须签订还款计划，还款计划对还清全部欠费时限一般不得超过(　　)个月，并不得跨年。

(A) 1　　(B) 2　　(C) 3　　(D) 4

答案：C

Lb2A1077 千瓦·时（kW·h），是(　　)。

(A) 电功率的单位　　(B) 电量的单位

(C) 用电时间的单位　　(D) 电流的单位

答案：B

Lb2A1078 窃电时间无法查明时，窃电日数至少以一百八十天计算，每日窃电时间：电力用户按(　　)小时计算；照明用户按(　　)小时计。

(A) 12，6　　(B) 12，8　　(C) 6，12　　(D) 8，12

答案：A

Lb2A2079 三相额定容量不超过100kV·A的变压器，可以进行负载率不超过(　　)的超载运行。

(A) 1.2倍　　(B) 1.3倍　　(C) 1.5倍　　(D) 1.1倍

答案：B

Lb2A2080 私自超过合同约定的容量用电的用户除应拆除私增容设备外，属于两部制电价的用户，应补交私增容量使用月数的基本电费，并承担(　　)倍私增容量基本电费的违约使用电。

(A) 3　　(B) 2　　(C) 6　　(D) 3～6

答案：A

Lb2A2081 退补电量在(　　)万千瓦时，电费在(　　)万元及以上的必须报省电力公司审批。

(A) 50，25　　(B) 40，20　　(C) 100，50　　(D) 10，5

答案：C

Lb2A1082 小规模纳税人的认定标准是(　　)。

(A) 年应税销售额在100万元以下　　(B) 年应税销售额在50万元以下

(C) 年应税销售额在100万元以上　　(D) 年应税销售额在150万元以下

答案：A

Lb2A2083 用电人用电功率因数达到规定标准，而供电电压超出规定的变动幅度，给用电人造成损失的，供电人应按照用电人每月在电压不合格的累计时间内使用的电量，乘以用电人当月用电的平均电价的(　　)给予赔偿。

(A) 百分之二　　(B) 百分之十　　(C) 百分之二十　　(D) 百分之三十

答案：C

Lb2A1084 用户办理暂拆手续后，供电企业应在(　　)内执行暂拆。

(A) 3天　　(B) 5天　　(C) 7天　　(D) 10天

答案：B

Lb2A2085 用户遇有特殊情况需延长供电方案的有效期的，应在有效期到期前(　　)向供电企业提出申请，供电企业应视情况予以办理延长手续。

(A) 30天　　(B) 10天　　(C) 15天　　(D) 20天

答案：B

Lb2A2086 在电价低的供电线路上擅自接用电价高的用电设备，若使用起始日期难以确定的，实际使用日期按(　　)个月计算。

(A) 2　　(B) 3　　(C) 6　　(D) 12

答案：B

Lb2A3087 在功率因数的补偿中，电容器组利用率最高的是(　　)。

(A) 就地个别补偿　(B) 分组补偿　　(C) 集中补偿　　(D) 分片补偿

答案：C

Lb2A2088 在功率因数的补偿中，电容器组效果最好的是(　　)。

(A) 就地个别补偿　(B) 分组补偿　　(C) 集中补偿　　(D) 分片补偿

答案：A

Lb2A1089 在农村统一销售电价中含有(　　)。

(A) 重大水利工程建设基金

(B) 市政地方附加、重大水利工程建设基金

(C) 重大水利工程建设基金、低压维管费

(D) 重大水利工程建设基金、可再生能源附加、低压维管费

答案：D

Lb2A2090 在同一回路相同负荷时，功率因数越高(　　)。

(A) 电流越大　　(B) 线路损耗越大

(C) 线路压降越小　　(D) 线路压降越大

答案：C

Lc2A4091 N型半导体自由电子数远多于空穴数，这些自由电子是多数载流子，而空穴是少数载流子，导电能力主要靠自由电子，称为电子型半导体，简称(　　)。

(A) W型半导体　　(B) U型半导体

(C) P型半导体　　(D) N型半导体

答案：D

Lc2A2092 Windows 2000操作系统是(　　)。

(A) 单用户单任务系统　　(B) 单用户多任务系统

(C) 多用户多任务系统　　(D) 多用户单任务系统

答案：B

Lc2A2093 变压器在额定电压下，二次侧开路时在铁芯中消耗的功率称为(　　)。

(A) 铜损耗　　(B) 铁损耗　　(C) 无功损耗　　(D) 铜损耗和铁损耗

答案：B

Lc2A4094 单相桥式整流电路与半波整流电路相比，桥式整流电路的优点是：变压器无需中心抽头，变压器的利用率较高，且整流二极管的反向电压是后者的(　　)，因此获得了广泛的应用。

(A) 1/2　　(B) 1.414　　(C) 21.414　　(D) 1.414/2

答案：A

Lc2A2095 当电流互感器采用分相接线的单相电子式电能表时，如果电流进出线接反，则电能表(　　)。

(A) 停转　　(B) 反转　　(C) 运转正常　　(D) 烧表

答案：C

Lc2A4096 当三极管基极电流为某一定值时，集电极电压 U_{ce} 与集电极电流 I_c 之间的关系曲线称为三极管的(　　)。

(A) 输入特性　(B) 输出特性　(C) 放大特性　(D) 机械特性

答案：B

Lc2A2097 当主保护或断路器拒动时，用来切除故障的保护被称作(　　)。

(A) 主保护　(B) 后备保护　(C) 辅助保护　(D) 异常运行保护

答案：B

Lc2A3098 电磁系仪表的工作原理是：当可动线圈内通过被测电流时，线圈中电流与永久磁铁的磁场相互作用，产生电磁作用力矩，从而导致可动线圈旋转当可动线圈旋转时，拉紧转轴上的游丝，产生反作用力矩当电磁作用力的旋转力矩与游丝的反作用力矩相等时，可动线圈停止旋转，这时指针指示的刻度即为被测电流的读数，被测电流愈(　　)，转动力矩愈(　　)，转动角度愈(　　)，游丝的反作用力矩愈(　　)，于是指针静止于一个较大的偏转角度；反之亦然。

(A) 小、大、小、大　(B) 大、大、小、小

(C) 小、小、小、小　(D) 大、大、大、大

答案：D

Lc2A2099 电力变压器进行短路试验的目的是求出变压器(　　)。

(A) 短路电流　(B) 绕组电阻

(C) 短路阻抗和绕组损耗　(D) 空载损耗

答案：C

Lc2A3100 电流互感器一次、二次绕组的电流 I_1、I_2 的方向相反的这种极性关系称为(　　)。

(A) 减极性　(B) 加极性　(C) 反极性　(D) 正极性

答案：A

Lc2A2101 电能表校验周期是如何规定的(　　)。

(A) 一类电能表每3个月校验1次　(B) 二类电能表1年校验1次

(C) 三类电能表每2年校验1次　(D) 其他电能表每3年轮换代替校验

答案：A

Lc2A1102 电容与电源之间进行能量交换的多少用(　　)表示。

(A) 无功功率　(B) 有功功率

(C) 视在功率　(D) 无功功率加有功功率的和

答案：A

Lc2A3103 定子绕组为三角形接法的鼠笼式异步电动机，采用Y—△减压启动时，其启动电流和启动转矩均为全压启动的(　　)。

(A) 1/5　　(B) 1/4　　(C) 1/3　　(D) 1/2

答案：C

Lc2A1104 对电能表互感器轮换、现场检验、修校的分析称(　　)。

(A) 用电分析　　(B) 电能计量分析

(C) 业务报装分析　　(D) 营销分析

答案：B

Lc2A3105 对法拉第电磁感应定律的理解，正确的是(　　)。

(A) 回路中的磁通变化量越大，感应电动势一定越高

(B) 回路中包围的磁通量越大，感应电动势越高

(C) 回路中的磁通量变化率越大，感应电动势越高

(D) 当磁通量变化到零时，感应电动势必为零

答案：C

Lc2A3106 对漏电的故障，可用兆欧表和电流表测量和判定漏电情况，并按(　　)步骤顺序进行：a. 判断是否确实发生了漏电；b. 判断漏电的性质；c. 找出漏电点，及时妥善处理；d. 确定漏电范围。

(A) abcd　　(B) abdc　　(C) bacd　　(D) cabd

答案：B

Lc2A1107 工作人员的正常活动范围与带电设备的安全距离：110kV为(　　)。

(A) 0.6m　　(B) 0.9m　　(C) 1.5m　　(D) 2.0m

答案：C

Lc2A3108 供电频率超出允许偏差，给用电人造成损失的，供电人应按用电人每户每月在频率不合格的累计时间内所用的电量，乘以当月用电的平均电价的(　　)给予赔偿。

(A) 百分之二　　(B) 百分之十　　(C) 百分之二十　　(D) 百分之三十

答案：C

Lc2A5109 基本共集放大电路与基本共射放大电路的不同之处，下列说法中错误的是(　　)。

(A) 共射电路既能放大电流，又能放大电压，共集电路只能放大电流

(B) 共集电路的负载对电压放大倍数影响小

(C) 共集电路输入阻抗高，且与负载电阻无关

(D) 共集电路输出电阻比共射电路小，且与信号源内阻有关

答案：C

Lc2A2110 计算机网络是电子计算机及其应用技术和通信技术逐步发展日益密切结合的(　　)。

(A) 工具　　(B) 目的　　(C) 要求　　(D) 产物

答案：D

Lc2A4111 将P型半导体和N型半导体经过特殊工艺加工后，会有机地结合在一起，就在交界处形成了有电荷的薄层，这个带电荷的薄层称为(　　)。

(A) PN结　　(B) N形结　　(C) P形结　　(D) V形结

答案：A

Lc2A5112 两只单相电压互感器V/v接法，测得$U_{uv}=U_{uw}=0V$，$U_{vw}=0V$，则可能是(　　)。

(A) 一次侧U相熔丝烧断　　(B) 一次侧V相熔丝烧断

(C) 二次侧熔丝全烧断　　(D) 一只互感器极性接反

答案：C

Lc2A5113 两只单相电压互感器V/v接法，测得$U_{uv}=U_{uw}=100V$，$U_{vw}=0V$，则可能是(　　)。

(A) 一次侧U相熔丝烧断　　(B) 一次侧V相熔丝烧断

(C) 一次侧W相熔丝烧断　　(D) 一只互感器极性接反

答案：C

Lc2A3114 零序保护的最大特点(　　)。

(A) 只反映接地故障　　(B) 只反映相间故障

(C) 只反映三相短路　　(D) 只反映三相接地故障

答案：A

Lc2A1115 全电子式电能表采用的原理有(　　)。

(A) 电压、电流采样计算

(B) 霍尔效应

(C) 热电偶

(D) 电压、电流采样计算，霍尔效应和热电偶

答案：D

Lc2A2116 全面质量管理简称(　　)。

(A) QC　　(B) TQM　　(C) QCC　　(D) PDP

答案：B

Lc2A4117 三极管集电极电流的变化量 ΔI_c 与基极电流变化量 ΔI_b 的比值称为三极管共发射级接法(　　)。

(A) 电流系数　　(B) 电流放大系数
(C) 电流常数　　(D) 电压系数

答案：B

Lc2A4118 三极管内部由三层半导体材料组成，分别称为发射区、基区和集电区，结合处形成两个 PN 结，分别称为发射结和(　　)。

(A) 集中结　　(B) 集成结　　(C) 集电结　　(D) 集合结

答案：C

Lc2A2119 实用中，常将电容与负载并联，而不用串联，这是因为(　　)。

(A) 并联电容时，可使负载获得更大的电流，改变了负载的工作状态

(B) 并联电容时，可使线路上的总电流减少，而负载所取用的电流基本不变，工作状态不变，使发电机的容量得到了充分利用

(C) 并联电容后，负载感抗和电容容抗限流作用相互抵消，使整个线路电流增加，使发电机容量得到充分利用

(D) 并联电容，可维持负载两端电压，提高设备稳定性

答案：B

Lc2A1120 同一组的电流、电压互感器应采用(　　)均相同的互感器。

(A) 制造厂、型号　　(B) 额定电流（电压）变比，二次容量
(C) 准确度等级　　(D) 上述全部

答案：D

Lc2A3121 下述论述中，完全正确的是(　　)。

(A) 自感系数取决于线圈的形状、大小和匝数等，跟是否有磁介质无关

(B) 互感系数的大小取决于线圈的几何尺寸和相互位置等，与匝数多少无关

(C) 空心线圈的自感系数是一个常数，与电压和电流大小无关

(D) 互感系数的大小与线圈自感系数的大小无关

答案：C

Lc2A4122 现场测得电能表第一元件接 I_a、U_{bc}，第二元件接 $-I_c$、U_{ac}，则更正系数为(　　)。

(A) $\frac{2}{1-\sqrt{3}\tan\varphi}$　　(B) $\frac{-2\sqrt{3}}{\sqrt{3}+\tan\varphi}$　　(C) $\frac{-2}{1-\sqrt{3}\tan\varphi}$　　(D) 0

答案：A

Lc2A1123　新投运或改造后的Ⅰ、Ⅱ、Ⅲ、Ⅳ类高压电能计量装置应在(　　)内进行首次现场检验。

(A) 15天　(B) 一个月　(C) 20天　(D) 两个月

答案：B

Lc2A1124　胸外按压要以均匀速度进行，每分钟(　　)次。

(A) 30　(B) 60　(C) 80　(D) 100

答案：C

Lc2A3125　由于电能表的相序接入变化，影响电能表的读数，这种影响称为(　　)。

(A) 接线影响　(B) 输入影响　(C) 相序影响　(D) 负载影响

答案：C

Lc2A1126　与电容器组串联的电抗器起(　　)作用。

(A) 限制短路电流

(B) 限制合闸涌流和吸收操作过电压

(C) 限制短路电流和合闸涌流

(D) 限制合闸涌流

答案：C

Lc2A4127　在PN结之间加(　　)，多数载流子扩散被抑制，反向电流几乎为零，就形成了PN结截止。

(A) 前向电压　(B) 后向电压　(C) 正向电压　(D) 反向电压

答案：D

Lc2A4128　在放大器中引入了负反馈后，使(　　)下降，但能够提高放大器的稳定性，减少失真，加宽频带，改变输入、输出阻抗。

(A) 放大倍数　(B) 负载能力　(C) 输入信号　(D) 输出阻抗

答案：A

Lc2A1129　在感应式电能表中，电磁元件不包括(　　)。

(A) 电压元件　(B) 电流元件　(C) 制动磁钢　(D) 驱动元件

答案：C

Lc2A5130　在检测三相两元件表的接线时，经常采用力矩法（跨相去中相电压法），其中将U、W相电压对调，电能表应该(　　)。

(A) 正常运转　(B) 倒走　(C) 停走　(D) 慢走一半

答案：C

Lc2A4131　在检查某三相三线高压用户时发现其安装的三相二元件电能表的V相电压断路，则在其断相期间实际用电量是表计电量的(　　)倍。

(A) 1/3　　(B) 1.73　　(C) 0.577　　(D) 2

答案：D

Lc2A2132　指挥整个计算机系统进行协调一致工作的部件是(　　)。

(A) 运算器　　(B) 控制器　　(C) 存储器　　(D) 显示器

答案：B

Ld2A3133　(　　)保护不反映外部故障，具有绝对的选择性。

(A) 过电流　　(B) 低电压　　(C) 距离　　(D) 差动

答案：D

Ld2A2134　变压器容量为500kV·A高供低计用户的电能计量装置属于(　　)类计量装置。

(A) Ⅰ　　(B) Ⅱ　　(C) Ⅲ　　(D) Ⅳ

答案：C

Ld2A2135　表用互感器是一种变换交流电压或电流以便于测量的(　　)。

(A) 仪器　　(B) 仪表　　(C) 设备　　(D) 器材

答案：C

Ld2A1136　当三相三线电路的中性点直接接地时，宜采用(　　)的有功电能表测量有功电能。

(A) 三相三线　　(B) 三相四线

(C) 三相三线或三相四线　　(D) 三相三线和三相四线

答案：B

Ld2A3137　当三相三线有功电能表，二元件的接线分别为I_a、U_{cb}和I_c、U_{ab}，负载为感性，转盘(　　)。

(A) 正转　　(B) 反转　　(C) 不转　　(D) 转向不定

答案：C

Ld2A1138　当三只单相电压互感器按Y0/Y0接线，二次线电压U_{ab}为57.7V，U_{bc}为57.7V，U_{ca}=100V，那么(　　)。

(A) 可能是电压互感器二次绕组A相极性接反

(B) 可能是电压互感器二次绕组B相极性接反

(C) 可能是电压互感器二次绕组C相极性接反

(D) 可能是电压互感器一次绕组 A 相断线

答案：B

Ld2A5139 当系统发生故障时，正确地切断离故障点最近的断路器，是继电保护的(　　)的体现。

(A) 快速性　　(B) 选择性　　(C) 可靠性　　(D) 灵敏性

答案：B

Ld2A4140 当需用转速接近 1500r/min 的三相电动机时，应选用(　　)对极的电动机。

(A) 1　　(B) 2　　(C) 3　　(D) 4

答案：B

Ld2A1141 登记账薄时，书写的文字要清晰，数字要规范，文字、数字一般占格距的(　　)。

(A) 二分之一　　(B) 三分之一

(C) 四分之一　　(D) 五分之一

答案：A

Ld2A1142 对于一类负荷的供电应采用(　　)方式。

(A) 单电源供电　　(B) 非独立的双电源供电

(C) 独立的双电源供电　　(D) 其他供电方式都可以

答案：C

Ld2A1143 供电企业用电检查人员实施现场检查时，用电检查的人数不得少于(　　)。

(A) 2 人　　(B) 3 人　　(C) 4 人　　(D) 5 人

答案：A

Ld2A2144 国产变压器的无激磁分接开关有Ⅰ、Ⅱ、Ⅲ三个档，当系统电压接 10.5kV 时，分接开关应调到(　　)的位置。

(A) Ⅰ　　(B) Ⅱ　　(C) Ⅲ　　(D) 任意

答案：A

Ld2A2145 经电流互感器接入的电能表，若电流互感器的变比值改小，则电能表的计量值将(　　)。

(A) 增大　　(B) 降低

(C) 不变　　(D) 随电能表的型号而定

答案：A

Ld2A1146　临时用电期限由用户按2年以内、3年、4年三个档次选择后与供电部门约定，定金标准分别为每千伏安（　　）元。

（A）200，300，400　　（B）100，200，300

（C）300，400，500　　（D）50，100，200

答案：B

Ld2A2147　某10kV用户负荷为200kW，功率0.9，线路电阻2Ω，则线路损耗为（　　）。

（A）0.8kW　　（B）0.9kW　　（C）1kW　　（D）10kW

答案：C

Ld2A3148　某10kV用户有功负荷为350kW，功率因数0.8，则应选择变比分别为（　　）的电流互感器和电压互感器。

（A）30/5、10000/100　　（B）50/5、10000/100

（C）75/5、10000/100　　（D）100/5、10000/100

答案：A

Ld2A2149　某110kV用户，其计量方式应采用（　　）。

（A）高供高计三相三线　　（B）高供高计三相四线

（C）高供低计三相三线　　（D）高供低计三相四线

答案：B

Ld2A4150　某用户擅自使用在供电企业办理暂停手续的高压电动机，并将作为贸易结算的计量TA一相短接，该户的行为属（　　）行为。

（A）违章　　（B）窃电

（C）既有违约又有窃电　　（D）违约行为

答案：C

Ld2A1151　配电电器设备安装图中被称作主接线图的是（　　）。

（A）一次接线图　　（B）二次接线图　　（C）平剖面布置图（D）设备安装图

答案：A

Ld2A2152　使用万用表的R×1000欧姆档检查容量较大的电容器质量时，按RC充电过程原理，下述论述中正确的是（　　）。

（A）指针不动，说明电容器的质量好

（B）指针有较大偏转，随后返回，接近于无穷大

（C）指针有较大偏转，返回无穷大，说明电容器在测量过程中断路

（D）针有较大偏转，说明电容器的质量好

答案：B

Ld2A3153 我们通常所说的一只5（20）A、220V单相电能表，这儿的5A是指这只电能表的(　　)。

（A）标定电流　（B）额定电流　（C）瞬时电流　（D）最大额定电流

答案：A

Ld2A1154 下列情况不经过批准即可中止供电的是(　　)，但事后应报告本单位负责人。

（A）确有窃电行为

（B）拖欠电费经通知催交后仍不交者

（C）私自向外转供电力者

（D）对危害供用电安全，扰乱供用电秩序，拒绝检查者

答案：A

Ld2A1155 下列情况不经批准即可中止供电的是(　　)。

（A）确有窃电行为

（B）拖欠电费经通知催交后仍不交者

（C）私自向外转供电力者

（D）对危害供用电安全，扰乱供用电秩序，拒绝检查者

答案：A

Ld2A2156 用Word绘制表格，应先将插入点移到指定的位置，然后单击工具栏中的“插入表格”按钮，再用鼠标拖动(　　)虚框线，然后释放鼠标，即产生简单的表格。

（A）标题　（B）工具栏　（C）状态栏　（D）表格

答案：D

Ld2A2157 用电容量在100kV·A（kW）以下普通工业和非工业用户，限期催交电费停限电通知书由市公司营销部(　　)批准签。

（A）电费班长

（B）抄表班长

（C）市公司营销部主任、县公司分管副总

（D）分管主任、县公司营销部主任

答案：D

Ld2A2158 用户办理复装接电手续并按规定交付费用后，供电企业应在(　　)内为该用户复装接电。

（A）3天　（B）5天　（C）7天　（D）10天

答案：B

Ld2A2159　有三个电阻并联使用，它们的电阻比是1/3/5，所以，通过三个电阻的电流之比是(　　)。

(A) 5/3/1　　(B) 15/5/3　　(C) 1/3/5　　(D) 3/5/15

答案：B

Ld2A2160　有一内阻可以忽略不计的直流电源，输送电流给两个串联电阻A、B。当A电阻90Ω短路后，电路的电流是以前的4倍，则电阻B的电阻值是(　　)。

(A) 60Ω　　(B) 30Ω　　(C) 180Ω　　(D) 90Ω

答案：B

Ld2A1161　在大电流的用电线路中，为解决(　　)问题，电能表的电流线圈要经过电流互感器接入。

(A) 抄表　　(B) 收费　　(C) 统计　　(D) 计量

答案：D

Ld2A2162　在检测三相两元件表的接线时，经常采用力矩法，其中将A、B相电压对调，电能表应该(　　)。

(A) 正常运转　　(B) 倒走　　(C) 停走　　(D) 慢走一半

答案：C

Ld2A3163　在三相负载平衡的情况下，当三相四线有功电能表任意两相电压交叉接入，则电能表(　　)。

(A) 走慢　　(B) 走快　　(C) 正常　　(D) 停转

答案：D

Ld2A2164　在一般的电流互感器中产生误差的主要原因是存在着(　　)所致。

(A) 容性泄漏电流　　(B) 负荷电流

(C) 激磁电流　　(D) 一次电流

答案：C

Ld2A2165　主变瓦斯保护动作可能是由于(　　)造成的。

(A) 主变两侧断路器跳闸

(B) 110kV套管两相闪路

(C) 主变内部绕组严重匝间短路

(D) 主变大盖着火

答案：C

Le2A1166 非政策性退补差错处理有(　　)种方法。

(A) 2　　(B) 3　　(C) 4　　(D) 5

答案：B

Le2A1167 当月应收但未收到的电费应(　　)。

(A) 从应收电费报表中扣除

(B) 在营业收支汇总表的欠费项目中反映

(C) 不在营业收支汇总表中反映，另作报表上报

(D) 不在用电部门的报表反映，只在财务部门挂账处理

答案：B

Le2A2168 电费会计依据出纳核账后的收款凭证，进入机内销账，将未收转为实收，收款凭证为托收凭证第几联(　　)。

(A) 第一联　　(B) 第二联　　(C) 第三联　　(D) 第四联

答案：D

Le2A2169 对拆表销户的两部制电价用户，在计算基本电费时均(　　)。

(A) 不足10天按10天计　　(B) 不足15天按15天计

(C) 超过15天按月计　　(D) 按日计算

答案：D

Le2A2170 对于执行峰谷分时电价的客户，对其加计的变压器损耗电量、线路损失电量应按比例加在(　　)。

(A) 峰段　　(B) 谷段

(C) 平段　　(D) 峰、谷、平各段

答案：D

Le2A2171 负荷容量为315kV·A以下的低压计费用户的电能计量装置属于(　　)计量装置。

(A) Ⅰ类　　(B) Ⅱ类　　(C) Ⅲ类　　(D) Ⅳ类

答案：D

Le2A2172 基本电费计算时以月计算，以下何种情况可以扣减相应的基本电费(　　)。

(A) 事故停电　　(B) 计划限电

(C) 检修停电　　(D) 变更用电当月的基本电费

答案：D

Le2A1173　基建工地所有的(　　)不得用于生产、试生产和生活照明用电。

(A) 正式用电　　(B) 高压用电　　(C) 临时用电　　(D) 低压用电

答案：C

Le2A2174　计算线损的电流为(　　)。

(A) 有功电流　　(B) 无功电流　　(C) 瞬时电流　　(D) 视在电流

答案：D

Le2A3175　经互感器接入的三相三线电能表，铭牌标注互感器变比 TA 为 400/5 和 TV 为 1000/100，如电能表在额定功率下圆盘转 40r，需要时间 28s，则此表的电能表常数应为(　　)r/ (W·h)。

(A) 18　　(B) 0.3　　(C) 24　　(D) 2.4

答案：D

Le2A1176　开展电费现场复核的要求(　　)。

(A) 居民用户年现场复核应达到应抄户数的 10%

(B) 小动力用户年现场复核应达到应抄户数的 50%

(C) 对专变用户年现场复核应达到应抄户数的 80%

(D) 大工业用户年现场复核应达到应抄户数的 100%，并做好记录

答案：D

Le2A2177　三相两元件有功电能表接线时不接(　　)。

(A) A 相电流　　(B) B 相电流　　(C) C 相电流　　(D) B 相电压

答案：B

Le2A5178　两只单相电压互感器 V/v 接法，测得 $U_{ab}=U_{ac}=0V$，$U_{bc}=0V$，则可能是(　　)。

(A) 一次侧 A 相熔丝烧断　　(B) 一次侧 B 相熔丝烧断

(C) 二次侧熔丝全烧断　　(D) 一只互感器极性接反

答案：C

Le2A5179　两只单相电压互感器 V/v 接法，测得 $U_{ab}=U_{ca}=100V$，$U_{bc}=0V$，则可能是(　　)。

(A) 一次侧 A 相熔丝烧断　　(B) 一次侧 B 相熔丝烧断

(C) 一次侧 C 相熔丝烧断　　(D) 一只互感器极性接反

答案：C

Le2A1180　某低压三相四线电路，导线同质同截面，U 相负荷 20A，V 相负荷 50A，W 相负荷 20A 若将三相负荷调整完全平衡，则线损将是原来的(　　)倍。

(A) 1　　　　(B) 27/33　　　(C) 27/42　　　(D) 3/5

答案: C

Le2A3181　某居民用户反映电能表不准，检查人员查明这块电能表准确度等级为2.0，电能表常数为3600r/(kW·h)，当用户点一盏60W灯泡时，用秒表测得电表转6r用电时间为1min则反映该表(　　)。

(A) 计量转速正确 (B) 计量转速慢了 (C) 计量转速快了 (D) 无法判断

答案: C

Le2A4182　某三相四线电路，采用同质同截面的导线，并且每相电阻为R，若每相负荷分别为I，$2I$，I，则该线路的功率损耗为(　　)。

(A) $4I^2R$　　　(B) $5I^2R$　　　(C) $6I^2R$　　　(D) $7I^2R$

答案: D

Le2A3183　某用户计量电能表，允许误差为±2%，经校验该用户计量电能表实际误差为+5%，计算退回用户电量时应按(　　)计算。

(A) +2%　　　(B) +3%　　　(C) +5%　　　(D) 全不对

答案: C

Le2A2184　某用户月平均用电为20万千瓦时，则应安装(　　)计量装置。

(A) Ⅰ类　　　(B) Ⅱ类　　　(C) Ⅲ类　　　(D) Ⅳ类

答案: C

Le2A4185　若采用双电压互感器V/v型接线时，如果正常时三个线电压为100V，当测得二次线电压$U_{ab}=U_{bc}=50V$，$U_{ca}=100V$时，可判断一次(　　)相断线。

(A) A相　　　(B) B相　　　(C) C相　　　(D) (A) C相

答案: B

Le2A3186　未装设用电计量装置的临时用电、双方约定其用电容量为50kW，约定的每日使用时间为6h，使用期限为3个月，按一般工商业及其他电价计收全部电费用电终止时，实际使用时间为2个月，预收的电费应(　　)。

(A) 全部退回　　(B) 退二分之一　(C) 退三分之一　(D) 不退

答案: D

Le2A3187　下列用电设备中产生无功最大的是(　　)，约占工业企业所消耗无功的70%。

(A) 荧光灯　　　(B) 变压器　　　(C) 电弧炉　　　(D) 感应式电机

答案: D

Le2A1188 已经开具的发票存根联和登记簿，应当保存(　　)年。

(A) 3　(B) 2　(C) 5　(D) 长期

答案：C

Le2A2189 用户用电分户账是营业部门销售电能业务中记录用户相关业务的(　　)账户。

(A) 会计　(B) 统计　(C) 汇总　(D) 明细

答案：D

Le2A2190 在下列计量方式中，考核用户用电需要计入变压器损耗的是(　　)。

(A) 高供高计　(B) 高供低计　(C) 低供低计　(D) 高供高计和低供低计

答案：B

Le2A1191 属于房产、公事、居民服务、咨询分支的行业有(　　)。

(A) 商务服务业　(B) 餐饮业　(C) 卫生　(D) 新闻出版业

答案：A

Le2A2192 属于商业、饮食、物资供销、仓储业分支的行业有(　　)。

(A) 零售业　(B) 租赁业

(C) 装卸搬运和其他运输服务业　(D) 交通运输、仓储及邮政业

答案：A

Le2A1193 专用发票抵扣联应当保存(　　)年，保存期满，报经主管税务机关查验后销毁。

(A) 3　(B) 10　(C) 5　(D) 长期

答案：B

Lf2A4194 变压器二次绕组采用三角形接法时，如果二相绕组接反，则将产生(　　)的后果。

(A) 没有输出电压　(B) 输出电压升高

(C) 输出电压不对称　(D) 绕组烧坏

答案：D

Lf2A1195 不断提高城市地区安全可靠优质供电水平，城市地区供电可靠率达到(　　)%，尽量避开晚峰时间停电，城市地区居民客户端电压合格率不低于(　　)。

(A) 99.89%，96%　(B) 99.9%，95%

(C) 99.89%，95%　(D) 99.95%，96%

答案：C

Lf2A1196 不断提高农村地区安全可靠优质供电水平，农村地区供电可靠率达到(　　)，居民客户电压合格率不低于(　　)。

(A) 99.89%，96%　　(B) 99.9%，95%

(C) 99.89%，95%　　(D) 99%，90%

答案：D

Lf2A5197 当两只单相电压互感器按 V/v 接线，二次线电压 $U_{ab}=100V$，$U_{bc}=100V$，$U_{ca}=173V$，那么，可能电压互感器(　　)。

(A) 二次绕组 A 相或 C 相极性接反

(B) 二次绕组 B 相极性接反

(C) 一次绕组 A 相或 C 相极性接反

(D) 二次绕组 B 相极性接反

答案：A

Lf2A1198 功率表接入电路时，正确的接线方法是(　　)。

(A) 电流端子、电压端子可以任意接入

(B) 电流端与负载串联、电压端与负载并联

(C) 电流端串联、电压端并联，还应考虑两者的“*”号端接在电路中电源的一端

(D) “*”号端接在电路中负载的一侧

答案：C

Lf2A1199 解答用户有关用电方面的询问工作属于(　　)。

(A) 用电管理　　(B) 用户服务　　(C) 业扩服务　　(D) 杂项业务

答案：B

Lf2A1200 进户点离地高度一般不小于(　　)m。

(A) 2　　(B) 2.5　　(C) 3　　(D) 4

答案：B

Lf2A2201 可按(　　)倍电动机的额定电流来选择单台电动机熔丝或熔体的额定电流。

(A) 0.5～0.6　　(B) 0.6～1.0　　(C) 1.5～2.5　　(D) 2.5～3.5

答案：C

Lf2A2202 铭牌标有 60Hz 的电动机，用在 50Hz 的电网中，其输出功率(　　)。

(A) 不变　　(B) 增加　　(C) 减少

答案：C

Lf2A5203 三只单相电压互感器Y/y0接法，测得$U_{ab}=U_{ac}=57.7$V，$U_{bc}=100$V，则可能是(　　)。

(A) 二次侧A相极性接反　　(B) 二次侧B相极性接反

(C) 二次侧C相极性接反　　(D) 二次侧熔丝烧断

答案：A

Lf2A5204 下列说法中，错误的是(　　)。

(A) 电压串联负反馈电路能放大电压，电流并联负反馈电路能放大电流

(B) 引入串联负反馈后，放大电路的输入电阻将增大

(C) 引入电流负反馈后，放大电路的输出电阻将增加

(D) 电流并联负反馈电路能将输入电压变换为输出电流

答案：D

Lf2A1205 一般经济责任事故是指除重大经济责任事故以外的造成公司经济损失金额达(　　)元及以上的营销事故。

(A) 1000　　(B) 2000　　(C) 5000　　(D) 10000

答案：C

Lf2A4206 有一台三相发电机，其绕组连成星形，每相额定电压为220V，在一次试验时，用电压表测得$U_a=U_b=U_c=220$V，而线电压则为$U_{ab}=U_{ca}=220$V，$U_{bc}=380$V，这是因为(　　)。

(A) A相绕组接反　　(B) B相绕组接反

(C) C相绕组接反　　(D) A、B相绕组接反

答案：A

Lf2A3207 运行中的三相异步电动机突然一相断电，则电动机将会(　　)。

(A) 停转　　(B) 转速减慢　　(C) 转速加快　　(D) 转速不变

答案：B

Lf2A1208 在我国，110kV及以上的电力系统中性点往往(　　)。

(A) 不接地　　(B) 直接接地

(C) 经消弧线圈接地　　(D) 几个都可

答案：B

Lf2A2209 在遇到系统死机时以下操作正确关闭运行程序方法是(　　)。

(A) 同时按下Ctrl、Alt、Delete键　　(B) 同时按下Shift、Alt、Delete键

(C) 同时按下Ctrl、Alt、空格键　　(D) 同时按下Ctrl、Alt、Home键

答案：A

1.2 判断题

La2B1001 35kV 及以上电压供电的用户，其计量用的电压互感器二次绕组的连接线可以和测量回路共用。(×)

La2B1002 电流互感器在铭牌上标定额定二次负载是为了避免所接二次负载超过容量，使互感器烧坏。(×)

La2B1003 供电网络中不采取 3kV、5kV、6kV 高压供电的主要原因是该电压等级供电半径小、供电能力低；为了减少变电重复容量，节约投资。(√)

La2B1004 用户办理分户后，新用户应与供电企业重新建立供用电关系。(√)

La2B1005 用户提出家用电器损坏索赔要求的最长期限为 10 天，超过 10 天供电企业不再负责赔偿。(×)

La2B1006 在电力系统正常状况下，电力系统装机容量在 300 万千瓦及以上的，供电频率的允许偏差为 0.2Hz。(√)

La2B1007 在电路的任何一个闭合回路里，回路中各电动势的代数和小于各电阻上电压降的代数和。(×)

La2B1008 阻抗角就是线电压超前线电流的角度。(×)

La2B1009 互感器的误差包括比值差和相位差，每一个准确等级的互感器都对此有明确的要求。(√)

La2B2010 变压器的连接组别一般均为 Y/Δ−11 或 Δ/Y−11。(√)

La2B2011 变压器利用电磁感应原理，能把交流电压变为不同频率的交流电压输出。(×)

La2B2012 常用电气设备容量低于电能表标定值 20%时，造成少计电量。(×)

La2B2013 电感和电容并联电路出现并联谐振时，并联电路的端电压与总电流同相位。(√)

La2B2014 电力供应与使用双方应当根据平等自愿，协商一致的原则签订供用电合同，确定双方的权利和义务。(√)

La2B2015 电流互感器的极性错误不影响接入电能表的计量错误。(×)

La2B2016 电流互感器二次侧应有一点接地，以防止一次、二次绕组绝缘击穿，危害人身及设备安全。(√)

La2B2017 电流互感器正常工作时相当于变压器开路状态。(×)

La2B2018 给客户或企业造成 50 万元及以上直接经济损失属于特别重大供电服务质量事件。(√)

La2B2019 电气母线（或母排）采用不同颜色区别设备特征，规定：A 相为黄色、B 相为绿色、C 相为红色，明敷的接地线涂黑色。(√)

La2B2020 电压互感器断线分为一次侧断线和二次侧断线，但三相电压数值的测量必须在电压互感器的二次侧进行。(√)

La2B2021 对于电路中的任一节点来说，流进节点的所有电流之和必须大于流出节点

的所有电流之和。（×）

La2B2022 高压供电用户申请保安电源，供电企业可选择同一条高压线路供电的低压供电点供给该用户作保安电源。（×）

La2B2023 供电企业一般不采用趸售方式供电，以减少中间环节，特殊情况需开放趸售供电时，需报请省级电网经营企业批准。（×）

La2B2024 计费电能表装置尽量靠近用户资产分界点；电能表和电流互感器尽量靠近装设。（√）

La2B2025 降低线路损耗的技术措施有：①配电网技术改造；②提高电网功率因数。（√）

La2B2026 用户申请改为高一级电压供电，其改压引起的工程费用应由用户负担。（√）

La2B2027 给客户或企业造成10万元及以上20万元以下直接经济损失属于较大供电服务质量事件。（√）

La2B2028 一般50Hz的电压互感器，只要留有一定的误差裕度并使铁芯不处于饱和状态，就可以用于40～60Hz的频率范围。（√）

La2B3029 地市级新闻媒体等曝光属于供电部门主观责任并产生一定负面影响的供电服务质量事件属于一般供电服务质量事件。（√）

La2B3030 变压器的负载状态与空载相比，铁芯中的磁通减少。（×）

La2B3031 变压器高电压侧的电流比低电压侧的电流小。（√）

La2B3032 电表远程采集系统，电表与采集器通信方式有：458接口和脉冲接口两种。（√）

La2B3033 电表远程采集系统，现场与主站数据传输方式主要有：有线、无线和红外三种。（×）

La2B3034 电流互感器的一次电流从L_1端流向L_2端时，二次电流由K_2端经外电路流到K_1端，即称之为减极性。（×）

La2B3035 电流互感器二次侧具有多组绕组，若仅使用一组绕组，则为保证计量的准确性，其余绕组应保持开路状态。（×）

La2B3036 电能计量装置的综合误差包括：互感器误差和变比误差。（×）

La2B3037 电压互感器正常工作时相当于变压器开路状态。（√）

La2B3038 供电企业对申请用电的用户提供的供电方式，应从供用电的安全、经济、合理和便于管理出发，由供电企业确定。（×）

La2B3039 电价的定价机制有三种：政府管制定价、市场竞争定价、政府管制和市场竞争组合定价。（√）

La2B3040 钳形电流表可测电流，也有电压测量插孔，两者能同时测量。（×）

La2B3041 人体触电，通电时间越长，能量积累增加，就越容易引起心室颤动。（√）

La2B3042 三相三线有功电能表，由于错误接线，在运行中始终反转，则更正系数必定是负值。（√）

La2B3043 用户办理临时用电期限，除经供电企业准许外，一般不超过九个月，逾期

不办理手续的，终止供电。（×）

La2B3044 用户用电设备容量在100kW以下的，必须采用低压供电。（×）

La2B4045 35kV及以下的用户，应采用专用的电流互感器和电压互感器专用二次回路和计量箱计量。（×）

La2B4046 变压器的空载试验可测出铁损耗，短路试验可测出铜损耗。（√）

La2B4047 变压器二次侧带有负荷时，其空载损耗为零。（×）

La2B4048 第三人责任致使居民用户家用电器损坏的，供电企业应协助受害居民用户向第三人索赔，并可比照《居民用户家用电器损坏处理办法》进行处理。（√）

La2B4049 电网中的输电、变电和配电系统，是将电源生产的电能。可靠地、高效地送到负荷中心或地区，并分配给电力用户使用。（√）

La2B4050 供电企业在接到居民家用电器损坏投诉后，应在72h内派员赴现场。（×）

La2B4051 发生一般供电服务质量事件，对主要责任人予以警告至降级（降职）处分；予以通报批评、调整岗位或待岗处理。（√）

La2B4052 如果将两只电容器在电路中串联起来使用，总电容量会增大。（×）

La2B4053 用电容量100kV·A的高压供电用户，在电网高峰负荷时，其功率因数应为0.90以上。（√）

La2B4054 用户因受电变压器故障，而无相同变压器替代，申请临时更换大容量变压器时，供电企业应按增容手续办理。（×）

La2B4055 用绝缘电阻表测电容器时，应先将摇把停下后再将接线断开。（×）

La2B4056 在公用供电设施尚未到达的地区，供电企业可以委托重要的国防军工用户转供电。（×）

La2B4057 最大需量表测得的最大需量值是指电力用户在某一段时间内，负荷功率按规定时限平均功率的最大值。（√）

La2B4058 检查万用表直流档的故障时，可用串联毫安表或其他无故障的万用表毫安档测定。（√）

La2B5059 变压器绕组采用Δ/Y连接时可以提高电能质量。（√）

La2B5060 电费“三率”是指抄表的“到位率、估抄率、缺抄率”。（×）

La2B5061 电流互感器的额定容量与额定二次阻抗成正比，故额定容量也可以用额定负载阻抗表示。（√）

La2B5062 利用远程采集系统抄表的低压客户，6个月内至少对远抄数据与电能表数据进行一次核对。（×）

La2B5063 三相二元件有功电能表是由一个电流线圈和两个电压线圈所组成。（×）

La2B5064 用户用电设备容量在100kW及以下时，一般应采用低压三相四线制供电。（√）

La2B5065 用兆欧表测量电容器绝缘电阻，结束时应先停止摇动，然后取下测量引线。（×）

La2B5066 属于供电公司资产安装在用户处的电能计量装置，应由用户负责保护装置本身不受损坏或丢失。（√）

La2B5067 三相四线制用电的用户，只要安装三相三线电能表，不论三相负荷对称或不对称都能正确计量。(×)

Lb2B1068 尖峰电价执行范围是：大工业客户和受电变压器容量在 100kV·A 以上的非普工业客户。(×)

Lb2B1069 城镇电力排灌站（泵站）动力用电，执行农业排灌电价。(×)

Lb2B1070 电价制定，应当合理补偿成本，合理确定收益，依法计入税金，坚持公平负担，促进电力建设。(√)

Lb2B1071 国家重大水利工程建设基金是国家为支持南水北调工程建设、解决三峡工程手续问题以及加强中西部地区重大水利工程建设而设立的政府性基金。(√)

Lb2B1072 高压供电的大中型电力排灌站在电网高峰负荷时功率因数应达 0.9。(×)

Lb2B1073 发电企业启动调试阶段或由于自身原因停运向电网购买电量时，其价格执行当地目录电价表中的大工业类电度电价标准，收取基本电费。(×)

Lb2B1074 大中型水库移民后期扶持基金是国家为扶持大中型水库农村移民解决生产生活问题而设立的政府性基金。(√)

Lb2B2075 已经开具的发票存根联和登记簿，应当保存 10 年，专用发票抵扣联应当保存 5 年，保存期满，报经主管税务机关查验后销毁。(×)

Lb2B2076 按最大需量计收基本电费的客户，申请暂停用电必须是全部容量暂停。(×)

Lb2B2077 库区移民村的排灌、浇地用电执行农业生产电价。(×)

Lb2B2078 对同一电网内的同一电压等级，同一用电类别的用户，执行相同的电价标准。(√)

Lb2B2079 电力营销分析最终体现在销售毛利的分析，对销售毛利产生影响的指标是售电量、售电平均电价、线损率、平均购电价，可根据这些指标的变化分析其对销售毛利的影响。(√)

Lb2B2080 利用远程采集系统抄表的低压客户，12 个月内至少对远抄数据与电能表数据进行一次核对。(√)

Lb2B2081 破产用户的电费债务，依法由清理该破产户债务组安排偿还，破产用户分离出的新用户，可以办理变更用电手续。(×)

Lb2B2082 含尖峰时段的分时电价适用于全年 12 个月。(×)

Lb2B3083 在电网高峰负荷时农业用电功率因数应 0.8。(√)

Lb2B3084 营销分析常用的分析方法有：1. 对比法；2. 分类法；3. 图形法。(√)

Lb2B3085 在接受承兑汇票时，对所收承兑汇票票面的字迹和印鉴要求清晰，规范，背书印鉴要与客户名称一致，否则不得接收。(√)

Lb2B3086 国家重大水利工程建设基金征收的范围是除贫困县农业排灌电价外的电价均要征收。(√)

Lb2B3087 从目前电价政策上可将售电单价分解为电量单价、基本电价、峰谷增收单价、功率因数调整电费增收单价。(√)

Lb2B3088 电能损耗电量也应征收政府性基金及附加。(×)

Lb2B3089 农村低压电网维护费可开具增值税专用发票也可开具普通增值税发票。(×)

Lb2B3090 电力销售的增值税税率为16%。(√)

Lb2B3091 执行居民阶梯电价的一户一表用户不得执行居民峰谷电价政策。(×)

Lb2B3092 定价成本是财务成本的基础，财务成本是定价成本的外在表现。(×)

Lb2B3093 双路电源供电的用户按需量计算基本电费时，如是一路常用，一路备用，基本电费按照需量值最大的计算。(√)

Lb2B3094 基本电费可按变压器容量计算，也可按最大需量计算。具体对哪类用户选择何种计算方法，由供电公司确定。(×)

Lb2B3095 在系统中解款银行当天发现错误，可以解款撤还。(√)

Lb2B3096 一户一表阶梯用户可申请执行峰谷电价，但自申请之日起，两年内不得变更。(×)

Lb2B3097 农村电压电网维护费是指保证农村电网正常运行所必需的合理费用，由农村电能损耗、电工合理报酬和农网运行费用三部分构成。(√)

Lb2B3098 应收年月更新后，对错误发行电费仍可发起全减另发流程进行纠正。(×)

Lb2B3099 电费违约金的收取标准是从逾期之日起，每日按欠费总额的千分之一至千分之三加收，同时违约金总计收金额不得超过欠费总额的30%。(√)

Lb2B3100 银行代扣电费的前提是电力客户在银行端开户，并与银行签订协议。(√)

Lb2B4101 变压器损耗参加功率因数的计算，同时参加功率因数调整电费的计算。(√)

Lb2B4102 用电容量在100kV·A(100kW)及以上的工业、非工业、农业用户均要实行功率因数考核，需要加装无功电能表。(√)

Lb2B4103 高压远程费控用户既可以通过协议电价计算测算电费也可以通过实际电价计算测算电费。(√)

Lb2B4104 电费现场复核是复核人员跟踪抄表人员的工作质量，杜绝估抄、错抄、漏抄，保证电费基本档案信息和现场准确一致的有效措施。(√)

Lb2B4105 随电费加收的国家规定的各项代征基金也应实行峰谷电价。(×)

Lb2B4106 居民合表用户也可办理居民峰谷电价。(×)

Lb2B4107 供电企业向农村一般工商业及其他类的专用变压器用户收取电费时，按照表计电量和对应的电压等级的电价执行。(√)

Lb2B4108 代征电费是电力企业代为征收的其他费用，原则上不属于电费，其结算金额部分也不参与功率因数调整电费的计算。(√)

Lb2B4109 处理错误交费，已做解款的交费记录可使用冲红方式，也可以先做解款撤还，再进行冲正处理。(√)

Lb2B4110 160kV·A及以上的高压供电工业用电客户应执行的功率因数标准为0.9。(×)

Lb2B5111 城乡居民生活用电，可另外加收变压器损耗等费用。(×)

Jd2B2112 感应式单相电能表的电流线圈不能接反，如接反，则电能表要倒走。(√)

Jd2B3113 经电流互感器的三相四线电能表，一只电流互感器极性反接，则电能表会慢走 1/3。(×)

Jd2B3114 由于不可抗力或者第三人的过错造成电力运行事故的，供电企业应当相应地补偿用户的部分损失。(×)

Je2B2115 计费电能表应装在产权分界处，否则线路与变压器损耗的有功与无功电量均由产权所有者负担。(√)

Je2B3116 计费电能表如不装在产权分界处，变压器损耗和线路损耗由产权所有者负担。(√)

Jf2B1117 某客户 10kV 照明用电，受电容量 200kV·A，由两台 10kV 同系列 100kV·A 节能变压器并列运行，其单台变压器损耗 $P=25$kW，$P=15$kW。某月，因负荷变化，两台变压器负荷率都只有 40%。对用户来申请暂停一台变压器是经济的。(×)

Jf2B1118 目前，电力负荷控制系统的终端和当地的多功能电能表之间，大多采用 RS485 接口进行串行通信，实现远方抄表。(√)

1.3 多选题

La2C3001 安全工器具宜存放在(　　)的安全工器具室内。

(A) 温度为－15～＋35℃　　(B) 相对湿度为80％以下

(C) 干燥通风　　(D) 干净

答案：ABC

La2C2002 在电阻、电感、电容的串联电路中，出现电路端电压和总电流同相位的现象，叫串联谐振。串联谐振的特点有(　　)。

(A) 电路呈纯电阻性，端电压和总电流同相位

(B) 电抗 X 等于零，阻抗 Z 等于电阻 R

(C) 电路的阻抗最小，电流最大

(D) 在电感和电容上可能产生比电源电压大很多倍的高电压，因此串联谐振也称电压谐振

答案：ABCD

La2C1003 电阻串联的电路有(　　)特点。

(A) 各电阻上的电流相等　　(B) 总电流等于各支路电流之和

(C) 总电压等于各电阻上电压之和　　(D) 总电阻等于各电阻之和

答案：ACD

La2C3004 安全帽使用前，应检查(　　)、下颏带等附件完好无损。

(A) 帽壳　　(D) 帽衬　　(C) 帽箍　　(D) 顶衬

答案：ABCD

La2C3005 运行中的电流互感器不允许开路的原因是(　　)。

(A) 若二次侧开路，使铁芯中的磁通剧增，引起铁芯严重饱和，在副绕组上产生高电流，对工作人员和二次回路中的设备都有很大的危险

(B) 若开路，由于铁芯磁感应强度和铁损耗剧增，将使铁芯过热而损坏绝缘

(C) 若开路，由于铁芯磁感应强度和铁损耗变小，将使铁芯过热而损坏绝缘

(D) 若二次侧开路，使铁芯中的磁通剧增，引起铁芯严重饱和，在副绕组上产生高电压甚至上万伏，对工作人员和二次回路中的设备都有很大的危险

答案：BD

La2C5006 由三个频率相同、振幅相等、相位依次互差120°的交流电动势组成的电源，称三相交流电源三相交流电较单相交流电有很多优点，如(　　)。

(A) 它在发电、输配电以及电能转换为机械能方面都有明显的优越性

（B）制造三相发电机、变压器较制造单相发电机、变压器省材料，而且构造简单、性能优良

（C）用同样材料所制造的三相电机，其容量比单相电机大50%

（D）在输送同样功率的情况下，三相输电线较单相输电线，可节省有色金属25%，而且电能损耗较单相输电时少

答案：ABCD

La2C3007 接入低压配电网的分布式电源，并网点应安装（　　）、具备开断故障电流能力的开断设备。

（A）易操作　　（D）可闭锁

（C）具有明显开断指示　　（D）电网侧应能接地

答案：AC

La2C3008 正弦交流电三要素的内容以及表示的含义是（　　）。

（A）最大值：是指正弦交流量最大的有效值

（B）最大值：是指正弦交流量最大的瞬时值

（C）角频率：是指正弦交流量每秒钟变化的电角度

（D）初相角：正弦交流电在计时起点 $t=0$ 时的相位，要求其绝对值小于180°

答案：BCD

La2C2009 供电企业高压供电的额定电压分（　　）等级 。

（A）10kV　　（B）35kV　　（C）110kV　　（D）50kV

（E）220kV

答案：ABCE

La2C2010 供电企业低压供电的额定电压分（　　）等级 。

（A）36V　　（B）220V　　（C）110V　　（D）380V

答案：BD

La2C1011 简述班组管理的主要内容及创一流班组的重要性（　　）。

（A）班组管理的主要内容。班组是企业最基层的生产和经营的组织，是企业管理的重要基础。其管理内容十分广泛，就全面性而言，包括生产技术管理、质量管理、安全环保管理、设备工具管理、经济核算与经济责任制、管理的基础工作，管理现代化、劳动管理、劳动竞赛、思想政治工作，民主、生活管理、全员培训管理等。就其重点而言，主要是质量管理和管理的基础工作

（B）创一流班组的重要性。1997年12月，国家电力公司颁发了创建一流管理企业的标准，推动了电力企业的改革与发展。之所以称为一流企业，其明显标志在于一流的设备、一流的管理、一流的人才，达到或接近国际先进水平

（C）班组是企业的基础，是企业一切工作的落脚点，企业要创一流，首先班组要创一流，只有班组建设的各项管理落实了，企业管理水平才能提高

（D）营业电费管理的班组，肩负着电力销售繁重的任务，电力销售收入是否正确及时地回收，对电力企业经济效益和创一流工作有很大影响

答案：ABC

La2C1012 进入用户高低压变（配）电所抄表时，应注意的安全事项有（　　）。

（A）抄表员进入用户高低压变（配）电所，应出示工作证

（B）遵守用户单位的保卫保密规定和配电所（房）的规章制度

（C）不到有电部位乱走乱动，不得操作电器设备

（D）抄表时应站在配电柜前的橡胶绝缘毯上，并保持一定安全距离

答案：ABCD

La2C2013 在电阻、电感、电容的串联电路中，出现电路端电压和总电流同相位的现象，叫串联谐振。串联谐振的特点有（　　）。

（A）电路呈纯电阻性，端电压和总电流同相位

（B）电抗 X 等于零，阻抗 Z 等于电阻 R

（C）电路的阻抗最小，电流最大

（D）在电感和电容上可能产生比电源电压大很多倍的高电压，因此串联谐振也称电压谐振

答案：ABCD

La2C1014 用电负荷按供电可靠性要求分类包括（　　）。

（A）二类负荷　　（B）重要负荷　　（C）一类负荷　　（D）三类负荷

答案：ACD

La2C1015 供电质量主要是用（　　）标准来衡量 。

（A）供电半径　　（B）供电电压

（C）供电频率　　（D）供电可靠性

答案：BCD

La2C2016 下列选项中属于“供用电合同”条款的有（　　）。

（A）供电方式、供电质量和供电时间

（B）用电容量、用电地址和用电性质

（C）计量方式、电价和电费结算方式

（D）双方共同认为应当约定的其他条款

答案：ABCD

La2C3017 属于供用电合同条款选项有（ ）。

（A）供电方式、供电质量和供电时间 （B）用电容量和用电地址、用电性质

（C）计量方式和电价、电费结算方式 （D）双方共同认为应当约定的其他条款

答案：ABCD

La2C1018 《居民用户家用电器损坏处理办法》适用的范围有（ ）。

（A）供电企业负责运行维护的220/380V供电线路或设备上，因供电企业责任，发生相线与零线接错或三相相序接反

（B）供电企业负责运行维护的220/380V供电线路或设备上，因供电企业责任，发生零线断线

（C）供电企业负责运行维护的220/380V供电线路或设备上，因供电企业责任，发生零线与相线互碰

（D）供电企业负责运行维护的220/380V供电线路或设备上，因供电企业责任，同杆架设或交叉跨越时，供电企业的高压线路导线掉落到220/380V线路上或高压线路对220/380V线路放电

答案：ABCD

La2C2019 下列属于供用电合同条款选项有（ ）。

（A）供用电设施维护责任的划分 （B）合同的有效期

（C）违约责任 （D）双方共同认为应当约定的其他条款

答案：ABCD

La2C3020 下列选项中属于“供用电合同”条款的有（ ）。

（A）供用电设施维护责任的划分 （B）合同的有效期限

（C）违约责任 （D）计量方式、电价和电费结算方式

答案：ABCD

La2C3021 下列选项属于需要新建或扩建35kV及以上输变电工程的业扩报装流程环节的有（ ）。

（A）基建设计部门立项并组织勘查设计、编制概算

（B）业扩部门通知用户交款，审查用户内部电气设备图纸

（C）基建部门组织审查设计、组织施工、验收并提出决算

（D）业扩部门通知用户办理工程结算和产权移交手续，传递装表接电信息资料

答案：ABCD

La2C2022 国家电网公司供电服务“十项承诺”对供电方案的答复期限是（ ）。

（A）居民客户不超过3个工作日

（B）低压电力客户不超过7个工作日

(C) 高压单电源客户不超过 15 个工作日
(D) 高压双电源客户不超过 30 个工作日
答案：ABCD

La2C2023 在(　　)下，须经批准后方可对客户实施中止供电。
(A) 拒不在限期内拆除私增用电容量者
(B) 拒不在限期内交付违约用电引起的费用者
(C) 违反安全用电、计划用电有关规定，拒不改正者
(D) 私自向外转供电力者
答案：ABCD

La2C4024 下列对“不对称三相电路”概念作出正确解释的是(　　)。
(A) 三相交流电的物理量（电势、电压、电流）大小不等
(B) 相位互差不是 120°
(C) 三相电源的电势不对称
(D) 三相负载不对称（复数阻抗不同）
答案：ABCD

La2C2025 进行(　　)电气工作可不填写工作票。
(A) 事故紧急抢修工作
(B) 用绝缘工具做低压测试工作
(C) 线路运行人员在巡视工作中，需蹬杆检查或捅鸟巢
(D) 从运行中设备取油样的工作
答案：ABCD

La2C2026 95598 客户热线具有(　　)功能。
(A) 受理电力客户业扩报装申请和日常用电业务
(B) 受理电力客户紧急服务业务
(C) 为电力客户提供快捷、方便的电话咨询服务
(D) 受理客户的投诉和举报，进行服务质量的监督
(E) 综合查询：电费查询、电量查询、欠费查询及停电信息查询
(F) 通过广域网，系统可以跨区域受理客户用电业务
答案：ABCDEF

La2C2027 以下关于相序的描述正确的是(　　)。
(A) 相序是指电压或电流三相相位的顺序
(B) 在三相电路中，电压或电流的正相序是指 A 相比 B 相超前 120°，B 相比 C 相超前 120°，C 相又比 A 相超前 120°

(C) 正相序有 A—B—C，B—C—A，C—A—B
(D) 正相序有 A—C—B，C—B—A，B—A—C
答案：ABC

La2C1028 供电企业在办理客户销户时的规定有(　　)。
(A) 销户必须停止全部用电容量的使用
(B) 客户已向供电企业结清电费
(C) 查验用电计量装置完好性后，拆除接户线和用电计量装置
(D) 客户持供电企业出具的凭证，领还安装费
答案：ABC

La2C3029 临时用电的客户若不具备安装用电计量装置计费条件，其用电量应根据其(　　)计收全部电费。用电终止时，如实际使用时间不足约定期限1/2的，可退还预收电费的1/2；超过约定期限1/2的，预收电费不退；到约定期限时，终止供电 。
(A) 用电容量
(B) 双方约定的每日用电时数
(C) 临时用电期限
(D) 用电类别
答案：ABCD

La2C1030 供电可靠性主要指标包含(　　)。
(A) 用户平均停电时间
(B) 供电可靠率
(C) 停电次数
(D) 系统停电小时数
答案：CD

La2C4031 在电气设备上工作，填用工作票的原因(　　)。
(A) 准许在电气设备上工作的书面命令，通过工作票可明确安全职责，履行工作许可、工作间断、转移和终结手续
(B) 作为完成其他安全措施的书面依据
(C) 准许在电气设备上工作的口头命令，通过此可明确安全职责，履行工作许可、工作间断、转移和终结手续
(D) 作为完成其他安全措施的口头依据
答案：AB

Lb2C2032 《功率因数调整电费办法》规定，功率因数标准0.90，适用的客户有(　　)。
(A) 160kV·A以上的高压供电工业用户
(B) 装有带负荷调整电压装置的高压供电电力用户
(C) 3200kV·A及以上的高压供电电力排灌站
(D) 所有客户
答案：ABC

Lb2C5033 为降低电费风险，经常在供用电合同中运用担保手段，其担保方式有（　　）。
（A）保证　　（B）抵押　　（C）质押　　（D）限电
答案：ABC

Lb2C3034 电费复核工作的内容是（　　）。
（A）对客户基本信息、电价执行情况和电费计算结果进行复核，确保电费发行准确
（B）对手工或计算机内的电费台账进行复核，确保抄表信息、电费台账、电量、电费发行等信息一致
（C）对电力销售、电费相关报表数据进行复核，确保发行汇总准确
（D）对电费账务进行复核，确保账与账之间正确、吻合
答案：ABCD

Lb2C4035 我省现行电网销售电价表中除目录电价以外还包含下列项目（　　）。
（A）含税收　　（B）含重大水利工程建设基金
（C）电力建设基金　　（D）可再生能源附加
（E）农村低维费
答案：BD

Lb2C3036 多费率电能表按工作原理可分为（　　）。
（A）机械式　　（B）脉冲式　　（C）电子式　　（D）电子机械式
答案：ACD

Lb2C4037 采用无功补偿的意义是（　　）。
（A）减少线路电能损耗和电压损失　　（B）增加输供电设备的输供电容量
（C）减少输供系统传送的无功功率　　（D）提高输供电系统的功率因数
答案：ABCD

Lb2C1038 抄表线路安排应注意（　　）。
（A）考虑地理环境对抄表工作的影响，尽量减少抄表员往返的路程，提高工效
（B）对具备条件的应按变压器台区或供电线路抄表，以方便线损的统计和考核
（C）满足对抄表员考核的要求
（D）客户缴费时间
答案：ABC

Lb2C5039 下列选项中，属于电力企业生产成本中的管理费的有（　　）。
（A）利息　　（B）生产费用　　（C）发电费用　　（D）罚金
答案：AD

Lb2C2040 用电负荷按国民经济行业分类包括(　　)。

(A) 农业用电负荷　　(B) 照明及市政用电负荷

(C) 交通运输用电负荷　　(D) 工业用电负荷

答案：ABCD

Lb2C5041 农村电网无功补偿的原则是(　　)。

(A) 全面规划　　(B) 合理布局　　(C) 分散补偿　　(D) 集中补偿

(E) 就地平衡

答案：ABCE

Lb2C2042 用电负荷按用电时间分类包括(　　)。

(A) 三班制生产负荷　　(B) 间断性负荷

(C) 两班制生产负荷　　(D) 单班制生产负荷

答案：ABCD

Lb2C3043 (　　)是电费明细账 。

(A) 售电分析后，售电日报及坐收、走收、银行代收

(B) 托收等实收电费凭证

(C) 未收电费凭证

(D) 应收电费凭证

答案：AB

Lb2C5044 农村低压电网无功补偿主要方法是(　　)。

(A) 随机补偿　　(B) 随器补偿

(C) 低压用户分散补偿　　(D) 低压用户集中补偿

(E) 低压线路补偿

答案：ABDE

Lb2C3045 在用户的电费结算中，实行《功率因数调整电费的办法》的目的是(　　)。

(A) 提高和稳定用电功率因数，能提高电压质量

(B) 提高和稳定用电功率因数，能减少供电、配电网络的电能损失

(C) 提高和稳定用电功率因数，能提高电气设备的利用率

(D) 提高和稳定用电功率因数，能减少电力设施的投资和节约有色金属

答案：ABCD

Lb2C3046 用电负荷按国民经济各个时期的政策和不同季节的要求分类包括(　　)。

(A) 重点负荷　　(B) 一般性供电的非重点负荷

(C) 优先保证供电的重点负荷　　(D) 可以暂时限电或停止供电的负荷

答案：BCD

Lc2C2047 制定《居民用户家用电器损坏处理办法》的目的是（ ）。

（A）便于居民用户能尽快拿到损坏的家用电器的赔偿款

（B）为了保护供用电双方的合法权益

（C）规范因电力运行事故引起的居民用户家用电器损坏的理赔处理

（D）公正、合理地调解纠纷。

答案：BCD

Lc2C5048 变压器的低压绕组在里边，高压绕组在外边的原因是（ ）。

（A）变压器铁芯是接地的，低压绕组靠近铁芯从绝缘角度容易做到

（B）若将高压绕组靠近铁芯，由于绕组电压高达到绝缘要求就需要加强绝缘材料和较大的绝缘距离，增加了绕组的体积和材料的浪费

（C）变压器的电压调节是靠改变电压绕组匝数来达到的，高压绕组安置在外边，做抽头、引出线比较容易

（D）比较美观

答案：ABC

Lc2C1049 因供电企业运行事故引起居民家用电器损坏，理赔措施是（ ）。

（A）登记笔录材料应由受害居民用户签字确认，作为理赔处理的依据

（B）损坏的家用电器经供电企业指定的或双方认可的检修单位检定，认为可修复的，供电企业承担被损坏元件的修复责任，修复所发生的费用由供电企业承担

（C）不属于责任损坏或未损坏元件，受害居民用户也要求更换时，所发生的元件购置费与修理费应由提出要求者承担

（D）按购置时间在6个月以内、6个月以上及已超过平均使用年限的三种区别和使用家用电器折旧后的余额，分别予以赔偿以外币购置的家用电器，按购置时国家外汇牌价折人民币计算其购置价，以人民币进行清偿

答案：ABCD

Lc2C2050 电能计量装置的倍率与（ ）有关 。

（A）电能表本身倍率　　（B）电流互感器变比

（C）电压互感器变比　　（D）变压器变比

答案：ABC

Lc2C3051 电能表潜动的概念及现场判断是（ ）。

（A）电能表潜动是指电流线圈无负载，而电能表的圆盘继续不停地转动

（B）电能表潜动是指电流线圈有负载，而电能表的圆盘继续不停地转动

（C）断开用户控制负荷的总刀闸，如圆盘运转一圈后，仍继续不停地转动，则证实电

能表潜动

（D）都不对

答案：AC

Lc2C2052 在（　　）下，须经批准后方可对客户实施中止供电 。

（A）对危害供电和用电安全，扰乱供用电秩序，拒绝检查者

（B）拖欠电费经通知催缴仍不缴者

（C）受电装置经检验不合格，在指定期间未改善者

（D）客户注入电网的谐波电流超过标准，以及冲击负荷、非对称负荷等对电能质量产生干扰与妨碍，在规定限期内不采取措施者

答案：ABCD

Lc2C2053 10kV/0.4kV 的配电变压器，（　　）必须接地 。

（A）高压套管一相　　（B）低压套管一相相线

（C）低压零线　　（D）变压器外壳

答案：CD

Lc2C3054 在使用电流互感器时，接线要注意的问题有（　　）。

（A）将测量表计、继电保护和自动装置分别接在单独的二次绕组上供电

（B）极性应连接正确

（C）运行中的二次绕组不许开路

（D）二次绕组应可靠接地

答案：ABCD

Lc2C1055 使用兆欧表时应注意（　　）。

（A）开路试验　　（B）短路试验

（C）测量过程中保持测量线间绝缘　　（D）转速为 120r/min

答案：ABCD

Lc2C4056 感应式电能表用来产生转动力矩的主要元件是（　　）。

（A）铝盘　　（B）电流元件

（C）电压元件　　（D）计度器

答案：ABC

Lc2C2057 （　　）是运用中的电气设备 。

（A）全部带有电压的电气设备　　（B）一部分带有电压的电气设备

（C）一经操作即带有电压的电气设备　　（D）所有设备

答案：ABC

Lc2C4058 电压互感器在运行中为什么不允许二次短路运行(　　)。

(A) 因为电压互感器在正常运行时，由于其二次负载是计量仪表或继电器的电压线圈，其阻抗均较大，基本上相当于电压互感器在空载状态下运行

(B) 二次回路中的电流大小主要取决于二次负载阻抗的大小，由于电流很小，所以选用的导线截面很小，铁芯截面也较小

(C) 当电压互感器二次短路时，二次阻抗接近于零，二次的电流很大，将引起熔断器熔断，从而影响到测量仪表的正确测量和导致继电保护装置的误动作等

(D) 如果熔断器未能熔断，此短路电流必然引起电压互感器绕组绝缘的损坏，以致无法使用，甚至使事故扩大到使一次绕组短路，乃至造成全厂（所）或部分设备停电事故

答案：ABCD

Lc2C1059 单相电能表由(　　)制动元件和计度器等部分组成。

(A) 阻尼元件　　(B) 驱动元件　　(C) 转动元件　　(D) 支撑元件

答案：BC

Lc2C3060 电力变压器可以按(　　)等方式分类。

(A) 组耦合方式　　(B) 相数　　(C) 冷却方式　　(D) 绕组数

答案：ABCD

Jd2C3061 能造成线路突然来电的原因有(　　)。

(A) 交叉跨越处另一条带电线路发生断线而造成搭连

(B) 由于拉开刀闸后，定位销子未插牢，又未加锁，在震动或其他外力情况下，闸因重力而自行闭合

(C) 由于值班人员（其中包括用户或外人）误操作引起对停电线路的误送电

(D) 用户自备发电机误向系统倒送电

(E) 双电源用户当第一电源因线路工作停电，合上第二电源时由于闭锁装置失灵或误操作，向停电的线路反送电

(F) 临时外引低压电源误经变压器向高压侧送电

(G) 由电压互感器向停电设备反送电

(H) 由交叉跨越平行线路和大风引起的感应电

答案：ABCDEFGH

Jd2C3062 接入三相四线有功电能表的中线不能与A、B、C中任何一根相线颠倒的原因是(　　)。

(A) 因为三相四线有功电能表接线正常时，三个电压线圈上依次加的都是相电压，即U_{AN}、U_{BN}、U_{CN}

(B) 若中线与ABC中任何一根相线（如A相线）颠倒，则第一元件上加的电压是U_{NA}，第二、第三元件上加的电压分别是U_{BA}、U_{CA}这样，一则错计电量，二则原来接在B、C相的电压线圈和负载承受的电压由220V上升到380V，结果会使这些设备烧坏

(C) 为了防止中线和相线颠倒故障发生，在送电前必须用电压表准确找出中线，即三根线与第四根线的电压分别都为 220V，则第四根线就为中线

(D) 造成电能表损坏

答案：ABC

Jd2C3063 更换电流互感器及其二次线时除应执行有关安全规程外应注意的问题是(　　)。

(A) 更换电流互感器时，应选用电压等级、变比相同并经试验合格的

(B) 因容量变化而需更换时，应重新校验保护定值和仪表、电能表倍率

(C) 更换二次接线时，应考虑截面芯数必须满足最大负载电流及回路总负载阻抗不超过互感器准确度等级允许值的要求，并要测试绝缘电阻和核对接线

(D) 在运行前还应测量极性

答案：ABCD

Jd2C2064 根据财务制度规定，发票保管应注意(　　)。

(A) 企业应建立发票登记簿，用以反映发票购领使用及结存情况

(B) 企业须设置专人登记保管发票，增值税专用发票须设置专门的存放场所，抵扣联按税务机关的要求进行登记并装订成册，不能擅自毁损发票的联次

(C) 已开具的发票存根和发票登记簿，应当保存五年，保存期满报经税务部门检查后销毁，增值税专用发票实行以旧换新的购领制度，凭用完的专用发票存根购买新的专用发票，存根联交回税务部门

(D) 发票丢失、被窃时应及时报告税务机关，并采用有效方式声明作废

答案：ABCD

Jd2C1065 发电厂和变电所中装设的电气设备中一次设备担负着生产和输配电能的任务，有(　　)。

(A) 生产和转换电能的设备　　(B) 接通和断开电路的开关电器

(C) 无功补偿设备　　(D) 限制故障电流或防御过电压的电器

(E) 接地装置　　(F) 载流导体

答案：ABCDEF

Jd2C2066 发电厂和变电所中装设的电气设备中二次设备是对一次设备进行测量、控制、监视和保护，有(　　)。

(A) 仪用互感器　　(B) 测量表计

(C) 继电保护和自动装置　　(D) 直流设备

答案：ABCD

Jd2C4067 下列选项属于需要新建或扩建 35kV 及以上输变电工程的业扩报装流程环节的有(　　)。

(A) 用户申请，业扩部门审核用电资料及文件，审查用电必要性和合理性，提出初步供电意见
(B) 规划部门拟订供电方案，组织会审上报批准并下达供电方案
(C) 基建设计部门立项并组织勘查设计、编制概算
(D) 业扩部门通知用户交款，审查用户内部电气设备图纸
答案：ABCD

Jd2C1068 万用表使用后应将万用表的开关：(　　)位置 。
(A) 有 OFF 档位的应旋至 OFF 档位
(B) 无 OFF 档位的应旋至直流电压最高档
(C) 无 OFF 档位的应旋至交流电压最高档
(D) 无 OFF 档位的应旋至直流电流最高档
答案：AC

Je2C4069 电压互感器的保险丝熔断，应(　　)退补电费 。
(A) 按规定计算方法补收相应电量的电费
(B) 无法计算的以用户正常月份用电量为基准，按抄表记录时间退补
(C) 与用户协商解决
(D) 按违章处理
答案：AB

Je2C3070 下列属于电费复核的依据是(　　)。
(A) 抄表数据　　(B) 工作传票
(C) 客户缴费时间　　(D) 客户档案
答案：ABD

Je2C3071 抄录分时计费客户电能表示数应注意(　　)。
(A) 抄录分时计费客户电能表示数除应抄总电量外，还应同步抄录峰、谷、平的电量
(B) 核对峰、谷、平的电量和与总电量是否相符
(C) 核对峰、谷、平时段及时钟是否正确
(D) 峰、谷、平时段示数与时钟没有关系。
答案：ABC

Je2C1072 相序测量检查方法有(　　)。
(A) 电感灯泡法　　(B) 电容灯泡法
(C) 相序表法　　(D) 相位角法
答案：ABCD

Je2C2073 选择电流互感器时应考虑以下内容(　　)。

(A) 电流互感器一次电流的确定，应保证其在正常运行中的实际负荷电流达到额定值的60%左右，至少应不小于30%，否则应选用高动热稳定电流互感器以减小变化

(B) 电流互感器的一次额定电压和运行电压相同

(C) 注意使二次负载所消耗的功率不超过额定负载

(D) 根据系统的供电方式，选择互感器的台数和满足电能计量或继电保护方式的要求

(E) 根据测量的目的和保护方式的要求，选择其准确度等级

答案：ABCDE

Je2C2074 复费率电能表就是能够将电网高峰负荷时间和低谷负荷时间的用电量(包括发电量、供电量)分别记录在不同的记度器上，以便按不同的费率收费，或用来监视考核电网(或用户)的用电状态的电能表；它可以分为机械式、机电式、电子式三种类型，但都包括以下几个基本组成部分：电能测量元件、(　　)电源及稳压部分。

(A) 电能、脉冲转换部分　　(B) 逻辑功能控制部分

(C) 时间控制部分　　(D) 分时计数部分

答案：ABCD

Je2C5075 如何提高售电平均电价(　　)。

(A) 对大工业用户基本电费的计收是否严格按标准执行，有无少收现象，对装见容量较大，变压器利用率达到70%及以上者，应按最大需量计收基本电费

(B) 严格按物价部门的规定，对执行优待电价的用户认真核定

(C) 对城乡居民生活用电、非居民照明用电、商业用电，按规定正确区分，不能随意混淆，防止高价低收

(D) 对灯力比的划分要恰当对农业用电灯力比的划分，要随季节调整，对趸售户各类用电比例，要调查后确定，积极推行峰谷电价，认真执行功率因数电费调整办法，做到应执行户必执行

答案：ABCD

Je2C5076 编排抄核收工作例日方案的依据是(　　)。

(A) 根据所在单位各类用电户数等决定工作量的大小

(B) 根据所在单位各类用电销售电量和收入等决定工作量的大小

(C) 就抄表方式、收费方式的不同制订例日工作方案

(D) 结合人员定编、工作定额制订例日工作方案

答案：ABCD

Je2C4077 因电能计量装置自身原因引起计量不准，应如何退补电费(　　)。

(A) 互感器或电能表误差超出允许范围时，以“0”误差为基准，按验证后的误

差值退补电量，退补时间从上次校验或换装后投入之日起至误差更正之日止的时间计算

(B) 连接线的电压降超出允许范围时，以允许电压降为基准，按验证后实际值与允许值之差补收电量，补收时间从连接线投入或负荷增加之日起至电压降更正之日止

(C) 其他非人为原因致使计量记录不准时，以用户正常月份的用电量为基准退补电量，退补时间按抄表记录确定

(D) 退补期间，用户待误差确定后，再按抄见电量缴纳电费

答案：BC

Je2C2078 抄表时进行常规检查的主要项目有(　　)。

(A) 计量装置运行是否正常，铅封是否齐全

(B) 客户电量有无异常变化，主表与分表的电量关系是否正常

(C) 客户有无违章、窃电行为，客户用电性质有无变化

(D) 有无明显的不安全用电行为

答案：ABCD

Je2C3079 下列(　　)是电费现场复核的正确规定。

(A) 居民客户年现场复核应达到应抄户数的5%

(B) 小动力客户年现场复核应达到应抄户数的10%

(C) 专用变客户年现场复核应达到应抄户数的50%

(D) 大工业客户年现场复核应达到应抄户数的100%

答案：ACD

Je2C3080 各类客户抄表日期应按(　　)安排。

(A) 居民客户一般在每月15日前完成抄表工作

(B) 小电力客户一般在每月25日前完成抄表工作

(C) 大电力客户一般在每月25日后安排抄表工作

(D) 月用电量超过100万千瓦时以上的客户，一般安排在月末“0”点抄表

答案：ABCD

Je2C4081 智能表通电后无任何显示的原因一般有(　　)。

(A) 开关未通、断线、熔丝断、接触不良

(B) 整流器、稳压管或稳压集成块损坏

(C) 时控板插头脱落或失去记忆功能

(D) 电池电压不足

(E) 过负荷

答案：ABCD

Je2C5082 以下是关于“两部制电价的优越性”的描述，其正确的包括（　　）。

（A）两部制电价使电网负荷率相应提高，减少了无功负荷，提高了电力系统的供电能力，使供用双方从降低成本中都获得了一定的经济效益

（B）两部制电价发挥了价格的杠杆作用，促进用户合理使用用电设备，同时改善用电功率因数，提高设备利用率，压低最大负荷，减少了电费开支

（C）两部制电价中的基本电价是按用户的用电设备容量或最大需量用量来计算的用户的设备利用率或负荷率越高，应付的电费就越少，其平均电价就越低；反之，电费就越多，均价也就越高

（D）两部制电价，使用户合理负担电力生产的固定成本费用

答案：ABCD

Je2C2083 公路路灯可由下列（　　）部门和单位负责建设和支付电费 。

（A）乡、民族乡　　（B）镇人民政府

（C）县级以上地方人民政府有关部门　　（D）供电公司

答案：ABC

Je2C3084 复核人员收到业务工作传票应注意（　　）。

（A）用电类别是否改变　　（B）用电容量是否改变

（C）互感器变比是否改变　　（D）客户法人是否改变

答案：ABC

Je2C3085 影响平均电价波动的主要原因（　　）。

（A）在电费收入中，每月或每年发生的特殊情况

（B）在正常各类用电中本类用电的平均电价发生变化

（C）在正常各类用电中，用电量发生的变化

（D）实行《功率因数电费调整办法》，灯力比是否恰当，对趸售户各类电量确定的比例是否合适等

答案：ABCD

Je2C2086 在营业账务管理中，对账簿的设置、账簿的规格和凭证的分类的描述正确的有（　　）。

（A）账簿的设置有电费总账、现金账、银行存款日记账、分类账和收入明细账共五种

（B）账簿的规格有使用通用会计账本、电费总账、银行账使用钉本账，其他各科账使用活页账（随着计算机管理的逐渐深入，要求采用“电力财务管理信息系统”）

（C）凭证有转账凭证、收款凭证和付款凭证三种

（D）凭证有收款凭证和付款凭证两种

答案：ABC

Jf2C3087 在使用电压互感器时，接线要注意的问题有（ ）。

（A）按要求的相序接线 （B）电压互感器极性要连接正确

（C）二次侧应有一点可靠接地 （D）二次绕组不允许短路

答案：ABCD

Jf2C2088 使用钳形电流表时应注意（ ）。

（A）被测导线应尽量放在钳口中央 （B）首次测量应将档位调至电流最低档

（C）钳口应注意闭合 （D）测量电流过程中不得调节档位

答案：ACD

Jf2C2089 为扩大电流表的量程，一般可采用的方法有（ ）。

（A）采用分流器 （B）和电流表串联一个低值电阻

（C）采用电流互感器 （D）和电流表并联一个低值电阻

答案：ACD

Jf2C3090 室内低压线路短路的原因大致有（ ）。

（A）接线错误引起相线与中性线直接相碰

（B）因接线不良导致接头之间直接短接，或接头处接线松动而引起碰线

（C）在该用插头处不用插头，直接将线头插入插座孔内造成混线短路

（D）电器用具内部绝缘损坏，导致导线碰触金属外壳或用具内部短路而引起电源线短接

（E）房屋失修漏水，造成灯头或开关过潮甚至进水，而导致内部相间短路

答案：ABCDE

Jf2C4091 电流互感器二次接线端子烧坏的主要原因是（ ）。

（A）绝缘老化 （B）二次开路，电压升高

（C）接触不良发热烧坏 （D）二次回路短路

答案：BC

Jf2C4092 电流互感器二次线圈匝间短路的主要原因是（ ）。

（A）绝缘老化 （B）受外力破坏

（C）二次开路，电压升高 （D）二次回路短路

答案：AB

Jf2C1093 抄表过程中发现客户违约用电的处理方法（ ）。

（A）现场抄表，发现封印脱落、表位移动、高价低接、用电性质变化等违约用电现象时，应在抄表微机中键入异常代码

（B）抄表员现场通知客户到供电部门接受处理

（C）抄表员现场不得自行处理，并不惊动客户

（D）应及时与用电检查人员联系或回公司后填写《违约用电工作传票》交相关班组或人员处理

答案：ACD

Jf2C1094　抄表中发现窃电的处理方法是(　　)。

（A）现场抄表，发现窃电现象时，抄表员现场不得自行处理

（B）不惊动客户，保护现场

（C）及时与公司用电检查人员或班组联系

（D）等公司有关人员到达现场取证后，方可离开

答案：ABCD

Jf2C4095　运行中的电流互感器一次线圈短路及烧坏的主要原因是(　　)。

（A）一次线压接不牢，铜铝接触发热，烧坏线间绝缘造成短路或烧坏

（B）雷电流流过，烧坏绝缘

（C）互感器变比选择不当，造成互感器长期过负荷运行，烧坏绝缘

（D）温度过高

答案：ABC

Jf2C4096　由于电能计量装置接线错误、熔断器熔断、倍率不符使电能计量出现差错时，应如何退补电费(　　)。

（A）因计费电能计量装置接线错误使电能计量出现差错时，以其实际记录的电量为基数，按正确与错误接线的差额率退补电量，退补时间从上次校验或换装投入之日起至接线错误更正之日止

（B）因电能计量装置电压互感器的熔断器熔断使电能计量出现差错时，按规定计算方法计算并补收相应电量的电费，无法计算的，以用户正常月份用电量为基准，按正常月与故障月的差额补收相应电量的电费，补收时间按抄表记录或按失压自动记录仪记录确定

（C）因电能计量装置计算电量的倍率或铭牌倍率与实际不符使电能计量出现差错时，以实际倍率为基准，按正确与错误倍率的差值退补电量和电费，退补时间以抄表记录为准

（D）退补期间，用户待差错确定后，再按抄见电量缴纳电费

答案：ABC

Jf2C5097　下列属于引起电能计量装置失准、故障的原因的选项有(　　)。

（A）由于电能计量器具制造、检修不良而造成烧坏

（B）由于雷击等过电压，将电能计量装置绝缘击穿而损毁

（C）由于外力机械性损坏或人为蓄意损坏

（D）由于地震等其他自然灾害而损毁

答案：ABCD

Jf2C5098 下列属于引起电能计量装置失准、故障的原因的选项有(　　)。

(A) 电能计量装置容量一定，若使用的负荷太大，可使电能计量装置长期过负荷发热而烧坏

(B) 电能计量装置装设地点过于潮湿或漏雨、雪等使其绝缘降低，致使绝缘击穿烧坏

(C) 电能计量装置的接触点或焊接点接触不良，使之发热，而导致烧坏

(D) 地震等其他自然灾害而损毁

答案：ABCD

Jf2C5099 下列属于引起电能计量装置失准、故障的原因的选项有(　　)。

(A) 由于接线或极性错误

(B) 电压互感器的熔断器熔断或电压回路断线

(C) 年久失修，设备老化，如电能表轴承磨损、磁钢退磁、表油变质，高压电压互感器绝缘介质损失角增大等

(D) 由于地震等其他自然灾害而损毁

答案：ABCD

1.4 计算题

La2D2001 某工业用户采用10kV专线供电，线路长度为$L=X_1$km，导线电阻率为$R=1\Omega/\text{km}$，已知该用户有功功率为200kW，无功功率为150kV·A，试求该导线上的有功功率损失率$n=$________。

X_1取值范围：5，6，7

计算公式：$n=\dfrac{\Delta P}{P}=\dfrac{\dfrac{200^2+150^2}{10^2}\times 1\times X_1}{200\times 1000}$

Je2D1002 经查某客户计量装置接线，其中A相电流互感器变比为$K_A=150/5$，B相电流互感器变比为$K_B=150/5$，C相电流互感器变比为$K_C=X_1$，且C相极性接反。计量期间，按$K=200/5$结算电量为500000kW·h。该用户实际用电量是$W=$________ kW·h。（若有小数保留两位小数）

X_1取值范围：100/5，150/5，200/5

计算公式：$W=\text{更正系数}\times\text{电量}=\dfrac{\dfrac{3}{40}\times 500000}{\dfrac{1}{30}+\dfrac{1}{30}-\dfrac{1}{X_1}}$

Je2D1003 某大工业用户现有$S_e=1000$kV·A变压器1台，供电企业委托其对某普通工业用户转供电，该普通工业用户为三班制生产，某月该大工业用户最大需量表读数为$P_x=800$kW，普通工业用户的有功抄见电量$W=81000$kW·h，该大工业用户当月的基本电费$DFJ=$________元。（有小数的保留两位小数）[假设按最大需量计算的基本电费电价为$Dfjd=X_1$元/(kW·月)]

X_1取值范围：10，16，20，25，30

计算公式：$DFJ=\left(800-\dfrac{81000}{540}\right)\times X_1$

Je2D1004 某大工业用户，装有受电变压器$S_0=315$kV·A一台。7月$R=X_1$日变压器故障，因无同容量变压器，征得供电企业同意，暂换一台$S_1=500$kV·A变压器。供电企业与用户约定的抄表结算电费日期为每月月末，则7月份应交纳的基本电费为$M=$________元。[基本电费10元/（kW·h）]

X_1取值范围：5.0～25.0之间的连续整数

计算公式：$M=\left\{\dfrac{315\times(X_1-1)}{30}+\dfrac{500\times[31-(X_1-1)]}{30}\right\}\times 10$

Je2D2005 某用户，每月6号为抄表例日，2014年1月至2014年7月执行城镇居民不满1kV（一户一表）电价，该用户于2014年7月8日申请改为城镇居民不满1kV（合表）

电价，改类时拆表表码是 580，已知 2014 年 1～7 月累计电量 $DL=X_1$kW·h，2014 年 7 月份电费 $DF=$________元。[居民一阶电价为 0.52 元/（kW·h），二阶电价为 0.57 元/（kW·h），三阶电价为 0.82 元/（kW·h），城镇居民不满 1kV（合表）电价为 0.5362 元/（kW·h）]

X_1取值范围：1900，2000，2100

计算公式：$DF=(X_1-180\times8)\times0.05+(280\times8-X_1)\times0.57$
$+(580+X_1-2240)\times0.82$

Je2D2006 某大工业电力用户，按容量计收基本电费，有 4 台受电变压器，T_1、T_2、T_3、T_4 容量分别是 $S_1=400$kV·A，$S_2=560$kV·A，$S_3=200$kV·A，$S_4=315$kV·A。其中，T_1、T_2 在其一次侧装有联锁装置，互为备用；T_3、T_4 在其一次侧装有联锁装置，互为备用。某月，其受电方式为 T_1、T_3 运行，T_2、T_4 退出。若基本电价为 $Dfjd=X_1$ 元/(kV·A·月)，该客户本月基本电费 $DFJ=$________元。

X_1取值范围：10，16，20，25，30

计算公式：$DFJ=(560+315)\times X_1$

Je2D2007 某大工业用户装有 1000kV·A 变压器两台，根据供用电合同，电力部门按最大需量对该户计收基本电费，核准的最大需量 S 为 1800 kW。已知该户当月最大需量表读数 S_1-X_1kW，该户当月基本电费为 $M=$________元。（假设基本电费电价为 20 元/kW·月）

X_1取值范围：1891.0～1990.0 之间的整数

计算公式：$M=1800\times20+(X_1-1890)\times2\times20$

Je2D2008 某机床厂 2012 年 12 月电费总额为 3400 元，其中居民生活分表电费 $JMDF=X_1$元。供用电合同约定缴费日期为每月 30 日前。该电力客户 2013 年 1 月 18 日才到供电企业缴纳上月电费，该用户 2013 年 1 月应缴纳的电费违约金 $M=$________元。

X_1取值范围：1600，1700，1800

计算公式：$M=X_1\times19\times0.001+(3400-X_1)\times1\times0.002+(3400-X_1)\times18\times0.003$

Je2D2009 某大工业用户装有容量 S 为 2000kV·A 变压器 1 台，已知基本电费电价为 10 元/（kV·A·月），电度电费电价为 0.20 元/（kW·h），高峰电价为 0.30 元/（kW·h），低谷电价为 0.10 元/（kW·h），已知该户当月抄见总有功电量 $W=X_1$kW·h，高峰电量 W_H 为 400000kW·h，低谷电量 W_D 为 296779.0kW·h，无功总电量 $W'=50000$kvar·h，试求该户当月平均电价 $C=$________元/（kW·h）（小数点后两位）。

X_1取值范围：1000000.0～4000000.0 之间的连续整数

计算公式：$C=\dfrac{(400000\times0.3+296779\times0.1+(X_1-400000-296779)\times0.2+20000)\times(1-0.0075)}{X_1}$

Je2D2010 经查，三相四线电能计算装置A、B、C三相所配电流互感器变比分别为$K_A=150/5$、$K_B=X_1$、$K_C=200/5$，且C相电流互感器极性反接。计量期间，供电企业按$K=150/5$计收其电量180000kW·h。该用户实际用电量是$W=$________ kW·h。(有小数的保留两位小数)

X_1取值范围：20，30，40

计算公式：$M=\text{更正系数}\times\text{电量}=\dfrac{180000\times\left(\dfrac{1}{10}\right)}{\left(\dfrac{1}{30}+\dfrac{1}{X_1}-\dfrac{1}{40}\right)}$

Je2D2011 某大工业用户，装设带联锁装置两路进线，互为备用。已知某月该客户第一路进线的最大需量表读数为0.3850，倍率为2000；第二路进线最大需量表读数为0.56，倍率为1600。若约定最大需量为900kW，基本电费电价为33元/(kvar·月)，该用户当月的基本电费$JBDF=$________元。

X_1取值范围：0.6，0.65，0.68

计算公式：$JBDF=(900+(X_1\times1600-1.05\times900)\times2)\times33$

Je2D3012 某工业用户，用电容量为$S=1000$kV·A，某月有功电量为$W_p=40000$kW·h，无功电量为$W_q=30000$kvar·h，电费（不含附加费）总金额为$DF=X_1$元。后经营业普查发现抄表员少抄该用户无功电量$\Delta W_Q=9670$kvar·h，应补该用户电费$DF=$________元。(有小数的保留两位小数)

X_1取值范围：12600，13000，14000

计算公式：$DF=X_1\times\dfrac{1+0.095}{1+0.05}-X_1$

Je2D3013 某大工业区用户受电变压器容量为$S_e=1000$kV·A，受供电部门委托对一居民点进行转供电，某月大工业用户抄见有功电量为$W_p=418000$kW·h，无功电量为$W_q=300000$kvar·h，最大需量为$P_x=800$kW，居民点总表有功电量为$W_{pz}=18000$kW·h，不考虑分时电费和居民点的无功用电量，该大工业用户当月电费$DF=$________元。(有小数的保留两位小数)［大工业电价为$Dfgd=0.25$元/(kW·h)，居民生活电价为$Dfmd=0.40$元/（kW·h)，基本电费电价为$Dfjd=X_1$元/(kW·h·月)］

X_1取值范围：15，20，25，30

计算公式：$DF=[(418000-18000)\times0.25]+\left(800-\dfrac{18000}{180}\right)\times X_1\times(1+0.05)$

Je2D3014 某私营工业户，某月抄见有功电量W_P为40000kW·h，无功电量W_{Q1}为20000kvar·h，后经检查发现，该无功电能表为非止逆表，已知该用户本月向系统倒送无功电量$W_{Q2}=X_1$kvar·h，该用户当月实际功率因数为$\cos\varphi=$________。

X_1取值范围：3000.0，5000.0，6000.0

计算公式：$\cos\varphi=\frac{1}{\sqrt{1+\frac{(20000+X_1\times 2)^2}{40000^2}}}$

Je2D3015 我省某市居民客户王某抄表例日为每月10日，2015年1至6月份累计用电量为3400kW·h，累计应交电费为1840元。由于符合多人口政策，2015年7月1日客户办理了改类手续，自7月份起不再执行居民阶梯电价，而是按居民（合表）电价收费，2015年7月份抄见电量为$M=X_1$kW·h，请计算王某8月份缴纳电费$M=$________元。[居民阶梯一档电价0.52元/（kW·h）、二档0.57元/（kW·h）、三档0.82元/（kW·h）；居民合表电价0.5362元/（kW·h）]

X_1取值范围：600，700，800

计算公式：$M=X_1\times 0.5362+1260\times 0.52+700\times 0.57+1440\times 0.82-1840$

Je2D3016 我省某居民用户2016年7月份抄见电量805度，其中谷电量$Gdl=X_1$度，截止到上月累计用电量2755度，请计算该户本月的电费$DF=$________元。[已知居民峰段电价$Fdj=0.55$元/（kW·h），谷段电价$Gdj=0.3$元/（kW·h）]

X_1取值范围：200，245，300

计算公式：$DF=X_1\times 0.3+(805-X_1)\times 0.55+(3360-2755)\times 0.05+200\times 0.3$

Je2D3017 某居民用户反映电能表不准，检查人员查明这块电能表准确度等级为2.0，电能表常数为$C=3600$r/(kW·h)，当用户点一盏$P=X_1$W灯泡时，用秒表测得电表转$N=6$r，用电时间$t=2$min。该表的相对误差$R=$________。（有小数的保留两位小数）

X_1取值范围：40，50，60

计算公式：$R=\frac{T-t}{t}=\frac{N/(C\times P)-120}{120}=\frac{6\times 3600\times 1000/(3600\times X_1)-120}{120}$

Je2D3018 某用户，每月6号抄表例日，2015年1月至2015年7月执行城镇居民不满1kV（一户一表）电价，该用户于2014年7月8日申请改为城镇居民不满1kV（合表）电价，改类时拆表表码是120，已知2015年1至7月累计电量$DL=X_1$kW·h，2015年7月份电费$DF=$________元。[居民一阶电价为0.52元/（kW·h），二阶电价为0.57元/（kW·h），三阶电价为0.82元/（kW·h），城镇居民不满1kV，（合表）电价为0.5362元/（kW·h）]

X_1取值范围：1900，2000，2100

计算公式：$DF=120\times 0.57+(X_1-180\times 8)\times 0.05$

Je2D3019 某工厂以10kV供电，变压器容量S为3200kV·A，本月有功电量$W_P=X_1$kW·h，无功电量W_Q为186904kvar·h。基本电价15.00元/（kV·A），电量电价0.46元/(kW·h)。则该厂本月应付电费$M=$________元及平均电价$C=$________元/（kW·h）（保留两位小数）。（按该用户变压器容量，应执行功率因数考核值为0.9，若在0.8～0.9

范围，应加收电费 3%）

X_1取值范围：150000～201000 的整数

计算公式：$M=(3200\times15+X_1\times0.46)\times1.03$

$$C=\frac{M}{X_1}=\frac{(3200\times15+X_1\times0.46)\times1.03}{X_1}$$

Je2D3020 某普通工业用户采用 10kV 供电，供电变压器为 250kV·A，计量方式用低压计量。根据《供用电合同》，该户每月加收线损电量 $r=3\%$和变损电量。已知该用户 3 月份抄见有功电量为 40000kW·h，无功电量为 10000kvar·h，有功变损为 1037kW·h，无功变损为 7200kvar·h。该用户 3 月份的功率因数调整电费 $Tdf=$________元。（有小数的保留两位小数）［假设电价为 $Dfd=X_1$元/(kW·h)］

X_1取值范围：0.50，0.60，0.65

计算公式：$Tdf=(40000+1037)(1+3\%)\times X_1\times(-0.3\%)$

Je2D3021 某电网 3 月份供电量为 $W=X_1$万 kW·h，线损率为 $rw=5\%$，购电总成本为 $DFG=135$ 万元，供电成本为 $DFg=34.2$ 万元，管理费为 $Dgl=1.8$ 万元。试计算购电单位成本 $D_1=$________元/（kW·h）、售电单位成本 $D_3=$________元/（kW·h）。（有小数的保留两位小数）

X_1取值范围：860，880，900

计算公式：$D_1=\frac{135}{X_1}$

$$D_3=\frac{135+34.2+1.8}{X_1\times(1-5\%)}$$

Je2D3022 某私营工业户某月抄见有功电量为 $Wp=40000$kW·h，无功电量为 $Wq=30000$kvar·h。后经检查发现，该无功电能表为非止逆表。已知该用户本月向系统倒送无功电量 $Wqd=X_1$kvar·h，该用户当月实际功率因数 $Q=$________。

X_1取值范围：5000，6000，8000

计算公式：$Q=\frac{40000}{\sqrt{40000^2+(30000+X_1\times2)^2}}$

Je2D3023 某自来水厂采用 10kV 供电，供电变压器为 $S_e=500$kV·A，计量方式用低压计量。根据《供用电合同》，该户每月加收线损电量 $r\%=2.5\%$和变损电量。已知该用户 3 月份抄见有功电量为 $W_p=40000$kW·h，无功电量为 $W_q=10000$kvar·h，有功变损为 $\Delta W_p=1037$kW·h，无功变损为 $\Delta W_q=7200$kvar·h。该用户 3 月份的功率因数调整电费 $DFT=$________元。（有小数的保留两位小数）［假设工业电价为 $Dfd=X_1$元/（kW·h），基本电费 10 元/（kW·h）］

X_1取值范围：0.602，0.655，0.798

计算公式：$DFT=(500\times10+(40000+1037)\times1.025\times X_1)\times(-0.003)$

Je2D3024 某工业用户装有SL7—50/10型变压器一台，采用高供低计方式进行计量，根据供用电合同，该户用电比例为工业95%，居民生活5%，另该户每月加收线损电量$r=5\%$。已知4月份抄见有功电量$W=X_1$kW·h，则该户4月份的总电费$M=$________元。[假设工业电价0.5元/（kW·h），居民生活电价为0.3元/（kW·h），SL7—50/10型变压器的变损W_B为435kW·h]（小数点后两位）

X_1取值范围：5000.0～20000.0之间的连续整数

计算公式：$M=(X_1+435)\times 1.05\times 0.95\times 0.5+(X_1+435)\times 1.05\times 0.05\times 0.3)$

Je2D3025 某工厂以10kV供电，变压器容量S为1200kV·A，本月有功电量$W_p=X_1$kW·h，无功电量W_Q为186904.0kvar·h。该户每月加收线损电量$r=3\%$，基本电价15.00元/（kV·A），电量电价0.46元/（kW·h），则该厂本月平均电价$C=$________元/（kW·h）（保留两位小数）。（按该用户变压器容量，应执行功率因数考核值为0.9，若在0.8～0.9范围，应加收电费3%）

X_1取值范围：1500000.0～2010000.0之间的连续整数

计算公式：$C=\dfrac{(1200\times 15+X_1\times 1.03\times 0.46)\times 1.03}{1.03\times X_1}$

Je2D4026 经查，某10kV三相三线电能计算装置，第一元件接U_{bc}，I_a，第二元件接U_{ac}，$-I_c$。错误接线期间计其电量$W=X_1$kW·h。假设用户平均功率因数角$\Phi=20°$，该用户实际用电量是$W_0=$________ kW·h。（有小数的保留两位小数）

X_1取值范围：200，300，400

计算公式：$W_0=$更正系数$\times$电量$=\dfrac{\sqrt{3}\times\cos 20°\times X_1}{-\cos 130°+\cos 70°}$

Je2D4027 经查，某10kV三相三线电能计算装置，第一元件接U_{ac}，$-I_a$，第二元件接U_{bc}，I_c。错误接线期间计其电量$W=X_1$kW·h。假设用户平均功率因数角$\Phi=20°$，该用户实际用电量是$W_0=$________ kW·h。（有小数的保留两位小数）

X_1取值范围：−200，−300，−400

计算公式：$W_0=$更正系数$\times$电量$=\dfrac{\sqrt{3}\times\cos 20°\times X_1}{-2\times\cos 10°}$

Je2D4028 经查，某三相四线电能计算装置，第一元件接U_{an}，I_b，第二元件接U_{bn}，I_c，第三元件接U_{cn}，I_a。错误接线期间计收其电量$W=X_1$kW·h。假设用户平均功率因数角$\Phi=20°$，该用户实际用电量是$W_0=$________ kW·h。（有小数的保留两位小数）

X_1取值范围：−200，−300，−400

计算公式：$W_0=$更正系数$\times$电量$=\dfrac{\cos 20°\times X_1}{\cos 140°}$

Je2D4029 经查，某10kV三相三线电能计算装置，第一元件接U_{ba}，I_c，第二元件接U_{ca}，$-I_a$。错误接线期间计其电量$W=X_1$kW·h。假设用户平均功率因数角$\Phi=20°$，该用户实际用电量是$W_0=$________ kW·h。（有小数的保留两位小数）

X_1取值范围：200，300，400

计算公式：$W_0=更正系数\times 电量=\dfrac{\sqrt{3}\times\cos 20°\times X_1}{-\cos 170°+\cos 110°}$

Je2D4030 经查，某10kV三相三线电能计算装置，第一元件接U_{ba}，I_c，第二元件接U_{ca}，I_a。错误接线期间计其电量$W=X_1$kW·h。假设用户平均功率因数角$\Phi=20°$，该用户实际用电量是$W_0=$________ kW·h。（有小数的保留两位小数）

X_1取值范围：−200，−300，−400

计算公式：$W_0=更正系数\times 电量=\dfrac{\sqrt{3}\times\cos 20°\times X_1}{\cos 170°+\cos 110°}$

Je2D4031 经查，某三相四线电能计算装置，第一元件接U_{cn}，I_a，第二元件接U_{an}，$-I_b$，第三元件接U_{bn}，$-I_c$。错误接线期间计收其电量$W=X_1$kW·h。假设用户平均功率因数角$\Phi=20°$，该用户实际用电量是$W_0=$________ kW·h。（有小数的保留两位小数）

X_1取值范围：200，300，400

计算公式：$W_0=更正系数\times 电量=\dfrac{3\times\cos 20°\times X_1}{-\cos 140°}$

Je2D4032 经查，某三相四线电能计算装置，第一元件接U_{bn}，I_a，第二元件接U_{an}，$-I_b$，第三元件接U_{cn}，I_c。错误接线期间计收其电量$W=X_1$kW·h。假设用户平均功率因数角$\Phi=20°$，该用户实际用电量是$W_0=$________ kW·h。（有小数的保留两位小数）

X_1取值范围：200，300，400

计算公式：$W_0=更正系数\times 电量=\dfrac{3\times\cos 20°\times X_1}{\cos 100°-\cos 140°+\cos 20°}$

Je2D5033 经查，某10kV三相三线电能计算装置，第一元件接U_{ca}，$-I_a$，第二元件接U_{ba}，I_c。错误接线期间计其电量$W=X_1$kW·h。假设用户平均功率因数角$\Phi=20°$，该用户实际用电量是$W_0=$________ kW·h。

X_1取值范围：200，300，400

计算公式：$W_0=更正系数\times 电量=\dfrac{\sqrt{3}\times\cos 20°\times X_1}{-\cos 170°+\cos 110°}$

Je2D5034 经查，某10kV三相三线电能计算装置，第一元件接U_{ac}，$-I_c$，第二元件接U_{bc}，I_a。错误接线期间计其电量$W=X_1$kW·h。假设用户平均功率因数角$\Phi=20°$，该用户实际用电量是$W_0=$________ kW·h。（有小数的保留两位小数）

X_1取值范围：200，300，400

计算公式：$W_0=$ 更正系数 $\times$ 电量 $=\dfrac{\sqrt{3}\times\cos 20°\times X_1}{-\cos 130°+\cos 70°}$

Je2D5035 经查，某10kV三相三线电能计算装置，第一元件接U_{ca}，I_a，第二元件接U_{ba}，I_c。错误接线期间计其电量$W=X_1$kW·h。假设用户平均功率因数角$\Phi=20°$，该用户实际用电量是$W_0=$________kW·h。(有小数的保留两位小数)

X_1取值范围：−200，−300，−400

计算公式：$W_0=$ 更正系数 $\times$ 电量 $=\dfrac{\sqrt{3}\times\cos 20°\times X_1}{\cos 170°+\cos 110°}$

Je2D5036 经查，三相三线电能计算装置A、C三相所配电流互感器变比分别为$K_A=150/5$、$K_C=X_1$，并且K_A接反。计量期间，供电企业按$K=150/5$，计收其电量$W=200$kW·h。假设用户平均功率因数角$\Phi=20°$，该用户实际用电量是$W_0=$________kW·h。

X_1取值范围：100/5，200/5，250/5

计算公式：$W_0=$ 更正系数 $\times$ 电量 $=\dfrac{\sqrt{3}\times\dfrac{1}{30}\times\cos 20°}{-\dfrac{1}{30}\times\cos 50°+\dfrac{1}{X_1}\times\cos 10°}\times 200$

Je2D5037 经查，某10kV三相三线电能计算装置，第一元件接U_{ac}，I_a，第二元件接U_{bc}，$-I_c$。错误接线期间计其电量$W=X_1$kW·h。假设用户平均功率因数角$\Phi=20°$，该用户实际用电量是$W_0=$________kW·h。(有小数的保留两位小数)

X_1取值范围：200，300，400

计算公式：$W_0=$ 更正系数 $\times$ 电量 $=\dfrac{\sqrt{3}\times\cos 20°\times X_1}{2\times\cos 10°}$

1.5 识图题

La2E1001 下列单相半波整流电容滤波电路图是否正确（ ）。

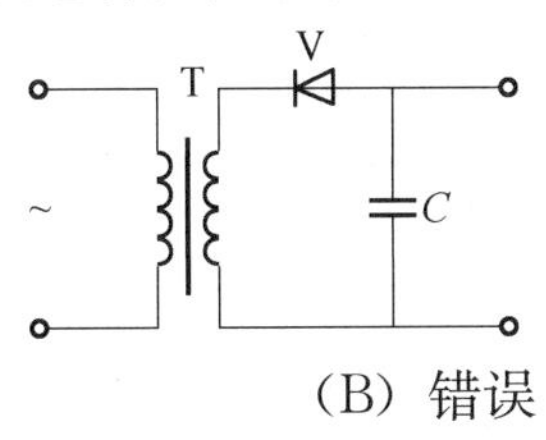

（A）正确 （B）错误

答案：A

La2E1002 下列低压非居民新装流程框图是否正确（ ）。

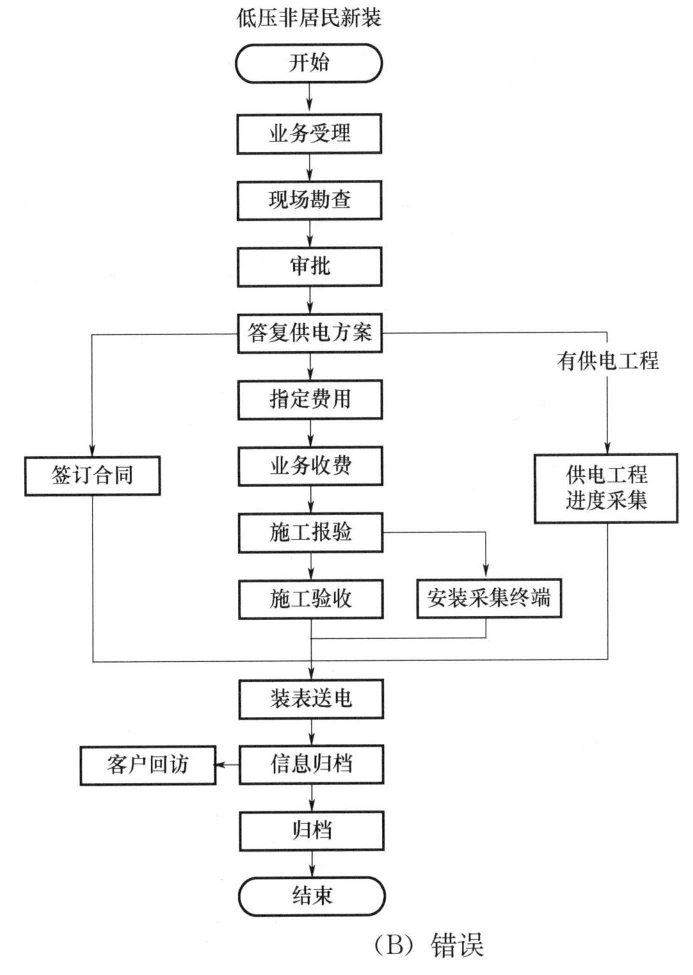

（A）正确 （B）错误

答案：A

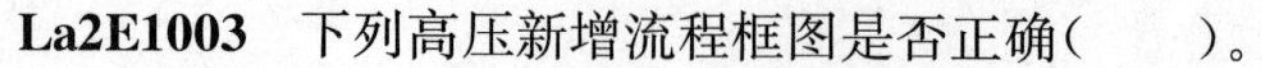

La2E1003 下列高压新增流程框图是否正确(　　)。

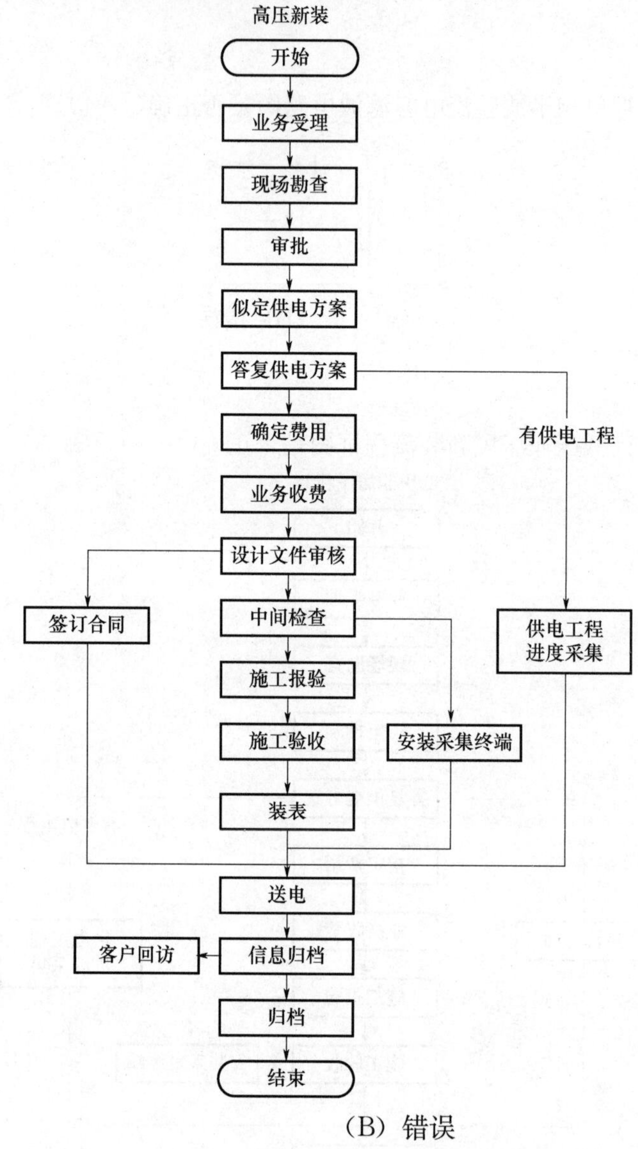

(A) 正确　　　　　　　　(B) 错误

答案：B

La2E2004 悬挂在运行中的变压器阶梯上，应采用(　　)标示牌。

答案：D

La2E3005　三相变压器的 Y，d11 接线组别图正确的是(　　)。

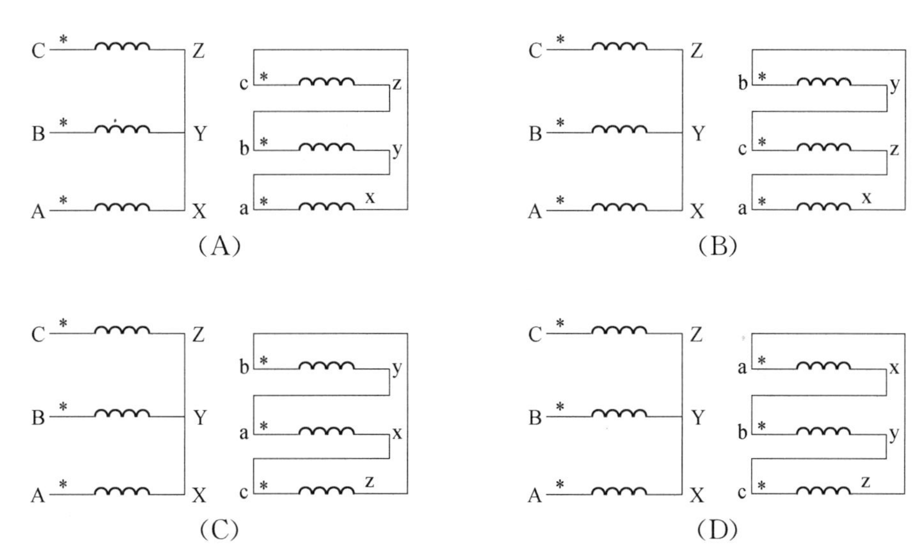

答案：A

La2E3006　下图中正确的三相五线制系统图是(　　)。

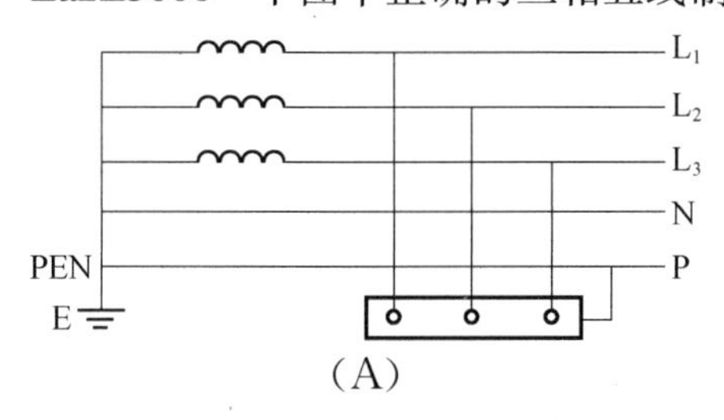

(A)

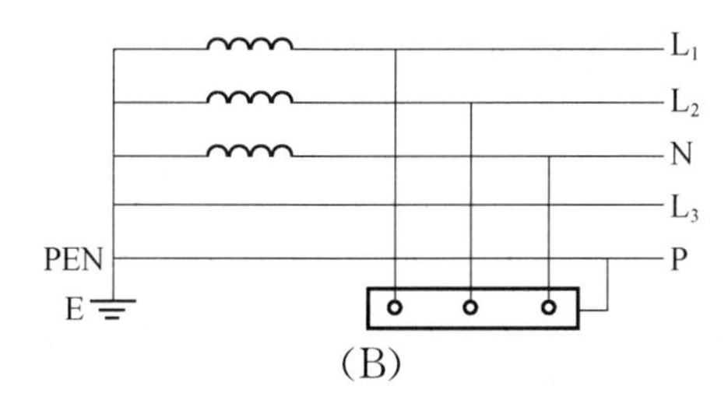

(B)

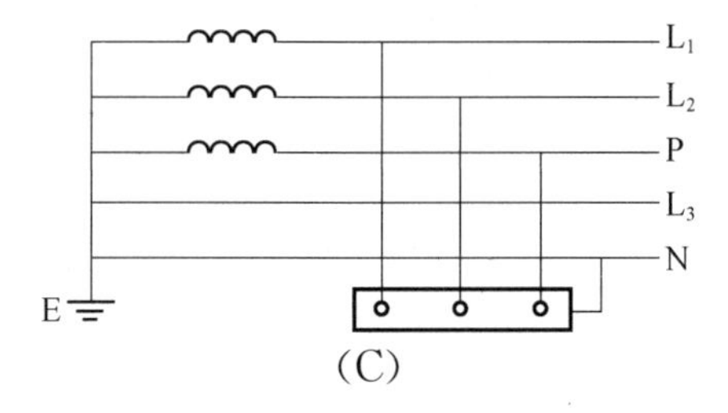

(C)

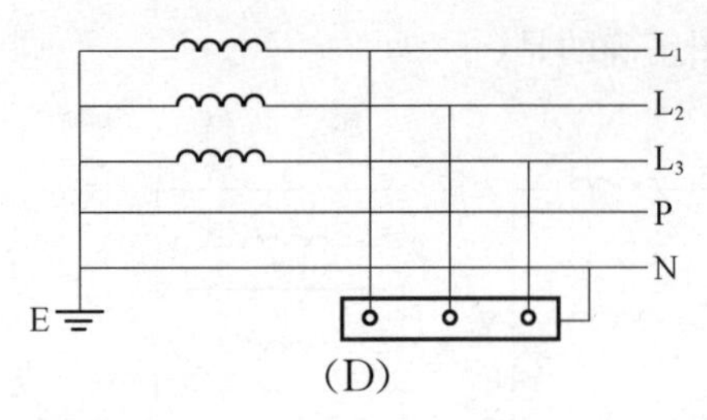

(D)

答案：A

Lb2E2007 用三相二元件有功、无功电能表，带 TV、TA 和接线盒的联合接线图是否正确（ ）。

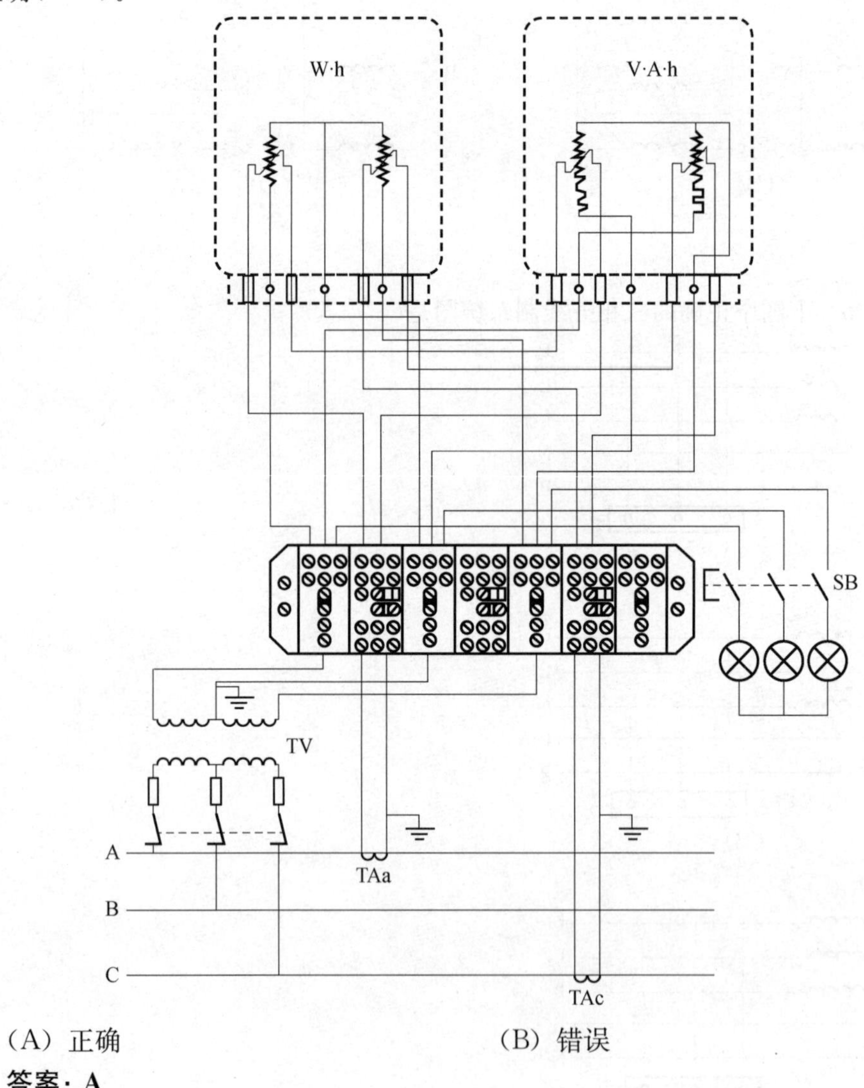

（A）正确 （B）错误

答案：A

Lb2E2008 用三相二元件有功、无功电能表，带 TV、TA 和接线盒的联合接线图是否正确（ ）。

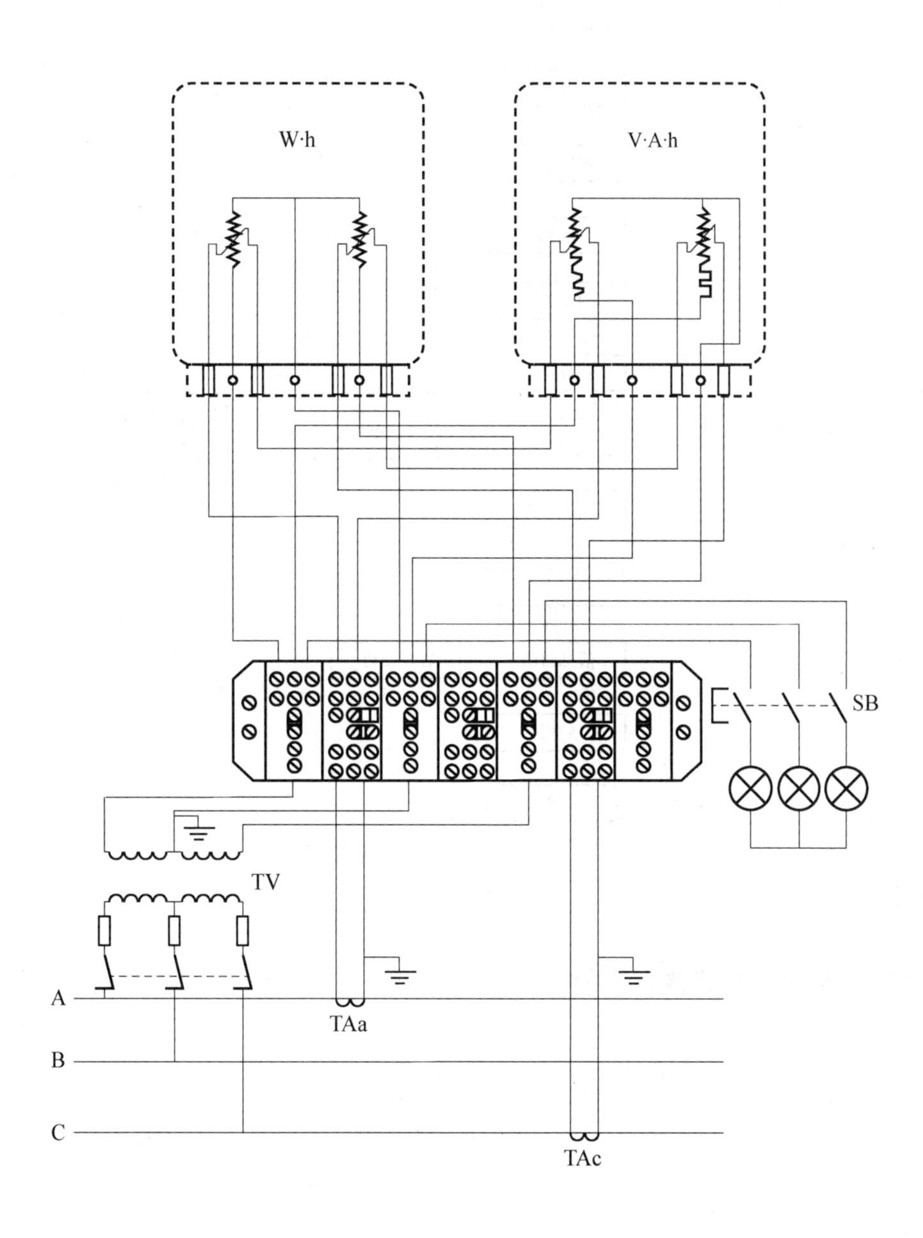

（A）正确　　　　　　　　　　（B）错误

答案：A

Lc2E1009 移表工作程序流程框图是否正确(　　)。

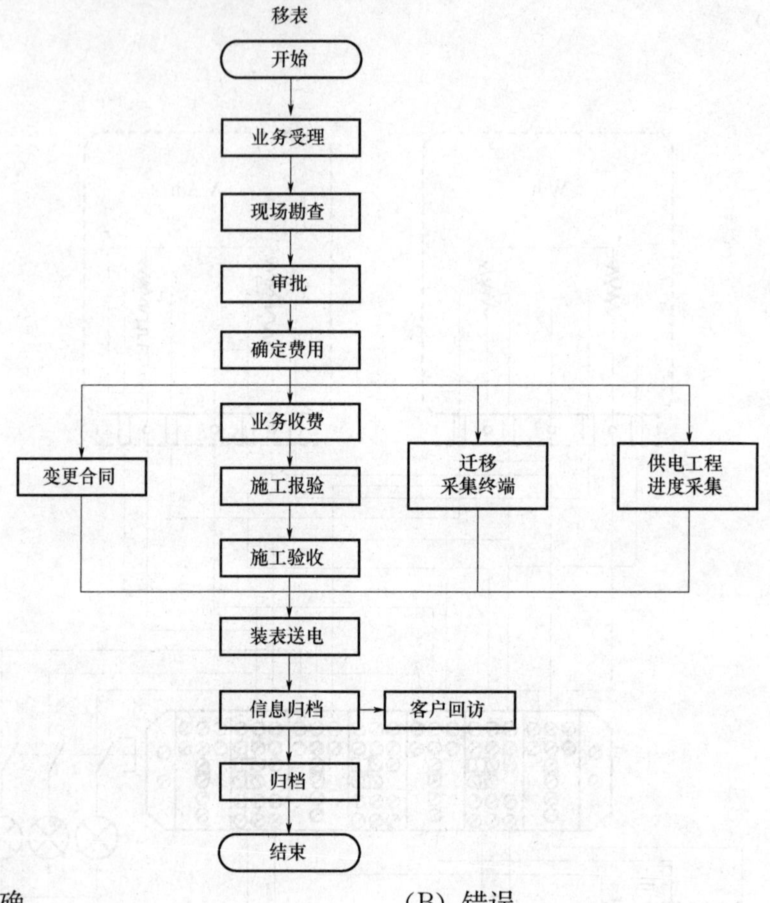

(A) 正确　　　　(B) 错误

答案：A

Lc2E2010 单相桥式整流电路图正确的是(　　)。

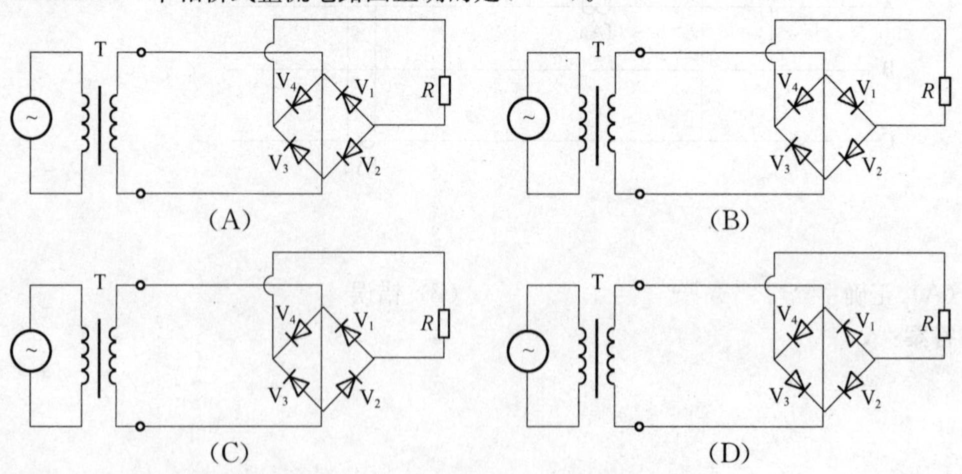

答案：A

Lc2E2011 如图单相半波整流电容滤波电路图是否正确(　　)。

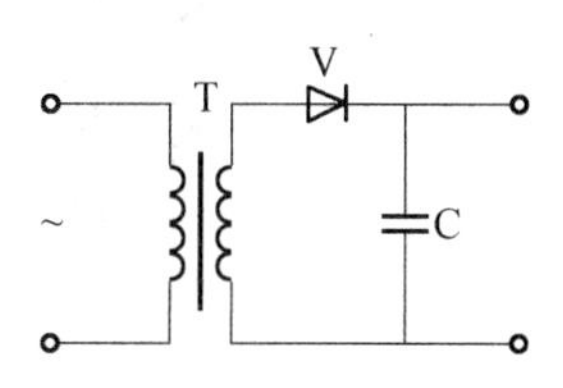

(A) 正确　　　　　　　　　　　　　　(B) 错误

答案：A

Je2E4012 下图中三相三线二元件有功电能表错误接线中，若负荷为容性，并且电能表为非逆止机械表，则电能表停转的错误接线是(　　)。

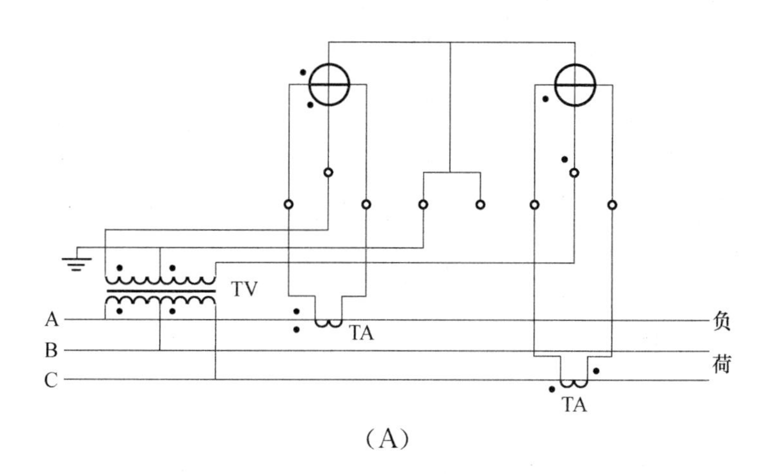

(A)

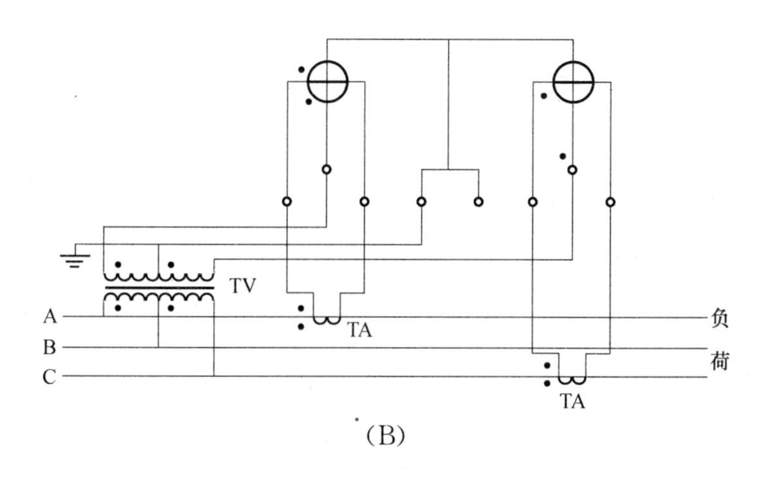

(B)

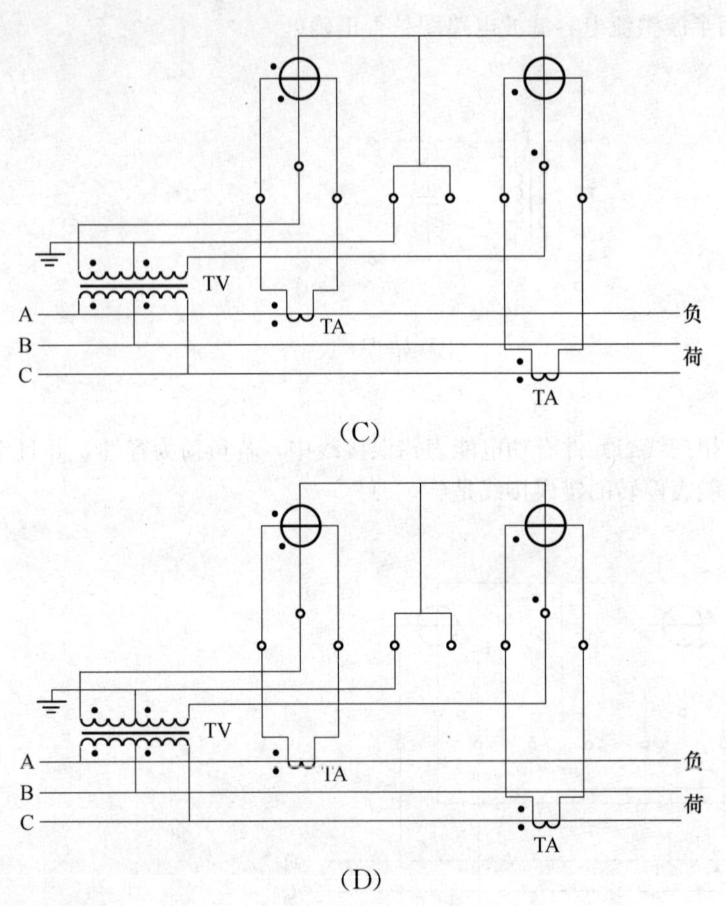

(C)

(D)

答案：D

Je2E4013 下图中三相三线二元件有功电能表错误接线中，若负荷为感性，并且电能表为非逆止机械表，则电能表仍正转的错误接线是（　　）。

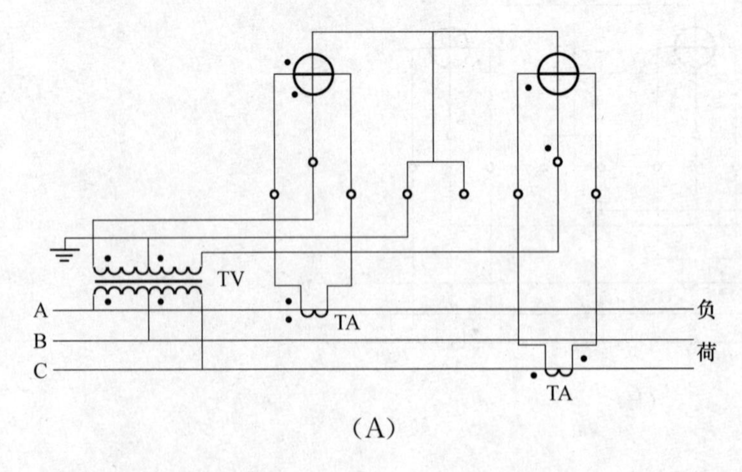

(A)

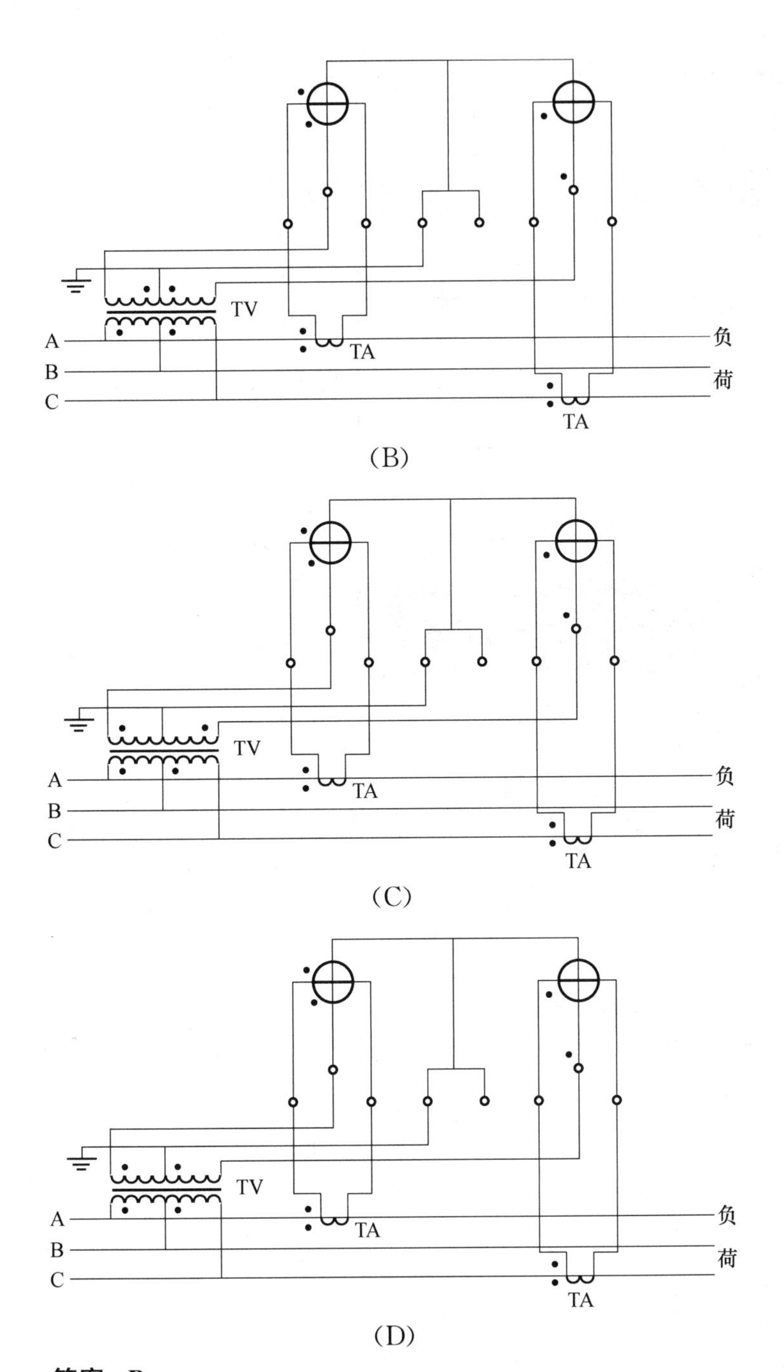

(B)

(C)

(D)

答案：B

Je2E4014 如图低压三相四线有功、无功电能表带 TA 和接线盒的联合接线图是否正确(　　)。

(A) 正确　　　　(B) 错误

答案：A

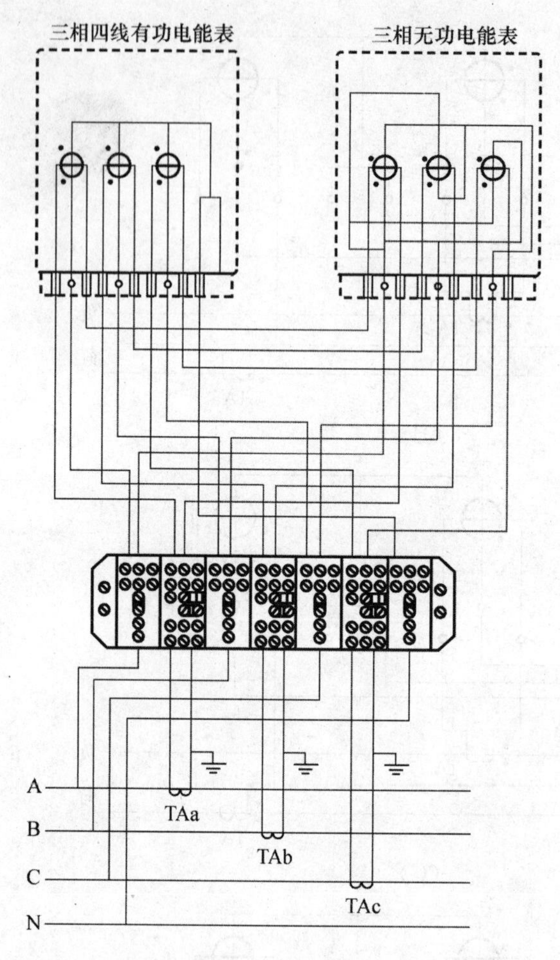

Je2E4015 通过用电信息采集系统查询数据正确的是（ ）。

召测项	召测值
F25 当前 A 相电压（V）	232.9
F25 当前 B 相电压（V）	150
F25 当前 C 相电压（V）	230.6
F25 当前 A 相电流（A）	1.21
F25 当前 B 相电流（A）	1.22
F25 当前 C 相电流（A）	1.32
F49 U_{ab}/U_a 相位角（度）	0
F49 U_b 相位角（度）	120
F49 U_{cb}/U_c 相位角（度）	240
F49 I_a 相位角（度）	25
F49 I_b 相位角（度）	141
F49 I_c 相位角（度）	271

（A）

召测项	召测值
F25 当前 A 相电压（V）	231
F25 当前 B 相电压（V）	230
F25 当前 C 相电压（V）	229
F25 当前 A 相电流（A）	2.13
F25 当前 B 相电流（A）	2.15
F25 当前 C 相电流（A）	2.21
F49 U_{ab}/U_a 相位角（度）	0
F49 U_b 相位角（度）	121
F49 U_{cb}/U_c 相位角（度）	241
F49 I_a 相位角（度）	30
F49 I_b 相位角（度）	145
F49 I_c 相位角（度）	268

（B）

召测项	召测值
F25 当前 A 相电压（V）	228
F25 当前 B 相电压（V）	229
F25 当前 C 相电压（V）	227
F25 当前 A 相电流（A）	1.98
F25 当前 B 相电流（A）	1.73
F25 当前 C 相电流（A）	1.87
F49 U_{ab}/U_a 相位角（度）	0
F49 U_b 相位角（度）	240
F49 U_{cb}/U_c 相位角（度）	119.4
F49 I_a 相位角（度）	26
F49 I_b 相位角（度）	214
F49 I_c 相位角（度）	269

（C）

召测项	召测值
F25 当前 A 相电压（V）	224
F25 当前 B 相电压（V）	225
F25 当前 C 相电压（V）	226
F25 当前 A 相电流（A）	1.56
F25 当前 B 相电流（A）	1.61
F25 当前 C 相电流（A）	1.59
F49 U_{ab}/U_a 相位角（度）	0
F49 U_b 相位角（度）	240
F49 U_{cb}/U_c 相位角（度）	119.6
F49 I_a 相位角（度）	29
F49 I_b 相位角（度）	269
F49 I_c 相位角（度）	150

（D）

答案：D

Je2E5016 下图中三相三线二元件有功电能表错误接线中，若负荷为感性，并且电能表为非逆止机械表，则电能表反转，并且转速是正确接线时转速 1/2 的错误接线是(　　)。

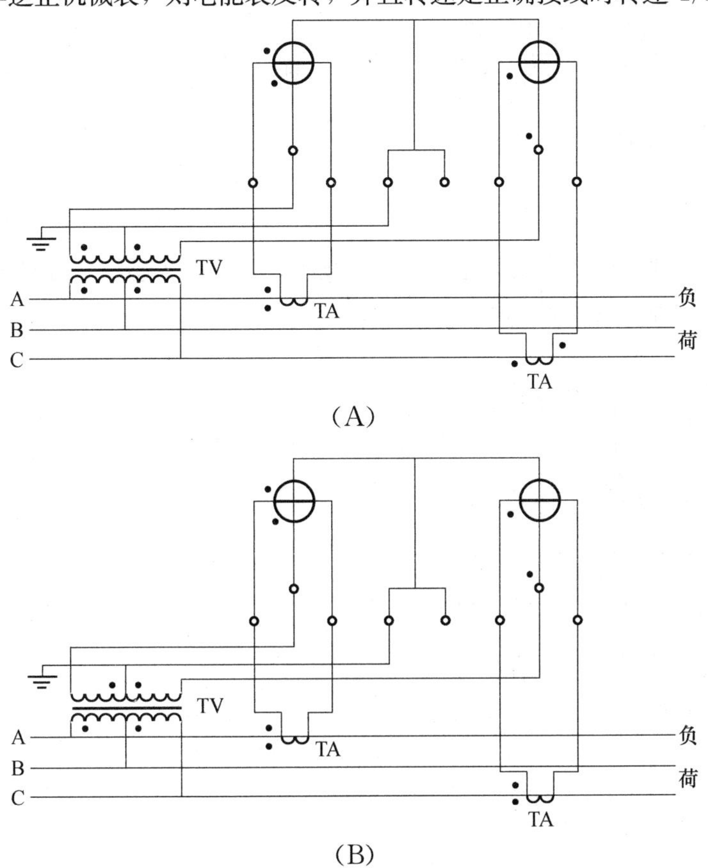

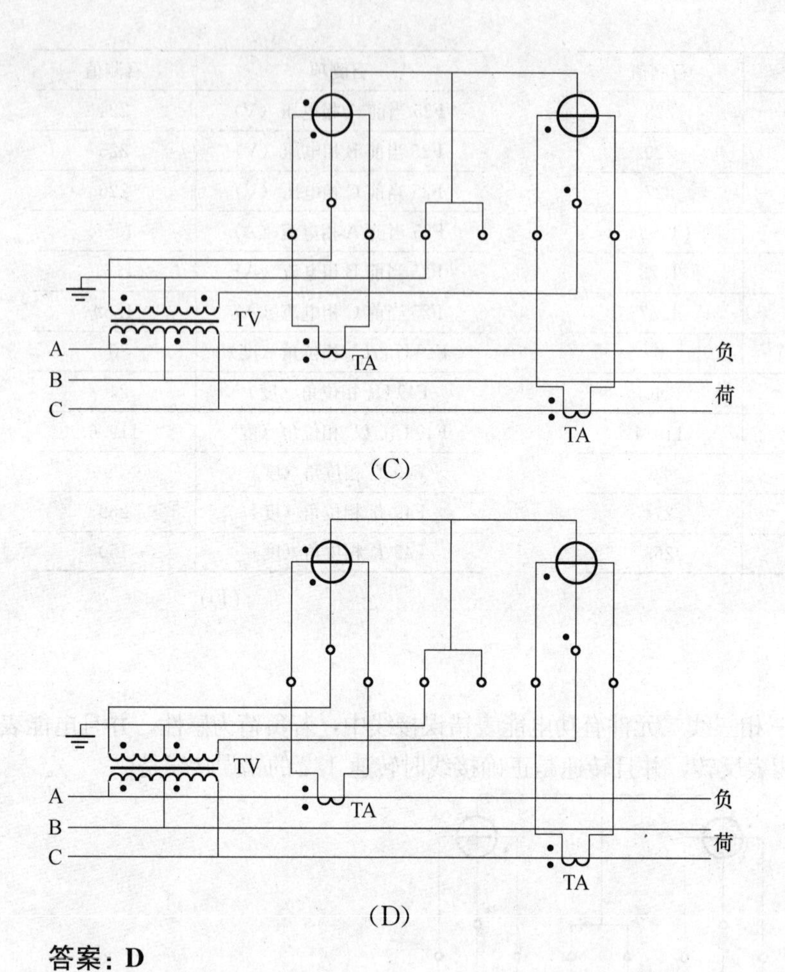

(C)

(D)

答案：D

Je2E5017　下图中三相三线二元件有功电能表错误接线中，若负荷为感性，并且电能表为非逆止机械表，则电能表停转的错误接线是(　　)。

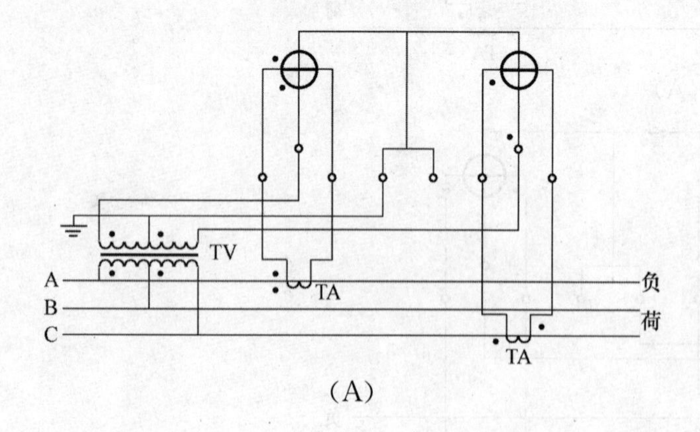

(A)

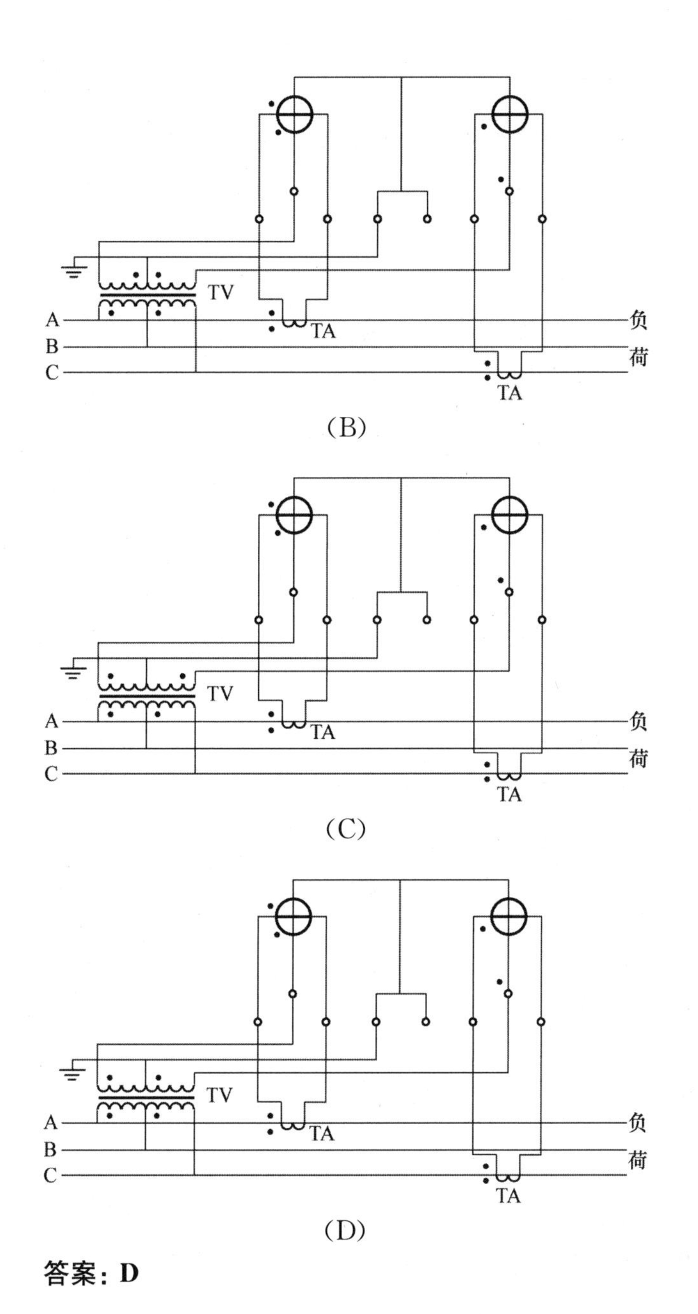

(B)

(C)

(D)

答案：D

Je2E5018　下图中三相三线二元件有功电能表接线中，若负荷为感性，并且电能表为非逆止机械表，则电能表反转的错误接线是(　　)。

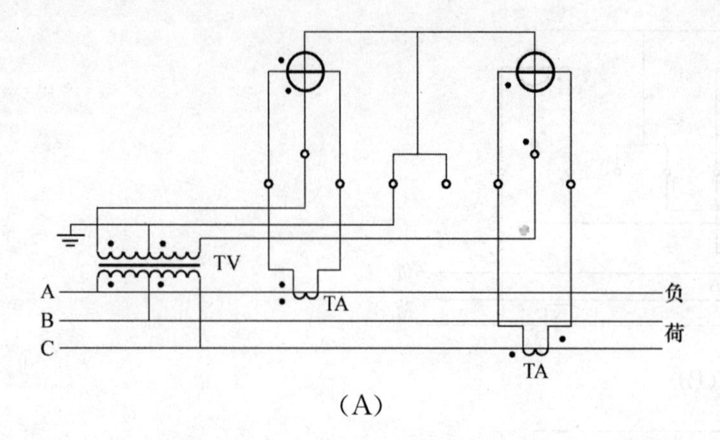

(A)

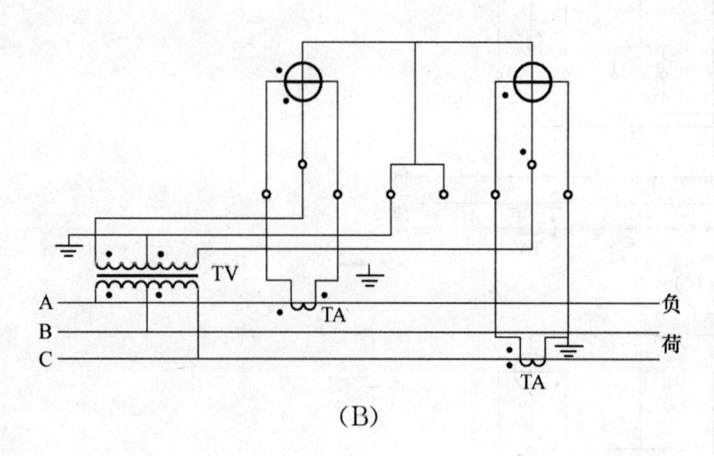

(B)

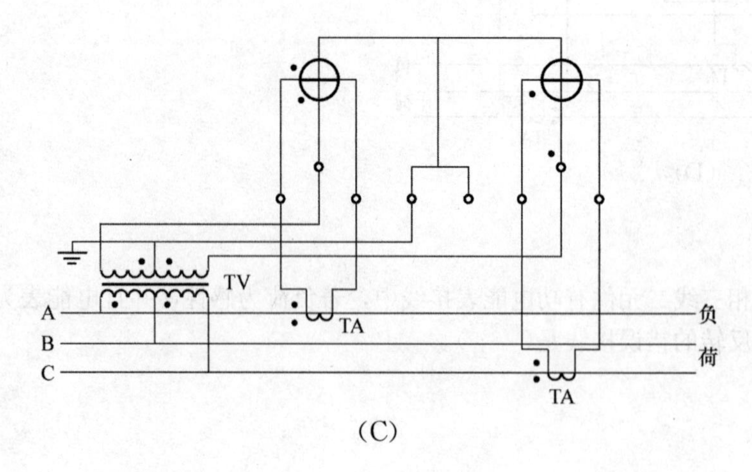

(C)

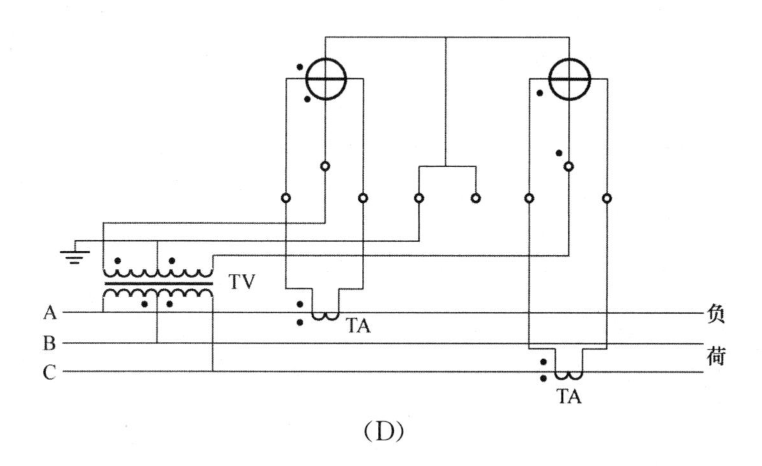

(D)

答案：A

Jf2E2019 下图电压表经电压互感器接入的测量电路图中接线正确的是(　　)。

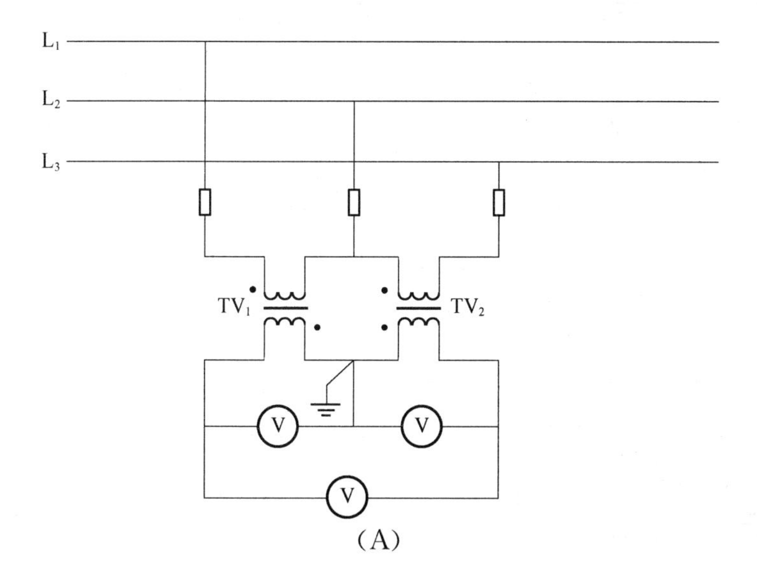

(A)

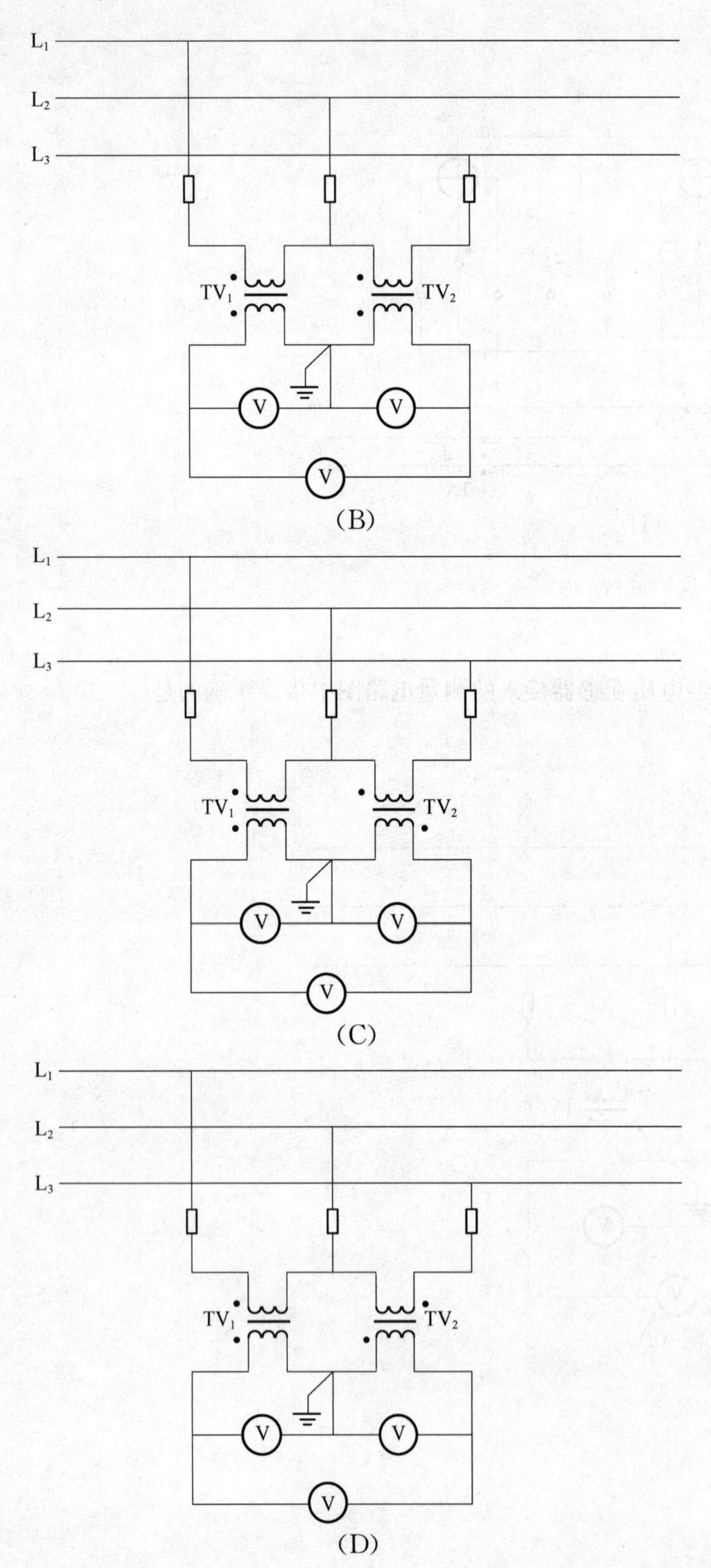

答案：B

Jf2E5020 由两台单相双绕组电压互感器连接的 V/v 型接线，并且二次各线间电压均为 100V 的图是(   )。

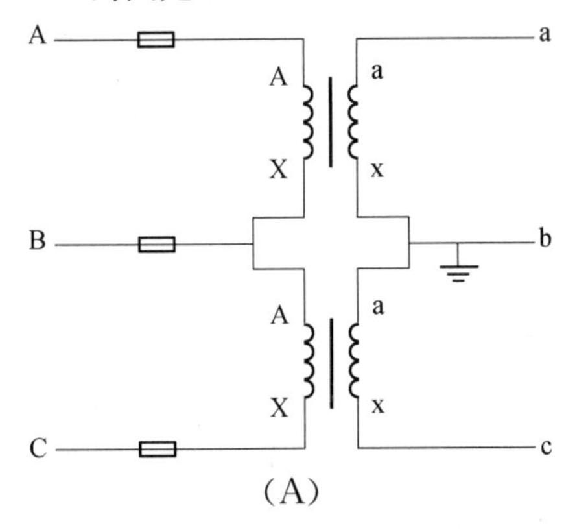

(A)

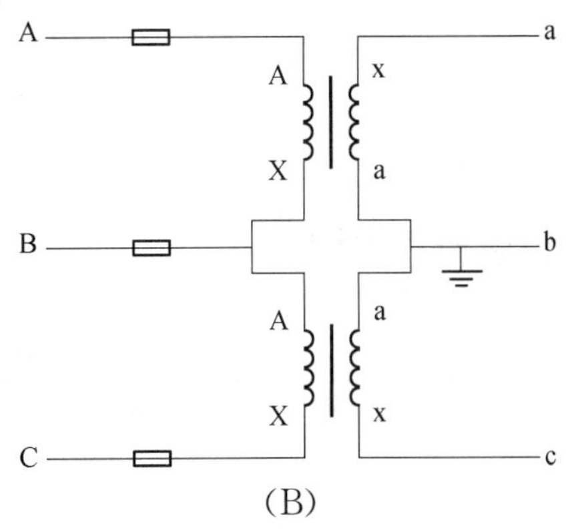

(B)

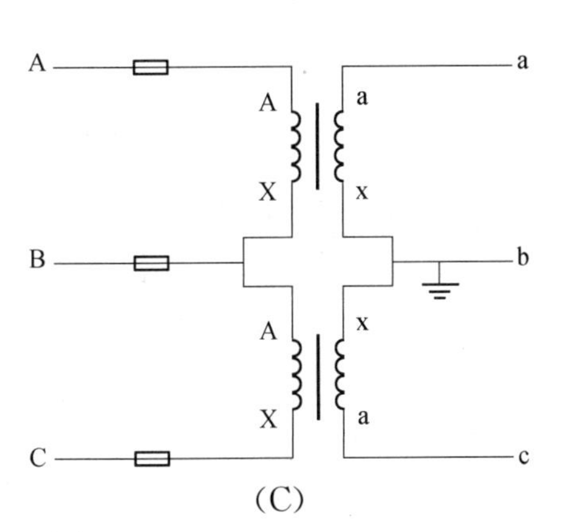

(C)

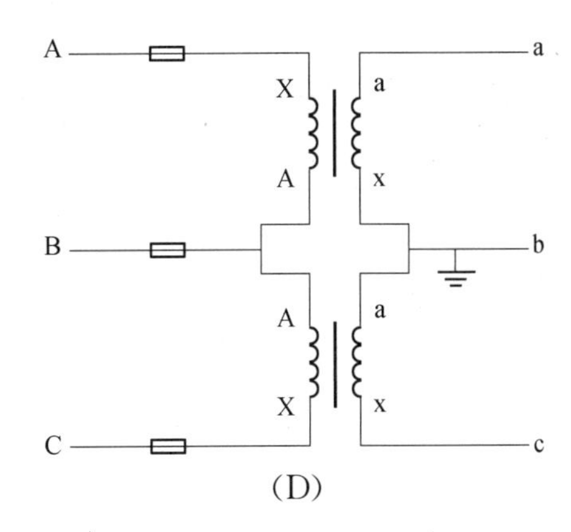

(D)

答案：A

2 技能操作

2.1 技能操作大纲

技师技能操作大纲

等级	考核方式	能力种类	能力项	考核项目	考核主要内容
技师		基本技能	用电分析	01. 用电结构对售电均价的影响	(1) 正确计算分类电量比例 (2) 正确计算分类售电收入 (3) 正确计算售电量比例变化对售电均价的影响 (4) 规范更正错误数据
				02. 用电结构电量变化主要因素分析	(1) 正确进行售电量增减电量分析 (2) 正确进行售电结构变化定量分析 (3) 分析确定引起售电量增减的主要因素 (4) 对数据分析得出正确结论 (5) 规范更正错误数据
		专业技能	01. 电表抄读	01. 高压抄表及异常处理	(1) 制订抄表计划 (2) 能够进行 SG186 系统中抄表信息核对和手工抄表录入 (3) 能使用自动化抄表系统进行数据采集 (4) 掌握用电业务变更客户电费计算信息复核 (5) 掌握新装、增容、变更的客户基础资料中计费参数的分析方法及异常报办处理 (6) 掌握客户抄见零电量、电量突增突减、总表电量小于子表电量、分时电量大于总电量、功率因数异常等情况分析与报办处理 (7) 能正确运用退补电费的公式 (8) 能客观描述退补原因办理退补申请票
			02. 电费核算	01. 抄表本电量电费核算和审核	(1) 运用 SG186 营销模拟系统计算审核电费 (2) 对电量电费异常进行判断处理
				02. 综合电量电费计算	(1) 根据给定条件和 SG186 电量电费核算规则，确定各类用电电量 (2) 计算各类用电电费和总电费 (3) 列式计算

续表

等级	考核方式	能力种类	能力项	考核项目	考核主要内容
技师		专业技能	02. 电费核算	03. 综合电费计算（两部制暂停）	（1）确定电价策略 （2）确定基本电费 （3）确定各类电量电费 （4）确定功率因数调整费 （5）确定合计电费
				04. 综合电费计算（两部制复电）	（1）确定电价策略 （2）确定基本电费 （3）确定各类电量电费 （4）确定功率因数调整费 （5）确定合计电费
				05. 综合电费计算（高供低计单一制定比子表）	（1）确定电价策略 （2）确定各类用电电量 （3）计算各类电量电费 （4）计算功率因数调整费 （5）合计电费
				06. 综合电费计算（高供低计单一制定量子表）	（1）确定电价策略 （2）确定各类用电电量 （3）计算各类电量电费 （4）计算功率因数调整费 （5）合计电费
		相关技能	计量技能	01. 电能计量装置接线错误退补电量的确定	（1）能采用相位法对电能计量装置误接线分析 （2）能进行电能表装接不合理造成少计或漏计电量的原因分析及解决方法

2.2 技能操作项目

2.2.1 CS2JB0101 用电结构对售电均价的影响

1. 作业

1）工器具、材料、设备

（1）工器具：红、黑或蓝色签字笔、计算器。

（2）材料：试卷答题纸、计算纸。

（3）设备：桌椅一套（工位）。

2）安全要求

无。

3）操作步骤及工艺要求（含注意事项）

（1）根据给定数据完成表格，定量计算各类售电对售电均价的影响率。

（2）分类售电量占总售电量的比例＝$\dfrac{\text{分类售电量}}{\text{总售电量}}\times 100\%$。

（3）分类售电收入＝分类售电量×分类售电单价。

（4）总售电收入＝各分类售电收入之和。

（5）各类售电收入对总售电量的影响＝$\dfrac{\text{分类售电收入}}{\text{总售电量}}$。

（6）分类售电收入对售电均价的影响率＝$\dfrac{\text{分类售电收入}}{\text{平均电价}}\times 100\%$。

（7）错误数据更正需使用双红线更正法。

（8）结论正确，答题完整正确。

2. 考核

1）考核场地

（1）每个工位面积不小于 2000mm×2000mm。

（2）每个工位有对应具备书写桌椅和计时器一套。

2）考核时间

（1）考试时间自许可开工始计 40min。

（2）考核前准备工作不计入考核时间。

（3）许可开工后记录考核开始时间并在规定时间内完成。

（4）清理现场后报告工作终结，记录考核结束时间。

3）考核要点

（1）正确计算分类电量比例。

（2）正确计算分类售电收入。

（3）正确计算售电量比例变化对售电均价的影响。

（4）规范更正错误数据。

（5）结论正确，答题完整。

3. 评分标准

行业：电力工程　　　　　　　　　　工种：抄表核算收费员　　　　　　　　　　等级：二

编号	CS2JB0101	行为领域	e	鉴定范围		
考核时限	40min	题型	A	满分	100 分	得分
试题名称	用电结构对售电均价的影响					
考核要点及其要求	(1) 正确计算分类电量 (2) 正确计算分类售电收入 (3) 售电收入影响售电均价分析 (4) 规范更正错误数据 (5) 结论正确，答题完整					
现场设备、工器具、材料	(1) 工器具：红、黑或蓝色签字笔 (2) 材料：试卷答题纸、计算纸 (3) 设备：书写桌椅一套/工位					
备注						

评分标准

序号	考核项目名称	质量要求	分值	扣分标准	扣分原因	得分
1	分类电量比例计算	正确计算分类售电量占总售电量比例	21	每个计算结果错误扣 3 分，错误项规范更正每项扣 1 分		
2	售电收入计算	正确计算分类售电收入和总售电收入	21	每项错误扣 3 分，错误项规范更正每项扣 1 分		
3	计算售电收入对售电均价的影响率	正确计算各类售电对平均电价的影响率	52	每项错误扣 4 分，错误项规范更正每项扣 1 分		
4	答题	完整正确回答问题	6	答题错误扣 6 分		

例题：某供电企业各类用电平均单价、总售电量以及各分类售电量完成情况见下表，试计算分类售电量比例、售电收入和分类售电收入对售电均价的影响。

供电企业各类用电平均单价完成情况

用电类别	单价 [元/(MW·h)]	售电量 (MW·h)	比例 (%)	售电收入 (元)	分类售电收入对售电均价的影响 [元/(MW·h)]	分类售电收入对售电均价的影响率 (%)
大工业	276.40	6800000				
非普	347.35	1600000				
农业生产	216.45	600000				
居民	344.60	980000				
非居民	500.00	470000				
商业	563.00	370000				
合计	—	9938000				

供电企业各类用电平均单价完成情况

用电类别	单价［元/（MW·h）］	售电量（MW·h）	比例（%）	售电收入（元）	分类售电收入对售电均价的影响［元/（MW·h）］	分类售电收入对售电均价的影响率（%）
大工业	276.40	6800000	68.42	1879520000.00	189.12	61.78
非普	347.35	1600000	16.10	555760000.00	55.92	18.27
农业生产	216.45	600000	6.04	129870000.00	13.07	4.27
居民	344.60	980000	0.99	33770800.00	3.40	1.11
非居民	500.00	470000	4.73	235000000.00	23.65	7.73
商业	563.00	370000	3.72	208310000.00	20.96	6.85
合计	—	9938000	100.00	3042230800.00	306.12	—

解：数据计算结果如上表。

答：各类售电对平均电价影响率由大到小依次为：大工业售电对平均电价影响率为61.78%，非普售电对平均电价影响率为18.27%，非居民售电对平均电价影响率为7.73%，商业售电对平均电价影响率为6.85%，农业生产售电对平均电价影响率为4.27%，居民售电对平均电价影响率为1.11%。

2.2.2 CS2JB0102　用电结构电量变化主要因素分析

1. 作业

1）工器具、材料、设备

（1）工器具：红、黑或蓝色签字笔、计算器。

（2）材料：试卷答题纸、计算纸。

（3）设备：桌椅一套（工位）。

2）安全要求

无。

3）操作步骤及工艺要求（含注意事项）

（1）根据给定数据完成表格并进行分析。

（2）同比增减幅度$=\frac{\text{本期售电量}-\text{同期售电量}}{\text{同期售电量}}\times 100\%$。

（3）分类电量占售电量增减比例$=\frac{\text{本期分类售电量}-\text{同期分类售电量}}{\text{本期总售电量}-\text{同期总售电量}}\times 100\%$。

（4）分类售电量增长贡献率＝分类售电量占售电量增减比例×总售电量同比增减幅度。

（5）本期分类售电量比例$=\frac{\text{本期分类售电量}}{\text{本期总售电量}}\times 100\%$。

（6）同期分类售电量比例$=\frac{\text{同期分类售电量}}{\text{同期总售电量}}\times 100\%$。

（7）同比增减幅度＝本期分类售电量比例－同期分类售电量比例。

（8）通过对各类分类电量增减值和增长贡献率比较，从中找出用电结构中引发变化的主要因素，并进行分析。

（9）错误数据更正需使用双红线更正法。

（10）结论正确，答题完整正确。

2. 考核

1）考核场地

（1）每个工位面积不小于2000mm×2000mm。

（2）每个工位有对应具备书写桌椅和计时器一套。

2）考核时间

（1）考试时间自许可开工始计40min。

（2）考核前准备工作不计入考核时间。

（3）许可开工后记录考核开始时间并在规定时间内完成。

（4）清理现场后报告工作终结，记录考核结束时间。

3）考核要点

（1）正确进行售电量增减电量分析。

（2）正确进行售电结构变化定量分析。

（3）分析确定引起售电量增减的主要因素。

（4）对数据分析得出正确结论。

（5）规范更正错误数据。

3. 评分标准

行业：电力工程　　　　工种：抄表核算收费员　　　　等级：二

编号	CS2JB0102	行为领域	e	鉴定范围			
考核时限	40min	题型	A	满分	100分	得分	
试题名称	用电结构电量变化主要因素分析						
考核要点及其要求	（1）正确进行售电量增减电量分析 （2）正确进行售电结构变化定量分析 （3）分析确定引起售电量增减的主要因素 （4）对数据分析得出正确结论 （5）规范更正错误数据						
现场设备、工器具、材料	（1）工器具：红、黑或蓝色签字笔 （2）材料：试卷答题纸、计算纸 设备：书写桌椅一套（工位）						
备注							

评分标准

序号	考核项目名称	质量要求	分值	扣分标准	扣分原因	得分
1	售电量增减定量分析	（1）正确计算售电量同比增减幅 （2）正确计算各分类电量占各售电量增减比例和分类售电增长贡献率 （3）正确计算分类结构同比增减幅度	70	每个计算结果错误扣1.5分，错误项规范更正扣0.5分，本项分数扣完为止		
2	分析售电增减的主要结构因素	（1）确定影响分类电量和增长贡献率的前两个因素 （2）对两个重要影响因素售电量增减比例求和	25	（1）两个主要因素确定错误扣10分 （2）占全售电增长量合计错误扣15分		
3	答题	完整正确答题	5	答题不完整不正确扣5分		

例题：某供电企业本同期售电量及增减情况见附表，分析计算增减幅度、增长贡献率等数值，找出影响用电结构变化的主要因素。

供电企业售电量统计表　　　　单位：kW·h

类别	本期累计	同期累计	增减	同比增减增幅（%）	增长贡献率（%）	占售电量增减比例（%）	占本期售电量比例（%）	占同期售电量比例（%）	增幅（%）
大工业	500431.72	382510.69							
非普	58352.18	53794.23							
居民	163599.22	120653.36							
非居民	16649.52	13193.24							

续表

类别	本期累计	同期累计	增减	同比增减增幅（%）	增长贡献率（%）	占售电量增减比例（%）	占本期售电量比例（%）	占同期售电量比例（%）	增幅（%）
商业	35839.12	29847.84							
农业生产	13528.47	11395.11							
合计	788400.23	611394.47							

供电企业售电量统计表 单位：kW·h

类别	本期累计	同期累计	增减	同比增减增幅（%）	增长贡献率（%）	占售电量增减比例（%）	占本期售电量比例（%）	占同期售电量比例（%）	增幅（%）
大工业	500431.72	382510.69	117921.03	30.83	19.29	66.62	63.47	62.56	0.91
非普	58352.18	53794.23	4557.95	8.47	0.75	2.58	7.40	8.80	−1.40
居民	163599.22	120653.36	42945.86	35.59	7.02	24.26	20.75	19.73	1.02
非居民	16649.52	13193.24	3456.28	26.20	0.57	1.95	2.11	2.16	−0.05
商业	35839.12	29 847.84	5991.28	20.07	0.98	3.38	4.55	4.88	−0.34
农业生产	13528.47	11 395.11	2133.36	18.72	0.35	1.21	1.72	1.86	−0.15
合计	788400.23	611394.47	177005.76	28.95	—	100.00	100.00	100.00	—

解：数据计算结果如上表。本期增幅贡献最大的两类用电分别为：居民 35.59%和大工业 30.83%，增长贡献率分别为大工业 19.29%和居民 7.02%。

这两类用电增长量占全售电量增长量比例：30.83%+35.59%=66.42%

答：本期影响用电电量结构变化的主要因素大工业和居民生活用电量的快速增长，是供电企业售电量增长的决定因素，两类用电增长量占全售电增长量的 66.42%。

2.2.3 CS2ZY0101 高压抄表及异常处理

1. 作业

1）工器具、材料、设备

（1）工器具：红、黑或蓝色签字笔，计算器，手电筒，低压验电笔。

（2）材料：试卷答题纸、工作证件、业务工单。

（3）设备：SG186 营销模拟系统、模拟抄表台、桌椅一套（工位）、计时器。

2）安全要求

（1）正确填用第二种工作票。

（2）工作服、安全帽、绝缘鞋符合 DL 409—1991《电业安全工作规程（电力线路部分）》要求。

（3）进入配电室抄表过程中，分清高低压设备，与高压带电设备保持 0.7m 安全距离。

（4）防止电缆沟盖板损坏跌落。

（5）使用验电笔测试配电柜体不带电，严禁头部进入配电柜抄录电表。

（6）登高 1.5m 以上应系好安全带，保持与带电设备的安全距离。使用梯子登高作业时，应有人扶持。

（7）防止动物伤害。

（8）发现客户违约用电，应做好记录，及时通知相关人员 处理，不与客户发生冲突。

3）操作步骤及工艺要求（含注意事项）

（1）按照给定工号密码登录 SG186 营销模拟系统，并在模拟系统内完成下列工作：

①制订抄表计划。

②进行数据准备。抄表数据（包括抄表客户信息、变更信息、新装客户档案信息等）下装准备工作、抄表机与服务器的对时工作应在抄表前一个工作日或当日出发前完成，并确保数据完整正确。

（2）在模拟抄表台使用抄表机抄录电能表示数，不漏抄、不估抄。采用现场抄表方式的，抄表员应到达现场，使用电能表补抄卡或抄表机逐户对客户端用电计量装置记录的有关用电计量计费数据进行抄录。现场抄表工作必须遵循电力安全生产工作的相关规定，严禁违章作业。需要到客户门内抄录的，应出示工作证件，遵守客户的出入制度。

（3）对现场用电异常和用电信息异常户填写业务工作单。抄表时，应认真核对客户电能表箱位、表位、表号、倍率等信息，检查电能计量装置运行是否正常，封印是否完好。对新装及用电变更客户，应核对并确认用电容量、最大需量、电能表参数、互感器参数等信息，做好核对记录。发现客户电量异常、违约用电或窃电嫌疑、表计故障、有信息（卡）无表、有表无信息（卡）等异常情况，做好现场记录，提出异常报告并及时上报处理。

（4）在 SG186 营销模拟系统中完成：

①抄表数据上传。

②抄表数据复核。

③对现场用电信息异常户在SG186营销模拟系统发起异常处理流程。

（5）遵守安全规定，文明作业。

2. 考核

1）考核场地

（1）每个工位面积不小于2000mm×2000mm。

（2）每个工位有SG186营销模拟系统、桌椅和计时器一套、模拟抄表台。

2）考核时间

（1）考试时间自许可开工始计40min。

（2）考核前准备工作不计入考核时间。

（3）许可开工后记录考核开始时间并在规定时间完成。

（4）清理现场后报告工作终结，记录考核结束时间。

3）考核要点

（1）正确执行SG186营销模拟系统的抄表流程。

（2）正确抄录电能表示数并对用电异常发起流程。

（3）正确核对客户用电信息并对异常信息发起流程。

（4）遵守安全规定，文明作业。

3. 评分标准

行业：电力工程　　　　工种：抄表核算收费员　　　　等级：二

编号	CS2ZY0101	行为领域	e	鉴定范围			
考核时限	40min	题型	C	满分	100分	得分	
试题名称	高压抄表及异常处理						
考核要点及其要求	（1）正确执行SG186营销模拟系统的抄表流程 （2）正确抄录电能表示数并对用电异常发起流程 （3）正确核对客户用电信息并对异常信息发起流程 （4）遵守安全规定，文明作业						
现场设备、工器具、材料	（1）工器具：红、黑或蓝色签字笔，计算器，手电筒，低压验电笔 （2）材料：试卷答题纸、工作证件、业务工 （3）设备：SG186营销模拟系统、模拟抄表台、桌椅1套/工位、计时器						
备注	三相表7具，单相表3具						

评分标准

序号	考核项目名称	质量要求	分值	扣分标准	扣分原因	得分
1	着装	穿工作服、绝缘鞋，戴安全帽，正确佩戴工作证件	5	（1）未穿工作服扣2分 （2）未穿绝缘鞋扣2分 （3）未戴安全帽扣2分 （4）本项分数扣完为止		
2	SG186抄表流程	在作业流程中正确完成制定计划、数据准备、数据下载、上传、复核	20	未完成每环节扣4分		

续表

序号	考核项目名称	质量要求	分值	扣分标准	扣分原因	得分
3	现场抄表	正确完成示数抄录	40	（1）未正确抄录三相表的有功总、有功尖、有功峰、有功谷、无功总、无功反向总和单相表，每项扣1分 （2）本项分数扣完为止		
4	信息判断	判断用电信息，并对异常情况处理	30	（1）未对异常进行审核扣15分 （2）未对异常发起异常申请处理扣15分		
5	安全文明生产	规范操作、安全生产	5	违规操作扣5分，不安全操作一票否决		

2.2.4 CS2ZY0201 抄表本电量电费核算和审核

1. 作业

1）工器具、材料、设备

（1）工器具：红、黑或蓝色签字笔，计算器。

（2）材料：试卷答题纸、草稿纸。

（3）设备：SG186 营销模拟系统、桌椅一套（工位）、计时器。

2）安全要求

无。

3）操作步骤及工艺要求（含注意事项）

（1）按照给定工号密码登录 SG186 营销模拟系统。

（2）根据现行电价政策对抄表段进行电量电费核算。抄表数据复核结束后，应在 24h 内完成电量电费计算工作。及时审核新装和变更工作单，保证计算参数及数据与现场实际情况一致。①对新装用电客户、变更用电客户、电能计量装置参数变化的客户，其业务流程处理完毕后的首次电量电费计算，应进行逐户审核。对电量明显异常及各类特殊供电方式（如多电源、转供电等）的客户应重点审核。②在电价政策调整、数据编码变更、营销业务应用系统软件修改、营销业务应用系统故障等事件发生后，应对电量电费进行试算，并对各电价类别、各电压等级的客户重点抽查审核。发现电费计算有异常，应立即查找原因，并通知相关部门处理后重新进行电费计算。对电量电费核算过程中发现的问题应按规定的程序和流程及时处理。

（3）抄表本中含两部制客户、工商业及其他单一电价客户、农业生产客户以及居民客户各两户。

（4）审核每户电量电费并对电量电费错误的客户在试卷上进行更正，说明原因、明晰过程，明确结果。

（5）对错误的电量电费确定退补方案并选择立即出账方式处理流程完成退补电费。

（6）步骤清楚，答题完整正确。

2. 考核

1）考核场地

（1）每个工位面积不小于 2000mm×2000mm。

（2）每个工位有 SG186 营销模拟系统、桌椅和计时器一套。

2）考核时间

（1）考试时间自许可开工始计 40min。

（2）考核前准备工作不计入考核时间。

（3）许可开工后记录考核开始时间并在规定时间内完成。

（4）清理现场后报告工作终结，记录考核结束时间。

3）考核要点

（1）运用 SG186 营销模拟系统计算审核电费。

（2）对电量电费异常进行判断处理。

（3）步骤清楚，答题完整正确。

3. 评分标准

行业：电力工程　　　　　　　　工种：抄表核算收费员　　　　　　　　等级：二

编号	CS2ZY0201	行为领域	e	鉴定范围			
考核时限	40min	题型	C	满分	100分	得分	
试题名称	抄表本电量电费核算和审核						
考核要点及其要求	（1）运用SG186营销模拟系统计算审核电费 （2）对电量电费异常进行判断处理 （3）步骤清楚，答题完整正确						
现场设备、工器具、材料	（1）工器具：红、黑或蓝色签字笔、计算器 （2）材料：试卷答题纸，草稿纸 （3）设备：SG186营销模拟系统、桌椅1套/工位、计时器						
备注							

评分标准

序号	考核项目名称	质量要求	分值	扣分标准	扣分原因	得分
1	电费审核	对SG186系统计算结果进行审核，审核项包括电价、电量、基本电费、电费	30	审核无书面计算过程扣20分		
2	退补计算	对审核异常进行退补计算，正确完成书写计算过程和退补结果	20	无计算过程扣15分，退补结果错误扣5分		
3	发起退补申请	在SG186系统中发起退补申请	10	未能正确发起申请扣5分，退补申请叙述不准确扣5分		
4	制定退补方案	在SG186系统制订退补方案并保存发送至审批环节	30	（1）退补方案不正确扣20分 （2）未能发送到审批环节扣10分		
5	答题	完整正确答题	10	答题不完整扣5分，答题不正确不得分		

2.2.5 CS2ZY0202 综合电量电费计算

1. 作业

1）工器具、材料、设备

（1）工器具：红、黑或蓝色签字笔，计算器。

（2）材料：电价表、功率因数系数对照表、试卷答题纸、计算纸。

（3）设备：桌椅一套（工位）。

2）安全要求

无。

3）操作步骤及工艺要求（含注意事项）

（1）根据题意分析，正确运用 SG186 电量计算规则确定各类用电电量。

（2）计算各类用电电费。

（3）合计电费。

（4）步骤清晰，过程完整，答题准确。

（5）现场工作服整洁，准考证、身份证齐备。

（6）清理现场，文明作业。

2. 考核

1）考核场地

（1）每个工位面积不小于 2000mm×2000mm，并配有考生书写桌椅一套。

（2）每个工位有对应的评判桌椅和计时表计。

2）考核时间

（1）考试时间自许可开工始计 40min。

（2）考核前准备工作不计入考核时间。

（3）许可开工后记录考核开始时间并在规定时间完成。

（4）清理现场后报告工作终结，记录考核结束时间。

3）考核要点

（1）根据给定条件和 SG186 电量电费核算规则，确定各类用电电量。

（2）计算各类用电电费和总电费。

（3）列式计算。

（4）步骤清晰，过程完整。

（5）答题完整正确。

3. 评分标准

行业：电力工程　　　　工种：抄表核算收费员　　　　等级：二

编号	CS2ZY0202	行为领域	e	鉴定范围			
考核时限	40min	题型	A	满分	100 分	得分	
试题名称	综合电量电费计算						

续表

考核要点及其要求	(1) 根据给定条件和SG186电量电费核算规则，正确确定各类用电电量 (2) 正确计算各类用电电费和总电费 (3) 正确列式计算 (4) 步骤清晰，过程完整 (5) 答题完整正确
现场设备、工器具、材料	(1) 工器具：红、黑或蓝色签字笔，计算器，手电筒，低压验电笔，电工个人工具，绝缘梯 (2) 材料：工作证、电能表补抄卡、电价表、功率因数系数对照表、试卷答题纸、计算纸 (3) 设备：装有三相多功能电能表的模拟抄表台，桌椅一套（工位）
备注	

评分标准

序号	考核项目名称	质量要求	分值	扣分标准	扣分原因	得分
1	计算特抄前抄见电量	正确计算特抄前及各时段电量	20	未正确计算各段电量和有功总每项扣4分		
2	计算特抄后抄见电量	正确计算特抄后及各时段电量	20	未正确计算各段电量和有功总每项扣4分		
3	计算特抄前各时段电费	正确计算特抄前各时段电费	20	未正确计算有功尖、有功峰、有功平、有功谷段电费每项扣5分		
4	计算特抄后各时段电费	正确计算特抄后各时段电费	20	未正确计算有功尖、有功峰、有功平、有功谷段电费每项扣5分		
5	计算定量电度电费	正确计算定量电度电费	5	未正确计算定量电度电费扣10分		
6	合计电费	正确合计电费	10	列式正确结果不正确扣5分		
7	答题	正确完整答题	5	答题不完整、不正确扣5分		

例题：某10kV工业高压用户，受电设备容量80kV·A一台，高供高计并安装在产权分界点处，抄表例日20日，由于2017年7月1日政策调价，故对该户于7月1日特抄，该厂2017年6月，7月1日特抄和7月电能表示数以及电价见附表，主表下有一定量居民子表，每月定量值为1000kW·h，请计算该厂7月电费。

时段	2017年6月示数	特抄指针	2017年7月示数	综合倍率
有功总	750.12	820.20	960.36	100
有功尖	210.50	219.80	238.40	100
有功峰	315.37	326.97	350.18	100
有功谷	120.25	146.49	198.96	100
有功平	—	—	—	100
无功总	300.16	326.09	377.94	100

解：(1) 计算特抄前各时段抄见电量

有功总＝(820.20－750.12)×100＝7008 (kW·h)

有功尖＝(219.80－210.50)×100＝930（kW·h）
有功峰＝(326.97－315.37)×100＝1160（kW·h）
有功谷＝(146.49－120.25)×100＝2624（kW·h）
则有功平＝7008－930－1160－2624＝2294（kW·h）
（2）计算特抄后各时段抄见电量
有功总＝(960.36－820.20)×100＝14016（kW·h）
有功尖＝(238.40－219.80)×100＝1860（kW·h）
有功峰＝(350.18－326.97)×100＝2321（kW·h）
有功谷＝(198.96－146.49)×100＝5247（kW·h）
则有功平＝14016－1860－2321－5247＝4588（kW·h）
（3）定量在各段的分摊
①定量在特抄前的电量分摊

特超前总分摊＝$\frac{11}{30}\times 1000=367$（kW·h）

其中尖段分摊＝$\frac{930}{7008}\times 367=49$（kW·h）

峰段分摊＝$\frac{1160}{7008}\times 367=61$（kW·h）

谷段分摊＝$\frac{2624}{7008}\times 367=137$（kW·h）

则平段分摊＝367－49－61－137＝120（kW·h）
②定量在特抄后的电量分摊
特抄后总分摊＝1000－367＝633（kW·h）

其中尖段分摊＝$\frac{1860}{14016}\times 633=84$（kW·h）

峰段分摊＝$\frac{2321}{14016}\times 633=105$（kW·h）

谷段分摊＝$\frac{5247}{14016}\times 633=237$（kW·h）

则平段分摊＝633－84－105－237＝207（kW·h）
（4）确定特抄前后各时段计费电量
①特抄前工业计费电量
特抄前工业总电量＝7008－367＝6641（kW·h）
其中尖段电量＝930－49＝881（kW·h）
峰段电量＝1160－61＝1099（kW·h）
谷段电量＝2624－137＝2487（kW·h）
则平段电量＝6641－881－1099－2487＝2174（kW·h）
②特抄后工业计费电量
特抄后工业总电量＝ 14016－633＝13383（kW·h）
其中尖段电量＝1860－84＝1776（kW·h）

峰段电量＝2321－105＝2216（kW·h）

谷段电量＝5247－237＝5010（kW·h）

平段电量＝13383－1776－2216－5010＝4381（kW·h）

根据现行电价政策，客户容量小于100kV·A，故不执行尖峰电价，尖段电量计入峰段，执行峰段电价。

（5）计算特抄前工业用电各时段电费

尖段电费＝881×0.9338＝822.68（元）

峰段电费＝1099×0.9338＝1026.25（元）

谷段电费＝2487×0.4236＝1053.49（元）

平段电费＝2174×0.6787＝1475.49（元）

（6）计算特抄后工业用电各时段电度电费

尖段电费＝1776×0.9174＝1629.30（元）

峰段电费＝2216×0.9174＝2032.96（元）

谷段电费＝5010×0.4088＝2048.09（元）

平段电费＝4381×0.6631＝2905.04（元）

（7）定量居民的电度电费：1000×0.4862＝486.20（元）

（8）总电＝822.68＋1026.25＋1053.49＋1475.49＋1629.30＋2032.96
＋2048.09＋2905.04＋486.20 ＝13479.50（元）

答：该户7月总电费13479.50元。

2.2.6 CS2ZY0203 综合电费计算（两部制暂停）

1. 作业

1）工器具、材料、设备

（1）工器具：红、黑或蓝色签字笔，计算器。

（2）材料：试卷答题纸、电价表、功率因数力调对照表、变损表、草稿纸。

（3）设备：桌椅一套（工位）、计时器。

2）安全要求

无。

3）操作步骤及工艺要求（含注意事项）

（1）根据给定条件选定电价策略。

（2）根据《供电营业规则》和河北省相关政策确定基本电费。

（3）抄见电量计算和各类电量分摊。

（4）各类电费计算。

（5）功率因数及力调系数确定，计算功率因数调整费。

（6）合计电费。

（7）清理现场，文明作业。

2. 考核

1）考核场地

（1）每个工位面积不小于 2000mm×2000mm。

（2）桌椅和计时器一套。

2）考核时间

（1）考试时间自许可开工始计 40min。

（2）考核前准备工作不计入考核时间。

（3）许可开工后记录考核开始时间并在规定时间内完成。

（4）清理现场后报告工作终结，记录考核结束时间。

3）考核要点

（1）确定电价策略。

（2）确定基本电费。

（3）确定各类电量电费。

（4）确定功率因数调整费。

（5）确定合计电费。

（6）步骤清楚、答题完整正确。

3. 评分标准

行业：电力工程　　　　　　　　工种：抄表核算收费员　　　　　　　　等级：二

编号	CS2ZY0203	行为领域	e	鉴定范围			
考核时限	40min	题型	A	满分	100分	得分	
试题名称	综合电费计算（两部制暂停）						
考核要点及其要求	(1) 正确确定电价策略 (2) 正确确定基本电费 (3) 正确确定各类电量电费 (4) 正确确定功率因数调整费 (5) 正确确定合计电费 (6) 步骤清楚、答题完整正确						
现场设备、工器具、材料	(1) 工器具：红、黑或蓝色签字笔，计算器 (2) 材料：试卷答题纸、电价表、功率因数力调对照表、变损表、草稿纸 (3) 设备：桌椅1套/工位、计时器						
备注							

评分标准

序号	考核项目名称	质量要求	分值	扣分标准	扣分原因	得分
1	确定倍率	正确确定倍率	10	未正确确定倍率扣10分		
2	确定电量	正确各用电性质各时段确定电量	20	(1) 未正确确定电量每项扣2分 (2) 本项分数扣完为止		
3	确定功率因数和力调系数	正确确定月平均功率因数和力调系数	10	(1) 未正确确定月平均功率因数扣5分 (2) 未正确定力调系数扣5分		
4	确定基本电费	正确确定基本电费	10	未正确确定基本电费扣10分		
5	确定电度电费	正确确定电度电费	20	(1) 未正确确定两部制部分电度电费扣10分 (2) 未正确确定单一制部分电度电费扣10分		
6	确定力调电费	正确确定力调电费	10	未正确确定力调电费扣10分		
7	确定电费	正确确定电费	15	未正确确定电费扣15分		
8	答题	答题完整正确	5	答题不完整、不正确扣5分		

例题：某10kV工业用户，受电设备容量250kV·A变压器两台，总表计量方式为高供高计，TA为30/5，约定按容量计收基本电费。该户因生产原因于2017年8月11日办理暂停250kV·A变压器1台，抄表例日为每月20日，抄表指针及电价见下表，试计算该户8月电费。

时段	2017年7月示数	8月11日指针	2017年8月示数
有功总	750.12	820.20	960.36
有功尖	210.50	219.80	238.40
有功峰	315.37	326.97	350.18
有功谷	120.25	146.49	198.96
有功平	—	—	—
无功总	300.16	326.09	377.94

解：因该户TA＝30/5，则该户计量倍率＝$\frac{30}{5}\times\frac{10000}{100}$＝600倍

(1) 计算暂停前各时段电量

有功总＝(820.20－750.12)×600＝42048 (kW·h)

有功尖＝(219.80－210.50)×600＝5580 (kW·h)

有功峰＝(326.97－315.37)×600＝6960 (kW·h)

有功谷＝(146.49－120.25)×600＝15744 (kW·h)

则有功平＝42048－5580－6960－15744＝13764 (kW·h)

(2) 计算暂停后各时段电量

有功总＝(960.36－820.20)×600＝84096 (kW·h)

有功尖＝(238.40－219.80)×600＝11160 (kW·h)

有功峰＝(350.18－326.97)×600＝13926 (kW·h)

有功谷＝(198.96－146.49)×600＝31482 (kW·h)

则有功平＝84096－11160－13926－31482＝27528 (kW·h)

(3) 总无功电量＝(377.94－300.16)×600＝46668 (kvar·h)

(4) 计算其本月功率因数＝$\sqrt{\frac{126144^2}{126144^2+46668^2}}$＝0.94，查利率调整对照表得，其本月力调系数 －0.006。

(5) 根据现行计费政策，暂停前应执行两部制电价，暂停后应执行单一制电价。

(6) 两部制部分基本电费＝$\frac{500}{30}\times 10\times 23.3$＝3883.33 (元)

两部制部分电度电费＝5580×0.8933＋6960×0.7851 ＋15744×0.3521＋13764×0.5686＝23818.58 (元)

(7) 单一制部分电度电费＝11160×1.0445＋13926×0.9174 ＋31482×0.4088＋46668×0.6631＝ 68247.72 (元)

(8) 不参与力调金额＝ (42048＋84096)×0.0274＝3456.35 (元)

(9) 力调费＝ (基本电费＋电度电费－附加费)×力调系数

＝(3883.33＋68247.72＋23818.58－3456.35)×(－0.006)

＝－554.96 (元)

(10) 合计电费＝基本电费＋电度电费＋力调电费

＝3883.33＋68247.72＋23818.58－554.96

＝95394.67 (元)

答：该户8月总电费95394.67元 。

2.2.7 CS2ZY0204 综合电费计算（两部制复电）

1. 作业

1）工器具、材料、设备

（1）工器具：红、黑或蓝色签字笔，计算器。

（2）材料：试卷答题纸、电价表、功率因数力调对照表、变损表、草稿纸。

（3）设备：桌椅一套（工位）、计时器。

2）安全要求

无。

3）操作步骤及工艺要求（含注意事项）

（1）根据给定条件选定电价策略。

（2）根据《供电营业规则》和河北省相关政策确定基本电费。

（3）抄见电量计算和各类电量分摊。

（4）各类电费计算。

（5）功率因数及力调系数确定，计算功率因数调整费。

（6）合计电费。

（7）清理现场，文明作业。

2. 考核

1）考核场地

（1）每个工位面积不小于 2000mm×2000mm。

（2）桌椅和计时器一套。

2）考核时间

（1）考试时间自许可开工始计 40min。

（2）考核前准备工作不计入考核时间。

（3）许可开工后记录考核开始时间并在规定时间内完成。

（4）清理现场后报告工作终结，记录考核结束时间。

3）考核要点

（1）确定电价策略。

（2）确定基本电费。

（3）确定各类电量电费。

（4）确定功率因数调整费。

（5）确定合计电费。

（6）步骤清楚、答题完整正确。

3. 评分标准

编号	CS2ZY0204	行为领域	e	鉴定范围			
考核时限	40min	题型	A	满分	100分	得分	
试题名称	综合电费计算（两部制复电）						
考核要点及其要求	(1) 正确确定电价策略 (2) 正确确定基本电费 (3) 正确确定各类电量电费 (4) 正确确定功率因数调整费 (5) 正确确定合计电费 (6) 步骤清楚、答题完整正确						
现场设备、工器具、材料	(1) 工器具：红、黑或蓝色签字笔，计算器 (2) 材料：试卷答题纸、电价表、功率因数力调对照表、变损表、草稿纸 (3) 设备：桌椅一套（工位）、计时器						
备注							

评分标准

序号	考核项目名称	质量要求	分值	扣分标准	扣分原因	得分
1	确定倍率	正确确定倍率	10	未正确确定倍率扣10分		
2	确定电量	正确确定业务变更前后各时段电量	20	(1) 未正确确定业务变更前后各时段电量，每项扣2分 (2) 本项分数扣完为止		
3	确定功率因数和力调系数	正确确定月平均功率因数和力调系数	10	(1) 未正确确定月平均功率因数扣5分 (2) 未正确确定力调系数扣5分		
4	确定基本电费	正确确定基本电费	10	未正确确定基本电费扣10分		
5	确定电度电费	正确确定特抄前后电度电费	20	(1) 未正确确定业务变更前电度电费扣10分 (2) 未正确确定业务变更后电度电费扣10分		
6	确定力调电费	正确确定力调电费	10	未正确确定力调电费扣10分		
7	确定电费	正确确定电费	15	未正确确定电费扣15分		
8	答题	完整正确答题	5	答题不完整、不正确扣5分		

例题：某10kV工业用户，受电设备容量250kV·A变压器2台，运行1台，总表计量方式为高供高计，TA为30/5，约定按容量计收基本电费。该户因生产原因于2017年8月11日办理复电250kV·A变压器1台，抄表例日为每月20日，抄表指针及电价见附表，试计算该户8月电费。

时段	2017年7月示数	8月11日指针	2017年8月示数
有功总	750.12	820.20	960.36
有功尖	210.50	219.80	238.40
有功峰	315.37	326.97	350.18
有功谷	120.25	146.49	198.96
有功平	—	—	—
无功总	300.16	326.09	377.94

解：因该户TA＝30/5，则该户计量倍率＝$\frac{30}{5}\times\frac{10000}{100}$＝600倍

（1）计算复电前各时段电量

有功总＝(820.20－750.12)×600＝42048（kW·h）

有功尖＝(219.80－210.50)×600＝5580（kW·h）

有功峰＝(326.97－315.37)×600＝6960（kW·h）

有功谷＝(146.49－120.25)×600＝15744（kW·h）

则有功平＝42048－5580－6960－15744＝13764（kW·h）

（2）计算复电后各时段电量

有功总＝(960.36－820.20)×600＝84096（kW·h）

有功尖＝(238.40－219.80)×600＝11160（kW·h）

有功峰＝(350.18－326.97)×600＝13926（kW·h）

有功谷＝(198.96－146.49)×600＝31482（kW·h）

则有功平＝84096－11160－13926－31482＝27528（kW·h）

（3）总无功电量＝(377.94－300.16)×600＝46668（kvar·h）

（4）计算其本月功率因数＝$\sqrt{\frac{126144^2}{126144^2+46668^2}}$＝0.94，查利率调整对照表得，其本月力调系数－0.006。

（5）根据现行计费政策，复电前应执行单一制电价，复电后应执行两部制电价。

（6）两部制部分基本电费：$\frac{500}{30}\times 21\times 23.3$＝8155.00（元）

两部制部分电度电费＝11160×0.8933＋13926×0.7851＋31482×0.3521
＋27528×0.5686＝47639.76（元）

（7）单一制部分电度电费＝5580×1.0445＋6960×0.9174＋15744×0.4088
＋13764×0.6631＝27776.47（元）

（8）不参与力调金额＝（42048＋84096）×0.0274＝3456.35（元）

（9）力调费＝（基本电费＋电度电费－附加费）×力调系数
＝(8155.00＋47639.76＋27776.47－3456.35)×(－0.006)
＝－480.69（元）

（10）合计电费＝基本电费＋电度电费＋力调电费
＝8155.00＋47639.76＋27776.47－480.69
＝83090.54（元）

答：该户8月总电费83090.54元。

2.2.8 CS2ZY0205 综合电费计算（高供低计单一制定比子表）

1. 作业

1）工器具、材料、设备

（1）工器具：红、黑或蓝色签字笔，计算器。

（2）材料：试卷答题纸、电价表、功率因数力调对照表、变损表、草稿纸。

（3）设备：桌椅一套（工位）、计时器。

2）安全要求

无。

3）操作步骤及工艺要求（含注意事项）

（1）根据给定条件选定电价策略。

（2）根据 SG186 电量计算规则确定各用电类别电量。

（3）各类电费计算。

（4）功率因数及力调系数确定，计算功率因数调整费。

（5）合计电费。

（6）清理现场，文明作业。

2. 考核

1）考核场地

（1）每个工位面积不小于 2000mm×2000mm。

（2）桌椅和计时器一套。

2）考核时间

（1）考试时间自许可开工始计 40min。

（2）考核前准备工作不计入考核时间。

（3）许可开工后记录考核开始时间并在规定时间完成。

（4）清理现场后报告工作终结，记录考核结束时间。

3）考核要点

（1）确定电价策略。

（2）确定各类用电电量。

（3）计算各类电量电费。

（4）计算功率因数调整费。

（5）合计电费。

（6）步骤清楚、答题完整正确。

3. 评分标准

行业：电力工程　　　　　　工种：抄表核算收费员　　　　　　等级：二

编号	CS2ZY0205	行为领域	e	鉴定范围		
考核时限	40min	题型	A	满分	100 分	得分	
试题名称	综合电费计算（高供低计单一制定比子表）						

续表

考核要点及其要求	(1) 正确确定电价策略 (2) 正确确定各类电量 (3) 正确计算各类用电电费 (4) 正确计算功率因数调整费 (5) 正确计算合计电费 (6) 步骤清楚、答题完整正确
现场设备、工器具、材料	(1) 工器具：红、黑或蓝色签字笔，计算器 (2) 材料：试卷答题纸、电价表、功率因数力调对照表、变损表、草稿纸 (3) 设备：桌椅1套/工位、计时器
备注	

评分标准

序号	考核项目名称	质量要求	分值	扣分标准	扣分原因	得分
1	确定倍率	正确确定倍率	5	未正确确定扣10分		
2	确定抄见电量	正确确定抄见电量	18	未正确确定抄见各时段电量，每项扣3分		
3	确定定比各时段分摊	正确确定定比在各时段的分摊电量	12	未正确确定定比电量在各时段分摊电量每项扣3分		
4	确定变损和变损电量在各时段的分摊	正确确定变损和变损电量在各时段的分摊	17	(1) 未正确正确确定变损扣5分 (2) 未正确确定变损电量在各时段的分摊电量每项扣3分		
5	确定功率因数和力调系数	正确确定月平均功率因数和力调系数	8	未正确确定月平均功率因数、力调系数，每项扣4分		
6	确定电度电费	正确确定电度电费	15	(1) 未正确确定工业电度电费扣10分 (2) 未正确确定居民定比电度电费扣5分		
7	确定力调电费	正确确定力调电费	10	(1) 未正确确定参与力调金额扣6分 (2) 未正确确定力调电费每项扣4分		
8	确定电费	正确确定电费	10	未正确确定电费扣5分		
9	答题	完整正确答题	5	答题不完整、不正确扣5分		

例题：某10kV工业用户，受电设备容量200kV·A变压器1台，总表计量方式为高供低计，TA为300/5，并有抄见电量10%居民（合表）电量，该户7月、8月抄表指针及电价见附表。试计算该户8月电费。

项目	7月份表底	8月份表底
有功总	7636.17	8168.64
有功尖	1032.31	1102.47
有功峰	2183.31	2322.56
有功谷	1607.39	1719.52
无功总	1642.68	1724.14

解：（1）TA=300/5，该计量倍率为60倍。

（2）各时段电量：

总段电量=(8168.64−7636.17)×60=31948（kW·h）

尖段电量=(1102.47−1032.31)×60=4210（kW·h）

峰段电量=(2322.56−2183.31)×60=8355（kW·h）

谷段电量=(1719.52−1607.39)×60=6728（kW·h）

则平段电量=31948−4210−8355−6728=12655（kW·h）

总无功电量=(1724.14−1642.68)×60=4888（kvar·h）

（3）查表受电容量为200kV·A，月用电量为31948kW·h，应加变压器损耗有功电量为911kW·h，无功电量为6269kvar·h。

（4）计算该户月功率因数$=\sqrt{\dfrac{(31948+911)^2}{(31948+911)^2+(4888+6269)^2}}=0.95$

查表力调系数应为−0.0075。

（5）确定居民子表分摊各段电量：

尖段分摊=4210×10%=421（kW·h）

峰段分摊=8355×10%=836（kW·h）

谷段分摊=6728×10%=673（kW·h）

则平段分摊=31948×10%−421−836−673=1265（kW·h）

（6）根据现行计费策略，居民定比分摊变损但不计算，则变损分摊到各时段电量：

尖端分摊$=\dfrac{4210}{31948}\times 911=120$（kW·h）

峰段分摊$=\dfrac{8355}{31948}\times 911=238$（kW·h）

谷段分摊$=\dfrac{6728}{31948}\times 911=192$（kW·h）

则平段分摊=911−120−238−192=361（kW·h）

其中分摊给居民定比的电量：

变损分摊给居民尖段电量=120×10%=12（kW·h）

变损分摊给居民峰段电量=238×10%=24（kW·h）

变损分摊给居民谷段电量=192×10%=19（kW·h）

则变损分摊给居民平段电量=911×10%−12−24−19=36（kW·h）

（7）确定抄见单一制普通工业各时段电量：

尖段电量＝4210－421＝3789（kW·h）

峰段电量＝8355－836＝7519（kW·h）

谷段电量＝6728－673＝6055（kW·h）

平段电量＝12655－1265＝11390（kW·h）

（8）确定变损分摊给单一制普通工业电量：

变损分摊给单一制尖段电量＝120－12＝108（kW·h）

变损分摊给单一制峰段电量＝238－24＝214（kW·h）

变损分摊给单一制谷段电量＝192－19＝173（kW·h）

则变损分摊给单一制平段电量＝911－（12＋24＋19＋36）－108－214－173＝325（kW·h）

（9）计算电费：

抄见工业电量部分电度电费＝3789×1.0445＋7519×0.9174＋6055×0.4088
＋11390×0.6631
＝3957.61＋6897.93＋2475.28＋7552.71
＝20883.53（元）

变损部分电度电费＝108×1.0445＋214×0.9174＋173×0.4088＋325×0.6631
－820×0.0274
＝112.81＋196.32＋70.72＋215.51－22.47
＝572.89（元）

居民定比电度电费＝（421＋836＋673＋1265）×0.4862＝1553.41（元）

（10）参与力调的金额＝20883.53－（3789＋7519＋6055＋11390）×0.0274＋572.89
＝20883.53－787.83＋572.89
＝20668.59（元）

①力调电费＝20668.59×（－0.0075）＝－155.01（元）

②合计电费＝20883.53＋572.89＋1553.41－155.01＝22854.82（元）

答：该户8月电费为22854.82元。

2.2.9 CS2ZY0206 综合电费计算（高供低计单一制定量子表）

1. 作业

1）工器具、材料、设备

（1）工器具：红、黑或蓝色签字笔，计算器。

（2）材料：试卷答题纸、电价表、功率因数力调对照表、变损表、草稿纸。

（3）设备：桌椅一套（工位）、计时器。

2）安全要求

无。

3）操作步骤及工艺要求（含注意事项）

（1）根据给定条件选定电价策略。

（2）根据SG186电量计算规则确定各用电类别电量。

（3）各类电费计算。

（4）功率因数及力调系数确定，计算功率因数调整费。

（5）合计电费。

（6）清理现场，文明作业。

2. 考核

1）考核场地

（1）每个工位面积不小于2000mm×2000mm。

（2）桌椅和计时器一套。

2）考核时间

（1）考试时间自许可开工始计40min。

（2）考核前准备工作不计入考核时间。

（3）许可开工后记录考核开始时间并在规定时间内完成。

（4）清理现场后报告工作终结，记录考核结束时间。

3）考核要点

（1）确定电价策略。

（2）确定各类用电电量。

（3）计算各类电量电费。

（4）计算功率因数调整费。

（5）合计电费。

（6）步骤清楚、答题完整正确。

3. 评分标准

行业：电力工程　　工种：抄表核算收费员　　等级：二

编号	CS2ZY0206	行为领域	e	鉴定范围			
考核时限	40min	题型	A	满分	100分	得分	
试题名称	综合电费计算（高供低计单一制定量子表）						

续表

考核要点及其要求	（1）正确确定电价策略 （2）正确确定各类电量 （3）正确计算各类用电电费 （4）正确计算功率因数调整费 （5）正确计算合计电费 （6）步骤清楚、答题完整正确
现场设备、工器具、材料	（1）工器具：红、黑或蓝色签字笔，计算器 （2）材料：试卷答题纸、电价表、功率因数力调对照表、变损表、草稿纸 （3）设备：桌椅一套（工位）、计时器
备注	

评分标准

序号	考核项目名称	质量要求	分值	扣分标准	扣分原因	得分
1	确定倍率	正确确定倍率	10	未正确确定扣 10 分		
2	确定抄见电量	正确确定抄见电量	18	未正确确定抄见各时段电量，每项扣 3 分		
3	确定定量各时段分摊	正确确定定量在各时段的分摊电量	12	未正确确定定量电量在各时段分摊电量每项扣 3 分		
4	确定变损和变损电量在各时段的分摊	正确确定变损和变损电量在各时段的分摊	17	（1）未正确正确确定变损扣 5 分 （2）未正确确定变损电量在各时段的分摊电量每项扣 3 分		
5	确定功率因数和力调系数	正确确定月平均功率因数和力调系数	8	未正确确定月平均功率因数、力调系数，每项扣 4 分		
6	确定电度电费	正确确定电度电费	15	（1）未正确确定工业电度电费扣 10 分 （2）未正确确定居民定量电度电费扣 5 分		
7	确定力调电费	正确确定力调电费	10	（1）未正确确定参与力调金额扣 6 分 （2）未正确确定力调电费每项扣 4 分		
8	确定电费	正确确定电费	5	未正确确定电费扣 5 分		
9	答题	答题完整正确	5	答题不完整、不正确扣 5 分		

例题：某 10kV 工业用户，受电设备容量 200kV·A 变压器 1 台，总表计量方式为高供低计，TA 为 300/5，并有居民生活定量 4000kW·h，该户 7 月、8 月抄表指针及电价见附表。试计算该户 8 月电费。

项目	7月份表底	8月份表底
有功总	7636.17	8168.64
有功尖	1032.31	1102.47
有功峰	2183.31	2322.56
有功谷	1607.39	1719.52
无功总	1642.68	1724.14

解：（1）TA＝300/5，该计量倍率为60倍。

（2）各时段抄见电量：

总段电量＝(8168.64－7636.17)×60＝31948（kW·h）

尖段电量＝(1102.47－1032.31)×60＝4210（kW·h）

峰段电量＝(2322.56－2183.31)×60＝8355（kW·h）

谷段电量＝(1719.52－1458.16)×60＝6728（kW·h）

则平段电量＝31948－4210－8355－6728＝12655（kW·h）

总无功电量＝(1724.14－1642.68)×60＝4888（kvar·h）

（3）查表受电容量为200kV·A，月用电量为31948kW·h，应加变压器损耗有功电量为911kW·h，无功电量为6269kvar·h。

（4）计算该户月功率因数＝$\sqrt{\dfrac{(31948+911)^2}{(31948+911)^2+(4888+6269)^2}}$＝0.95

查表力调系数应为－0.0075。

（5）确定居民子表分摊各段电量：

尖段分摊＝$\dfrac{4210}{31948}\times 4000$＝527（kW·h）

峰段分摊＝$\dfrac{8355}{31948}\times 4000$＝1046（kW·h）

谷段分摊＝$\dfrac{6728}{31948}\times 4000$＝842（kW·h）

则平段分摊＝4000－527－1046－842＝1585（kW·h）

（6）根据现行计费策略，定量不分摊变损，则变损分摊到普通工业各时段电量：

尖端分摊＝$\dfrac{4210}{31948}\times 911$＝120（kW·h）

峰段分摊＝$\dfrac{8355}{31948}\times 911$＝238（kW·h）

谷段分摊＝$\dfrac{6728}{31948}\times 911$＝192（kW·h）

则平段分摊＝911－120－238－192＝361（kW·h）

（7）确定单一制普通工业各时段电量：

尖段电量＝4210－527＝3683（kW·h）

峰段电量＝8355－1046＝7309（kW·h）

谷段电量＝6728－842＝5886（kW·h）

平段电量＝12655－1585＝11070（kW·h）

（8）计算电费：

抄见工业电量部分电度电费＝3683×1.0445＋7309×0.9174＋5886×0.4088
＋11070×0.6631
＝20298.89（元）

变损部分电度电费＝120×1.0445＋238×0.9174＋192×0.4088＋361×0.6631
－911×0.0274
＝125.34＋218.34＋78.49＋239.38－24.96
＝636.59（元）

居民定量电度电费＝4000×0.4862＝1944.80（元）

（9）参与力调的金额＝20298.89－（3683＋7309＋5886＋11070）×0.0274＋636.59
＝20298.89－765.78＋636.59
＝20169.70（元）

（10）力调电费＝20169.70×（－0.0075）＝－151.27（元）

（11）合计电费＝20298.89＋636.59＋1944.80－151.27＝22729.01（元）

答：该户8月电费为22729.01元。

2.2.10 CS2XG0101 电能计量装置接线错误退补电量的确定

1. 作业

1）工器具、材料、设备

（1）工器具：红、黑或蓝色签字笔，计算器，直尺，三角板。

（2）材料：试卷答题纸、草稿纸。

（3）设备：桌椅一套（工位）。

2）安全要求

无。

3）操作步骤及工艺要求（含注意事项）

（1）绘制错误接线向量图。

（2）列出错误接线功率表达式。

（3）列出正确接线表达式 $P=\sqrt{3}UI\cos\varphi$ 。

（4）确定更正系数 $K_P=\dfrac{P}{P_0}$ 。

（5）确定更正率 $\varepsilon_P=(K_P-1)\times 100\%$。

（6）确定退补电量。

2. 考核

1）考核场地

（1）每个工位面积不小于 2000mm×2000mm。

（2）每个工位有对应具备书写桌椅和计时器一套。

2）考核时间

（1）考试时间自许可开工始计 40min。

（2）考核前准备工作不计入考核时间。

（3）许可开工后记录考核开始时间并在规定时间内完成。

（4）清理现场后报告工作终结，记录考核结束时间。

3）考核要点

（1）正确绘制错误接线向量图。

（2）正确确定更正系数。

（3）正确确定更正率。

（4）正确确定退补电量。

（5）公式正确，步骤清楚，答题完整正确。

3. 评分标准

行业：电力工程　　　　工种：抄表核算收费员　　　　等级：二

编号	CS2XG0101	行为领域	f	鉴定范围		
考核时限	40min	题型	A	满分	100 分	得分	
试题名称	电能计量装置接线错误退补电量的确定						

考核要点及其要求	(1) 正确绘制错误接线向量图 (2) 正确确定更正系数 (3) 正确确定更正率 (4) 正确确定退补电量 (5) 公式正确，步骤清楚，答题完整正确
现场设备、工器具、材料	(1) 工器具：红、黑或蓝色签字笔，计算器，直尺，三角板 (2) 材料：试卷答题纸、草稿纸 (3) 设备：桌椅1套/工位
备注	

评分标准

序号	考核项目名称	质量要求	分值	扣分标准	扣分原因	得分
1	绘制向量图	正确绘制错误接线向量图	10	向量图绘制错误扣10分		
2	写出错误接线功率表达式	正确写出错误接线表达式，并计算	30	(1) 表达式错误扣15分 (2) 计算结果错误扣15分		
3	写出正确接线功率表达式	正确写出正确接线功率表达式	20	表达式错误扣20分		
4	确定更正系数	正确确定更正系数	10	公式错误扣8分，结果错误扣2分		
5	确定更正率	正确确定更正率	10	公式错误扣8分，结果错误扣2分		
6	确定退补电量	正确确定退补电量	10	列式错误扣8分，结果错误扣2分		
7	答题	答题完整正确	10	答题不完整、不正确扣10分		

例题：某高压用户，计量为三相三线表，检查中发现其接线第一元件$U_{ab}I_a$，第二元件$U_{cb}(-I_c)$，已发生用电电量50000kW·h，$\cos\varphi=0.866$，计算退补电量。

解：(1) 绘制错误接线向量图

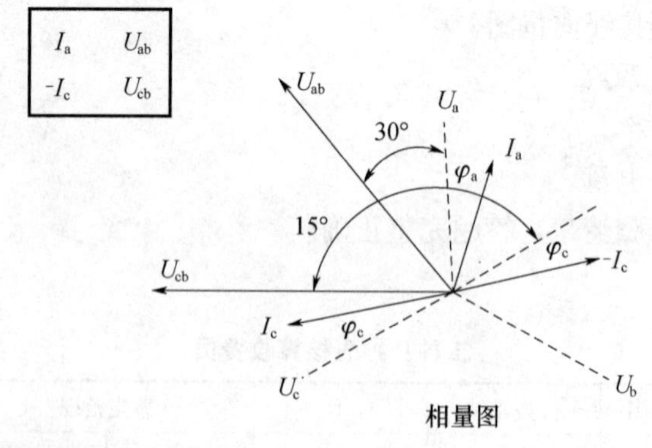

相量图

(2) 错误接线功率表达式

$$P_0=U_{ab}I_a\cos(30^\circ+\varphi)+U_{cb}I_c\cos(150^\circ+\varphi)$$

$= U_{ab}I_a\cos30^\circ\cos\varphi - U_{ab}I_a\sin30^\circ\sin\varphi - U_{ab}I_c\cos30^\circ - U_{cb}I_c\sin30^\circ\sin\varphi$

$= -2UI\sin 30^\circ\sin\varphi$

$= -UI\sin\varphi$

(3) 正确接线功率表达式

$P = \sqrt{3}UI\cos\varphi$

因为该户功率因数为 0.866，即 $\cos\varphi = 0.866$，则 $\varphi = 30^\circ$

(4) 更正系数

$$K_P = \frac{P}{P_0} = \frac{\sqrt{3}UI\cos\varphi}{-UI\sin\varphi}$$

$$= -\sqrt{3}\cot 30^\circ = -\sqrt{3}\times\sqrt{3} = -3$$

(5) 更正率

$\varepsilon_P = (K_P - 1)\times 100\% = (-3-1)\times 100\% = -400\%$

(6) 确定追补电量

追补电量＝50000×(－400％) ＝－200000 (kW·h)

答：该户应追补电量为 200000kW·h。

附录　实操题引用电网销售电价表

用电分类			电压等级		电度电价（元/千瓦时）					基本电价	
					平段	尖峰	高峰	低谷	双蓄	最大需量［元/（千瓦·月）］	变压器容量［元/（千伏安·月）］
一、居民生活用电	一户一表		不满 1kV	第一档	0.5200		0.5500	0.3000			
				第二档	0.5700		0.6000	0.3500			
				第三档	0.8200		0.8500	0.6000			
			1～10kV 及以上	第一档	0.4700		0.5000	0.2700			
				第二档	0.5200		0.5500	0.3200			
				第三档	0.7700		0.8000	0.5700			
	合表		不满 1kV		0.5362		0.5700	0.3100			
			1～10kV 及以上		0.4862		0.5200	0.2800			
	执行居民电价的非居民用电		不满 1kV		0.5362		0.5700	0.3100			
			1～10kV 及以上		0.4862		0.5200	0.2800			
二、工商业及其他用电	单一制		不满 1kV		0.6781	1.0685	0.9384	0.4178	0.3528		
			1～10kV		0.6631	1.0445	0.9174	0.4088	0.3453		
			35kV 及以上		0.6531	1.0285	0.9034	0.4028	0.3403		
	两部制	非优待用电	1～10kV		0.5686	0.8933	0.7851	0.3521		35	23.3
			35～110kV		0.5536	0.8693	0.7641	0.3431		35	23.3
			110kV		0.5386	0.8453	0.7431	0.3341		35	23.3
			220kV 及以上		0.5336	0.8373	0.7361	0.3311		35	23.3
		电石、电解烧碱、氯碱、合成氨、电炉黄磷生产用电	1～10kV		0.5686	0.8933	0.7851	0.3521		35	23.3
			35～110kV		0.5536	0.8693	0.7641	0.3431		35	23.3
			110～220kV		0.5386	0.8453	0.7431	0.3341		35	23.3
			220kV 及以上		0.5336	0.8373	0.7361	0.3311		35	23.3
三、农业生产用电			农村到户电价		0.6155						
			不满 1kV		0.5215						
			1～10kV		0.5115						
			35kV 及以上		0.5015						
其中：贫困县农业生产用电			农村到户电价		0.4655						
			不满 1kV		0.3095						
			1～10kV		0.3045						
			35kV 及以上		0.2995						

注：1. 上表所列价格，除贫困县农业生产用电外，均含国家重大水利工程建设基金 0.53 元。

2. 上表所列价格，除农业生产用电外，均含大中型水库移民后期扶持资金 0.26 元，地方水库移民后期扶持资金 0.05 元。

3. 上表所列价格，除农业生产用电外，均含可再生能源电价附加，其中，居民生活用电 0.1 元，其他用电 1.9 元。

4. 居民用电峰谷时段中，峰段：8∶00—22∶00，谷段：22∶00—次日 8∶00。根据河北省物价局冀价管〔2015〕185 号文件，由客户自愿选择执行，执行时间以年度为周期，且不得少于一年。其他用电峰谷时段中，高峰时段：8∶00—12∶00、16∶00—20∶00；平段时段：6∶00—8∶00、12∶00—16∶00、20∶00—22∶00；低谷时段：22∶00—次日 6∶00；尖峰时段：9∶00—12∶00（每年 6 月、7 月、8 月）

5. 阶梯电价分档电量标准

第一档：居民户月用电量在 180 度及以内；

第二档：居民户月用电量在 181～280 度；

第三档：居民户月用电量在 281 度及以上。